나이트워치

글항아리 사이언스

NightWatch: A Practical Guide to Viewing the Universe
Copyright ⓒ 2023 Firefly Books Ltd.
Text copyright ⓒ 2023 Terence Dickinson and Ken Hewitt-White
Images copyright ⓒ as listed in captions
All rights reserved.
No part of this book may be used or reproduced in any manner whatever without written permission except in the case of brief quotations embodied in critical articles or reviews.
Korean Translation Copyright ⓒ 2025 by Geulhangari Publishers
Korean edition is published by arrangement with Firefly Books Ltd. through BC Agency, Seoul

이 책의 한국어판 저작권은 BC에이전시를 통해 저작권자와 독점계약한 글항아리에 있습니다.
저작권법에 의해 한국 내에서 보호를 받는 저작물이므로 무단 전재와 복제를 금합니다.

앞표지: 여름철 은하수. 사진: 앨런 다이어.
뒤표지: 게자리, 사자자리, 오리온자리.
사진: 앨런 다이어.

나의 친구, 수지에게. ―T.D.
나만큼 별을 사랑하는 린다를 위해. ―K.H.W.

감사의 말
삽화를 제공해준 아돌프 샬러와 빅토르 콘스탄초, 로커 타 쿡의 공헌에 감사를 표하고 싶습니다. 또한 초기에 유용한 의견을 주신 게리 세로닉에게도 감사의 말을 전합니다. 두 천구의 반구용 사계절 별자리표 지도를 아름다운 삽화로 그려준 글렌 러드루에게도 특별히 감사를 전합니다. 그리고 엘리엇 조로스, 마니 맥디어미드, 헤더 홈과 제이 슈멜츠에게도 감사합니다.

아름답고 실용적인 천체 관측 가이드

테런스 디킨슨·켄 휴잇화이트 지음
최정민 옮김

NightWatch
나이트워치

글항아리 사이언스

한국어판 추천사

누구나 한때 품었던 별을 향한 꿈은 언제 샀는지 기억도 나지 않는 값비싼 망원경과 함께 방 구석에서 먼지만 쌓여간다. 밤하늘의 무한한 경이로움에 이끌려 첫걸음을 내디뎠지만, 어디서부터 무엇을 봐야 할지 모르는 막막함은 좌절의 계곡에서 길을 잃는다. 꽤 긴 시간 동안 우리는 이 차디찬 계곡을 건널 수 있는 다정한 흔들다리를 기다려왔고, 드디어 밤하늘을 한 번이라도 올려다본 적 있는 모든 이를 위한 세상에서 가장 우아한 초대장이 도착했다. 책장을 넘기면 막연한 동경이 경이로운 탐험으로 바뀌며, 까만 캔버스 같던 밤하늘은 눈부신 기적의 역사가 된다. 맨눈으로 별자리를 부드럽게 보듬고, 쌍안경으로 은하수의 희미한 숨결을 느끼고 나면, 비로소 망원경의 초점을 스스로 맞추는 순간을 만날 수 있다. 이건 단순히 기술을 배우는 과정이 아니라 우주라는 거대한 악보를 한 음씩 더듬어 읽어내는 가장 효율적인 방법이다. 리듬에 맞춰 신나는 관측의 여정을 떠나보자. 책을 덮고 다시 올려다본 밤하늘은 아마 이전에는 결코 만나본 적이 없던 완전히 새로운 우주일 것이다.

— 궤도
과학 커뮤니케이터, DGIST 특임교수, 『과학이 필요한 시간』 저자

호모 사피엔스의 허리가 세워지면서 자유로워진 건 두 손만이 아니다. 우리의 눈도 자유를 얻었다. 다른 동물들과 달리 인간은 고개를 들어 언제든 밤하늘을 바라보는 존재가 되었다. 얼마나 별을 올려다보는지가 인간다움을 정의한다.

별빛을 궁금해하는 본능은 수십만 년의 진화를 거듭하며 우리의 유전자 깊숙한 곳에 각인되었다. 하지만 지금은 그 소중한 본능을 서서히 잊어가고 있다. 찬란한 도시의 불빛은 희미한 별빛을 잠식했고, 머리 위에는 더 이상 별이 보이지 않는다. 가로등이 하나 켜질 때마다 하늘에서 별이 하나씩 사라졌다. 우리는 밤하늘의 별을 따서 도시의 등불을 밝힌 셈이다.

그럼에도 변치 않는 사실이 있다. 우주는 여전히 똑같은 모습으로 우리를 감싸고 있으며, 우리는 평생 우주 안에서 살아간다는 것이다. 우주는 사라지지 않았다. 우주에 대한 우리의 관심이 식었을 뿐이다.

도시의 밝은 인공 조명에 파묻혀 살아가는 사람들에게 우주는 느껴지지 않는다. 우주는 우리의 세상과 동떨어진 세계처럼 느껴진다. 매일 머리 위로 우주가 펼쳐지지만 인식하지 못한다. 스스로 평생을 우주에 갇혀 살아간다는 자명한 사실을 망각한다. 그리고 우주가 멀게 느껴지는 책임을 자신이 아닌 우주로 돌린다. 우주는 비싼 장비를 들여야만 즐길 수 있는 까다로운 녀석이라고 불평하며, 정작 우주를 궁금해하지 않는 자신은 돌아보지 않는다.

우주를 즐기기 위해 아주 대단한 장비가 필요한 것은 아니다. 필요한 건 단 하나뿐이다. 고개를 조금만 더 젖히는 것이다. 겨우 1도만으로 당신의 시선은 순식간에 비좁은 지구를 벗어나 수십 수백 광년의 빛에 닿기 시작할 것이다.

『나이트워치』는 도시 불빛에 파묻혀 살아가느라 잠시 망각했던 인류의 추억을 상기시킨다. 수십만 년 전 물려받았던, 하지만 오랫동안 잠들었던 유전자를 다시 발현시킨다. 도시의 밤이 밝아진 이래로 아래만을 향했던 인류의 고개가 백 년 만에 기지개를 켜게 만든다. 머나먼 조상으로부터 물려받은 밤하늘의 유전자를 되찾고 싶은 이들에게 가장 친절하고 실용적인 가이드가 될 것이다.

— 우주먼지
과학 커뮤니케이터, 『갈 수 없지만 알 수 있는』 저자

| 차례 |

저자 소개 _8

추천사 _10

들어가며 _12

제1장: 뒷마당 천문학 _17
밤의 탐구자들 | 별이 총총한 세상

제2장: 11단계로 보는 우주 _25

제3장: 천체의 움직임 _47
하늘의 움직임 | 주극성 | 남쪽 별을 찾아서 | 유용한 북극성 | 하늘 측정하기 | 북두칠성 이정표 | 별자리와 별의 이름 | 일부 별자리와 별 이름 가이드

제4장: 사계절 별 _69
올스카이 지도 | 봄철 하늘 | 여름철 하늘 | 가을철 하늘 | 겨울철 하늘

제5장: 천체 관측 장비 _105
쌍안경 고르기 | 천체 망원경의 세계 | 천체 망원경의 종류 | 가대 장착 문제 | 결정하기 | 추천 | 컴퓨터 시대의 망원경 | 기초를 넘어서

제6장: 심우주 탐사하기 _147
쌍성 혹은 이중성 | 변광성 | 신성과 초신성 | 산개 성단 | 플레이아데스성단 | 구상 성단 | 성운 | 오리온성운 안에서의 별의 탄생 | 행성상 성운 | 은하 | 안드로메다은하 | 천체 망원경 경험 | 기록하기 | 딥스카이 별지도

제7장: 행성 _199
수성 | 금성 | 화성 | 소행성대 | 목성 | 토성 | 더 멀리 있는 행성들 | 2023~2035년 행성 관측 참고표

제8장: 달과 태양 _229
달 관측하기 | 태양 관측하기

제9장: 일식과 월식 _249
일식 | 월식

제10장: 혜성, 유성, 오로라 _263
혜성 | 유성 | 오로라

제11장: 밤하늘 촬영하기 _281
1단계: 스마트폰 촬영 | 2단계: 삼각대 위의 카메라 | 3단계: 추적기 위의 카메라 | 4단계: 망원경 위의 카메라

제12장: 남반구 하늘의 경이로움 _301
남반구 하늘 지도 | 남반구 최고의 천체 TOP 10

참고자료 _318

찾아보기 _324

저자 소개

테런스 디킨슨Terence Dickinson은 다섯 살 때 토론토의 집 앞 보도에서 눈부신 유성을 본 뒤로 천문학에 매료됐다. 유년의 이런 관심은 곧 디킨슨의 삶을 결정짓는 특징이 됐으며, 그는 결국 우주의 신비를 가장 잘 풀어내 캐나다에서 가장 사랑받는 아마추어 천문학 저술가가 되었다. 디킨슨은 1960년대와 1970년대 두 곳의 주요 천문관에서 천문학자로 일했고 1976년에는 전업 작가가 되어 14권의 천문학 교양서와 수백 편의 천문학 기사를 집필했다. 1994년에는 캐나다의 천문학 잡지 『스카이뉴스』를 공동 창간해 20년 동안 편집자로 일했다. 과학에 대한 대중의 이해를 증진한 공로로 캐나다왕립과학원에서 수여하는 샌드퍼드 플레밍 메달을 받았으며, 저작이 뉴욕 과학아카데미의 '올해의 책'에 선정되는 등 여러 차례 수상했다. 캐나다 훈장 수훈자이며 퀸스대학과 트렌트대학에서 명예박사 학위를 받았다. 2023년 2월 1일 사망하기 전까지, 그는 아내 수전과 함께 온타리오주 동부의 어두컴컴한 시골하늘 아래에서 살았다.

켄 휴잇화이트Ken Hewitt-White는 어렸을 때부터 천문학에 대한 열정으로 평생을 밤하늘을 관찰해오고 있다. 천체에 대한 자신의 탐구를 공유하고 사람들을 망원경 앞으로 이끄는 활동을 펼쳐왔다. 20년간 방송 제작자와 진행자, 밴쿠버의 H.R. 맥밀런 스페이스 센터 총괄 디렉터로 일한 뒤 그는 전업 작가와 강연의 길로 들어섰다. 수상 경력에 빛나는 그의 작품들로는 다큐멘터리 TV 프로그램, 두 권의 책, 수십 개의 천문학 강좌와 셀 수도 없이 많은 잡지 기사가 있다. 지금은 『스카이 앤드 텔레스코프』의 기고 편집자로 일하고 있다. 그는 『스카이뉴스』의 1995년 창간호에서부터 핵심 기고자로 활동했다. 『스카이뉴스』의 창립자이자 편집자인 테런스 디킨슨과는 다양한 협업을 통해 21년 동안 끈끈한 동료관계를 구축해왔다. 이제는 거의 은퇴한 상태이지만 여전히 밤하늘을 관측하고 있는 휴잇화이트는 아내 린다와 함께 브리티시컬럼비아주 남부에서, 여름마다 산에 올라 별을 관찰하고 있다.

앨런 다이어Alan Dyer는 캐나다 위니펙, 에드먼턴, 캘거리에서 오랫동안 천문관 전시를 기획하며 보람된 시간들을 보냈으며 현재는 은퇴했다. 1990년대 초 『아스트로노미』의 편집자로 일했던 다이어는 이제 『스카이뉴스』와 『스카이 앤드 텔레스코프』에서 제품 리뷰를 주로 작성하고 있다. 그의 천체 사진은 spaceweather.com, 미국 항공우주국NASA의 '오늘의 천문학 사진' 코너를 비롯해 『포브스』 『유니버스투데이』 『내셔널지오그래픽』 『타임』 『뉴욕타임스』, NBC 뉴스와 CBS 뉴스 등에 온·오프라인으로 널리 게재됐다. 2018년, 캐나다 우체국은 캐나다왕립천문학회 100주년 기념우표에 그가 찍은 북극광 사진을 실었다. 처음으로 개기 일식을 관측한 1979년 2월 이후 다이어는 전 세계를 여행하며 총 16회의 개기 일식을 보았다. 주소행성대의 소행성 78434는 그의 이름을 따서 명명되었다. 그의 SNS 페이지 링크가 올라가 있는 웹사이트 amazingsky.com를 통해 그에게 연락할 수 있다.

잠시 들른 손님 2020년 여름, 몇 주 동안 니오와이즈 혜성Comet NEOWISE이 관측자들을 즐겁게 해주었다.
사진: 존 네미.

추천사

1983년 『나이트워치』 초판이 출간됐을 때 인터넷은 아직 걸음마 단계였고, 휴대전화와 SNS도 수년 뒤에나 나왔기에 밤하늘에서 무슨 일이 일어나고 있는지 확인하기 위해서는 신문, 잡지, 책에 의지해야 했다.

그때와는 상황이 얼마나 많이 달라졌는가. 스마트폰의 천문학 앱 덕분에 이제 우리는 주머니 속에 우주를 넣고 다니며, 손가락만 까딱하면 원하는 천문학 정보를 모두 얻을 수 있게 됐다. 빠르게 터치만 몇 번 하면 행성 위치나 항성 이름, 은하 거리 등의 정보를 불러올 수 있게 된 것이다.

그렇다면 이 책은 왜 필요한 걸까? 알고보면 모든 디지털 정보에는 천문학을 처음 접하는 이들에게 눈에 띄는 단점이 있는데, 정보가 너무 많다는 것이다. 어떤 웹사이트가 좋은 조언을 주고 혹은 상술에 불과한지를 구별하기가 쉽지 않다. 이제 막 다운로드한 앱에서 설정해야 할 모든 것은? 앱의 별지도에 있는 온갖 기호는 또 어떻고?

당신이 우주를 기본적으로 이해하고 있고, 저 위 하늘에 무엇이 있는지, 천체가 그렇게 움직이는 이유가 무엇인지, 육안이나 쌍안경, 망원경으로 관측할 때 무엇을 볼 수 있는지 알고 있다면 그런 디지털 자료들을 효과적으로 활용하기가 훨씬 더 쉽다. 이번 『나이트워치』 개정판은 이런 주제를 포함해 많은 것을 다루고 있다. 합리적으로 정리됐고, 전문적이면서도 누구나 이해할 수 있게끔 쓰였으며 아름다운 사진들을 포함하고 있는 이번 개정판은 쓸데없는 세부사항으로 초보자를 압도하는 일 없이 훌륭한 천체 관측자가 되기 위해 알아야 하는 모든 것을 설명한다.

많은 입문서가 밤하늘을 관찰하려면 망원경이 필수라는 듯 다양한 종류의 망원경을 설명하면서 시작한다. 하지만 망원경을 설치하고 조준하고 관찰하는 데는 상당한 지식과 인내심, 기술이 필요하다. 망원경을 산 뒤 작동시키려고 애쓰다 좌절하고는 취미를 빠르게 포기하는 초보가 수없이 많다. 더는 이런 식으로 할 필요가 없다.

『나이트워치』는 훨씬 나은 접근 방식을 취하고 있다. 천문학을 처음 접하는 사람이 도움을 요청할 때마다 내가 사용하는 방식이기도 하다. 먼저, 당신의 두 눈을 사용해 별자리와 밝은 별을 찾는 법을 배운다. 이 책이 밤하늘을 안내해줄 것이다. 그다음, 쌍안경으로 그보다 더 희미한 천체를 찾고, 초점을 맞추고, 관찰하는 연습을 한다. 그런 다음에야 망원경에 투자하는 것을 고려할 만하다. 『나이트워치』는 내가 본 책 중 망원경을 고르고 사용하는 데 가장 좋은 조언을 주는 책이다.

밤하늘 촬영에 관심이 있는가? 그걸 위해서는 단순히 머리 위 천체를 찾을 수 있는 것 이상의 능력이 필요하다. 『나이트워치』는 천체 사진술에 대해서도 훌륭하게 설명한다.

새로 발견한 혜성 등 종이 별지도에는 표시되지 않았으나 망원경으로 볼 수 있는 천체를 추적할 때는 컴퓨터 프로그램과 스마트폰 앱이 유용하다. 하지만 나는 그런 도구들이 종이 별지도를 보완하는 역할을 한다고 생각한다. 관찰하고 싶은 흥미로운 천체를 찾을 때는 종이 별지도가 더 보기 편하다. 『나이트워치』의 별지도는 복잡하지 않은 데다 관측하기 가장 좋은 대상들을 모두 포함하고 있어 특히 유용하다. 보고 또 보게 되고, 가족, 친구와 공유하고 싶어지는 대표작들 말이다. 게다가 배터리도 필요 없다!

— 리처드 트레슈 피엔버그 Richard Tresch Fienberg
전 『스카이 앤드 텔레스코프』 편집장

들어가며

내가 별이 빛나는 밤하늘을 처음 의식한 것은 1940년대 후반, 토론토 교외에 있는 우리 집 뒷마당에서였다. 수많은 별에 둘러싸인 은하수를 바라보며 그게 대체 무엇일지 궁금해하던 기억이 난다. 반세기도 더 지난 어느 청명한 밤 나는 그때 그 자리로 돌아가 바로 그날처럼 밤하늘을 올려다보았다. 단 스무 개의 별조차, 은하수의 아주 희미한 흔적조차 볼 수 없었다. 도시의 확산에 자연이 쇠퇴하면서 우리가 잃은 건 무엇이었을까? 많은 사람은 호기심을 불러일으키는 친근한 별밤을 접할 수 없게 됐다.

하지만 21세기에 들어서면서는 그런 상실이 천문학에 대한 관심을 없앴다기보다 오히려 부채질한 듯하다. 가족 휴가에 별을 볼 수 있는 어두운 장소가 포함돼 있을 때가 많다. 해마다 수천 명의 천문학 애호가들이 도시의 불빛에서 멀리 떨어진 천문학 행사와 여름철 '별 축제'에 모여 관심사를 공유한다. 도시의 빛이 점점 더 깊은 시골까지 침범해가며 도시와 마을의 빛 공해로부터 일 년 내내 안전한 '밤하늘 보호 구역'이 주립공원, 도립공원과 국립공원에 지정되기도 했다.

나는 시대와 장소를 아주 잘 타고 태어난 축복받은 사람이다. 우주 개발 경쟁은 이제 막 시작됐고, 인류는 자신들의 영역을 빠르게 지구 너머로 확장하고 있었다. 난 1950년대 초에는 선견지명 있는 체슬리 본스텔의 놀라운 우주 미술 작품에 사로잡혀 있었고, 2020년대에는 미국우주망원경과학연구소 웹사이트에 들어가 허블과 제임스웹 우주 망원경이 찍은 놀라운 사진들을 클릭하고 있었다. 나는 계속해서 우주로부터 활력을 얻고, 우주에 매혹되고 있다.

살아오면서 나는 수천 명의 아마추어 천문인들과 우주에 대한 끝없는 열정을 공유하는 행운을 누렸다. 그리고 대중에게 영감을 주는 가장 좋은 방법 중 하나가 글이라는 걸, 특히 오랫동안 참고할 수 있는 총천연색의 근사한 화보집이라는 걸 깨달았다. 1983년에 『나이트워치』의 초판 배포를 맡아준 파이어플라이북스의 라이어널 코플러, 나와 이 책을 믿어준 그에게 찬사를 보낸다. 그 이후 우리 두 사람은 서로 존경하는 건설적인 관계를 구축해왔다.

『나이트워치』 초판이 출간된 지 40년이 되는 지금, 전면 개정하고 완전히 새롭게 디자인한 5판을 소개하게 돼 자랑스럽다. 책에 실린 사진 대부분은 아마추어 천체 사진가, 최신 우주 탐사선과 제임스웹 등 우주 망원경이 촬영한 새롭고 화려한 이미지로 교체했다. 자료들은 최신 연구 결과와 이론으로 업데이트했으며, 더 이해하기 쉽도록 대부분 재구성했다. 하지만 천문인을 꿈꾸는 이들이 가장 좋아하는 콘텐츠들은 그대로 담았다.

실용적인 측면에서는, 망원경 구매와 천체 사진 촬영에 대한 조언이 최신 장비와 기법들을 반

우리 은하 이 아름다운 은하수 사진은 캐나다 노바스코샤주 인디언필즈에서 동이 트기 직전 촬영한 것이다. 사진: 배리 버지스.

영해 업데이트됐다. 6장에 수록한 20개의 별지도는 가장 최근의 자료를 반영하고, 작은 망원경으로 관측할 수 있는 천체들을 더 추가해 개정한 것이다. 천체 사진 촬영술은 이전 개정판 이후 비약적으로 발전했다. 이에 하나의 장을 온전히 디지털 사진술에 할애했다.

마지막으로, 다가오는 천문학 행사에 대한 모든 정보는 2035년까지 활용할 수 있도록 업데이트했다. 여러 페이지가 새로 추가된 이 5판은 40년 동안 천문인들에게 밤하늘의 별자리들을 소개해 온 『나이트워치』 버전 가운데 가장 광범위하게 개정된 것이다.

길고도 보람 찬 내 삶에서 배운 것이 있다면, 목표를 잃지 말고 기꺼이 상황에 적응해야 한다는 것이다. 이제 80대에 접어든 내가 새로운 '밤의 탐구자' 세대를 가르치기 위해서는 신뢰할 수 있는 이들로 전문적인 팀을 꾸려 『나이트워치』 5판이 '새로운 여명'을 볼 수 있도록 해야 하리라.

개정 작업은 나의 오랜 친구이자 나만큼이나 우주의 모든 것에 대해 열정적인 커뮤니케이터, 켄 휴잇화이트가 이끌어 주었다. 차분하고 느긋한 성격의 켄은 새 콘텐츠를 정리하고, 글을 쓰고, 편집하고, 사진들을 찾아주었다. 그의 헌신적인 노력이 내가 최고라 생각하는 이번 『나이트워치』 개정판을 만들어냈다. 이 모든 작업을 맡아준 켄에게 진심으로 감사한다.

이 아름다운 새 개정판은 재능 넘치는 재니스 매클레인이 디자인했다. 켄은 그녀와 호흡을 맞추며 지치지 않고 열정적으로 문제를 해결해나가 기대 이상의 최종본을 탄생시켰다. 재니스와 함께 일하는 것은 언제나 무척 긍정적이고 보람 찬 경험이라, 프로젝트가 끝난다는 게 아쉽게 느껴지기도 한다.

존경받는 동료이자 나와 『뒷마당 천문가를 위한 가이드The Backyard Astronomer's Guide』를 공동 저술한 앨런 다이어는 첨단 망원경과 여러분이 이미 가지고 있을 수도 있는 망원경의 업그레이드에 대한 최신 정보를 제공했다. 천체 사진 전문가인 앨런은 디지털 천체 사진 촬영 기법에 대해서도 기꺼이 노하우를 공유해주었는데, 이는 여러분이 천체 사진을 찍을 때 겪을 시행착오를 몇 시간은 줄여줄 것이다. 개정판 곳곳에 숨이 막히도록 아름다운 앨런의 천체 사진 샘플이 수록돼 있다.

과학 저술가인 폴 딘스는 프로젝트 내내 켄의 곁에서 힘든 작업을 도와주었다. 그는 정확성을 기하기 위해 딥스카이Deep-Sky 지도뿐 아니라 우주 과학에 대해서도 자세히 조사했다. 또한 그는 편집 보조로서 중요한 역할을 해주었고, 전체적으로 용어들을 정리했다.

작업의 원활한 진행을 위해 힘을 보태주고 자문 역할을 해준 것은 오랜 동료이자 친구인 트레이시 C. 리드였다.

그리고 일할 때도 놀 때도 지치지 않는 인생의 동반자, 수전의 지지가 가장 큰 힘이 됐다. 말로 다 표현할 수 없을 만큼.

이번 개정판 출간과 『나이트워치』 40주년을 기념해 웹사이트 NightWatchBook.com도 개설했다. 하늘의 움직임에 대한 애니메이션 영상, 유용한 웹사이트와 유튜브 채널 링크들, 뒷마당에서 천체 관측을 시작할 때 필요한 몇 가지 주요한 팁들을 이 웹사이트에서 찾아볼 수 있다.

테런스 디킨슨
2022년 11월

제1장

뒷마당 천문학

우리는 배에 탄 승객처럼 지구에 승선해
우주를 항해하고 있지만,
많은 이들은 자신이 묵고 있는 선실 말고는
배의 그 어떤 부분에도 관심이 없다.

S. P. 랭글리(1834~1906)

메트로폴리스 은하 Galactic Metropolis 밤하늘 탐구에 나선 이들은 일생일대의 놀라움과 우주를 발견해가는 만족감을 맛보게 된다. 우주의 장관 중에는 지구에서 약 256만 광년 떨어진 거대한 원반 모양의 '항성 도시', 안드로메다은하Andromeda Galaxy가 있다. 사진: 라이언 프레이저.

*

미량의 물질이 에베레스트산만큼 무거운 세상을 상상해보라. 이 천체는 표면 중력이 너무 커서, 인간이 방문하기라도 했다간 자기 자신의 무게에 짓눌려 순식간에 원자핵보다 얇은 얼룩으로 찌그러져버릴 것이다.

이번에는 기묘한 중력 깔때기에 의해 별들이 가스 덩어리로 찢어지며 하늘이 불꽃놀이로 타오르는 행성을 생각해보라. 이곳에는 생명체가 존재할 수 없다. 치명적인 양의 엑스레이 방사선이 흐르고 있기 때문이다.

두꺼운 이불 같은 이산화탄소층에 뒤덮이고 황산 비가 내리는 행성도 떠올려보라. 이곳은 너무 뜨거운 나머지 수은 대신 납을 온도계에 넣어 쓸 수 있을 정도다. 이곳을

밤의 관찰자들 Nightwatchers 천문학 애호가들이 천체 관측 장비를 준비하고 있다. 사진: 더그 웨일런드.

탐험하는 인간은 이 지옥 같은 환경에서 불타버리는 동시에 질식해버릴 것이다.

그다음, 두 개의 태양이 하늘을 밝히는 세상이 있다고 하자. 쌍둥이 태양은 치명적인 중력 속에서 죽음의 왈츠를 추고 있고, 일 초마다 가스로 된 항성 물질 수백만 톤이 그들 사이를 오간다. 두 항성 중 하나가 폭발해 파괴되고 나면 줄다리기는 끝나고, 가까운 거리에 있는 다른 행성들은 모두 재가 될 것이다.

이 생경한 풍경들은 모두 실존한다. 처음에 언급한 밀도 높은 초중력 천체는 폭발하고 남은 별의 무너진 중심부로 중성자별 Neutron Star이라 불린다. 중력 깔때기는 우리은하 Milky Way Galaxy 중심에 숨어 있는 거대한 블랙홀이다. 이산화탄소가 가득한 온실은 지구에서 가장 가까운 행성이자 밤하늘에서 달 다음으로 밝은 천체인 금성이다. 쌍둥이 태양계는 거문고자리에 있는 거문

고자리 베타Beta(β) Lyrae인데, 한여름 저녁에 남쪽의 높은 하늘에서 볼 수 있다. 10억 조 개 이상의 별과 셀 수 없이 많은 행성으로 이루어진 관측 가능한 우주에서는 우주의 진정한 다양성을 파악하려고 노력해봐야 상상력의 한계를 깨닫게 될 뿐이다.

하지만 별들로 가득한 밤하늘 아래 서 있을 때면 나는 늘 뒷마당 우주 탐험의 유혹에 빠졌다. 그리고 지구가 우주라는 바다에 떠 있는 티끌 한 점에 불과하다는 오싹한 사실을 깨닫곤 했다. 자신이 광활한 우주의 일부임을 깨달을 수 있는 존재를 품고 있다는 사실이 먼지 한 톨만 한 지구를 조금이나마 특별하게 만드는 건 분명하다. 하지만 저 바깥에 다른 존재가 있는지 궁금해하다보면 거의 알려진 바 없는 저 먼 곳의 천체들이 더 매력적으로 느껴진다.

밤의 탐구자들

내가 처음 우주에 매료됐던 1950년대 이후로 우주에 대한 지식은 비약적인 발전을 이루었다. 퀘이사Quasar, 펄서Pulsar, 블랙홀, 거대한 액체 수소 행성 주위를 공전하는 얼음 천체, 태양계의 화산 위성과 저 멀리 태양계 너머 별 주위를 도는 괴짜 행성 등 이어지는 발견들에 나는 한없이 빠져들었다. 한 달이 멀다 하고 새로운 관심거리가 나를 붙들었다.

천체의 광대한 거리와 크기를 이해하고자 하는 지적 훈련으로서의 천문학은 그 자체로 매력적이다. 하지만 '뒷마당 천문학'이 중독성 있는 여가 활동인 이유는 어두운 밤, 그 별과 행성들 아래 설 수 있다는 점에 있다. 내게 그것은 거대한 자연과 교감하는 일이다. 나는 먼 곳의 별과 은하들에 대해 알게 됐다. '우리 태양보다 무려 250배 커다란 별이 있다. 저 멀리, 내 손톱으로도 가릴 수 있는 저 지점에 우리은하 같은 은하들이 500개나 모여 있다. 그리고 여기, 은하수 틈새 바로 뒤에는 우리은하의 핵이 있다.' 이런 사실들을 떠올리면 별들의 파노라마가 생생히 펼쳐지는 듯하다. 이 모든 것은 맨눈으로 보고 감상할 수 있다. 그리고 누군가는 '밤의 탐구자들', 즉 천체의 미묘한 차이를 포착해내는 전문가가 된다. 이 경험은 우리를 겸허하게 하면서도 동시에 신나게 한다.

천문학 애호가들에게 궁극적인 자기 발견이란 뒷마당에 설치한 망원경으로 이런 천체들의 경이로움을 탐구하는 일이다. 망원경은 내게 별들이 태어나는 은하계의 신생아실과 별들이 죽으면서 남기고 간 가스 묘비들을 보여주었다. 아마추어 천문인들이 보통 사용하는 모델인 내 망원경으로 1억 4400만 광년 떨어진 은하의 희미한 방추형 이미지를 포착했던 밤이 아직도 기억난다.

홀로 관측하는 사람 한 관측자가 북쪽 지평선 너머로 오로라 커튼이 펄럭이는 밤하늘을 살펴보고 있다. 사진: 존 네미.

그 머나먼 별들의 대륙에서 나온 빛은 공룡이 지구를 지배하던 시대에서부터 시속 10억 킬로미터 이상의 속도로 우주를 질주해온 것이다. 뒷마당 천문학은 시각적 모험만큼이나 지적인 활동이다.

청소년 시절 나는 『스카이 앤드 텔레스코프』 광고에 실린 망원경을 갈망하곤 했다. 하지만 그건 단지 꿈에 불과했다. 그 시절의 천문학 애호가 중 시판 망원경을 살 여유가 있는 사람은 거의 없었는데, 보통 수작업으로 제작돼 매우 비쌌기 때문이다. 따라서 대부분은 망원경을 직접 만들어 쓰곤 했다. 이렇게 집에서 만든 장비 중에는 특별히 질 좋은 것도 있었지만 내가 만든 것을 포함한 다수는 그럴듯한 잡동사니에 불과했다. 오늘날, 1950년대만 해도 비주류였던 취미 천문학이 호황을 누리면서 상황은 완전히 달라졌다. 망원경 만들기는 이 취미 활동에서 부수적인 것이 돼버렸다. 수십 종의 다양한 고품질 망원경을 1000달러보다 훨씬 적은 금액으로 구입할 수 있고, 3000달러면 이전 세대 취미 천문인들이 사용하던 그 어떤 것보다도 뛰어난 망원경을 구입할 수 있다.

최고급 6인치 또는 8인치 망원경(오늘날 많은 아마추어 천문인이 사용하는 크기)으로 달을 관측하면 주의력이 좋은 사람은 달의 축구 경기장 정도로 넓은 구역의 지형적 특징을 찬찬히 살필

천체 풍경 초승달과 밝은 행성들은 종종 어스름한 저녁 하늘을 장식한다. 사진: 앨런 다이어.

수 있을 뿐만 아니라, 겨우 수십 미터 두께로 형성된 미세한 물결 무늬까지도 포착할 수 있다. 이는 달에서 몇백 킬로미터 평원 위 우주선 창밖으로 보는 것과 같은 수준의 경관이다.

일반적인 아마추어들이 쓰는 망원경을 목성 쪽으로 돌리면 행성의 웅장한 구름바다가 노란색, 주홍색, 회색, 흰색, 갈색의 띠Belt와 대Zone를 드러낸다. 목성의 커다란 위성 4개는 주인에게 순종적인 하인처럼 거대한 행성 주위를 돌고 있다. 눈부시게 빛나는 금성은 달처럼 위상 변화를 보인다. 그리고 토성의 절묘한 고리가 커다란 행성 몸체에 선명한 그림자를 드리운다.

별이 총총한 세상

태양계 너머는 볼거리 천지다. 망원경은 물론 평범한 쌍안경으로도 엷은 은하수를 무리 지어 반짝이는 각각의 별들로 바꿔낼 수 있다. 다른 곳에는 종종 핏빛으로 빛나는 맥동 변광성Pulsating Variable Star부터 주황색과 파란색 항성이 쌍을 이루는 이중성계Double-Star System에 이르기까지 다양한 색의 별들이 전시돼 있다.

10개에서 20개의 항성이 느슨하게 모인 것부터 수십만 개의 별이 모인 거대한 집합체에 이르기까지, 어디를 봐야 하는지만 알면 다양한 성단들을 볼 수 있다. 그리고 더 먼 우주까지 살펴보면 우리은하 너머에 있는 거대한 별들의 도시, 즉 은하 수천 개가 우주의 빈 공간을 희뿌옇게 수놓고 있는 것을 발견할 수 있다.

좋은 망원경을 가진 사람은 언제나 이 별들의 무대를 볼 수 있었지만, 아마추어 천문인 중 많은 수는 불과 수십 년 전에야 그런 장비들을 손에 넣을 수 있게 됐다. 『나이트워치』는 우주에 새로 관심이 생겼지만 아직 망원경을 구비하지는 못한 사람들을 위한 책이다. 이 책은 용어들을 풀어 설명하고, 불필요하게 부담을 주는 전문 지식을 덜어냄으로써 초보자들이 뒷마당에서 천문학을 배울 수 있도록 도울 것이다. 또한 평생의 우주여행을 위한 망원경을 구입할 때 현명한 결정을 내릴 수 있도록 도와줄 것이다.

그렇다고 이 책이 맨눈으로 볼 수 있는 다양하고 놀라운 천체 현상들을 간과하는 것은 아니다. 때때로 북쪽 하늘을 수놓는 투명한 오로라 커튼, 태양 주위의 궤도를 돌면서 서로 스쳐 지나는 두 행성의 왈츠, 256만 광년 떨어진 또 다른 은하 같은 것들 말이다. 밤하늘을 탐구하는 것은 여러 면에서 낯선 이국땅을 여행하는 것과 비슷하다. 하지만 여느 여행과 마찬가지로 모험할 준비가 돼 있어야 여행의 감동이 더욱 커진다. 일단 적절한 조건 아래서 경험을 하고 나면, 우주의 파노라마가 계속해서 당신을 유혹할 것이다.

제2장

11단계로 보는 우주

천문학의 역사는 멀어지는 지평선의 역사다.

에드윈 허블(1889~1953)

이 상세한 지구 사진은 정지 궤도 위성 GOES-18이 2022년 5월 5일에 포착한 것이다. 이미지 제공: NASA/NOAA.

*

인간의 경험 가운데 천문학만큼 지성을 최대한으로 활용하는 것은 없다. 엄청난 거리와 크기, 시간의 폭이 상상력에 도전장을 내밀고 빅뱅, 블랙홀, 은하 간 잡아먹기Galactic Cannibalism 같은 낯선 개념은 이해를 넘어선다. 하지만 우주의 구조와 범위, 즉 전체적인 그림에 초점을 맞출 수는 있다.

우리 조부모님 세대가 어렸을 적에는 눈에 보이는 별보다 더 먼 곳에 무엇이 있는지 알 수 없었다. 더 먼 우주를 발견하는 건 20세기 천문학의 과업이었다. 각고의 관찰 끝에 이론들이 증명됨에 따라 비밀이 하나둘 풀렸다. 결국 천문학자들은 우리가 맑은 날 밤에 보는 모든 별이 은하, 그중에서도 '우리은하'라 불리는 거대한 결집 구조에 속해 있다는 사실과 우주에 그런 은하가 무수히 많다는 사실을 받아들였다. 하나의 그림으로 우주 전체의 규모와 다양한 요소를 보여줄 수 있다면 이상적이겠지만, 그러려면 아주 커다란 방에 있는 모든 벽을 다 써야 할 것이다. 책의 형태로 현실적인 관점을 전달할 유일한 방법은 조금씩 전망을 넓혀가는 것이다.

이 장에 나오는 그림들은 우주 화가 아돌프 샬러의 작품으로 현재까지 알려진 우주를 과학적으로 합당하게 표현하고 있다. 선명한 지구 사진에서 시작되는 11개의 도판(도판 왼쪽 아래에 숫자로 표시)은 각각 이전의 것보다 100만 배 더 큰 용적의 우주를 나타낸다. 즉 그림마다 가로, 세로, 높이가 100배씩 커져서 부피의 증가가 100만이 된다. 모든 그림은 지구를 중심으로 한다.

1단계 한 모서리의 길이가 1만8000킬로미터인 가상의 정육면체에 들어 있는 지구의 컬러 이미지로 시작하자. 지구의 지름이 1만2756킬로미터이니 지구보다 조금 더 큰 셈이다. 이 단계는 지구의 크기를 파악하기 쉬워 시작점으로 적절하다. 고공비행하는 제트기를 타면 지평선에서 지구 표면의 만곡을 살짝 느낄 수 있다. 우리는 지구가 상당히 크다고 생각한다. 하지만 다음 단계에서 시야를 넓혀보면 알 수 있듯, 지구는 그저 우주의 티끌 하나에 불과하다.

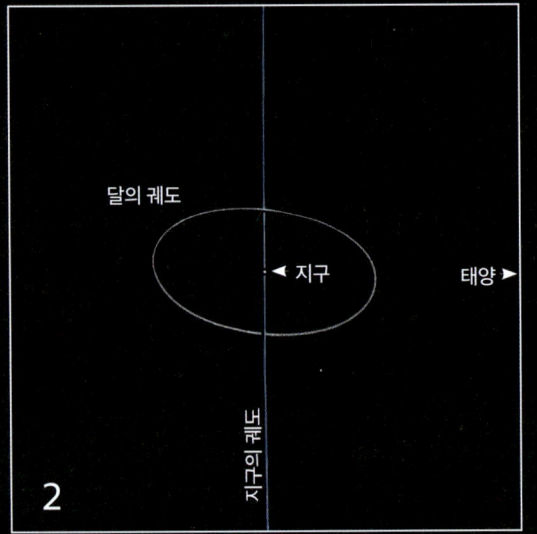
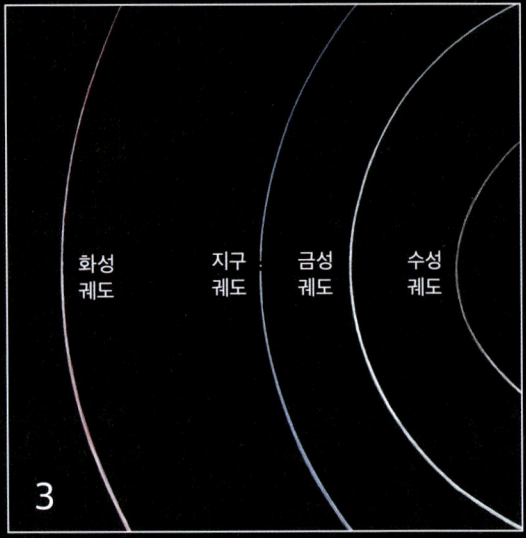

정육면체 한 모서리의 길이: 180만 킬로미터
빛이 정육면체를 가로지르는 시간: 6초
정육면체의 부피: 580만조 세제곱킬로미터
달의 공전 주기: 27.32일

정육면체 한 모서리의 길이: 1억 8000만 킬로미터 또는 1.2천문단위
빛이 정육면체를 가로지르는 시간: 10분
정육면체의 부피: 1.7세제곱천문단위
태양으로부터 평균 천문단위 거리: 수성까지 0.39, 금성까지 0.72, 지구까지 1.00, 화성까지 1.52

명명법

이 책에는 우리 태양계 너머에 있는 천체들의 이름과 약어가 수시로 등장한다. 이런 딥스카이 천체들은 종종 '오리온성운(M42)'처럼 이름과 숫자 명칭을 모두 갖곤 한다. 'M'은 천체가 '메시에 성단 성운표Messier's Catalog of Nebulae and Star Clusters'에 수록돼 있음을 나타낸다. 또한, 'NGC253'(은하)처럼 'NGC'가 앞에 붙는 것도 있다. 천체 명명에 대한 자세한 내용은 58페이지와 167~168페이지 참조.

2단계 정육면체의 각 모서리가 100배씩 늘어나 180만 킬로미터가 되면서 지구가 하나의 점으로 줄어들었다. 이제 정육면체는 우리 행성을 둘러싼 달의 공전 궤도 지름 75만6000킬로미터를 거뜬히 포함한다. 지구에서 달까지의 거리는 지구 지름의 정확히 30배 정도로, 아폴로 우주선이 도달하기까지 이틀보다 조금 더 걸릴 뿐인 대단치 않은 거리다. 가장 빠른 우주선 '뉴 호라이즌스'는 약 8시간 만에 통과하기도 했다. 드물게 궤도를 벗어나는 바위 크기의 소행성을 제외하면 그 어떤 천체도 두 번째 정육면체 범위에 들어오지 않는다.

3단계 여전히 지구를 중심으로 하는 세 번째 정육면체는 우리와 가장 가까운 이웃 행성인 수성, 금성, 화성의 궤도 일부를 포함한다. 수십 대의 무인 우주선이 이들 행성 사이를 항해했다. 이 정육면체의 한 모서리는 '천문단위Astronomical Unit, AU'라는 표준 측정 단위보다 조금 더 큰 1억 8000만 킬로미터(1천문단위는 지구와 태양 사이의 거리인 1억 4960만 킬로미터)다.

화성 너머의 소행성대Asteroid Belt에 떠도는 3만 개의 소행성을 제외하면 이 행성들 사이는 기본적으로 비어 있는 공간이다. 소행성은 행성이 만들어지면서 남겨진 암석 덩어리일 가능성이 높다. 가장 큰 것은 날아다니는 산과 비슷하며 지구에 충돌하면 엄청난 파괴를 일으킬 수 있다. 다행히 그런 충돌은 거의 일어나지 않는다. 가장 최근 일어난 대형 충돌은 6600만 년 전 공룡 멸종 시기 무렵이었다.

조용한 우리 동네의 또 다른 침입자는, 소행성처럼 산만 하지만 대부분 얼음으로 이루어진 혜성이다. 혜성의 표면이 태양의 복사열로 기화되면 사진에서 보던 것과 같은 친숙하고 섬세한 꼬리가 생긴다. 태양계의 다른 지역에서 온 이 손님들을 제외하면 우리 구역은 비교적 평온한 편이다.

태양을 중심으로, 중력에 따라 정해진 궤도를 끝없이 회전하는 이웃 행성들은 저마다의 특색이 뚜렷하다. 가장 안쪽의 수성은 크레이터가 파여 있으며 달과 비슷하다. 무더운 금성은 두껍고 유독한 이산화탄소 이불에 고통받으며 언제나 구름에 뒤덮여 있다. 화성의 얼어붙은 표면은 화산, 크레이터, 오래된 강바닥, 이산화탄소로 된 빙관Ice Cap의 자리다. 모두 가까운 이웃들이지만, 지구만 한 곳은 없다.

4단계 태양계의 주요 행성 8개와 현재 왜행성Dwarf Planet으로 분류된 명왕성을 포함하기 위해, 한 모서리가 120천문단위에 달하는 네 번째 정육면체로 이동해본다. 이 정육면체의 가장자리에는 카이퍼 벨트Kuiper Belt가 있다. 카이퍼 벨트는 얼음덩어리, 암석, 혜성, 왜행성이 흩어져 있는 지역으로 명왕성은 그중에서 가장 큰 천체다. 해왕성의 궤도를 침범하긴 하지만 그 교차점은 마치 고속도로의 입체 교차로처럼 한 궤도가 다른 궤도보다 한참 높거나 낮다. 카이퍼 벨트에서 가장 두꺼운 부분은 해왕성에서 시작해 20천문단위만큼 뻗어 있으며, 명왕성의 궤도 전체를 아우른다. 외곽은 태양으로부터 대략 1000천문단위 떨어져 있는 것으로 보인다. 천문학자들은 그곳에 태양계 생성 때의 잔재이자 최소 100킬로미터 폭에 달하는 천체가 수십만 개 있을 것으로 추측한다.

이 네 번째 정육면체의 가장자리에서는 목성과 토성을 제외한 다른 행성은 육안으로 볼 수

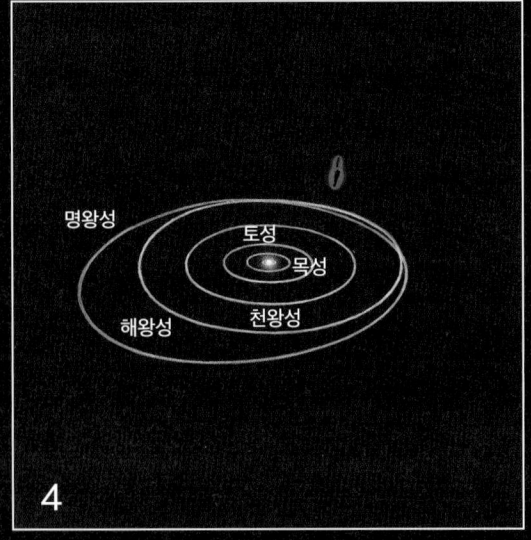 

정육면체 한 모서리의 길이: 120천문단위
빛이 정육면체를 가로지르는 시간: 17시간
정육면체의 부피: 170만 세제곱천문단위
태양으로부터 평균 천문단위 거리: 목성까지 5.20, 토성까지 9.54, 천왕성까지 19.20, 해왕성까지 30.06

정육면체 한 모서리의 길이: 1만2000천문단위 또는 0.2광년
빛이 정육면체를 가로지르는 시간: 70일
정육면체의 부피: 1.7조 세제곱천문단위 또는 0.008세제곱광년
정육면체 내 혜성 추정 개수: 1조 개

없다. 심지어 목성과 토성조차 보잘것없는 작은 점으로밖에 보이지 않을 것이다. 이 범위에서 눈에 띄는 천체는 타오르는 태양이 유일하며 그에 비해 행성들은 태양 주변을 공전하는 티끌에 불과하다. 이 장면은 1990년, 보이저 1호가 태양계를 찍은 사진에 극적으로 담겼다. 사진에는 8개 행성 중 6개가 찍혀 있었는데, 지구는 그저 창백한 푸른 점처럼 보였다.

5단계 다섯 번째 정육면체의 한 모서리 길이는 1만2000천문단위이며 거의 빈 공간으로만 채워져 있다. 명왕성의 궤도는 가운데에 있는 태양 근처의 아주 작은 타원으로 줄어들었다. 이 정육면체 가장자리에서 태양은 단순히 아주 밝은 별처럼만 보일 것이다. 그림에서는 명확히 하기 위해 '오르트 구름Oort Cloud'이라고 불리는 혜성의 연무가 강조돼 있다. 네덜란드의 천문학자인 얀 오르트Jan Oort의 이름을 따서 지은 이름인데, 그는 1950년에 수십억 개의 혜성들이 태양계 가장자리를 떠돌고 있다고 처음으로 주장했다. 정육면체가 커진 만큼 가장 가까운 별도 45배나 더 멀리 떨어져 있다.

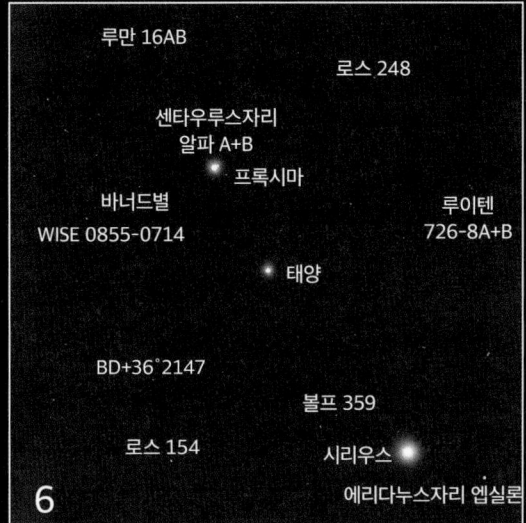
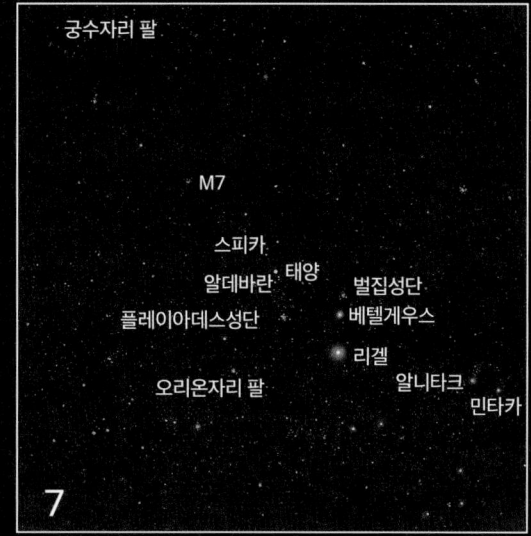

정육면체 한 모서리의 길이: 120만 천문단위 또는 20광년
정육면체의 부피: 8000세제곱광년
정육면체 내 항성 개수: 17(단일항성 8, 이중성계 3, 삼중성계 1)개
태양으로부터의 광년 거리: 센타우루스자리 알파까지 4.39, 바너드별까지 5.96, 시리우스까지 8.6

정육면체 한 모서리의 길이: 2000광년
정육면체의 부피: 80억 세제곱광년
정육면체 내 항성 추정 개수: 최소 200만 개
태양으로부터의 광년 거리: 알데바란까지 67, 플레이아데스 성단까지 450, 리겔까지 860, M7 산개 성단까지 900

이제부터 거리를 측정하는 데 킬로미터 단위는 쓸모가 없다. 심지어는 천문단위도 곧 번거로워질 것이다. 천문학자들은 성간 거리를 표시하기 위해 '광년Light-Year, LY'이라는 단위를 사용한다. 빛이 초당 29만9792킬로미터의 일정한 속도로 일 년 동안 이동하는 거리다.

6단계 여섯 번째로, 한 모서리의 길이가 120만 천문단위(20광년)인 정육면체로 이동하자. 이제 태양은 수많은 항성 중 하나가 됐다. 가장 가까운 이웃인 센타우루스자리 알파Alpha Centauri는 혹한의 명왕성보다 7000배나 더 멀리 떨어진 삼중성계Triple-star System다. 센타우루스자리 알파 항성계의 어두운 적색 왜성Red Dwarf 센타우루스자리 프록시마Proxima Centauri가 가장 가까운 별인데 우리와 4.24광년 떨어져 있다. 항성계 간 거리는 굉장히 멀다.

우리의 이웃 별들을 비교해보면 태양이 평균보다 더 밝다는 것을 알 수 있다. 근처에 있는 별들은 대개 천문학자들이 적색 왜성이라고 부르는 어두운 항성들이다. 육안으로 볼 수 있는 이웃 항성은 센타우루스자리 알파와 시리우스, 여섯 번째 정육면체 가장자리에 있는 에리다누스자리 엡실론Epsilon Eridani 단 세 가지뿐이다. 이 정육면체에서 태양보다 더 밝게 빛나는 유일한 항성이 밤하늘에서 가장 밝게 빛나는 시리우스다.

태양 근처의 각 항성은 텅 빈 것처럼 보이는 몇 세제곱광년의 공간으로 둘러싸여 있다. 항성들 사이의 이 공간을 성간 매질Interstellar Medium(ISM)이라고 하는데, 사실 이 부분은 완전히 비어 있는 게 아니다. 평균적으로 세제곱센티미터당 원자 1억조 개를 포함하는 지구의 해수면 대기와 달리 성간 매질에는 세제곱센티미터당 원자 한 개가 포함돼 있다. 이 성간 원자Interstellar Atom는 주로 약간의 먼지가 섞인 수소 가스다. 항성들 사이에 존재할 수 있는 상당한 크기의 천체는 홀로 떠 있는 목성급 행성과 블랙홀(특정 종류의 무거운 별이 폭발할 때 생성되는 중력 우물)뿐이다. 천문학자들은 항성들 사이에 숨어 있는 두 천체의 징후를 발견했지만, 각각 얼마나 많이 있는지는 확실치 않다.

7단계 일곱 번째 정육면체는 한 모서리가 2000광년이며 대략 200만 개의 별들을 포함하는 것으로 추정된다(대부분이 아직 발견되지 않은 적색 왜성으로 추측돼 정확하지는 않다). 청명한 밤, 지구에서 맨눈으로 볼 수 있는 별보다 수천 배는 많은 숫자다. 별들이 겹겹이 붙어 있는 듯 보이지만, 이는 우리가 너무 많은 것을 너무 작은 곳에서 보고 있기 때문이다. 별들 사이에는 수 광년씩의 거리가 있다는 걸 기억하라. 맑은 날 밤 일반적으로 보이는 별 중 대부분이 여기에 들어 있지만, 이 일곱 번째 정육면체에서 발견되는 별의 전체 개수는 우리은하 속 별 개수의 0.001퍼센트도 되지 않는다.

모래 놀이터에 담긴 은하

모래 골짜기, 모래성, 비밀 아지트와 대모험이 가득한 모래 놀이터는 하나의 작은 우주라 할 만하다. 다른 관점에서 모래 놀이터는 우주 모형의 역할을 한다. 일반적인 모래 놀이터에 있는 모래알의 수가 우리은하에 있는 별들의 수와 비슷하기 때문이다.

현미경으로 관찰하면 모든 모래알은 기본적으로 같은 규산염 물질 같지만 세부적으로는 서로 조금씩 다르다. 별들도 마찬가지다. 모두 우주의 열핵 용광로지만 크기, 온도, 밝기가 각기 다르다. 우리 태양도 그중 하나다.

모래알들이 겉보기에는 부드러운 질감의 한 덩어리처럼 뭉치듯, 별들도 반짝이는 시냇물로 뒤엉켜 여름밤의 은하수로 보인다. 오직 태양에서 몇 광년 거리 내에 있는 가까운 별들만 하나씩 구분해서 볼 수 있다. 이때 놀이터의 모래 한 줌은 어두운 밤에 맨눈으로 볼 수 있는 모든 별을 상징할 것이다.

하지만 모래 놀이터는 단지 우리가 살고 있는 은하일 뿐이고, 우리은하는 수십억 개 은하 가운데 하나일 뿐이다. 실제 우주에 가깝게 표현하려면 지구상의 모든 인간이 모래 놀이터를 가지고 있어야 한다. 심지어 그렇게 해도 모래 놀이터가 수십억 개쯤 부족할지 모른다. 1초에 하나씩, 매일 24시간 동안 모래 놀이터(알려진 우주 내 은하들)를

고향의 경치 여름밤이면 머리 위로 우리은하가 희뿌연 띠를 이루며 뻗어 있는 것을 볼 수 있다. 애리조나주 산꼭대기에서 찍은 이 광각 사진은 지평선 위로 우리은하의 중추를 분명하게 보여준다. 사진: 테런스 디킨슨.

센다면 몇 사람의 일생이 필요할 것이다.

밖에 나가 별을 관측하면 우주의 광활함 때문에 자신이 너무 하찮게 느껴지지는 않느냐는 질문을 자주 받는다. 심지어 우울해지지 않느냐는 사람도 많다. 그 물음과는 반대로 나는 별이 반짝이는 밤하늘 아래에 있을 때 깊은 평온함을 느낀다. 우주는 불가사의한 미스터리가 아니라 탐험해야 할 놀라운 세상이다. 인간이 우주의 모든 복잡한 작동 방식을 이해하진 못할 수 있지만, 우주에서의 우리 위치를 인식할 정도로는 알고 있다. 적어도

물리적으로는 그렇다. 그 이유 하나만으로도 우리는 그렇게 하찮은 존재는 아니다.

나에게 천체 관측은 별들과 은하 사이를 여행하는 지적 탐험이며 우주의 아름다움, 광활함과의 교감이다. 나를 압도하는 일이 아니라 아주 신나는 일이다.

이런 감상은 빛나는 별들의 지붕 아래 서서 하늘을 가로지르며 흐르는 은하수의 빛나는 등뼈를 볼 때마다 더 강해진다. 나는 접이식 의자에 등을 기대고 앉아 백조자리와 궁수자리의 뭇별을 향해 쌍안경을 들었다. 소박한 쌍안경이 보여주는 별들의 바다는 언제 봐도 놀랍다.

캐나다의 천문학자인 헬렌 소여 호그는 1976년 저서 『별은 모두의 것이다 The Stars Belong to Everyone』 머리말에서 내 기분을 요약했다. "많은 사람이 별들이 계속 우리와 함께 있다는 이유로 별 보는 즐거움을 미루는 경향이 있다. 하지만 (…) 밤하늘의 아름다움을 보고 즐기는 데는 시간이 거의 들지 않는다. 일단 그걸 알게 되면, 그 매력은 절대 사라지지 않는다."

우리은하

우리은하는 우리의 고향이다. 우주의 기준에서는 1000억에서 4000억 개의 항성 시민이 속해 있는 주요 대도시이기도 하다. 원반 모양으로 되어 있는 우리은하는 지름이 최소 10만 광년이고 그 두 배

세 가지 관점 이 그림들은 우리은하의 모양과 구조를 보여준다. 맞은편에 있는 그림은 태양이 있는 쪽 사분면을 확대한 것으로 태양계의 위치와 잘 알려진 항성, 성운들의 위치를 정확히 보여준다. 왼쪽 아래: NASA/JPL-Caltech/R. 허트(SSC/Caltech), 오른쪽 아래: 스카이퍼블리싱, 맞은편 페이지: 아돌프 샬러.

만큼 뻗어 있는 헤일로에 둘러싸여 있다. 중앙의 핵은 중앙 막대 구조로 두께는 대략 400광년, 지름은 1만 광년이다. 이곳에는 별들이 촘촘하게 채워져 있는데, 서로 간의 거리가 0.1광년의 10분의 1 미만(6300천문단위)인 별들도 꽤 있다. 이에 비해 우리와 가장 가까운 이웃 항성인 센타우르스자리 프록시마는 4.2광년 떨어져 있으며, 앞으로 100만 년 동안 겨우 20개의 별만이 태양의 3광년 거리 이내에 들어올 것으로 추정된다.

우리은하의 중앙 팽대부Central Bulge가 노란빛을 띠는 것은 나이 많은 황색과 적색 별이 어린 청색 거성Blue Giant보다 더 많기 때문이다. 은하의 중심부는 상대적으로 성숙한 항성들의 영역인 듯하다. 청색 거성은 빠르게 살다가 일찍 죽는데, 엄청난 속도로 연료를 낭비하며 겨우 수백만 년 산다. 짧은 생 동안 빛나는 영광을 누린 뒤 적색 거성으로 진화해, 높은 확률로 눈부신 초신성 폭발을 동반하면서 사라져가는 것이다.

우리은하의 주요 두 나선팔Spiral Arms인 방패-센타우르스자리 팔Scutum-Centaurus Arm과 페르세우스자리 팔Perseus Arm이 대칭적인 바람개비 날개처럼 중앙 막대부에서 살짝 휘어져 나온다. 태양은 중심에서 절반보다 조금 더 멀리 떨어진 곳에 자리 잡고 있다. 이곳은 이웃 항성과 그다지 멀리 떨어져 있지 않지만 밀도 높은 핵에서는 충분히 먼, 우리은하의 외곽 지역이다. 이웃 항성들 중 가장 쉽게 볼 수 있는 것은 밝은 청색 거성과 초거성Supergiant인데 오리온자리의 허리띠Orion's Belt에 있는 세 별이 이에 속한다. 대단히 강력한 이 별들은 태양보다 훨씬 무거우며, 나선팔의 윤곽을 드러내고 푸르스름한 흰색 색조를 더해주는 역할을 한다.

내부에서 보는 우리은하 이게 우리다. 유럽우주국ESA의 가이아 우주 망원경이 촬영한 이 사진에는 20억 개에 달하는 우리은하의 항성들이 포착됐다. 우리은하 가장자리에서는 중심 은하면Central Galactic Plane의 밝고 평평한 원반, 은하 중심부의 팽대부, 은하수에 스며 있는 성간 가스와 티끌로 구성된 검은 가닥을 볼 수 있다. 이미지: ESA/가이아/DPAC.

천문학자들은 은하에 나선팔이 있는 이유를 아직 알지 못한다. 한 이론은 파동이 원반 가장자리에서부터 나선을 그리며 은하 중심으로 갔다가 돌아오는 항성 형성 과정에서 발생하는 밀도파(압력파) 때문에 만들어진다고 주장한다. 하지만 2013년 발사된 가이아 우주 탐사에서 얻은 자료에 따르면 나선팔은 생겼다가 사라졌다가 한다. 은하의 회전 때문에 형성되고, 1억 년가량 제자리를 유지하다가 용해되며, 그 후 다른 배열로 다시 형성된다. 이에 대한 궁금증은 아직 풀리지 않았다.

크든 작든 모든 별은 성운, 즉 은하의 나선팔에 엮인 가스와 먼지구름에서 탄생한다. 오리온성운처럼 별들이 형성되는 영역은 컬러 사진에서 분홍빛의 밝은 성운으로 보이며 나선팔 여기저기 흩어져 있다. 별이 형성되는 성운 중 쌍안경으로 볼 수 있는 몇몇은 바로 앞쪽의 우리은하 사분면 확대 그림에 표시돼 있다. 그림에는 유명한 항성과 성단들도 포함돼 있는데, 대부분 맨눈으로도 볼 수 있는 것들이다.

함께 태어난 별들은 일반적으로 성운이라는 고치에서 성단이 된다. 보통 시간이 지남에 따라 성단은 흩어지고 각각의 별들은 나선팔 전체에 퍼진다. 나선팔들 사이의 공간은 비어 있지 않으며 별들이 은하 주위를 돌면서 들어갔다 나갔다 한다. 하지만 팔 사이의 별들은 오래되고 덜 밝은 경향이 있어, 태양과 비슷하거나 더 희미한 빛을 낸다.

우리 태양계는 페르세우스자리 팔과 궁수자리 팔Sagittarius Arm 사이 오리온자리 팔Orion Arm이라는 작은 돌출부의 가장자리 안쪽에 자리 잡고 있다. 인근의 밝은 항성들 다수가 오리온자리 팔 안쪽에 있는 젊은 별들 구간인 '굴드 대Gould's Belt'에 속해 있다. 굴드 대 너머 오리온자리의 별들을 응시할 때, 우리는 길게 삐져나온 오리온자리 팔의 가장자리를 보고 있는 것이다. 페르세우스자리를 향해 시선을 틀면 핵을 등지고 페르세우스자리 팔과 은하 간 공간을 바라보는 것이다. 백조자리는 오리온자리의 반대편인 오리온자리 팔 안쪽 부분에 자리하고 있다. 늦여름 저녁에 보이는 은하수는 궁수자리 팔의 일부로 우리와 우리은하 중심 사이를 흐르고 있다. 암흑성운은 중심핵 팽대부를 가려서 은하 중심부 관측을 어렵게 한다.

나선팔 너머는 구상 성단Globular Cluster의 서식지인 은하 헤일로다. 구상 성단은 최대 1000만 개의 항성들이 구형으로 조밀하게 무리 지은 것으로, 각각의 항성은 거대한 고리 모양 궤도를 그리며 은하핵 주위를 돌고 있다. 다른 은하 주위에도 존재하는 헤일로는 대략 항성 1조 개에 달하는 질량을 가지고 있다. 하지만 실제로 보이는 항성의 수는 그보다 훨씬 더 적다. 암흑 물질Dark Matter이라고 불리는 이 보이지 않는 질량의 본질이 무엇인지는 천문학의 주요한 미스터리 중 하나다.

이번 장에 수록된 우리은하 구조 그림에는 약간의 예술성이 가미돼 있다. 우리은하 안에 살고 있는 우리가 그 모양과 내용물을 정확히 파악하긴 어렵기 때문이다. 보이는 거라곤 자기 집과 동네뿐인데 온 도시를 설명해야 하는 상황과 비슷하다. 그러다보니 우리은하의 전체적인 구조를 가장 잘 보여주는 그림조차 다른 은하의 사진에서 보이는 것들처럼 명확하지는 않다.

8단계 한 모서리의 길이가 20만 광년인 여덟 번째 정육면체는 우리은하를 거뜬히 포함한다. 우리은하 중심에서 가장자리 사이 중간 지점까지, 대략 우리 태양까지에 이르는 은하 두께는 약 1000광년이다. 우리은하에서 태양계가 차지하는 너비 비율을 느껴보려면 DVD를 떠올려보라. 태양은 디스크의 미세한 홈에 붙은 먼지 한 톨일 것이다. 주당 1천문단위 속도로 움직이는 태양이 은하핵 주위를 한 바퀴 도는 데는 약 2억 2500만 년이 걸린다. 태양과 지구는 만들어진 이래로 이런 여정을 20번 조금 넘게 했다.

태양계는 마치 회전목마의 말처럼 우리은하의 중심부를 돌면서 위로 불쑥 솟았다가 내려간다. 지구는 대략 2600만 년마다 은하면을 통과하며, 은하면 위로 200광년 정도 올라갔다가 같은 거리만큼 은하면 아래로 내려온다. 우리는 현재 은하의 중간 면 위로 50광년 올라온 상태로 아직 올라가는 중이고 중간 면을 통과한 지는 이미 수백만 년이 됐다.

오리온자리 팔의 좋은 위치를 차지하고 있는 우리는 은하계 오지의 멀리 떨어진 천체들도 관측할 수 있다. 여기에는 10만 개에서 수백만 개에 이르는 거대한 구형 천체 집합인 구상 성단이 최소 150개 포함되는데, 그중 일부는 우리은하만큼이나 오래됐다. 근처에는 가장 주요한 이웃 천체로 평가되는 왜소 은하들인 대마젤란은하Large Magellanic Cloud와 소마젤란은하Small Magellanic Cloud가 배회하고 있다. 가이아 우주 탐사의 데이터에 따르면 대마젤란은하는 우리은하와 처음으로 조우하는 중이거나, 우리은하를 40억 년 주기로 공전하고 있는 것으로 보인다. 소위 은하 간 공동Intergalactic Void이라 부르는 곳에 최소 60개의 왜소 은하가 있다. 가이아가 밝힌 바에 따르면, 그 은하 중 일부는 우리은하의 위성 은하가 아니라 그저 지나가는 중일 뿐이다.

9단계 우주 가장자리로 나아가는 과정의 아홉 번째는 각 모서리가 2000만 광년인 정육면체다. 이제 우리은하는 그저 거대한 우주 공간의 수십 개 얼룩 중 하나일 뿐이다.

천문학자들이 '국부 은하군Local Group'이라고 부르는 정육면체 중앙의 은하 3개는 중력으로 묶여 영원한 가족이 됐다. 우리은하와 안드로메다은하Andromeda Galaxy(M31)의 크기가 비슷한 것과 달리 삼각형자리은하Pinwheel Galaxy(M33)는 너비가 우리은하의 대략 60퍼센트 정도다. 그들의 동반 은하Galactic Companion인 우리은하 옆의 대마젤란은하와 소마젤란은하, 안드로메다은하 근처의 M32와 M110, 그리고 M33 근처의 물고기자리왜소은하Pisces Dwarf는 정육면체에 비해 너무 작은 탓에 이 그림에서 보이지 않는다. 또한 이 영역에 존재하면서 국부 은하군에 속하는 60개 이상의 왜소 은하와 불규칙 은하Irregular Galaxy도 보이지 않는다. 국부 은하군 너머, 정육면체 바깥쪽 경계 근처에는 우리은하와 비슷한 은하들이 우주 깊은 곳에 무엇이 있는지를 암시하고

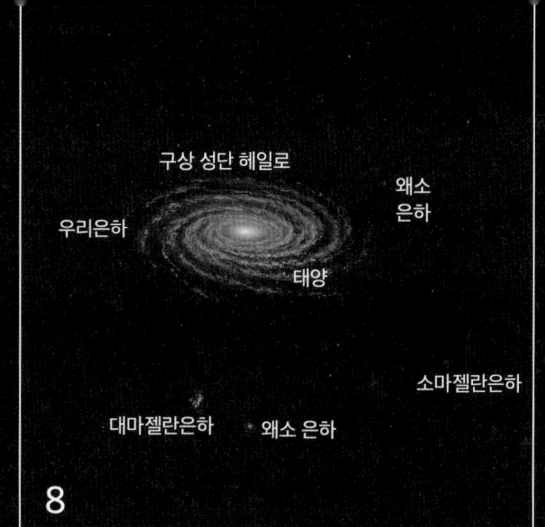
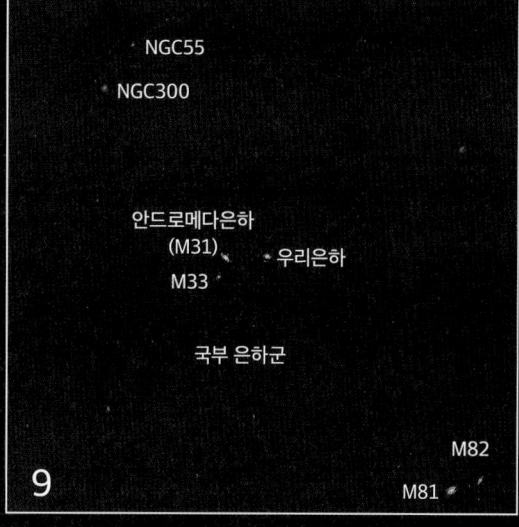

정육면체 한 모서리의 길이: 20만 광년
정육면체의 부피: 8000조 세제곱광년
정육면체 내 항성 추정 개수: 최대 1조 개
우리은하 지름: 최소 10만 광년

정육면체 한 모서리의 길이: 2000만 광년
정육면체의 부피: 80억조 세제곱광년
정육면체 내 대형 나선 은하 수: 6개
왜소 은하 및 불규칙 은하 추정 개수: 60여 개

있다. NGC300과 NGC55는 인근 조각가자리 은하군Sculptor Group에 속하고, 반대쪽의 M81과 M82는 M81 은하군에 속한다.

    은하 사이의 공간은 상상할 수 있듯이 완전히 빈 공간에 가깝다. 그 어떤 은하와도 멀리 떨어진 이 은하 간 공동에는 세제곱미터당 원자 하나가 통과하고 있는데, 보기에는 텅 빈 듯한 이 우주의 심해에 암흑 물질이 있을 수도 있다(10단계 참조). 지구가 존재하기 한참 전 우주의 일반 물질은 거대한 덩어리들로 뭉쳐 은하가 됐다. 우리은하보다 100배는 무겁고 몇 배는 더 큰 괴물들부터 겨우 수십만 개 별만 포함하는 왜소체에 이르기까지 크기가 다양하다.

    10단계 은하는 자연의 가장 위대한 구성 요소다. 허블과 제임스웹 우주 망원경, 그리고 다른 우주 관측 위성들의 측정에 따르면 우주에는 수조 개의 은하가 있을 것으로 추정된다. 그 은하들이 어떻게 우주의 기본 구조를 형성하는지 보기 위해 한 모서리가 20억 광년인 열 번째 단계로 넘어가자. 수백만 개 은하가 이 부피 안에서 끝없는 어둠의 바다를 헤엄치고 있다. 우리은하는 은하 밖 존재들 틈으로 사라져버렸다.

그러나 구조는 있다. 마침내 우주의 웅장한 건축물이 눈에 띈다. 은하들은 무작위로 배열되는 게 아니라 초은하단이라 불리는 매듭, 덩어리, 리본, 시트 형태로 배열돼 있고, 상대적으로 텅 빈 거대한 영역인 거시공동Void에 의해 서로 떨어져 있다. 초은하단은 국부 은하군처럼 작은 은하단들이 모인 집합체다. 가까운 예로는 1989년에 발견된 '장성Great Wall'이 있다. 장성은 수만 개의 은하가 모인 집합체로 길이는 7억5000만 광년, 너비는 2억 광년, 두께는 1500만 광년에 달한다. 심지어 더 큰 초은하단의 필라멘트Filament(필라멘트는 초은하단과 은하단을 연결하는 거대한 실 모양의 구조다—옮긴이)도 이 정육면체의 범위를 벗어난 곳에서 발견됐다.

우리는 은하 수천 개를 포함하고 최소 1억 광년에 걸쳐 뻗어 있는 처녀자리 초은하단Virgo Supercluster에 속해 있다. 우리 은하계가 속한 국부 은하군은 한쪽 가장자리에 있다. 이전 정육면체의 오른쪽 아래에 보이는 M81 은하와 M82 은하 또한 여기에 속하며 이들은 초은하단 중심부 근처에 있다. 국부 은하군을 포함해 여기에 묘사된 구조체 다수는 '라니아케아Laniakea'(하와이어로 '무한한 천국')라는 거대 초은하단의 일부다. 5억 2000만 광년 크기로 추정되는 라니아케아는 약 10만 개의 은하를 포함하고 있다.

은하들은 왜 거시공동으로 분리된 각각의 은하단에 모이는 걸까? 왜 그냥 우주 전체에 무작위로 흩어져 있지 않을까? 그리고 왜 은하마다 크기가 비슷하지 않은 걸까? 천문학자들은 수십 년 동안 이런 질문에 답하려 노력해왔다. 현재까지 알아낸 것은 우주 질량과 중력의 80퍼센트 이상을 차지하는 불가사의하고 눈에 보이지 않는 물질, 즉 암흑 물질로 구성되는 '우주망Cosmic Web'과 관련이 있다는 것이다. 암흑 물질 자체는 (물질과 에너지를 합쳐) 전체 우주의 4분의 1 정도밖에 되지 않는다. 아주 오래전, 암흑 물질의 가닥이 겹쳐 있던 영역에 더 많은 일반 물질이 몰렸고, 이곳이 은하들의 탄생지가 됐다.

11단계 이제 가늠할 수 없는 크기의 정육면체에 관측 가능한 우주 전체를 담아내려는 단계적인 우주여행의 대담하고도 상상력 넘치는 마지막 단계로 들어선다. 천문학자들은 우주가 유한한지 혹은 무한한지 단언하지 못한다. 그들이 확실하게 아는 건 볼 수 있는 것들뿐이다. 정육면체 안에는 지름 900억 광년 이상의 구체로 묘사된 우주가 있다. 어쩌다 이렇게 헤아리기도 힘든 숫자에 도달하게 된 걸까?

우주의 나이는 138억 살이다. 빛의 속도가 유한하기 때문에 이론적으로 우리는 어느 방향으

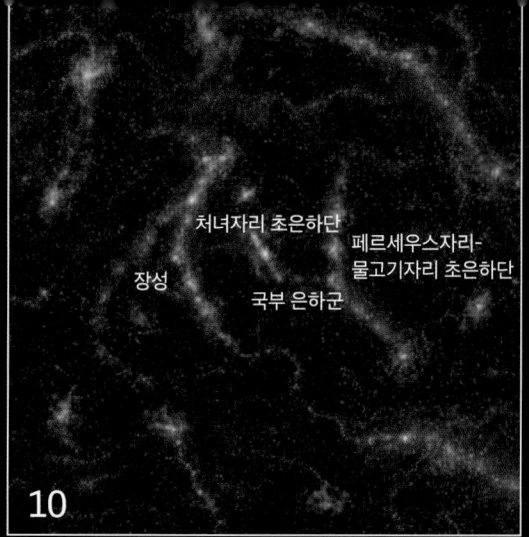

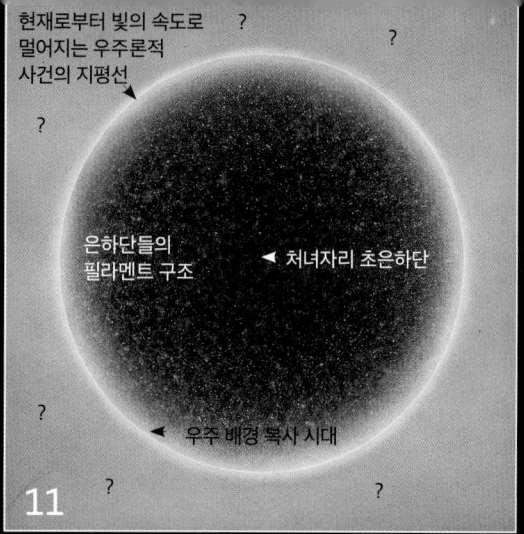

정육면체 한 모서리의 길이: 20억 광년
정육면체 내 은하 추정 개수: 1억 개 이상
정육면체 내 항성 추정 개수: 약 5억 개
알려진 가장 큰 초은하단의 은하 개수: 약 10만 개

정육면체 한 모서리의 길이: 관측 가능한 우주보다 큼
관측 가능한 우주 내 은하 추정 개수: 수천억 개
관측 가능한 우주 내 항성 추정 개수: 1자 개? (1 뒤에 0이 24개)
우주의 추정 나이: 138억 년

우주 시스템의 발견

1888년에 하늘의 돔 아래를 기어다니며 저 너머 우주의 작용을 관찰하는 한 남자를 그린 목판화 이후로 우주에 대한 우리의 이해는 큰 진전을 이루었다. 이미지: 카미유 플라마리옹의 「대기: 대중 기상학 L'atmosphère: météorologie populaire」, 1888년, 퍼블릭 도메인

로든 138억 광년만 볼 수 있다. 따라서 관측 가능한 우주의 지름은 약 276억 광년이다. 하지만 우주는 138억 년 동안 계속 팽창해왔기 때문에, 이론적으로 탐지 가능한 138억 광년 거리의 한 지점은 빛이 방출된 이래 약 450억 광년으로 더 멀어졌다. 그러니까 우주의 지름은 최소 900억 광년이라고 할 수 있다. 어쩌면 훨씬 더 클지도 모르지만 우리는 알 수 없다.

널리 받아들여지고 있는 빅뱅 이론에 따르면 우주는 상상할 수 없을 만큼 뜨겁고 밀도 높은 한 점으로 탄생해 부풀고 늘어나 팽창하는 우주가 됐다. 시간이 지나며 은하단들은 마치 부풀어 오르는 풍선에 붙은 점들처럼 팽창 때문에 서로 멀어졌다. 오늘날, 멀리 떨어진 은하들은 우리에게서 계속 멀어지고 있는 것처럼 보인다. 하지만 사실 팽창하고 있는 것은 우주의 구조 자체다. 다른 은하에 있는 관측자들도 멀리 떨어진 은하들이 그들에게서 멀어지는 듯한 효과를 똑같이 목격할 것이다.

수십 년 동안 우주론자들은 빅뱅 이후 우주의 팽창 속도가 느려지고 있다고 생각해왔다. 20세기 후반 관측에 의해 밝혀진 바에 따르면 우주 팽창은 사실 가속화되고 있다. 이 반직관적인 가속에 대해서는 아직 학자들도 설명을 못 하고 있지만, 가속을 일으키는 힘에 '암흑 에너지 Dark Energy'라는 이름은 붙여두었다.

팽창으로 우주의 물질들이 너무 멀리 분산됐기 때문에 멀리 떨어진 은하의 빛이 지구에 도달하기까지는 엄청난 시간이 걸린다. 이런 은하들은 현재의 모습이 아니라 빛이 출발할 당시의 모습으로 보인다. 머나먼 우주를 응시하는 것은 그러므로 우주의 타임머신에 탑승해 여행하는 것과 같고, 이는 우주와 그 안을 채우고 있는 은하들의 진화를 연구하는 데 대단히 도움이 된다.

이 세상 너머

우리은하의 나이는 130억 살 이상으로 추정된다. 첫 세대의 별들이 빅뱅 직후에 형성됐다는 의미다. 제임스웹 우주 망원경으로 120억에서 130억 광년 떨어진 천체를 볼 때, 우리는 우주의 탄생 직후 그들이 형성되던 때의 모습을 보는 것이다. 이 젊은 은하 중 많은 수는 고요한 우리은하보다 훨씬 더 활력이 넘쳐서, 우리은하가 방출하는 방사선의 수천 배에 달하는 방사선을 내뿜는다. 머나먼 거리의 어디를 쳐다보든 천문학자들은 활발하게 활동하는 천체를 볼 수 있다. 이는 은하 간 상호작용, 초대질량 블랙홀의 탄생, 그리고 우주 역사상 가장 많은 별이 탄생한 시기였던 결과로 보인다. 제임스웹 우주 망원경의 직경 6.5미터 거울은 허블 망원경의 직경 2.4미터 거울보다 집광력이 7배나 뛰어나서, 천문학자들은 최초의 은하들이 어떻게 형성됐으며 어떻게 오늘날의 은하로 진화했는지 알 수 있을 것이라 기대하고 있다.

하지만 우주 탄생 40만 년 이전의 모습을 탐사해보면 촬영할 수 있는 건 우주 배경 복사Cosmic Microwave Background라는 흐릿한 에너지 연무뿐이다. 이는 빅뱅의 '잔유휘광Afterglow' 때문으로 추정된다. 따라서 천문학자들은 우리가 우주의 나이만큼만 관측 가능한 우주에 거주하고 있다고 결론 내린다. 시작 이전의 과거를 보는 건 불가능한 일이니 말이다.

아마추어 장비로는 수십억 광년이나 떨어진 먼 영역을 탐구할 수 없다. 우주와 시간의 가장자리

우리은하 상상도 우리는 멀리 떨어진 다른 은하에서 우리은하가 정확히 어떻게 보이는지 모른다. 먼지투성이 나선팔이 타원형 중심부를 둘러싸고 있는 NGC6744는 언뜻 우리은하와 비슷해 보인다. 한 가지 차이점은 크기인데, NGC6744가 우리은하 지름의 거의 두 배다. 이미지 제공: ESO.

에 숨은 비밀을 찾으려면 우주 망원경과 가장 커다란 천문대의 거대한 장비를 써야만 한다. 놀랍게도 아마추어 천체 관측자의 한계를 크게 넘어서는 건 11단계의 '전체 우주' 정육면체와 그 전 단계의 '초은하단' 정육면체뿐이다. 심지어 200만 광년 이상 떨어진 9단계의 안드로메다은하도 맨눈으로 볼 수 있다. 작은 망원경만 있어도 9단계의 밝은 은하들을 볼 수 있고, 10단계의 수억 광년 떨어진 은하도 몇 개는 볼 수 있다. 하지만 관측자가 그걸 보기 위해서는 어디를 봐야 할지를 반드시 알고 있어야 한다.

머나먼 티끌들 천문학자들은 제임스웹 우주 망원경의 근적외선 분광기를 사용하여 희미한 점으로 거의 보이지 않는 여러 먼 은하의 빛을 연구했다. 110억 광년에서 130억 광년에 이르는 거리에 있는 이 은하들은 우주 역사의 가장 초기의 모습을 그대로 보여준다.

깊은 곳으로 '제임스웹 최초의 딥 필드'로 알려진 이 이미지는 2022년 7월 11일에 공개됐다. 이미지에는 가까운 항성(파란색 '바퀴살'로 알아볼 수 있다) 몇 개뿐 아니라 거대한 은하단 SMACS 0723도 포함돼 있다. SMACS 0723에는 중력으로 묶인 은하들이 100개 이상 속해 있는데, 그중 몇몇은 46억 광년 정도 떨어져 있다. 주황색 호는 은하단 뒤에 숨은 더 먼 은하들이 왜곡돼 보이는 모습이다. 이 이상한 효과는 중력 렌즈Gravitational Lensing 현상의 결과다. SMACS 0723의 중력이 거대한 렌즈로 작용해 뒤에 있는 은하들의 이미지를 가느다란 호 모양으로 확대하고 늘린 것이다. 제임스웹 우주 망원경의 뛰어난 감도와 중력 렌즈 현상 덕분에 천문학자들은 최소 130억 광년 떨어진 아주 어린 은하들도 연구할 수 있다. 이렇게 멀리 떨어진 은하로부터 우리에게 지금 도달하는 빛은 지구가 존재하기도 전부터 그 여정을 시작했다.
이미지 제공: NASA/ESA/CSA/STScI.

제3장

천체의 움직임

오리온은 항상 옆으로 떠오르는 걸 아는가.
산 울타리 위로 한 다리를 올린 채…….

로버트 프로스트(1874~1963)

떠오르는 사냥꾼 오리온자리는 몇 개의 다른 주요 별자리들과 함께 겨울 밤하늘을 지배한다. 사진: 앨런 다이어.

*

 1841년, 랠프 월도 에머슨은 이렇게 썼다. "평범한 사람은 하늘의 별을 알지 못한다." 에머슨의 말이 몇 퍼센트나 맞는지 연구된 바는 없다. 하지만 셰익스피어는 『율리우스 카이사르』에 밤하늘이 '번호가 붙지 않은 불꽃들로 칠해졌다'라고 묘사하여 그 문제를 끄집어냈다. 별이 빛나는 밤은 그 아름다움에도 불구하고 빛나는 점들의 혼란한 난장판처럼 보일 수 있다. 별들을 분류하는 데는 시간이 걸린다. 각각의 별을 구별하는 방법을 배운 호기심 많은 천체 관측자 가운데는 별지도를 들고 밖에 나갔다가 한두 시간 만에 좌절하고 포기하는 사람도 더러 있다.

 문제는 보통 관측자보다 별지도에 있다. 오늘날에는 많이 사용되지 않지만, 신화 속 인물과 괴물들이 별 패턴 위에 그려진 실용성 없는 별지도들이 아직도 돌아다닌다. 심지어 현대적인 별지도와 별자리판조차 천체 관측 첫날에 사용하기에는 너무 작거나, 점과 선이 너무 빽빽할 때가 많다.

 처음 별자리를 식별했던 청명한 겨울밤의 설렘이 아직도 생생하다(별자리는 오래전 우리 조상들이 별들을 구분하고 이름 붙인 패턴이다). 천문학 책에서 별자리 지도를 본 적은 있었지만 복잡해 보이는 그 지도에 겁을 먹었다. 그러다 상쾌한 겨울 하늘을 바라보았을 때, 마침내 한 이미지가 분명하게 드러났다. 내 앞에 서 있는 것은 위대한 사냥꾼 오리온이었다. 3개의 별이 반짝이는 그의 허리띠는 오리온의 어깨와 다리를 나타내는 밝은 별 4개에 둘러싸여 있었다. 그날 이후 매년 겨울, 오리온은 저녁 하늘을 활보하는 5개월 남짓 동안 나의 반가운 친구가 돼주고 있다.

 오리온자리는 잘 알려진 별자리 중 하나다. 하지만 더 자주 보이는 것은 별자리를 전혀 식별하지 못하는 관측자라도 7개의 별을 쉽게 찾아낼 수 있는 북두칠성이다. 이 두 별자리를 이용하면 북반구 대부분에서 보이는 주요 별과 별자리를 모두 찾을 수 있다. 오리온자리와 북두칠성을 찾을 수 있으면, 계절이나 시간에 상관없이 우주의 작품들이 제자리를 찾아가기 시작한다.

하늘의 움직임

별들은 서로 상대적으로 움직이지만 그 움직임은 너무 미세해서 별자리는 수천 년 동안 그대로 유지된다. 그러나 축을 중심으로 도는 지구의 자전(낮과 밤을 만든다)과 일 년 주기로 태양 주위 궤도를 도는 공전(일 년을 만든다) 때문에 하늘 전체는 겉보기 운동Apparent Motion을 한다. 자전으로 인해 지구 위의 한 지점에서 하늘을 바라볼 때, 시선이 닿는 하늘 위 지점이 자전의 방향을 따라 달라진다. 기둥이나 지붕 꼭대기처럼 표지가 되는 물체 바로 위에 밝은 별이 오는 위치에 서면 이 운동을 관찰할 수 있다. 위치를 잘 기억해두었다가 30분 뒤에 돌아오라. 별은 그 위치에서 눈에 띄게 이동해 있을 것이다. 태양이 매일 그러하듯 별들도 보통 동쪽에서 서쪽으로 움직인다. 북쪽에 있는 별들은 북극성에서 그리 멀지 않은 천구의 북극, 즉 하늘의 중심점 주변을 천천히 돈다. 북극성은 거의 움직이지 않는다. 맞은편 페이지의 장노출 사진에 그 효과가 생생하게 나타나 있다.

지구의 공전으로 인한 별 풍경 변화는 몇 주 혹은 몇 달이 지나야 드러나지만 그 결과는 더 엄청나다. 계절에 따라 변화하는 하늘 전체가 시야에 들어온다. 따라서 계절마다 눈에 띄는 별과 별자리가 있는데, 이는 다음 장에 설명돼 있다.

이 책 전체와 일반적인 천문학 용어에서 각 계절에 언급되는 별과 별자리는 지구의 '저녁' 면이 향하는 별과 별자리다. 어느 한 시점에선 전체 하늘의 절반만 볼 수 있기에(나머지 절반은 지구 자체가 가리고 있다) 일부 중복이 발생한다. 예컨대 겨울과 여름에 보이는 별 중 몇 개는 봄에도 볼 수 있다. 밤새도록 깨어 있으면 최소한 천체 관측의 맥락에서는 계절을 앞지를 수 있다. 지구가 자전(북쪽에서 볼 때 반시계 방향, 공전과 같은 방향)함에 따라 자정 무렵에는 다음 계절의 별들이 동쪽에 나타나기 시작하고, 오전 4시 무렵에는 한 계절을 완전히 앞서기 때문이다. 즉, 다음 계절 저녁 시간에 보이는 부분의 하늘을 향하도록 지구가 회전했다는 것이다.

별 궤적 위: 고정 카메라로 촬영한 이 장노출 사진은 동쪽에서 떠오르는 오리온자리를 포착하고 있다. 별들은 '별 궤적Star Trail'이라 불리는 긴 줄무늬 모양을 그리고 있다. 별들이 오리온자리의 허리띠를 가로지르는 천구 적도Celestial Equator 가까이에 있어서 궤적이 직선으로 보이는 것이다(51페이지 참조). 아래: 여기서는 카메라가 북반구 중위도에서 북쪽을 향하고 있다. 별 궤적은 모두 예리하게 휘어져서, 꼭 대기 부근의 아주 짧은 줄무늬인 북극성 주위로 호를 그리는 듯하다. 다만 북극성은 정확히 천구의 북극에 있는 건 아니라서 극 중심점 주위에 아주 작은 원을 그리며 회전한다. 북극성의 미세한 움직임은 별 궤적 사진들에서만 뚜렷하게 나타난다. 사진: 앨런 다이어.

하늘의 겉보기 운동

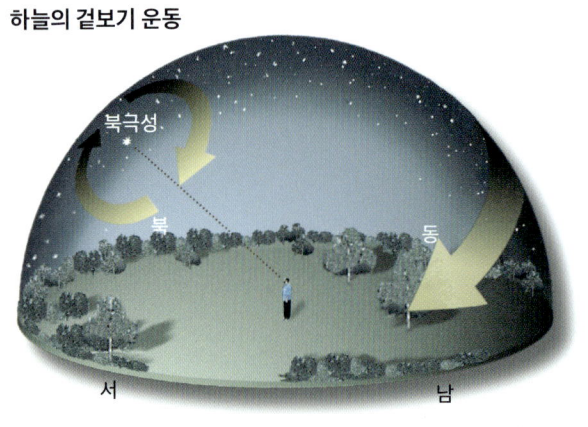

공전 공전에 의한 별자리의 계절적 움직임은 우리 행성의 자전으로 인한 움직임보다 훨씬 더 느리다. 이 궤도 운동 때문에 우리는 몇 달마다 우리은하의 다른 부분을 향하게 된다. 모든 그림: 빅토르 콘스탄초.

일주 운동

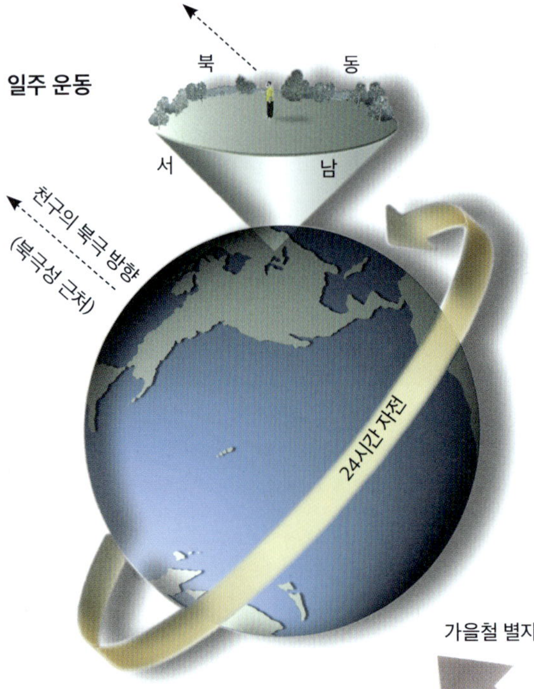

행성의 회전목마 지구의 자전은 마치 회전목마처럼 우리를 실어 나른다. 우리가 서쪽에서 동쪽으로 돌기에 별들은 동쪽에서 떠올랐다가 서쪽으로 지는 것처럼 보인다. 북극성 근처의 북쪽 별들은 뜨거나 지지 않는다는 걸 기억하자(51페이지 참조).

연주 운동

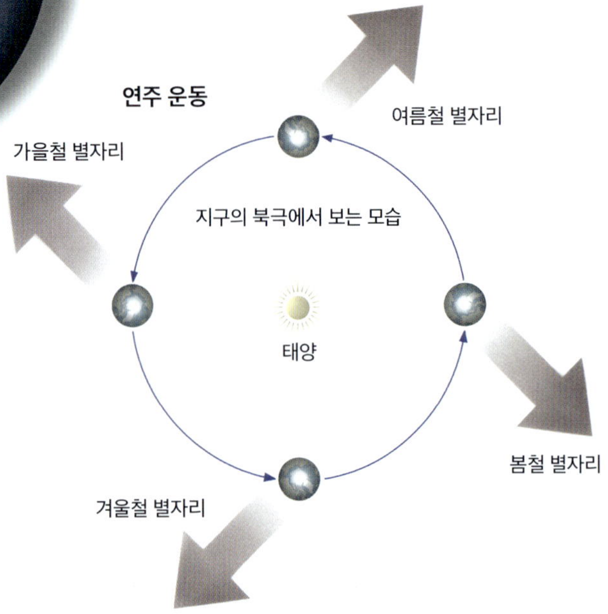

주극성

참 아름다운 구조다. 북쪽 하늘의 별들은 천구의 북극에서 1도도 채 떨어지지 않은 북극성(북극성)을 중심으로 회전한다. 하늘의 다른 부분에 있는 별들은 뜨고 지지만 북극성 주위로 커다란 원을 그리는 주극성Circumpolar Star은 언제나 볼 수 있다. 맑은 날 밤, 북반구에 사는 관측자들은 몇 시간만 북쪽을 바라봐도 주극성이 느리게 회전하는 것을 볼 수 있다. '극을 중심으로 회전하는' 이 현상은 49페이지와 53페이지의 타임랩스 사진에 생생하게 표현돼 있다.

북반구 중위도에 걸친 관측 위치에서 보면 주극성에 속하는 별자리는 총 6개다. 세페우스자리, 카시오페이아자리, 용자리, 큰곰자리, 작은곰자리, 기린자리(넓게 뻗어 있지만 매우 어두운 별자리). 이 별자리들은 모두 다음 장의 계절별 별지도에 표시돼 있다. 북위 40도 이상에 사는 사람은 이 별자리들이 결코 지평선 아래로 크게 내려가지 않는다는 것을 확인할 수 있다.

가장 중요한 주극성은 큰곰자리와 작은곰자리로, 이들은 각각 '큰 국자Big Dipper, 북두칠성'와 '작

지극성 여기 보이는 것은 북위 40도에서 보는 주극 영역의 하늘이다. 큰 국자의 '지극성'이 천구의 북극 옆에 있는 북극성을 가리키고 있다. 51~52쪽 그림: 스카이퍼블리싱.

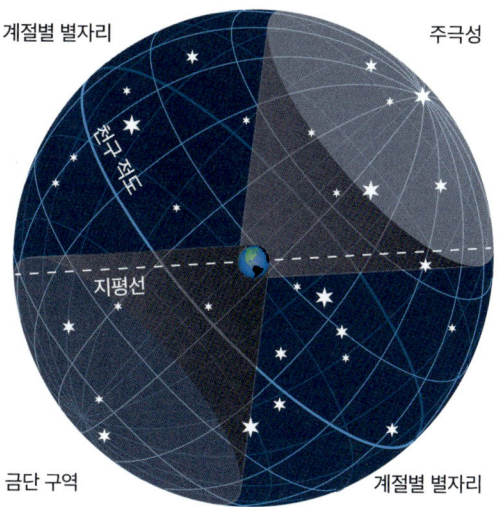

언제나, 절대로 북위 40도 기준 천구를 간단하게 묘사한 이 그림에서 밝은 부분(오른쪽 위)은 '언제나 보이는' 주극 영역의 하늘을 나타내고, 어두운 부분(왼쪽 아래)은 같은 비율로 이 위도에서 '절대로 보이지 않는' 하늘을 나타낸다.

은 국자Little Dipper'를 품고 있다. 큰 국자의 손잡이와 머리를 이루는 일곱 개의 밝은 별은 쉽게 찾을 수 있다. 국자 머리 끝의 별 두 개는 '지극성Pointer'이라 불리는데, 작은 국자의 손잡이 끝에 있는 비슷한 밝기의 별 북극성을 향하고 있다. 밤 몇 시든 어느 계절이든 지극성은 언제나 북극성으로 당신을 안내할 것이다.

남쪽 별을 찾아서

하늘의 어떤 부분이 북반구 중위도에서 언제나 보이듯, 똑같은 넓이의 어떤 영역은 절대로 보이지 않는다. 깊숙한 남쪽 지역의 이 별들은 지평선 위로 떠오르지 않기에 북반구 중위도의 관측자들은 남십자자리, 마젤란은하, 센타우루스자리 알파를 볼 수 없다. 이 천체들은 지구의 적도를 천구에 투영한 천구 적도보다 한참 아래에 있다.

남쪽으로 가면 경치가 달라진다. 예를 들어 여름철에 미국 남부를 방문하는 캐나다인 관측자라면 지평선 훨씬 위에 떠 있는 남쪽 별자리, 즉 전갈자리를 감상할 수 있다. 남아메리카나 호주에서는 북반구에서 볼 수 없었던 '금단 구역'을 더 깊숙이 들여다볼 것이다. 남쪽 하늘에 무엇이 있는지 더 자세히 알고 싶다면 12장을 참조하자.

전갈자리의 슬픈 이야기 7월 중순의 해 질 녘 북위 50도에서 보면 전갈자리의 꼬리가 지평선에 의해 잘려 있다. 더 남쪽에 있는 관측자들은 구불거리는 꼬리의 완전한 모습을 볼 수 있다.

하와이 위로 보이는 하늘 하와이 마우나케아 산정의 천문대에서 바라본 북극성(망원경 돔 위의 가장 짧은 줄무늬)은 북쪽 지평선으로부터 겨우 20도 위에 있다. 사진: 앨런 다이어.

제3장 천체의 움직임 53

유용한 북극성

북쪽으로 갈수록 북극성은 더 높은 하늘에 자리한다. 사실 북극성의 높이는 당신이 있는 지역의 위도를 나타내는 지표다. 예를 들어, 위도 40도선 위의 어디에 살든 당신은 북쪽 지평선 40도 위에 떠 있는 북극성을 보게 될 것이다. 당신이 볼 수 있는 하늘의 거의 절반이 주극 영역이다. 북극성이 66도 높이에 떠 있다면 북극권Arctic Circle에 있는 것이며 이곳의 밤하늘은 대부분 주극 영역이다. 북극성이 머리 바로 위에 있다면 북위 90도 북극에 있는 것이다. 여기서는 모든 별이 주극성이다. 어떤 별도 뜨거나 지지 않는다. 길고도 캄캄한 북극의 겨울 동안 천구의 북반구 전체를 한눈에 담을 수 있다.

남쪽은 상황이 많이 다르다. 하와이 최남단에서 보면 북극성은 지평선으로부터 겨우 20도 위에 떠 있고, 주극 영역은 하늘의 4분의 1이 채 되지 않는다. 북두칠성조차 떴다가 졌다가 한다. 위도 0도인 에콰도르 키토 북쪽에서는 북극성이 북쪽 지평선 아주 가까이에 떠 있으며 그 어떤 별도 주극성이 아니다. 언제든 북쪽 하늘 절반과 남쪽 하늘 절반을 볼 수 있다. 1년이 지나는 동안 모든 별자리가 시야로 굴러들어 온다.

북극 하늘 지구의 북극에서는 북극성이 천정Zenith에, 천구 적도가 지평선에 있다. 북쪽 별자리는 모두 보이며 남쪽 별자리는 아무것도 보이지 않는다. 별들이 뜨거나 지지도 않는다.

적도 하늘 지구의 적도에서는 북극성이 북쪽 지평선에 놓여 있고, 천구 적도가 천정을 가로지르며 아치를 이룬다. 천구의 북반구 절반과 남반구 절반을 동시에 볼 수 있다. 그림: 스카이퍼블리싱.

하늘 측정하기

도로 지도에 도시 간 거리가 표시돼 있듯이 천체 안내 지도에도 거리가 표시돼 있다. 지구에서 별들까지의 거리가 아니라, 주요 별들과 별무리 사이의 겉보기 거리다. 이 거리 측정의 눈금은 각도(원 내부의 360도)다. 하늘에 이 눈금을 적용하는 일은 아름답도록 간단하다. 그저 손을 들고 있기만 하면 된다. 팔을 뻗은 상태에서 새끼손가락 끝의 너비는 거의 정확히 1도로, 대략 가로 0.5도인 보름달을 가리기에 충분하다. 우리가 북극성을 찾는 데 사용하는 북두칠성 국자 머리의 두 지극성은 5도만큼 떨어져 있는데, 이는 스카우트 경례(미국의 보이스카우트나 걸 스카우트에서, 엄지와 약지를 모으고 가운데 세 손가락을 펴서 경례하는 것.—편집자 주)처럼 팔을 뻗어 세 손가락을 편 너비와 같다.

더 큰 각도로는 주먹의 너비가 10도, 검지와 새끼손가락을 펼친 사이 간격이 15도다. 엄지에서 새끼손가락까지 펼친 너비는 약 25도 정도로 북두칠성의 길이와 같다. 더 큰 치수는 이들을 조합해서 측정할 수 있다. 참고로 지평선에서 머리 위, 즉 천정까지의 거리는 90도다. '손 측정법'은 팔을 뻗은 상태에서만 유효하다는 걸 기억하자(56페이지 그림 참조).

이 방식은 모두에게 상당히 정확한데, 손이 작은 사람은 보통 팔도 짧기 때문이다. 하지만 어떤 사람은 다른 사람들보다 엄지와 새끼손가락을 더 넓게 펼칠 수 있어 사람마다 측정이 달라질 수 있다. 북두칠성으로 빠르게 확인해보면 당신의 펼친 손이 20도와 25도 중 어느 쪽에 더 가까운지 알게 될 것이다. 하나의 별 또는 별무리에서 다른 별 또는 별무리까지의 거리를 각도로 측정하는 데 누구든 몇 분 안에 능숙해질 수 있다.

북위 40도보다 남쪽에 사는 게 아니라면, 어느 계절에 관측을 시작하든 상관없다. 다음 페이지의 북두칠성 도표를 이용하면 별 몇 개를 거의 즉시 찾아낼 수 있다. 필요한 건 치수에 대한 감각뿐이다. 북두칠성의 크기를 재는 것은 뒷마당 천문학자가 되기 위한 중요한 첫 단계다.

오리온자리의 빛나는 별 7개(허리띠에 3개, 이를 둘러싼 사각형에 4개)는 북두칠성만큼 효율적인 천체 이정표다(59페이지 참조). 한 가지 단점은 북두칠성과 달리 11월 말부터 4월 초 저녁 하늘에서만 볼 수 있다는 점이다.

천문학이 수식, 계산기, 격자선, 명명법, 신화와 전문용어로 가득한 미궁이어야 할 이유는 없다. 밤하늘을 항해하는 일 역시 쉽고 재미있을 수 있다. 대부분의 사람은 관측 첫날부터 천체를 발견하고 싶어한다. 여기서 내 목표는 그렇게 할 수 있는 가장 간단한 방법을 제시하는 것이다. 다음 장에 나오는 더 자세한 별지도들은 별 이정표를 이용한다는 동일한 원칙하에 하늘을 안내한다. 이는 별이 반짝이는 밤을 알아가기 위한 점진적이면서도 지치지 않는 방법이다. 사진: 앨런 다이어.

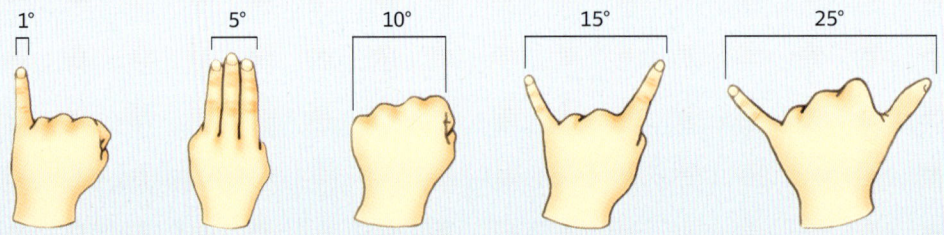

손쉬운 하늘 측정법 북두칠성으로 각도를 재는 방법을 익히면 밤하늘에서 길을 찾기가 훨씬 더 쉬워진다. 북두칠성을 대상으로 손 측정법을 확인해볼 수 있다. 예를 들면, 많은 사람은 새끼손가락부터 엄지까지 완전한 25도가 되도록 손을 펼치지 못한다. 당신 또한 20도 혹은 22도 정도밖에 되지 않을지 모른다. 하지만 자신의 손 크기와 손 측정법을 알고 나면 이 방법은 놀랍도록 정확해지며 어마어마하게 유용해진다. 그림: 로버타 쿡.

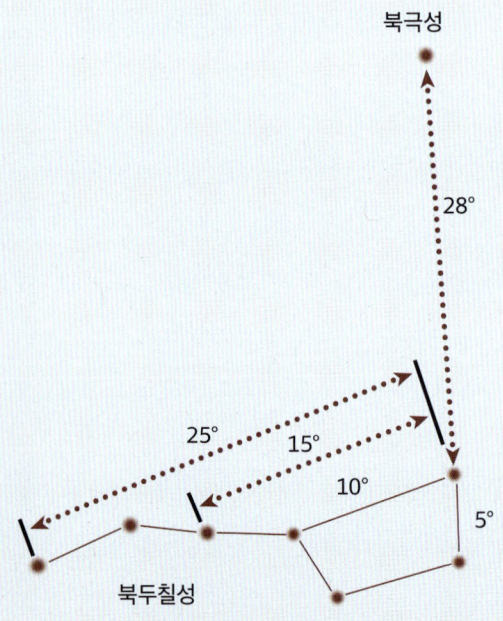

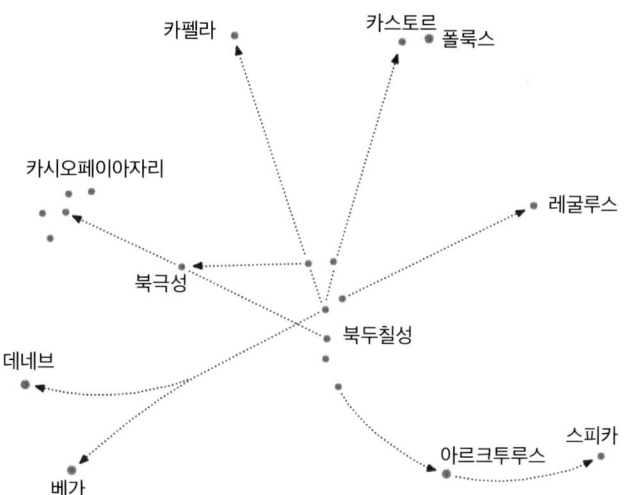

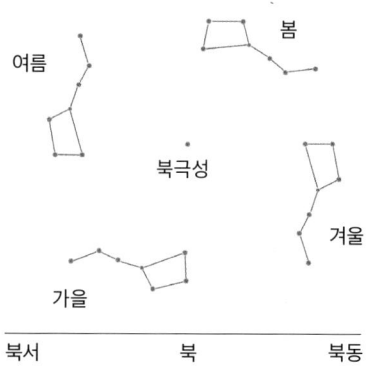

밤하늘의 열쇠, 북두칠성 9개의 별자리 각각에서 가장 밝은 별들을 곧장 가리키는 북두칠성은 밤하늘 최고의 이정표로서 타의 추종을 불허한다. 겨울의 북두칠성을 보여주는 위의 도표는 별이나 별자리를 한 번도 찾아본 적 없는 모두를 위한 유용한 가이드다. 비슷하게 길잡이 역할을 하는 유명한 겨울 별자리인 오리온자리는 59페이지에 그려져 있다. 오른쪽 위: 북반구 중위도의 관측자들에게는 북두칠성이 밤하늘의 열쇠다. 북두칠성의 모양에 친숙해지면, 태양을 공전하는 지구로 인해 북두칠성의 위치와 방향이 1년 동안 변화하는 것을 추적할 수 있다. 그림: 로버타 쿡.

북두칠성 이정표

북두칠성의 별 7개는 무작위로 배열됐지만, 그럼에도 어떤 우주적인 우연에 의해 우리 눈을 다른 별자리와 그 안의 밝은 별들로 자연스레 안내하는 패턴을 이루고 있다. 별자리를 찾는 열쇠로서 북두칠성이 중요한 이유는 북반구 중부에서 계속 관측할 수 있기 때문이다. 북위 40도 이상이라면 몇 월 며칠이든 밤 몇 시든 상관없이 북쪽 하늘에서 발견할 수 있다. 북위 25도에서 40도 사이, 가을과 초겨

북두칠성 찾기

월	방향	고도
1월	북동	25°
2월	북동	40°
3월	북동	55°
4월	북	65°
5월	북	70°
6월	북	65°
7월	북서	55°
8월	북서	40°
9월	북서	25°
10월	북	15°
11월	북	10°
12월	북	15°

위 정보는 북위 40도에서 50도 위치의 늦저녁(지방 표준시 기준 오후 9시부터 오후 10시 또는 현지 일광 절약 시간(썸머타임) 기준 오후 10시부터 오후 11시)을 기준으로 한다. 더 남쪽 위도에서는 북두칠성이 더 낮게 뜬다. 방향과 고도는 대략적인 수치다.

오리온자리 찾기		
월	방향	고도
1월	남	40°
2월	남	45°
3월	남서	35°
4월	남서	20°
5월		보이지 않음
6월		보이지 않음
7월		보이지 않음
8월		보이지 않음
9월		보이지 않음
10월		보이지 않음
11월	동	15°
12월	남동	30°

위 정보는 북위 40도에서 50도 위치의 늦저녁(지방 표준시 기준 오후 9시부터 오후 10시 또는 현지 일광 절약 시간 기준 오후 10시부터 오후 11시)을 기준으로 한다. 더 남쪽 위도에서는 오리온자리가 더 높게 뜬다. 방향과 고도는 대략적인 수치다.

울 저녁에 북두칠성은 북쪽 지평선 근처나 그 아래에 있다. 하늘의 남쪽 부분에 있는 오리온자리(다음 페이지 참조)가 11월 중순에서 4월 중순까지 북두칠성의 빈자리를 채운다.

길잡이 별들을 찾으려면 앞뒤의 표들과 다음 페이지를 참고하라. 북두칠성과 오리온자리가 체계적으로 하늘을 돌고 있는 것처럼 다른 별들도 그러하다. 첫 별자리 관측에 앞서 56페이지에서 설명했듯 북두칠성을 이용해 하늘의 거리를 측정하는 방법을 연습하도록 하자.

별자리와 별의 이름

그리스의 천문학자 히파르코스가 등장하기 오래전 고대의 천체 관측자들은 하늘을 별자리로 나누었다. 이런 천체 분류는 신화를 바탕으로 하며, 황도대 별자리라면 점성술 기호들로 수놓아져 있다.

오늘날 해외의 천문학자들은 여전히 고대 그리스 문명에서 파생된 전통적인 라틴어 형식의 이름을 사용한다. 17세기와 18세기에는 고대 설화에 포함되지 않은 영역의 하늘을 채우기 위해 몇 개의 별자리(대부분 어두운 것들)가 만들어졌다. 1930년 국제천문연맹에 의해 이름과 경계가 정식으로 정해졌고, 그 이후로는 공식적인 변화가 없었다. 별자리는 총 88개지만 그중 4분의 1은 북반구 중위도에서 보이지 않는 남쪽 하늘에 있다. 남은 별자리의 절반은 눈에 잘 띄지도 않을뿐더러 아마추어 천문학을 시작하는 단계에서 찾을 필요도 없다. 먼저 15개에서 20개 정도의 밝은 별 패턴에 친숙해지자.

이런 별 패턴 중 몇몇은 공식적인 별자리가 아니다. 가장 유명한 것은 '큰 국자(북두칠성)'와 '작은 국자'인데, 이들은 각각 큰곰자리와 작은곰자리에 속해 있는 '별무리'다. 인지도가 이 별무리들에 공식적인 지위를 부여하는 건 아니다. 여름철 대삼각형Summer Triangle, 페가수스의 대사각형Great Square of Pegasus, 궁수자리의 주전자Teapot, 백조자리인 북십자성Northern Cross 같은 다

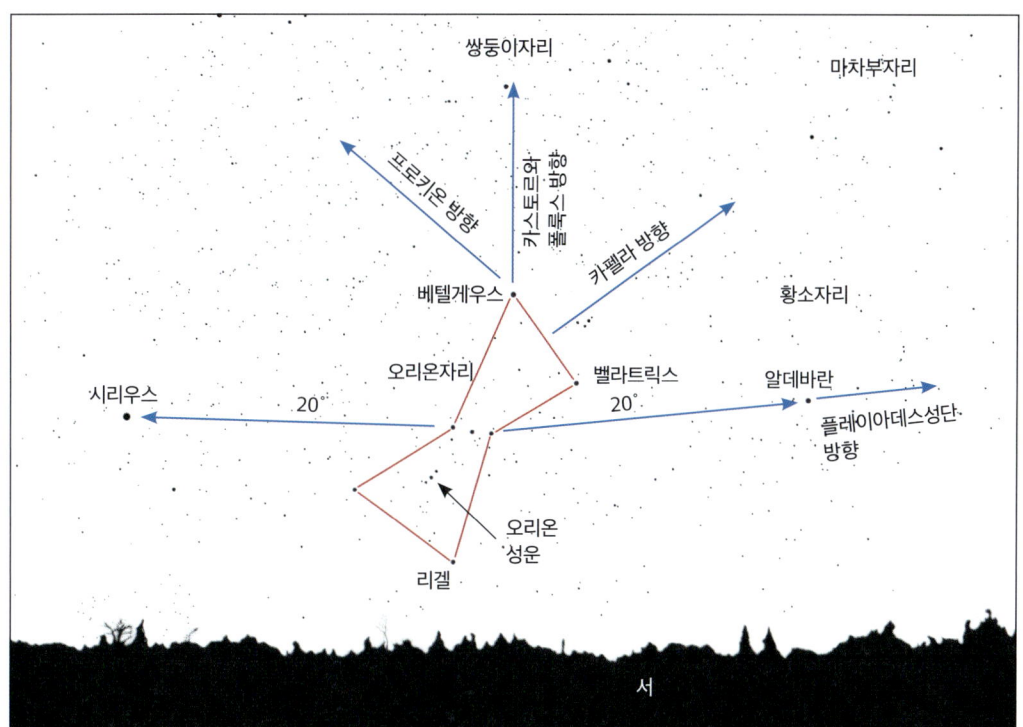

길잡이 오리온자리 이 책에서 우리는 여러 주요 별자리를 찾게 해줄 중요한 별 찾기 가이드 두 가지, 북두칠성과 오리온자리에 초점을 맞춘다. 그림에서 볼 수 있듯 겨울에는 오리온자리의 밝은 별 모양이 중요한 천체 명소 몇 곳을 가리킨다. 심지어 지고 있을 때조차도 말이다. 그림: 로버타 쿡, 사진: 테런스 디킨슨.

지도보다 신화에 가까운 밤하늘에는 수천 년을 거슬러 올라가는 전설과 신화가 가득하다. 별자리의 다채로운 이야기는 천문학에 풍부한 역사를 더한다. 안드레아스 셀라리우스의 천체 지도 「대우주의 조화Harmonica Macrocosmica」, 1660, 퍼블릭 도메인.

른 별무리들도 마찬가지다. 게다가 별자리든 별무리든, 이런 패턴을 이루는 별들은 서로 거의 연관이 없다. 일반적인 관측자를 위한 편리한 가이드일 뿐 그 이상의 의미를 갖진 않는다.

각 별의 이름과 관련된 상황은 덜 형식적이다. 수 세기에 걸쳐 수백 개의 밝은 별에 이름이 붙었지만, 이 이름 중 겨우 75개 정도만이 폐기되지 않고 살아남았다. 우리는 오늘날 사용되는 이름 대부분이 아랍어로 돼 있고 거기에 그리스어, 라틴어, 페르시아어가 일부 사용됐다고 알고 있지만, 별에 처음 이름을 붙인 것은 바빌로니아인들이었다. 아랍어로 된 별 이름이 많은 이유는 이슬람의 황금기(9세기에서 13세기)에 아랍 천문학이 세계에서 가장 진보해 있었기 때문이다. 아랍 천문학자들은 그리스-라틴어 별자리 이름의 전통을 유지했지만, 그들이 붙인 이름이 초기 명칭의 대부분을 갈아치웠다.

이미 굳어진 별 이름들을 영어로 표기하는 건 큰 의미가 없지만 번역해보면 이미지가 생생하게 다가온다. 예를 들면 베텔게우스는 고대 아랍어로 '위대한 자의 겨드랑이'라는 뜻이다. 스피카는 라틴어로 '밀 이삭'을 뜻하고, 프로키온은 그리스어로 '개 앞에서'라는 뜻을 가지고 있다. 일부 별과 별자리의 이름과 뜻을 정리한 목록이 다음 네 페이지에 나와 있다.

항성들의 우주

우리 태양이 그렇듯 다른 별들도 수소 폭탄의 폭발과 동일한 열핵 융합 과정을 통해 자기만의 빛과 에너지를 생성한다. 어떤 별은 태양보다 크고, 어떤 별은 태양보다 뜨겁다. 하지만 엄청난 거리 탓에 모두 빛나는 점으로만 보인다. 가장 가까운 별이 태양보다 27만5000배 더 멀리 떨어져 있으니 말이다.

맨눈으로 볼 수 있는 거의 모든 별이 태양보다 더 크고 밝다. 이는 우리은하에 있는 다양한 별들에 대해서 잘못된 인상을 심을 수 있다. 이 별들 중 대다수, 무려 85퍼센트는 사실 태양보다 덜 빛나는 데다 빛도 비교적 약해서 뒷마당 관측자들에게 보이지 않는다. 우리 눈에 보이는 별들은 우리은하의 거인이자 100와트 전구들 사이에서 번쩍이는 탐조등인 것이다.

또 중요한 것은, 등대처럼 밝은 이 별들은 멀리 떨어져 있는 탓에 한 주, 두 주, 심지어는 몇 년이 가도 움직이지 않는 것처럼 보인다는 것이다. 이 별들도 우주를 여행하고 있긴 하지만, 그 움직임은 그들 사이의 광대한 거리에 비하면 미미한 수준이다. 우리 증조부모님 세대가 본 북두칠성은 현재 우리가 보는 것과 정확히 같다. 2100년 전 그리스의 천문학자인 히파르코스가 만든 별지도에는 지금 우리가 보는 별들과 같으며 위치도 거의 똑같은 별들이 나와 있다 ('거의'라고 하는 이유는 그 이후에 몇몇 가까운 별들이 미세하게 움직였기 때문이다).

일부 별자리와 별 이름 가이드

별자리 74개와 별 45개의 이름과 의미는 다음과 같다. 일부 의미는 아주 거칠게 번역한 것이다. 별과 별자리의 역사 및 전설에 대해 더 알고 싶다면, 318페이지의 참고자료에서 일반 천문학 서적을 참고하라. 80페이지의 황도와 황도대를 함께 참고하자.

별자리

거문고자리LYRA
눈에 잘 보이는 북쪽 별자리
리라

게자리CANCER
작은 황도대 별자리
게

고래자리CETUS
큰 적도 별자리
신화에서 안드로메다를 위협하는 고래

고물자리PUPPIS
큰 남쪽 별자리
(신화에 나오는 아르고호의) 고물

공작자리PAVO
큰 남쪽 별자리
공작

궁수자리SAGITTARIUS
눈에 잘 보이는 황도대 별자리
궁수

기린자리CAMELOPARDALIS
큰 북쪽 별자리
기린

까마귀자리CORVUS
작은 남쪽 별자리
까마귀

나침반자리PYXIS
어두운 남쪽 별자리
나침반

날치자리VOLANS
작은 남쪽 별자리
날치

남십자자리CRUX
눈에 잘 보이는 남쪽 별자리
남쪽 십자가

남쪽물고기자리PISCIS AUSTRINUS
어두운 남쪽 별자리
남쪽 물고기

남쪽삼각형자리TRIANGULUM AUSTRALE
작은 남쪽 별자리
남쪽 삼각형

남쪽왕관자리CORONA AUSTRALIS
작은 남쪽 별자리
남쪽 왕관

도마뱀자리LACERTA
어두운 북쪽 별자리
도마뱀

독수리자리AQUILA
눈에 잘 보이는 북쪽 별자리
독수리

돌고래자리DELPHINUS
작은 북쪽 별자리
돌고래

돛자리VELA
큰 남쪽 별자리
(신화에 나오는 아르고호의) 돛

두루미자리GRUS
큰 남쪽 별자리
두루미

마차부자리AURIGA
눈에 잘 보이는 북쪽 별자리
마차부

망원경자리TELESCOPIUM
어두운 남쪽 별자리
망원경

머리털자리COMA BERENICE
작은 북쪽 별자리
베레니케의 머리털

목동자리BOÖTES
눈에 잘 보이는 북쪽 별자리
목동

물고기자리PISCES
큰 황도대 별자리
물고기(두 마리)

물뱀자리HYDRUS
작은 남쪽 별자리
물뱀

물병자리AQUARIUS
큰 적도 황도대 별자리
물병

바다뱀자리HYDRA
큰 남쪽 별자리
바다뱀

방패자리SCUTUM
작은 남쪽 별자리
방패

백조자리 CYGNUS
눈에 잘 보이는 북쪽 별자리
백조

뱀의 꼬리 SERPENS CAUDA
뱀자리의 동쪽 부분
뱀의 꼬리

뱀의 머리 SERPENS CAPUT
뱀자리의 서쪽 부분
뱀의 머리

뱀자리 SERPENS
반으로 잘린 북쪽 별자리
뱀

뱀주인자리/땅꾼자리 OPHIUCHUS
큰 적도 별자리
뱀 주인

봉황자리 PHOENIX
어두운 남쪽 별자리
불사조

북쪽왕관자리 CORONA BOREALIS
작은 북쪽 별자리
북쪽 왕관

비둘기자리 COLUMBA
어두운 남쪽 별자리
비둘기

사냥개자리 CANES VENATICI
작은 북쪽 별자리
사냥개

사자자리 LEO
눈에 잘 보이는 황도대 별자리
사자

살쾡이자리 LYNX
어두운 북쪽 별자리
스라소니

삼각형자리 TRIANGULUM
작은 북쪽 별자리
삼각형

세페우스자리 CEPHEUS
어두운 북쪽 별자리
신화 속 에티오피아의 왕

센타우루스자리 CENTAURUS
눈에 잘 보이는 남쪽 별자리
신화 속 켄타우루스

쌍둥이자리 GEMINI
눈에 잘 보이는 황도대 별자리
쌍둥이

안드로메다자리 ANDROMEDA
잘 보이는 북쪽 별자리
신화 속 카시오페이아의 딸

양자리 ARIES
작은 황도대 별자리
양

에리다누스자리 ERIDANUS
큰 남쪽 별자리
강

여우자리 VULPECULA
어두운 북쪽 별자리
여우

염소자리 CAPRICORNUS
큰 황도대 별자리
바다 염소

오리온자리 ORION
눈에 잘 보이는 적도 별자리
사냥꾼

외뿔소자리 MONOCEROS
어두운 적도 별자리
유니콘

용골자리 CARINA
눈에 잘 보이는 남쪽 별자리
(신화에 나오는 아르고호의) 용골

용자리 DRACO
큰 북쪽 별자리
용

육분의자리 SEXTANS
어두운 적도 별자리
육분의

이리자리 LUPUS
어두운 남쪽 별자리
이리

작은개자리 CANIS MINOR
작은 북쪽 별자리
작은 개

작은곰자리 URSA MINOR
작은 북쪽 별자리
작은 곰

작은사자자리 LEO MINOR
어두운 북쪽 별자리
작은 사자

전갈자리 SCORPIUS
눈에 잘 보이는 황도대 별자리
전갈

제단자리 ARA
작은 남쪽 별자리
제단

조각가자리 SCULPTOR
어두운 남쪽 별자리
조각가

조랑말자리 EQUULEUS
작은 북쪽 별자리
조랑말

처녀자리 VIRGO
큰 적도 황도대 별자리
처녀

천칭자리 LIBRA
작은 황도대 별자리
천칭

카시오페이아자리 CASSIOPEIA
눈에 잘 보이는 북쪽 별자리
신화 속 세페우스의 아내

컵자리 CRATER
어두운 남쪽 별자리
컵

큰개자리 CANIS MAJOR
눈에 잘 보이는 북쪽 별자리
큰 개

큰곰자리 URSA MAJOR
큰 북쪽 별자리
큰 곰

토끼자리 LEPUS
어두운 남쪽 별자리
토끼

파리자리 MUSCA
작은 남쪽 별자리
파리

팔분의자리 OCTANS
어두운 남쪽 별자리
팔분의

페가수스자리 PEGASUS
큰 북쪽 별자리
날개 달린 말

페르세우스자리 PERSEUS
눈에 잘 보이는 북쪽 별자리
신화 속 안드로메다를 구한 영웅

헤르쿨레스자리 HERCULES
큰 북쪽 별자리
힘센 사내

현미경자리 MICROSCOPIUM
어두운 남쪽 별자리
현미경

화살자리 SAGITTA
작은 북쪽 별자리
화살

황소자리 TAURUS
눈에 잘 보이는 황도대 별자리
황소

별

데네볼라 DENEBOLA
사자자리의 별
사자의 꼬리

데네브 DENEB
백조자리에서 가장 밝은 별
암탉의 꼬리

두베 DUBHE
북두칠성의 별
곰

라스알게티 RASALGETHI
헤르쿨레스자리의 별
무릎 꿇은 자의 머리

레굴루스 REGULUS
사자자리에서 가장 밝은 별
작은 왕

리겔 RIGEL
오리온자리에서 가장 밝은 별
발

마르카브 MARKAB
페가수스자리의 별
말의 어깨

메라크 MERAK
북두칠성의 별
(곰의) 허리

미라 MIRA
고래자리의 변광성
놀라운 것

미르파크 MIRFAK
페르세우스자리에서 가장 밝은 별
팔꿈치

미자르 MIZAR
큰곰자리의 별
허리띠

민타카 MINTAKA
오리온자리 허리띠의 별
허리띠

베가 VEGA
거문고자리에서 가장 밝은 별
(독수리의) 급강하

베텔게우스 BETELGEUSE
오리온자리의 별
위대한 자의 겨드랑이

세페우스자리 델타 DELTA CEPHE
세페우스자리의 변광성
(중요한 변광성)

센타우루스자리 알파/알파 센타우리 ALPHA CENTAURI
센타우루스자리에서 가장 밝은 별

스피카 SPICA
처녀자리에서 가장 밝은 별
(처녀가 들고 있는) 밀의 이삭

시리우스 SIRIUS
큰개자리에서 가장 밝은 별
타오르는 자

아르크투루스 ARCTURUS
목동자리에서 가장 밝은 별
곰을 지키는 자

아케르나르 ACHERNAR
에리다누스자리에서 가장 밝은 별
강의 끝

아크룩스 ACRUX
남십자자리에서 가장 밝은 별
남쪽 십자가에서 가장 밝은

안타레스 ANTARES
전갈자리에서 가장 밝은 별
화성의 라이벌

알골 ALGOL
페르세우스자리의 변광성
악마

알기에바 ALGIEBA
사자자리의 별
이마

알니타크ALNITAK
오리온자리 허리띠의 별
거들

알닐람ALNILAM
오리온자리 허리띠의 별
(진주의) 배열

알데바란ALDEBARAN
황소자리에서 가장 밝은 별
(플레이아데스를) 뒤따르는 자

알마크ALMACH
안드로메다자리의 별
족제비

알비레오ALBIREO
백조자리의 별
뜻은 알 수 없음

알코르ALCOR
큰곰자리의 별
경시되는 자

알키오네ALCYONE
플레이아데스성단에서 가장 밝은 별
신화 속 일곱 자매 중 하나

알타이르ALTAIR
독수리자리에서 가장 밝은 별
하늘을 나는 자

알파르드ALPHARD
바다뱀자리에서 가장 밝은 별
홀로 있는 자

알페라츠ALPHERATZ
안드로메다자리의 별
말의 배꼽

주벤에샤말리ZUBENESCHAMALI
천칭자리의 별
북쪽 집게발

주벤엘게누비ZUBENELGENUBI
천칭자리의 별
남쪽 집게발

카노푸스CANOPUS
용골자리에서 가장 밝은 별
조타수

카스토르CASTOR
쌍둥이자리의 별
신화 속 폴룩스의 쌍둥이 형제

카펠라CAPELLA
마차부자리에서 가장 밝은 별
암염소

코르 카롤리COR CAROLI
사냥개자리에서 가장 밝은 별
찰스의 심장(잉글랜드의 찰스 2세)

포말하우트FOMALHAUT
남쪽물고기자리에서 가장 밝은 별
물고기의 입

북극성POLARIS
북극성
(북)극성

폴룩스POLLUX
쌍둥이자리에서 가장 밝은 별
신화 속 카스토르의 쌍둥이 형제

프로키온PROCYON
작은개자리에서 가장 밝은 별
개 이전에

하말HAMAL
양자리에서 가장 밝은 별
양

제4장

사계절 별

그들은 누구였는가, 어떤 외로운 이들이
밤이라는 사실에
별자리의 허구를 강요했는가?

패트릭 디킨슨(1919~1944)

천상과 지상의 밀키웨이 여름철 은하수Milky Way가 남쪽 지평선을 향해 흐르고, 그 아래에 캐나다 앨버타주의 밀크강Milk River가 같은 곳을 향해 구불구불 흐른다.

별과 별자리를 알아보는 법을 배우는 건 밤하늘 아래서 포근한 저녁을 보내는 즐거운 방법일 뿐만 아니라, 뒷마당에서 우주를 탐험하는 모든 다른 요소들의 기초가 된다. 밤마다 펼쳐지는 별들의 천장은 관측자가 쌍안경이나 망원경으로 관측할 특정 목표물을 찾기 전에 반드시 익숙해져야 하는 천체 지도다. 별 식별의 기본은 이전 장에서 개괄적으로 다뤘다. 이제 그것들을 통해 완전한 밤하늘을 통합해보자.

초보자를 위한 별지도 중에는 천구 격자며 망원경으로 볼 수 있는 천체, 별자리와 별의 이름 따위를 추가하는 탓에 사실성과 명료성이 떨어지는 것들이 너무도 많다. 이 책은 독특한 올스카이All-sky 이중 지도 시스템을 활용하고 있다. 가능한 한 사실적으로 별들을 보여주는 총천연색의 계절별 지도, 그리고 이름과 위치 표시 화살표 시스템을 포함하는 3장에서의 별지도가 짝을 이룬다. 두 지도를 함께 사용하면 과거의 별지도들이 가진 많은 문제를 해결할 수 있다(더 자세한 별지도는 6장에 있고, 남반구 전용 별지도는 12장에 있다).

이 올스카이 컬러 지도는 책의 형태로 된 소형 천문관이다. 별지도들은 캐나다 남부, 미국 북부, 유럽 전역과 아시아 대부분처럼 일반적으로 어두우나 칠흑처럼 캄캄하지는 않은 지역의 밤하늘을 재현하고 있다. 위치 표시 화살표 시스템 자체는 북반구 어디에나 적용될 것이다.

특정 계절의 저녁 시간에 맞춰져 있긴 하지만 그래도 거의 연중 모든 밤에 사용할 수 있을 것이다. 하나는 저녁 시간에, 다른 하나는 이른 아침에 사용하면 된다. 눈에 보이는 하늘 전체를 하나의 그림으로 표현하다보면 각각의 별무리를 빠르게 연결할 수 있게 되고, 점차 별자리 배열이 머릿속에서 하나의 그림으로 맞춰지게 될 것이다.

계절별 올스카이 지도(82페이지부터 시작)는 기본적으로 밤하늘의 반구를 평면에 재현한 것이다. 따라서 지평선은 지도 가장자리가 되고, 머리 위 천정이 중심에 있다.

별지도는 한 번에 한 부분씩 사용하는 것이 가장 실용적이다. 어차피 우리 눈은 한 번에 전체

종야등 도시의 불빛은 천체가 관측자에게 밝게 보이거나 희미하게 보이는 이유를 설명해준다. 어떤 것은 단지 가까이 있다는 이유만으로 밝게 보일 뿐인 반면 어떤 천체는 본질적으로 매우 밝으면서도 훨씬 더 멀리 떨어져 있다. 사진: 앨런 다이어.

하늘을 볼 수 없기 때문이다. 머리를 크게 움직이지 않고 편안하게 볼 수 있는 건 보통 천구 돔의 4분의 1 정도뿐이다. 지도를 하늘의 사분면 중 하나에 맞추려면, 보고 있는 방향의 방위 표시가 아래를 향하도록 책을 돌려라. 예를 들어 여름철 별지도를 사용하면서 서쪽을 바라보고 있다면 책을 시계 방향으로 90도 돌려 서쪽 방위 표시가 아래쪽에 가도록 한다. 그러면 지평선 곡선이 실제 지평선과 맞춰지면서 77페이지 그림처럼 될 것이다. 별과 별자리는 그 아래의 지도에 나와 있다.

한 번에 한 눈금씩 지평선을 따라 움직이다보면 이윽고 큰 그림이 뚜렷하게 보일 것이다. 계절마다 북두칠성이나 오리온자리를 비롯해 선호되는 출발점이 있다. 계절에 따른 접근법은 나중에 설명하기로 하고, 우선 지도를 살펴보자.

별의 밝기

북두칠성을 언뜻 쳐다만 봐도 그 별들이 하늘에서 가장 밝지는 않다는 걸 알 수 있다. 북두칠성보다 훨씬 더 밝은 별이 몇 개, 상당히 더 희미한 별도 많다. 기원전 2세기, 그리스 천문학자 히파르코스는 밝기로 별을 구분하는 아이디어를 떠올렸다. 그는 별들을 여섯 등급으로 나누기로 하고, 가장 눈에 잘 띄는 별을 1등급, 가장 눈에 안 띄는 별을 6등급에 배정한 뒤 그 사이에 다른 별들을 분포시켰다.

이 등급 체계는 오늘날에도 여전히 사용되고 있는데, 6등급보다 어둡지만 망원경으로 볼 수 있는 별과 1등급보다 밝은 천체를 포함하는 등 더 정교해지고 확장되었다. 한 등급 차이는 밝기가 2.5배 증가하거나 감소한다는 의미이다. 따라서 평균적인 1등성은 평균적인 2등성보다 2.5배, 3등성보다 6배 더 밝으며, 4등성보다 16배, 5등성보다 40배, 보통 사람들이 맑은 날 밤 도시 불빛이 없는 곳에서 맨눈으로 볼 수 있는 가장 희미한 별인 6등성보다는 100배 더 밝다.

완벽한 체계는 없다. 히파르코스가 1등급으로 정한 별 중 어떤 것은 너무 밝다. 그런 별은 이제 0등급으로 분류되고, 그보다 더 밝은 것은 등급에 마이너스가 붙는다. 허블 우주 망원경이 발견한 가장 어두운 천체는 무려 31등급으로 희미하게 빛난다. 6등성은 31등급인 별보다 100억 배나 더 밝다. 반대쪽 끝에는 -27등급인 태양이 있는데, 이는 6등성보다 16조 배 더 밝은 것이다.

밤하늘에서 가장 밝은 별인 시리우스는 -1.5등급이다. 시리우스보다 더 강하게 빛나는 건 목성(-2.9)과 금성(-4.8), 때때로 화성(+1.9에서 -2.9까지 변화)뿐이다.

겉보기 등급

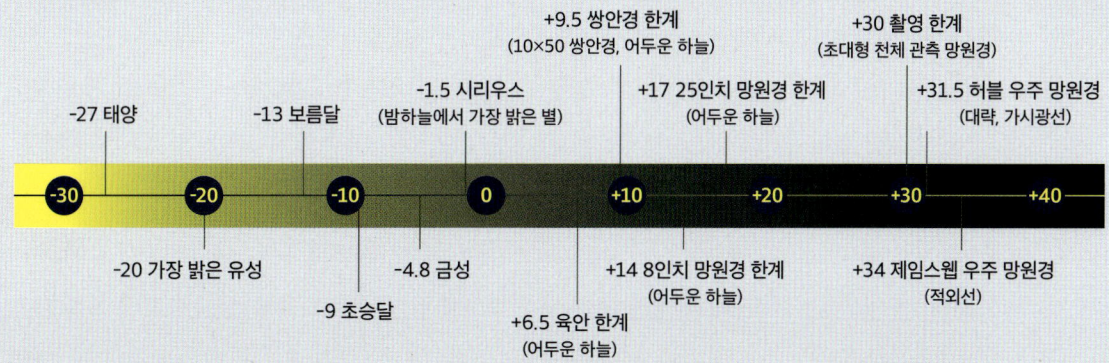

제4장 사계절 별

움직이는 물체

별빛이 총총한 밤하늘에 별만 있는 건 아니다. 움직인다는 점만 제외하면 별과 매우 비슷한 빛이 수없이 많으니 움직이는 빛을 유심히 찾아보자. 이들은 지구를 공전하는 인공위성으로, 금속 몸체와 태양 전지판에 태양광이 반사되면서 깜빡임 없는 흰색 빛을 발한다. 맨눈으로도 쉽게 볼 수 있는 인공위성은 일반적으로 승합차 크기에 시간당 2만8000킬로미터 속도로 움직이며, 고도 300~500킬로미터 높이에서 2~3분 만에 하늘을 가로지른다.

움직이는 우주 정거장 위 장노출 사진에 곡선으로 나타나듯, 국제 우주 정거장은 겨울철 별자리를 가로질러 오른쪽에서 왼쪽으로 이동한다. 국제 우주 정거장이 지구의 그림자에 진입하는 지점에는 획이 희미해진다. 사진: 앨런 다이어.

인공위성을 찾기 위한 최적의 시기는 늦봄과 여름, 해가 진 직후다. 머리 위 하늘을 보라. 별처럼 생긴 점 몇 개가 별자리를 따라 움직이는 것을 몇 분 안에 발견할 수 있을 것이다. 우주 비행사를 태운 우주선일 수도 있고, 군사 정찰 위성일 수도, 단순히 로켓의 잔해일 수도 있다. 요즘에는 '스타링크' 같이 아주 작지만 놀랍도록 많은 통신 위성이 희미한 빛을 반사하는 모습도 흔히 볼 수 있다(점의 행렬을 발견한다면, 그건 새로 발사한 스타링크 위성일 가능성이 높다). 이런 작은 비행 물체들로부터 반사된 빛은 지상의 천체 관측소에서 수행되는 관측을 방해하고, 아마추어 천문인들의 천체 사진을 망칠 수 있다.

달 없는 밤에 도시를 벗어나면, 주의력 좋은 관측자는 암흑에서 보내는 처음 한 시간 동안 최소 10개의 위성을 보게 될 것이다. 그 이후로는 수가 점차 줄어들어 자정이 되면 상당히 적어질 수 있다. 범인은 위성 대부분이 지나가는 지구 그림자다(보고 있는 위성이 사라진다면, 위성이 지구의 그림자로 들어갔기 때문이다). 이른 저녁이 관측하기 가장 좋은 시간대인 이유는 태양이 지평선 아래로 가라앉을수록 그림자가 더 높이 올라오기 때문이다. 지구의 그림자가 더 높아지는 늦가을에서 이른 봄 사이에도 목격 횟수가 감소한다.

거대한 국제 우주 정거장ISS도 놓치지 말자. 궤도를 도는 장비들이 보통 그렇듯 국제 우주 정거장 역시 하늘의 서쪽에서 동쪽으로 이동한다. 당신이 있는 곳에서 항상 보이지는 않겠지만 만약 보인다면 분명히 알아볼 수 있을 것이다. 우주 정거장은 그 어떤 별보다 밝게 빛나고, 때로는 가장 밝은 행성만큼이나 눈에 잘 띄니 말이다. spotthestation. nasa.gov에 국제 우주 정거장을 볼 수 있는 시기에 대한 정확한 예측 정보가 나와 있다.

우주에는 뭐가 얼마나 많이 있을까? 미 국방부 우주 감시 네트워크Space Surveillance Network의 센서들은 거의 3만 개에 달하는 궤도 물체를 예의 주시하고 있다. 이 중 약 6000개(계속 늘어나는 중이다!)가 유용한 활동을 하고 있고, 나머지는 우주 시대가 열린 이래로부터 축적된 쓰레기다. 추적하기엔 너무 작은 추가 폐기물이라도 활동 중인 인공위성을 손상시키기에는 충분하다. 치명적일 수도 있는 덩어리와의 충돌을 피하기 위해 국제 우주 정거장이 약간 이동되는 일도 종종 일어난다.

비행기라는 함정도 조심하자. 약간 경험이 생기면 궤도 물체와 비행기를 쉽게 구별할 수 있다. 몇몇 비행기는 정지된 흰색 빛을 내기도 하지만, 대부분은 색이 있거나 깜빡거리는 빛을 낸다. 기억하자. 인공위성은 항상 하얗고, 별처럼 보이며, 깜빡이지 않는다.

인공위성은 밝기가 일정하거나 변화하지만 완벽하게 일직선으로 움직이는 것처럼 보이지는 않는다. 인공위성이 별이 빛나는 밤하늘을 미끄러질 때, 그 경로가 눈에 띄게 물결치거나 속도가 요동친다는 걸 알아챌 수 있을지도 모른다. 사실 이런 흔들림은 하늘이 아니라 우리의 상상 속에 존재하는 것이다. 사실 위성은 정확하고 선형적인 궤적을 그리며 매끄러운 속도로 별자리 사이를 움직이고 있다.

인간의 뇌는 여러 패턴을 하나의 인식 가능한 이미지로 연결하려는 경향이 있다. 일상생활에서 이는 즉각적으로 이루어진다. 그러나 점들이 무작위로 찍혀 있는 어두운 하늘에서 움직이는 '별' 하나를 바라볼 때, 뇌는 이런 패턴을 생성하려고 끊임없이 노력하며 또 실패한다. 인공위성 경로에 흔들림이 있다고 생각하는 것은 친숙하지 않은 시각적 환경을 이해하려는 정신적 노력이 무의식적으로 작용하기 때문이다. 그 결과가 바로 착시다.

야외에서 올스카이 지도를 사용하기 위한 필수 정보

◆ 지도의 가장자리는 지평선을 나타내고, 머리 위 지점인 천정은 중심이다.
◆ 지도는 한 번에 4분의 1 정도 사용할 때 가장 효과적인데, 이는 주어진 방향에서 편안하게 눈에 들어오는 시야와 대략 비슷하다.
◆ 지도를 사용하려면 지도를 앞에 들고, 당신이 마주 보고 있는 방향이 아래쪽으로 가도록 회전시켜라. 별지도의 동쪽과 서쪽 눈금은 지구 지도와 반대로 돼 있으니 헷갈리지 말자. 아래의 사진처럼 들면 별지도의 방향이 나침반 눈금과 일치할 것이다.
◆ 달빛 없는 밤 시골에서는 별지도에 나온 것보다 더 많은 별을, 도심에서나 보름달이 있는 날에는 더 적은 별을 보게 될 것이다.
◆ 글씨가 있는 지도에 주황색으로 표시된 황도the Ecliptic는 달과 행성들이 지나는 하늘의 경로다. 이 선에 걸쳐 있는 별무리들을 황도대 별자리Zodiac Constellation라고 한다.
◆ 야외에서 별지도를 읽을 때 가장 좋은 방법은 빨간색 플라스틱 판으로 밝기를 크게 감소시킨 손전등을 사용하는 것이다. 필터링되지 않은 불빛은 야간 시력의 감도를 크게 떨어뜨린다.

천체 관측 앱

천체 관측 초보라면 스마트폰과 태블릿에 설치 가능한 무료/저가 플라네타륨 앱에 관심이 있을 것이다. 즐겨 찾는 앱 스토어에서 '천체 관측'을 검색하면 수많은 앱이 뜰 것이다. 무료 버전이 구미가 당기긴 하지만, 난입하는 광고들과 업그레이드 비용을 조심해야 한다.

저가 카테고리의 입문용 천체 관측 앱 중에서는 iOS와 안드로이드에서 사용 가능한 '스카이사파리 SkySafari' 기본 버전이 쓸 만하다. 스마트폰이나 태블릿을 머리 위로 조준하기만 하면 이 똑똑한 앱이 각 하늘에서 볼 수 있는 별자리의 종류를 보여준다. 앱은 또 계속해서 변하는 달과 행성들의 위치도 알려주며, 여행 중일 때는 지구 어느 곳의 하늘이든 보여준다. 이름이 표시된 거의 모든 천체를 터치해 추가 정보를 확인해보라. 화면에 있는 것과 실제 하늘에 보이는 것을 맞춰보는 데 연습이 필요하긴 하지만, '스카이사파리'는 강력한 천체 관측 보조 도구다.

그렇지만 인쇄된 양질의 별지도로 하늘을 배우는 것도 그에 못지않게 만족스러울 수 있다. 이 장의 계절별 별지도가 서로 연관된 별자리들을 더 많이 보여준다면, 6장의 딥스카이 지도는 별 아래서 망원경과 함께 보낼 저녁을 계획하는 데 도움이 될 것이다. 여유를 갖고 천체 탐험을 즐겨보자.

올스카이 지도

3등급까지의 모든 별과 4등급의 많은 별이 계절별 올스카이 지도에 표시돼 있다. 5등성과 6등성까지 포함한다면 지도는 혼란스러운 점들의 미로가 돼버릴 것이다(이 지도들은 대략 북위 40~50도 사이의 관측자를 기준으로 밤하늘에 언제 무엇이 보이는지 알려준다). 다음은 별지도를 최대한으로 활용하기 위한 몇 가지 권장 사항이다.

1. 특정한 시간대에 맞도록 설계되긴 했지만, 지평선 근처의 천체를 제외하면 표시된 시간 간격의 앞뒤 1시간까지는 여전히 유용하다.
2. 대응되는 두 올스카이 지도를 펼쳐둔 채 사용할 수 있다. 한쪽에는 실제 하늘의 가상 이미지, 다른 쪽에는 별과 별자리 지도가 오게 된다.
3. 시작할 때, 하늘이 흐리거나 보름달 달빛이 훤한 날은 피하라. 이런 밤에는 볼 수 있는 별이 너무 적어서 천체를 적절히 식별하기 어렵다. 반대로 칠흑같이 어두운 하늘은 인상적일지는 몰라도 별이 너무 많아서 초기 식별이 어려울 수 있다.
4. 가능하면 정원 조명이나 가로등이 직접 보이지 않는 관측지를 선택하라. 집이나 울타리, 혹은 다른 장애물이 눈을 찌르는 불빛을 막아주게끔 자리를 잡으려면 하늘의 일부 영역을 포기해야 할 수도 있다. 하지만 눈이 어둠에 적응하기에 별은 더 선명하게 볼 수 있을 것이다.
5. 잘 알려진 것에서 잘 알려지지 않은 것으로 나아가자. 북두칠성부터 시작해 위치 표시 화살표를 활용하라. 인내심을 갖자. 별을 찾는 데 완전히 익숙해지려면 보통은 1년 내내 맑은 날 저녁마다 수없이 연습해야 한다.
6. 황도 근처에 밝은 '별'이 보인다면 그건 거의 확실하게 행성이다(앞에서 언급했듯이 황도는 달과 행성들의 이동 경로다). 육안 관측 행성 다섯 가지를 식별하는 방법은 7장에 설명돼 있다.
7. 밤에 야외에서 이 책을 보려면 빨간 셀로판지나 플라스틱판으로 손전등을 두껍게 가려라. 마땅한 게 없으면 누런 종이 여러 장으로 밝기를 떨어뜨려도 된다. 별지도를 보겠다고 밝은 손전등을 켜면 어둠 속에서 눈의 감도가 망가지고, 그걸 회복하는 데는 수 분이 걸린다.
8. 야외로 나가기 전에 실내등을 어둡게 하라. 그러면 눈이 낮은 조도에 더 빨리 민감해지고, 희미한 별도 더 일찍 볼 수 있게 될 것이다. 야외에서는 가능한 한 인공적인 빛을 보지 않도록 하라. 그런 빛은 하늘의 아름다움을 망칠 뿐 아니라 야간 시력 감도에도 크게 영향을 끼친다(이에 대한 더 자세한 내용은 149페이지의 '야간 시력 이용하기'를 참조하라).

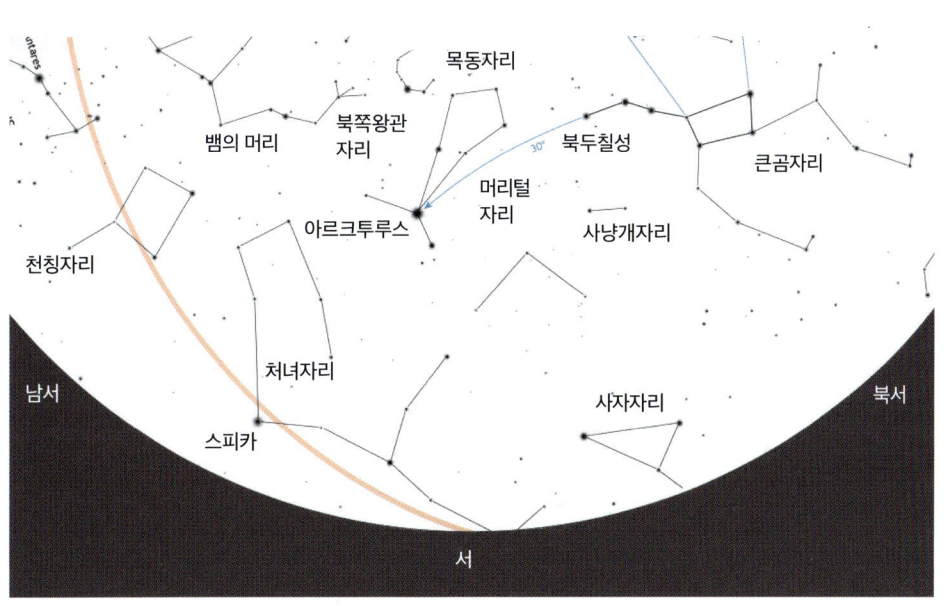

제4장 사계절 별

봄철 하늘

천문학에 대한 나의 열정은 봄의 첫 온화한 저녁에 더 힘을 얻는다. 별들은 반짝이고, 봄철 천체 관측에 좋은 조짐이 보이는 그런 날 말이다. 북두칠성은 봄 내내 거의 머리 위에 있고, 편리한 지극성은 지평선 위의 모든 주요 별과 별무리들을 연결해볼 절호의 기회를 선사한다(57페이지 참조).

3장에서 언급했듯이 북두칠성은 진짜 별자리가 아니다. 별자리라기보다는 눈에 잘 띄는 별무리고, 극지방을 수호하는 신화 속 커다란 곰이자 넓게 뻗은 큰곰자리에서 가장 밝은 부분이다. 북두칠성을 국자 모양으로 묘사한 건 19세기 미국의 천체 관측자들이다. 영국에서는 북두칠성의 별 7개를 쟁기 모양으로 본다. 북아메리카의 원주민은 국자 머리를 곰으로, 손잡이의 별 3개를 곰을 쫓는 사냥꾼들로 묘사했다.

북두칠성 손잡이 부분의 곡선을 전체 국자 길이보다 좀더 길어지게끔 이어보면 봄철 밤하늘에서 가장 밝은 별이자 0등성인 아르크투루스에 도달한다. 아르크투루스는 목동자리에서 가장 눈에 잘 띄는 별이다. 그 이름과 위치는 '아크arc를 따라가면 아르크투루스Arcturus가 나온다'라는 문구로 기억할 수 있다. 이때 '아크'는 국자 손잡이를 이은 호 모양 곡선이다. 가끔 '그다음 스

휴식 중인 사자 사자자리는 이 사진의 중간 부분에 걸쳐 있다. 오른쪽에는 게자리가 있고, 그 안에 벌집성단(M44)이라는 사랑스러운 성단이 있다. 사자자리의 왼쪽에는 별들이 훨씬 더 크게 흩어져 있는 머리털자리성단(Mel 111)이 있는데, 이 성단은 잘 알려지지 않은 별자리인 머리털자리의 중간을 채우고 있다. 두 성단 모두 쌍안경에서 멋진 모습으로 보인다. 사진: 앨런 다이어.

피카까지 빠르게 이어보자'가 추가되기도 하는데, 커다란 황도대 별자리의 1등성인 스피카를 향해 곡선을 전체 국자 길이만큼 더 이으면 쉽게 해볼 수 있다.

손잡이에서 가장 가까이에 있는 국자 머리의 두 별로 사자자리의 1등성 레굴루스를 향해 남쪽으로 45도 뻗는 위치 표시 화살표를 형성할 수 있다. 낫 모양이라고도 하는 거꾸로 된 물음표는 사자의 머리와 갈기를 나타내고, 레굴루스는 사자자리의 심장이다. 사자의 뒷다리 쪽 몸통은 동쪽에 별들의 삼각형으로 표시된다. 삼각형 아래 별들을 구불구불하게 이은 희미한 사슬은 사자의 꼬리다. 사자자리는 봄철 별자리 중 가장 눈에 잘 보이고, 더 좋은 건 사자와 실제로 닮았다는 점이다.

봄에 가장 밝은 별 3개 가운데 레굴루스와 스피카는 1등성이고 아르크투루스는 0등성이다. 약 79광년 떨어져 있는 레굴루스는 광도가 대략 태양의 150배나 되는 푸른색 별이다(눈에는 하얗게 보이지만). 사실 스피카는 레굴루스보다 16배 밝고 3배 이상 멀리 떨어져 있다.

불과 37광년 떨어져 있는 아르크투루스는 가장 가까운 밝은 별 중 하나다. 아르크투루스는 주황색 거성으로 지름이 태양의 대략 25배에 태양의 110배에 달하는 에너지를 방출한다. 아르크투루스의 옅은 노란빛이 도는 주황색은 맨눈으로도 분명하게 볼 수 있다.

어두운 시골 밤, 레굴루스와 아르크투루스의 중간쯤 희미한 별들이 흩어진 곳을 찾아보라. 머리털자리성단Coma star cluster 또는 멜로테 111Melotte 111로 불리는 이 별무리는 라틴어로 '베레니케의 머리카락'을 의미하는 머리털자리에 있다(Mel 111은 계절별 별지도에 나와 있지 않지만, 177페이지 별지도 2에서 찾을 수 있다). 약 280광년 떨어진 이 성단은 황소자리의 히아데스성단Hyades star cluster 다음으로 우리와 가깝다.

레굴루스와 폴룩스의 중간에 자리 잡은 벌집성단Beehive cluster(M44)은 게자리에 있으며, 머리털자리보다 2배 이상 멀리 떨어져 있고, 육안으로는 그저 하얀 보풀처럼 보인다. 쌍안경으로 보면 더 풍성하고 조밀해져서 쌍안경으로 관측하기 매우 좋다. 맨눈으로 보는 것과 똑같은 밝은 얼룩을 컬러 별지도에서 찾아보자.

다시 북두칠성 이야기로 돌아가자. 쌍안경을 사용하면 국자 손잡이의 굽은 부분에서 미자르의 동반성Companion star인 알코르를 발견할 수 있다. 이 두 별은 함께 우주를 여행하고 있으며, 서로 약 4광년 떨어져 있다. 알코르는 광학 보조 장비 없이도 발견할 수 있지만 쌍안경이 있으면 더 쉽게 찾을 수 있다(쌍안경으로 볼 수 있는 더 많은 천체들이 6장의 별지도에 그림과 글로 설명돼 있다).

황도와 황도대

별지도에서 격자와 천구 좌표를 생략했지만, 가장 중요한 선 하나는 남겨두었다. 태양, 달, 행성과 같은 우주 방랑자들의 길인 황도. 아주 단순하게 생각하면 우리 태양계는 원형의 넓은 경주용 트랙과 같고, 행성들은 경주용 자동차와 같다. 때로는 금성이 지구를 앞지르고, 때로는 지구가 화성을 지나간다. 하지만 이 모든 행성의 이동은 동일한 수평면에서 일어난다. 따라서 행성, 태양, 달은 언제나 이 수평면에 상응하는 하늘의 제한적인 범위 내에서만 볼 수 있다. 테런스 디킨슨이 촬영한 사진에 보이듯이, 이 수평면은 아주 평평해서 달과 행성이 황도로부터 2~3도 이상 떨어져 있는 때가 드물다.

황도의 배경을 이루는 별들을 황도대 별자리라고 한다. 황도대는 주변에 흔한 신문의 별자리 운세로 우리에게 잘 알려진 12개 별자리의 영역이다. '황도대Zodiac'라는 단어는 '작은 동물들의 원'을 뜻하는 그리스어 'zodiakos kyklos'에서 유래됐다. 그러나 12개 별자리 중 오직 7개, 즉 양자리, 황소자리, 게자리, 사자자리, 전갈자리, 염소자리, 물고기자리만 동물 별자리다. 나머지 중 물을 나르는 사람 형상의 물병자리와 쌍둥이자리, 처녀자리 등 3개는 사람 형상이다. 반은 인간이고 반은 말인 반인반수 별자리, 궁수자리도 있다. 하지만 천칭자리는 그중 어떤 분류에도 속하지 않는다. 아마 로마인들이 이전에 전갈의 집게발로 지정됐던 영역과 구별하려는 의도로 나중에 추가한 듯 보인다.

일부 황도대 별자리는 행성 경로상의 중요한 위치에 있음에도 희미하게 보인다. 7장의 행성 관측 참고표(222~226페이지)와 맞추기 위해 올 스카이 지도에 모든 황도대 별자리의 이름을 적고 점과 선으로 연결했다. 하지만 물병자리, 게자리, 물고기자리 같은 잘 알려진 황도대 별자리 중 일부는 분간하기가 꽤 어렵고, 자신의 '탄생 별자리'의 위치를 찾고자 하는 초보 관측자에게는 언제나 깜짝 선물처럼 다가온다!

일부 황도대 별자리의 역사는 최소 기원전 3200년으로 거슬러 올라간다. 그 시대 메소포타미아 유물에 그려진 그림들은 사자자리, 황소자리, 전갈자리를 묘사하고 있다. 별 모양 기호로 장식돼 있어서 별자리를 나타낸다는 사실은 분명하다. 별자리 기원의 전문가인 브리티시컬럼비아대학의 고故 마이클 오벤덴은 대부분의 황도대 별자리가 기원전 약 2600년 무렵 고안됐을 거라고 추정했다. 황도대 별자리는 양치기와 유목민들이 놀이 삼아 발명하기 한참 전부터 태양, 달, 행성들의 위치를 정의하고 설명하는 유용한 방식으로 신중하게 선택된 것이다.

황도대를 12개의 별자리로 나눈 원래의 구분은 목성이 황도를 한 바퀴 완주하려면 각 황도대 별자리에서 1년씩 총 12년이 걸린다는 사실을 초창기 관측자들이 발견했을 때 등장했을 가능성이 있다. 목성은 밤중에 보이는 가장 밝은 행성이라 분명 지대한 관심을 받았을 것이다(금성이 더 밝기는 하지만, 일몰 후 또는 일출 전 몇 시간밖에 볼 수 없다).

각 황도대 별자리와 관련된 특정 별무리들은 크기가 매우 다양하다. 가장 큰 처녀자리는 가장 작은 양자리보다 대략 3배 크다. 이런 불균등을 해결하기 위해 고대 점성가들은 각각 30도 너비로 된 점성술 기호를 만들었다. 현대의 점성가들이 별점에서 황소자리, 쌍둥이자리, 기타 별자리들을 언급한다면 별자리 자체가 아니라 이런 기호를 의미하는 것이다. 2000년 전 점성술 기호와 별자리는 얼추 맞춰져 있었으나, 지구 자전축의 느린 움직임(세차 운동Precession이라고 한다)으로 별자리들이 계절에 비례해 서쪽으로 옮겨진 탓에 오늘날에는 일치하지 않는다. 예를 들어 점성가가 "화성이 쌍둥이자리에 있다"라고 할 때, 화성은 실제로는 황소자리의 별들 사이에 있다. 점성술이 기반으로 삼은 체계는 더 이상 하늘의 본질을 반영하지 않는다.

봄철 하늘

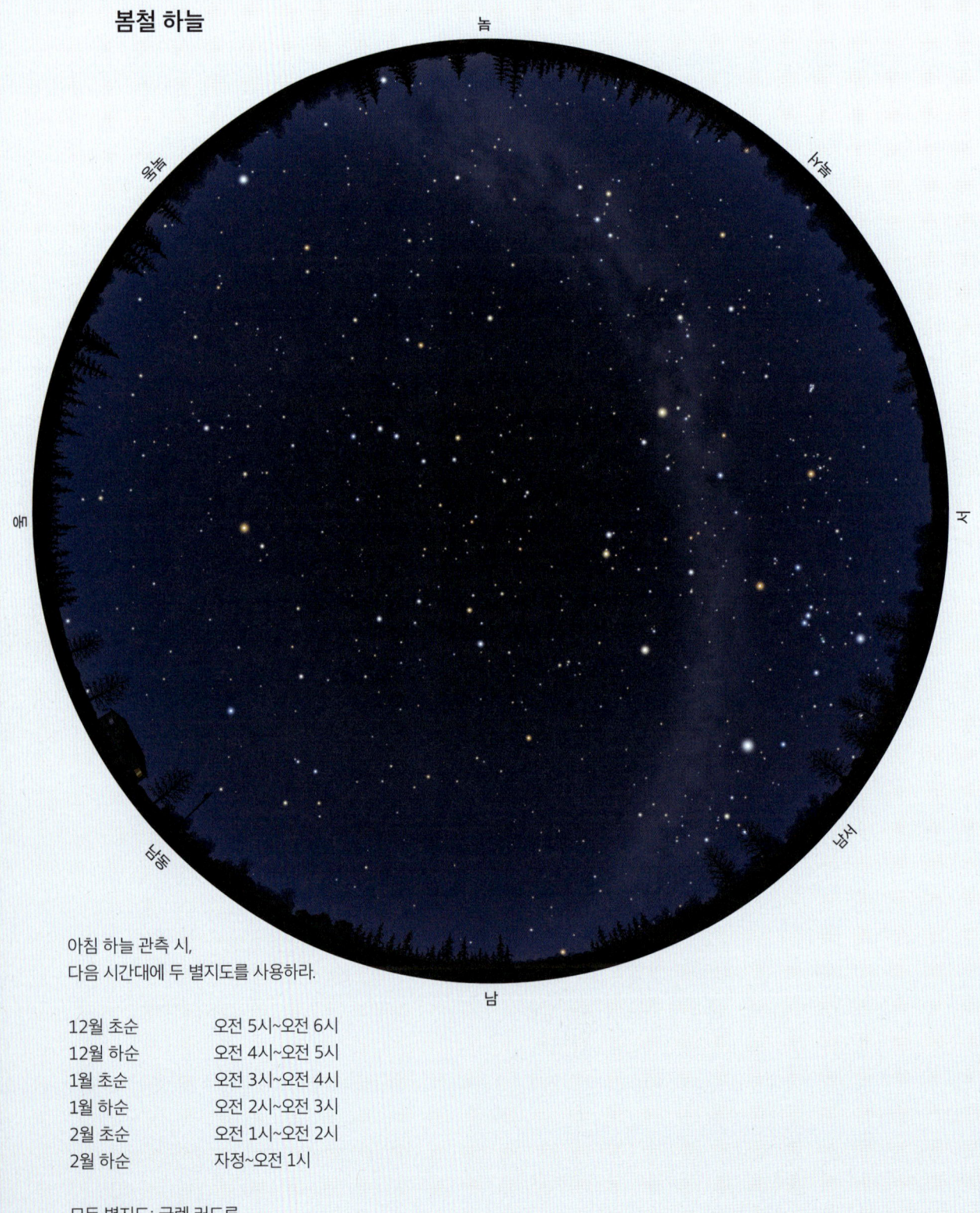

아침 하늘 관측 시,
다음 시간대에 두 별지도를 사용하라.

12월 초순	오전 5시~오전 6시
12월 하순	오전 4시~오전 5시
1월 초순	오전 3시~오전 4시
1월 하순	오전 2시~오전 3시
2월 초순	오전 1시~오전 2시
2월 하순	자정~오전 1시

모든 별지도: 글렌 러드루

봄철 하늘

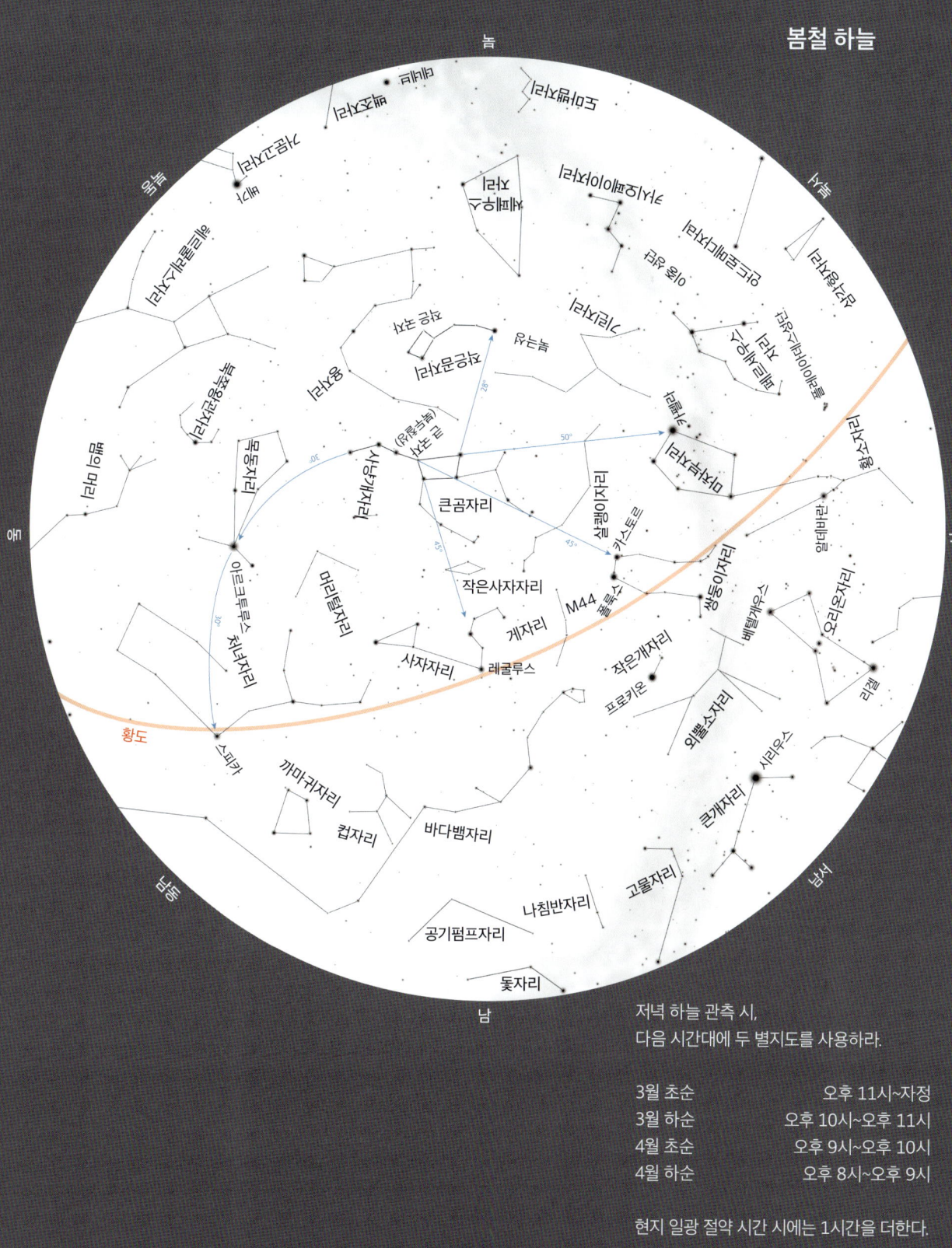

저녁 하늘 관측 시,
다음 시간대에 두 별지도를 사용하라.

3월 초순	오후 11시~자정
3월 하순	오후 10시~오후 11시
4월 초순	오후 9시~오후 10시
4월 하순	오후 8시~오후 9시

현지 일광 절약 시간 시에는 1시간을 더한다.

제4장 사계절 별

여름철 하늘

천체 관측을 마음 수련이라 한다면, 명상을 위한 최적의 시기는 여름이라 할 수 있을 것이다. 도시 밖에서 보내는 훈훈한 밤은 별을 발견하기 위한 최고의 기회다. 시골 하늘에 뜬 여름 별들은 어쩐지 더 가깝고 찾기 쉬운 것처럼 느껴진다. 밤의 고요함과 별들의 웅장함이 합쳐져 천체 관측은 최면에 가까운 경험이 된다. 마치 벽난로에서 춤추는 불꽃을 멍하니 바라보는 것처럼 말이다.

당신의 탐험은 여름철 대삼각형, 엄밀하게는 현대에 만들어진 밤하늘의 크고 선명한 도형에 밀접하게 연결될 것이다. 삼각형의 꼭짓점은 각각의 별자리에서 가장 밝은 별들인 베가, 데네브, 알타이르로 표시된다. 이 별들은 이웃 별들보다 훨씬 밝아서 이 삼각형이 여름과 초가을 하늘을 지배하게 된다.

이 삼각형을 찾으려면 북서쪽에 자리 잡은 위대한 별 이정표로 돌아가야 한다. 바로 북두칠성이다. 국자 손잡이에서 가장 가까운 머리 부분의 두 별에서부터 대략 국자 길이의 2.5배만큼 떨어진 하늘의 한 지점까지 선을 이어보자. 그러면 시선이 베가와 데네브 사이 중간 지점에 머무를 것이다. 0등성인 베가가 1등성인 데네브보다 눈에 띄게 밝아서 두 별은 쉽게 구별할 수 있다. 같은 1등성이지만 데네브보다 다소 밝은 알타이르가 삼각형을 완성한다. 여름철 대삼각형은 팔을 뻗은 상태에서 손바닥으로 가릴 수 있는 하늘 넓이보다 더 넓은 부분을 덮고 있다.

여름철 대삼각형에서 가장 눈에 잘 보이는 별자리는 백조자리다. 백조자리의 주요 별들은 십자 모양을 형성하며 그 꼭대기를 데네브가 장식한다. 북십자성으로 널리 알려진 백조자리는 신화에 나오는 백조인데, 데네브에 꼬리가 있고 날개는 십자가의 양팔 너머로 뻗어 있다. 백조의 목은 3등성인 알비레오로 표시되며 십자 모양의 발끝까지 뻗어나간다. 베가는 작지만 뚜렷한 거문고자리에 속해 있다. 알타이르는 어렴풋이 새 형상을 그리는 3등성과 4등성의 집합인 독수리자리에서 가장 밝은 별이다.

일단 여름철 대삼각형의 세 별을 발견했으면, 베가에서부터 봄철의 주요 밝은 별이자 밝기가 베가와 비슷한 서쪽의 아르크투루스까지 시선을 확장해보자(아르크투루스는 북두칠성의 손잡이 부분에서 곡선으로 뻗어 나오는 위치 표시 화살표로 확인할 수 있다). 이 베가-아르크투루스 선은 헤르쿨레스자리와 북쪽왕관자리를 곧장 통과한다. 북쪽왕관자리는 2등성인 알페카를 비롯해 여러 3등성과 4등성으로 구성돼 있으며, 작지만 눈에 띄는 호 모양이다.

헤르쿨레스자리의 별들은 더 분산돼 있고 구별하기도 더 어렵다. 베가-아르크투루스 선은

3등성과 4등성으로 이루어진 사변형을 통과한다. 키스톤Keystone이라고 부르는 이 사변형은 아마 헤르쿨레스자리에서 가장 찾기 쉬운 특징일 것이다. 공식적으로 차지하는 면적만 보면 헤르쿨레스자리는 바다뱀자리, 처녀자리, 큰곰자리, 고래자리에 이어 다섯 번째로 큰 별자리다. 하지만 그 넓은 영역에 3등성보다 밝은 별은 단 한 개도 없다.

크면서 희미한 건 헤르쿨레스자리만이 아니다. 별자리에 밝은 별이 너무 적은 나머지 그 자리가 황량해 보일 때가 종종 있다. 바로 뱀주인자리가 그런데, 가장 밝은 별인 라스알하게의 밝기가 북십자성의 중심별 밝기와 비슷하다.

거문고자리 남쪽 끝을 지나 데네브에서 50도 이동하는 방향선이 라스알하게로 이어진다. 라스알하게는 여름철 대삼각형과 남쪽 낮은 곳의 전갈자리 사이에서 가장 밝은 별이라 잘못 식별할 가능성은 낮다. 뱀주인자리 주변에 상당히 밝은 별들이 모여 있는지라 방대한 영역이 공백으로 남게 된다.

여름철 남쪽 하늘에서 가장 밝은 별은 낚싯바늘처럼 생긴 전갈자리에 속한 안타레스다. 북위 45도의 관측자에게는 전갈자리의 꼬리가 남쪽 지평선을 긁고 있는 것처럼 보일 것이다. 안타레스로 향하는 시선은 데네브에서 시작해 북십자성의 긴 팔을 통과하며 그로부터도 70도쯤 더 이어진다. 안타레스는 붉은빛이 도는 주황색으로, 알타이르보다 밝지만 베가보다는 희미하다(북십자성에서 나오는 위치 표시 화살표는 거의 곧바로 안타레스를 가리킨다. 올스카이 지도에서는 왜곡이 불가피해 베가-아르크투루스 선이 약간 곡선이 되지만, 실제 하늘에서는 사실 직선이다).

안타레스는 그리스어로 '화성의 경쟁자'를 의미하는데, 이 이름이 별과 잘 어울린다. 화성이 이 영역을 지날 때 둘은 거의 똑같아 보인다. 안타레스의 따뜻한 색조는 별 자체에서 비롯된 것이다. 안타레스는 적색 초거성Red Supergiant이며 거대한 저온 항성 분류에 속한다. 표면 온도는 태양의 절반밖에 안 되지만 지름은 거의 700배에 달한다. 안타레스가 태양을 대신한다면 지구의 공전 궤도쯤이야 거뜬히 집어삼킬 것이다. 지금처럼 553광년이 아니라 베가처럼 25광년 떨어져 있었다면 거의 −6등급의 수준이며, 밤하늘에서 달 다음으로 밝은 천체가 됐을 것이다.

전갈자리와 함께 이맘때 낮게 떠 있는 별자리로는 궁수자리가 있다. 궁수자리의 하이라이트는 '주전자'라 불리는 별무리인데, 오른쪽이 주둥이고 손잡이는 왼쪽에 있다. 데네브에서 여름철 대삼각형을 지나 알타이르 바로 오른쪽으로 시선을 옮긴 뒤 남쪽 지평선 근처까지 연장해 이 별자리를 찾아보라.

방금 설명한 이정표는 눈에 덜 띄는 여름철 별과 별자리를 찾는 기초가 된다. 별과 별자리 식별 기법의 핵심은 언제나 가장 밝고 확실한 별에서 시작해 천체를 식별하고 위치 화살표로 연결한 뒤 세부 사항을 채우는 것이다. 이렇게 하면 잘 보이지 않는 별자리와 별무리까지 관측할 준비가 될 것이다.

취미 천문학의 큰 즐거움 중 하나는 쌍안경으로 여름의 은하수를 살피는 것이다. 북동쪽에서 남서쪽으로 호를 그리는 옅은 안개의 띠는 7월 자정 무렵과 8월과 9월 초저녁에 가장 잘 보인다. 육안에 구름 리본처럼 보이는 것이 쌍안경에서는 반짝이는 수천수만 개 별의 강물로 변신한다. 쿠션 처리된 접이식 리클라이너 의자나 무중력 의자에 기대어 앉아 은하수의 장엄한 별밭을 쌍안경으로 '천천히' 훑어보라. 보자마자 깜짝 놀라게 될 것이다.

맨눈으로는 각각의 별을 구분할 수 없어서 은하수가 뿌옇게 보인다. 우리는 사실 바퀴 모양

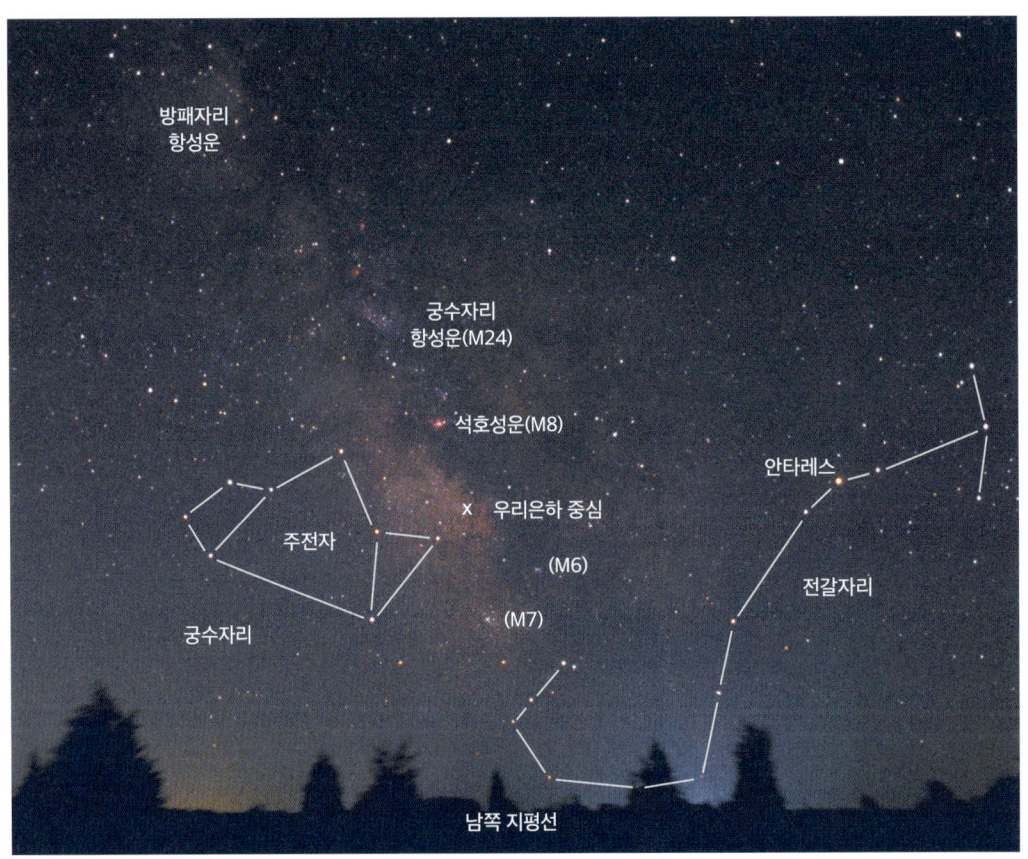

지평선을 품은 별자리들 우리은하 중심은 궁수자리 주전자의 주둥이 바로 옆에 있다. 취미 천문인들은 쌍안경이나 망원경으로 여름철 하늘의 이 영역에 있는 수십 개 별들을 볼 수 있다. 이 사진은 북위 44도에 있는 저자의 시골 마당에서 찍은 것으로, 전갈자리의 꼬리가 남쪽 지평선을 스치고 있다. 더 남쪽의 관측자들에게는 꼬리와 주전자가 더 높은 하늘에서 보일 것이다.

우리은하의 가장 빽빽한 부분을 측면에서 바라보고 있다. 우리은하의 중심은 궁수자리 주전자의 주둥이 끝과 매우 가까워 보이지만, 실은 주전자보다 250배 더 멀리 있다. 우리은하는 이 주변이 특히 풍성하다. 밝기도 수천 배 더 밝을 테지만 가스와 먼지로 이루어진 구름이 핵까지의 시야를 방해한다.

쌍안경으로 우리은하의 어두운 틈과 별들이 이루는 구름, 상대적으로 비어 있는 하늘의 다른 부분까지 적당히 훑어본 후에 찾아볼 만한 관측 대상이 있다. 예를 들어, 거문고자리를 쌍안경으로 관측하면 베가에서 데네브 방향으로 가장 가까운 별이 쌍둥이별이라는 사실을 확인할 수 있다(사실 시력이 좋은 사람은 광학 보조 장비 없이도 두 별을 볼 수 있다). 이 별은 '쌍쌍별Double-Double'이라고도 불리는 거문고자리 엡실론Epsilon Lyrae인데, 이 매력적인 항성계에 대해서는 185페이지의 별지도 10에 설명돼 있다.

쌍안경으로 둘러봐야 할 또 다른 영역은 전갈자리 꼬리 끝과 궁수자리 주전자 주둥이 사이의 풍성한 구역이다. 여기서 특히 아름다운 것은 별 수십 개로 이루어진 두 성단(M6와 M7)인데, 마치 밤에 날아다니는 반딧불이 떼처럼 보인다. 별이 가득한 이 영역은 북위 48도의 관측자들이 보긴 어렵다. 하지만 더 남쪽의 천체 관측자라면 이 부분 하늘의 멋진 경치를 즐길 수 있다.

시골에서 그러하듯 도시에서도 쌍안경을 활용하면 맨눈에 보이는 것보다 더 희미한 별들을 볼 수 있다. 또한 스모그와 인공 조명 때문에 육안으로는 보기 어려운 별들도 볼 수 있을 것이다. 예를 들어 거문고자리의 별들은 쌍안경을 통하면 도시에서도 분명하게 볼 수 있지만, 맨눈으로는 베가만 볼 수 있다.

여름철 하늘

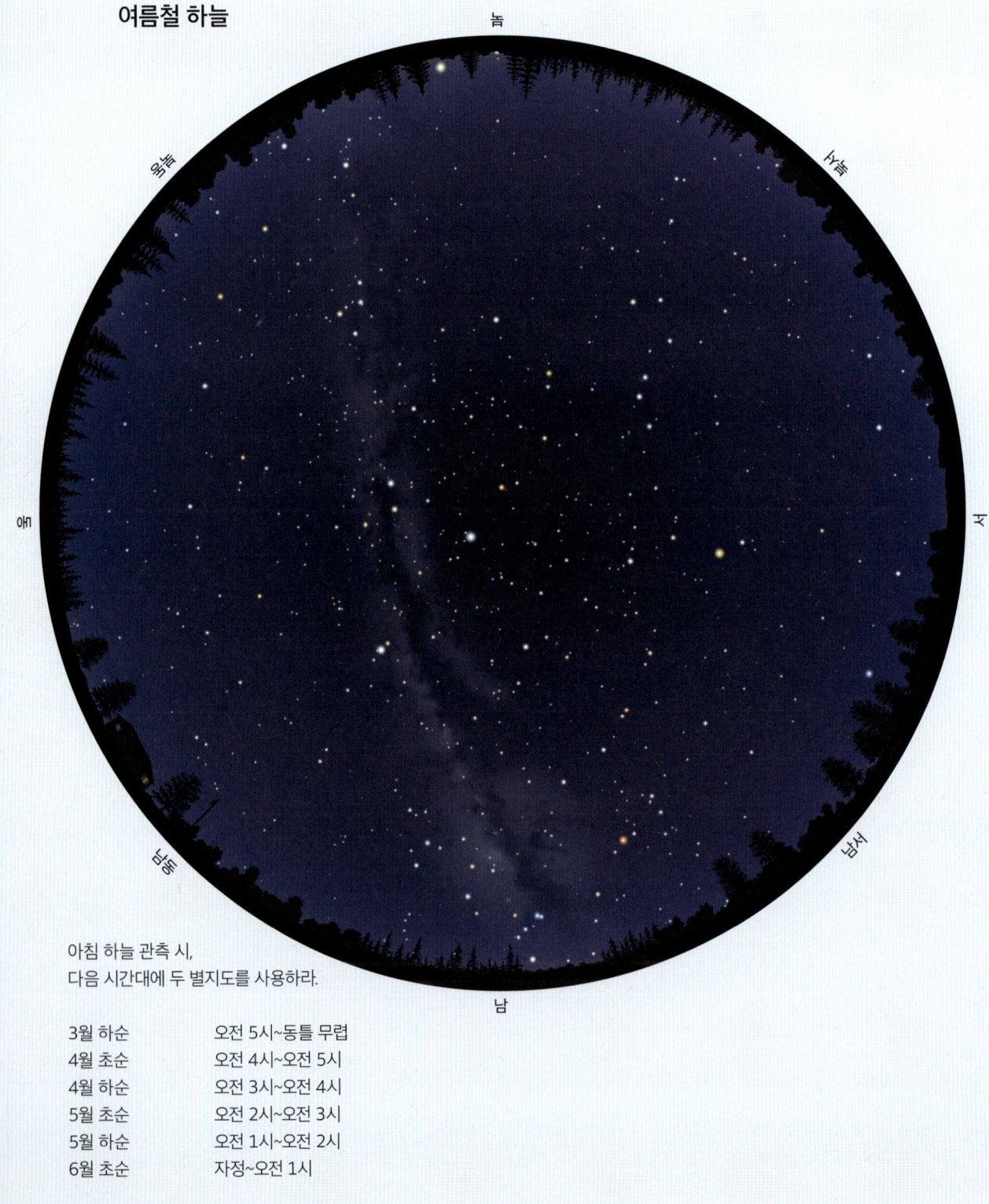

아침 하늘 관측 시,
다음 시간대에 두 별지도를 사용하라.

3월 하순	오전 5시~동틀 무렵
4월 초순	오전 4시~오전 5시
4월 하순	오전 3시~오전 4시
5월 초순	오전 2시~오전 3시
5월 하순	오전 1시~오전 2시
6월 초순	자정~오전 1시

현지 일광 절약 시간 시에는 1시간을 더한다.

여름철 하늘

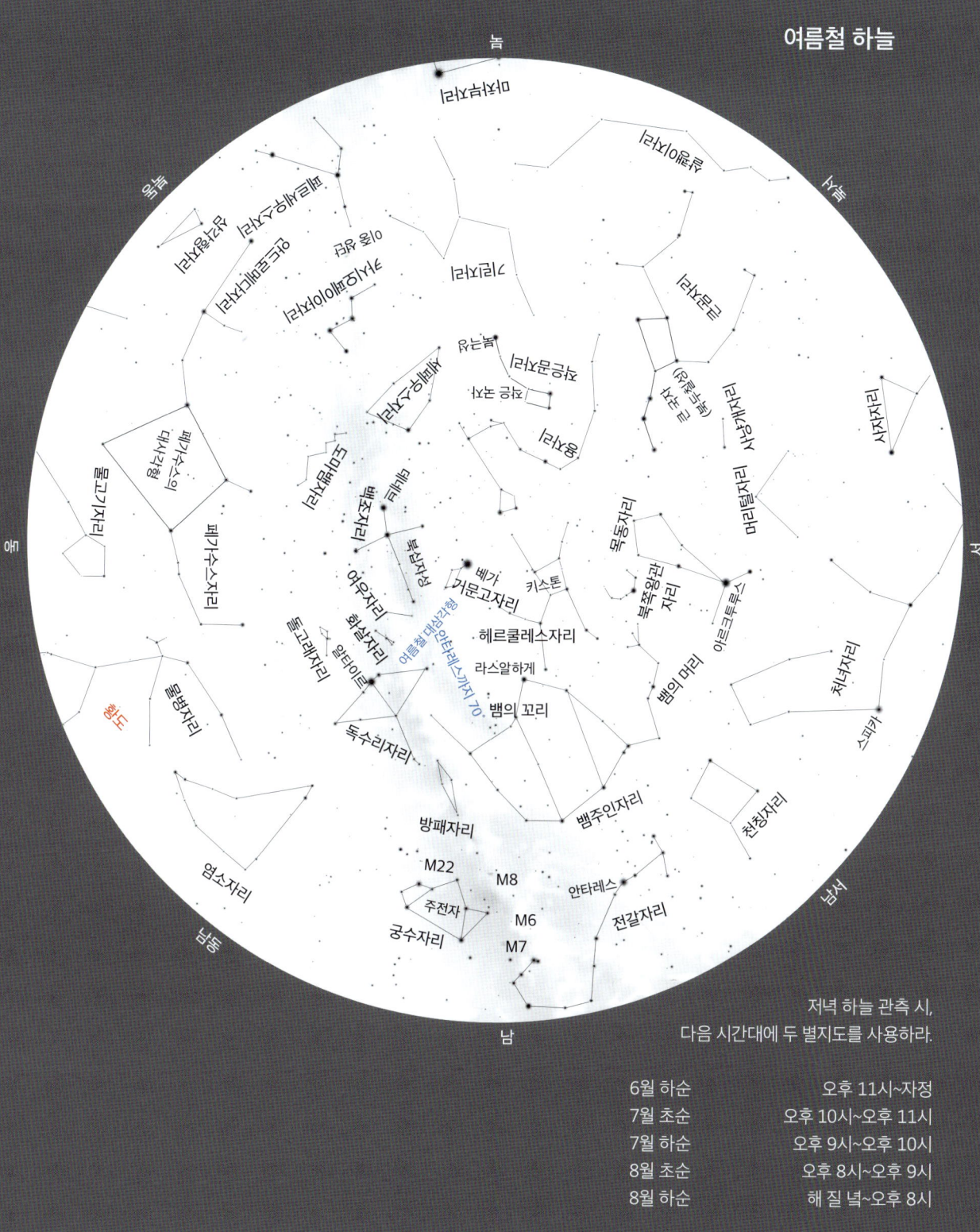

저녁 하늘 관측 시,
다음 시간대에 두 별지도를 사용하라.

6월 하순	오후 11시~자정
7월 초순	오후 10시~오후 11시
7월 하순	오후 9시~오후 10시
8월 초순	오후 8시~오후 9시
8월 하순	해 질 녘~오후 8시

현지 일광 절약 시간 시에는 1시간을 더한다.

제4장 사계절 별 **89**

가을철 하늘

가을은 저녁이 길고 날씨도 관측하기 쾌적할 때가 많아서 뒷마당 천문학을 즐기기에 안성맞춤이다. 6월과 7월 초에는 밤 10시까지도 천체를 편안하게 관측할 만큼 어두워지지 않는 날이 종종 있지만, 10월에는 어두운 저녁이 2시간 정도 늘어나서 밤하늘을 여유롭게 관찰할 수 있다.

가을밤에는 밝은 별과 눈에 잘 보이는 별자리가 다른 계절보다 적다. 하지만 하늘의 가장 큰 경이를 담고 있으면서 식별하기도 쉬운 별무리에 속해 있는 2등성 10개 이상이 이를 보상해준다. 이 별자리들을 탐색하는 방법을 배우는 것은 만족스러운 여가 활동이 될 것이다.

북두칠성은 가을 저녁에 북쪽 지평선 쪽으로 내려간다. 따라서 북두칠성의 위치 표시 화살표 시스템을 이용하려면 그 방향의 하늘이 맑고 지평선에 장애물이 없을 것이 전제돼야 한다. 특히 중요한 위치 표시 화살표는 국자(북두칠성) 손잡이의 세 번째 별에서 나와 북극성을 통과한 뒤

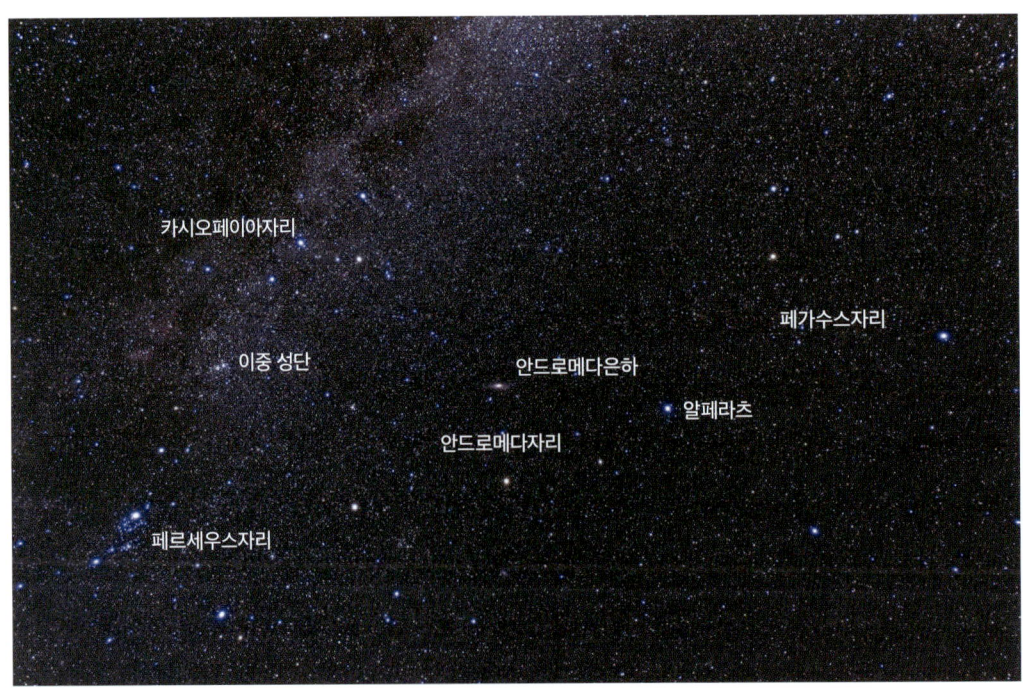

가을 천체의 아름다움 가을 하늘을 보여주는 이 이미지의 중앙 부분에 안드로메다 공주가 자리하고 있다. 그 오른쪽에는 날개 달린 말, 페가수스자리 안에 자리한 페가수스의 대사각형이 있다. 알페라츠 별은 두 별자리 모두에 걸쳐 있다. 안드로메다자리 위에는 W 모양으로 별들이 모인 카시오페이아 여왕이 있다. W의 오른쪽 변은 길쭉한 얼룩, 즉 안드로메다은하를 가리키고 있다. W의 왼쪽 변 아래에는 이중 성단으로 알려진 조그만 별 덩어리 두 개가 있다. 사진: 앨런 다이어.

거의 머리 바로 위인 적위 60도의 카시오페이아자리로 향하는 화살표다. 북두칠성에서 나가는 시선이 나무나 불빛에 가려진다면(40도선 남쪽의 관측자는 북쪽 지평선 아래에서 북두칠성의 일부를 발견할 수 있을 것이다) 머리 위에서 W 모양 카시오페이아자리를 찾아보라. 너비는 약 15도, W의 각 팔 길이는 3~4도쯤 된다. 신화 속의 여왕 카시오페이아가 가을 하늘의 별자리들을 다스리고 있다. 이 작은 별자리에서 위치 표시 화살표가 4개 이상 나온다. 가장 중요한 화살표는 페가수스자리 중심까지 남쪽으로 35도 정도 뻗어 있는데, 이곳은 '페가수스의 대사각형'이라 불리는 별무리의 지배를 받는다.

대사각형은 상당히 크다. 각 변의 길이가 14~17도에 2등성도 4개나 있다. 관측자가 남쪽을 바라볼 때, 사각형의 오른쪽 변은 남쪽으로 나아가 지평선 근처의 1등성인 포말하우트로 이어진다. 마찬가지로 사각형의 왼쪽 변은 거대하지만 어두운 별자리인 고래자리의 2등성 디프다를 겨냥한다.

대사각형에서 카시오페이아자리에 가장 가까운 별은 사실 안드로메다자리(카시오페이아 여왕의 딸)의 일부이며, 이 별자리의 별들은 북동쪽으로 기울어져 있다. 안드로메다자리가 유명한 이유는 안드로메다은하(M31)를 포함하고 있기 때문이다. 256만 광년 떨어져 있는 안드로메다은하는 캄캄한 시골 하늘에서 맨눈으로 뚜렷하게 볼 수 있는 천체 중 가장 멀리 있는 것이다. 페가수스자리와 가까운 곳에서 W의 절반을 이루는 3개의 별은 남쪽으로 15도 떨어진 안드로메다은하를 가리키는 화살촉 역할을 한다.

안드로메다은하는 얼룩처럼 희미한 4등급 천체로 달 없는 밤에만 볼 수 있다. 11월 저녁, 거의 정확하게 머리 위 밤하늘에서 이 은하는 칠판에 타원형으로 번진 분필 자국 같은 모습으로 보인다. 이 여리고 흐릿한 부분은 거대한 항성 무리인데, 너무 멀리 떨어져 있어서 1조 개에 달하는 별들의 에너지가 합쳐졌음에도 눈으로 감지할 만한 이미지를 거의 만들지 못한다.

카시오페이아자리와 페르세우스자리의 인근 별자리들 사이, 이중 성단이라 불리는 쌍둥이별 덩어리는 가을 하늘의 훌륭한 하이라이트다. 육안으로 보기가 안드로메다은하보다 조금 더 쉬운 이중 성단은 은하수에서 흐릿한 매듭 형태로 나타난다. 쌍안경으로 보면 두 성단 모두에서 각각 더 밝은 별들이 드러나며 이중으로 돼 있다는 게 더 분명해진다.

빛 공해 요인

21세기의 어린이들은 밤하늘에서 별이 가장 먼저가 아니라 가장 나중에 눈에 띄는 세상을 사는 첫 번째 세대다. 변화는 빠르게 일어났다. 60세 이상인 많은 사람은 은하수의 옅은 빛이 흩뿌려진 밤하늘의 화려함이 뒷문처럼 가까이에 있었던 것을 여전히 뚜렷이 기억하고 있다. 예전에 어디서 살았든지 말이다.

오늘날, 야외 조명은 삶의 일부이자 포장도로와 쇼핑몰만큼이나 도시생활의 일부가 된 흔한 배경이다. 별 몇 개 정도야 한 번의 시도로도 찾을 수 있지만 갑자기 야간 조명이 신경 쓰이기 시작한다. 대도시든 소도시든, 도시에서는 하늘이 검은색이 아니라 노란 기 도는 회색으로 보일 것이다. 야간 조명이 땅뿐 아니라 공기도 비추기 때문이다.

도시와 시골의 별 풍경이 극단적으로 다르다는 것을 증명하기 위해 나는 같은 설정의 카메라를 이용해, 불과 며칠 간격으로 오른쪽의 두 사진을 찍었다. 하늘의 동일한 부분을 찍은 것이고, 모두 달도 없이 유난히 맑을 때였다. 유일한 차이점은 위치다. 한 장은 대도시에서 충분히 떨어진 캐나다 온타리오주 시골 지역에서 찍은 것이다. 다른 사진은 장모님이 계시는 아파트에서 본 풍경인데, 도시(당시 인구 400만 명) 외곽 부근에서 토론토 쪽을 바라보며 찍었다.

마지막 조언 한마디: 더 알아보고 싶다면 국제어두운하늘협회IDA에 가입하자. 국제어두운하늘협회에 대한 자세한 내용은 웹사이트 darksky.org에서 확인하라.

거의 모든 천체 관측자는 일반적인 도시 하늘의 빛은 물론 눈에 직접적으로 들어오는 한두 개의 부분 조명마저 싫어하게 된다. 보통 가로등이 문제긴 하지만, 현관 램프와 해 질 녘부터 새벽까지 켜지는 '보안등'도 종종 문제가 된다. 대부분의 사람은 웬만하면 밤에 밖에서 시간을 보내고 싶어하지 않는지라 야외 조명이 이런 눈부심을 만든다는 걸 거의 알아채지 못한다. 허술하게 설계되거나 잘못 설치된 붙박이 조명이 아래쪽에 집중적으로 빛을 비추는 대신 모든 방향으로 빛을 내뿜어서 발생하는 일이다. 야간 조명이 수평 방향이나 그보다 높은 방향으로 빛을 비출 필요는 거의 없다. 그건 순전한 에너지 낭비, 즉 빛 공해다.

빛 공해는 사소한 문제가 아니다. 해마다 미국에서 낭비되는 에너지 비용이 30억 달러를 훨씬 웃도는 것으로 추정된다. 길은 제대로 비추지도 못하고 쓸데없이 밤하늘만 밝히면서 우리에게서 선명한 자연경관을 빼앗는 조명 빛에 쓸 전기를 생산하겠다고 소모한 돈이다.

우리가 뭘 할 수 있냐고? 친구와 이웃을 초대해 망원경을 들여다보게 하라. 일단 그들이 하늘로 눈을 돌리면, 눈부신 조명의 문제가 자명해질 것이다. 대부분의 시간 동안 야외 조명을 꺼두어 모범을 보인다면 당신이 할 수 있는 가장 의미 있는 영향력을 발휘하는 게 된다. 적외선 동작 감지 조명으로 교체해 가까이에 움직임이 있을 때만 켜지도록 하는 것도 좋은 방법이다. 적외선 시스템은 에너지를 절약하고, 계속 켜놓는 등보다 침입자를 저지할 가능성도 훨씬 더 높다. 사람이 드나들 때만 등이 켜지도록 하고 밖에 나가 천체를 관측할 때는 전등 스위치로 끌 수 있다.

가을철 하늘

아침 하늘 관측 시,
다음 시간대에 두 별지도를 사용하라.

7월 초순   오전 3시~동틀 무렵
7월 하순   오전 2시~오전 3시
8월 초순   오전 1시~오전 2시
8월 하순   자정~오전 1시

현지 일광 절약 시간 시에는 1시간을 더한다.

가을철 하늘

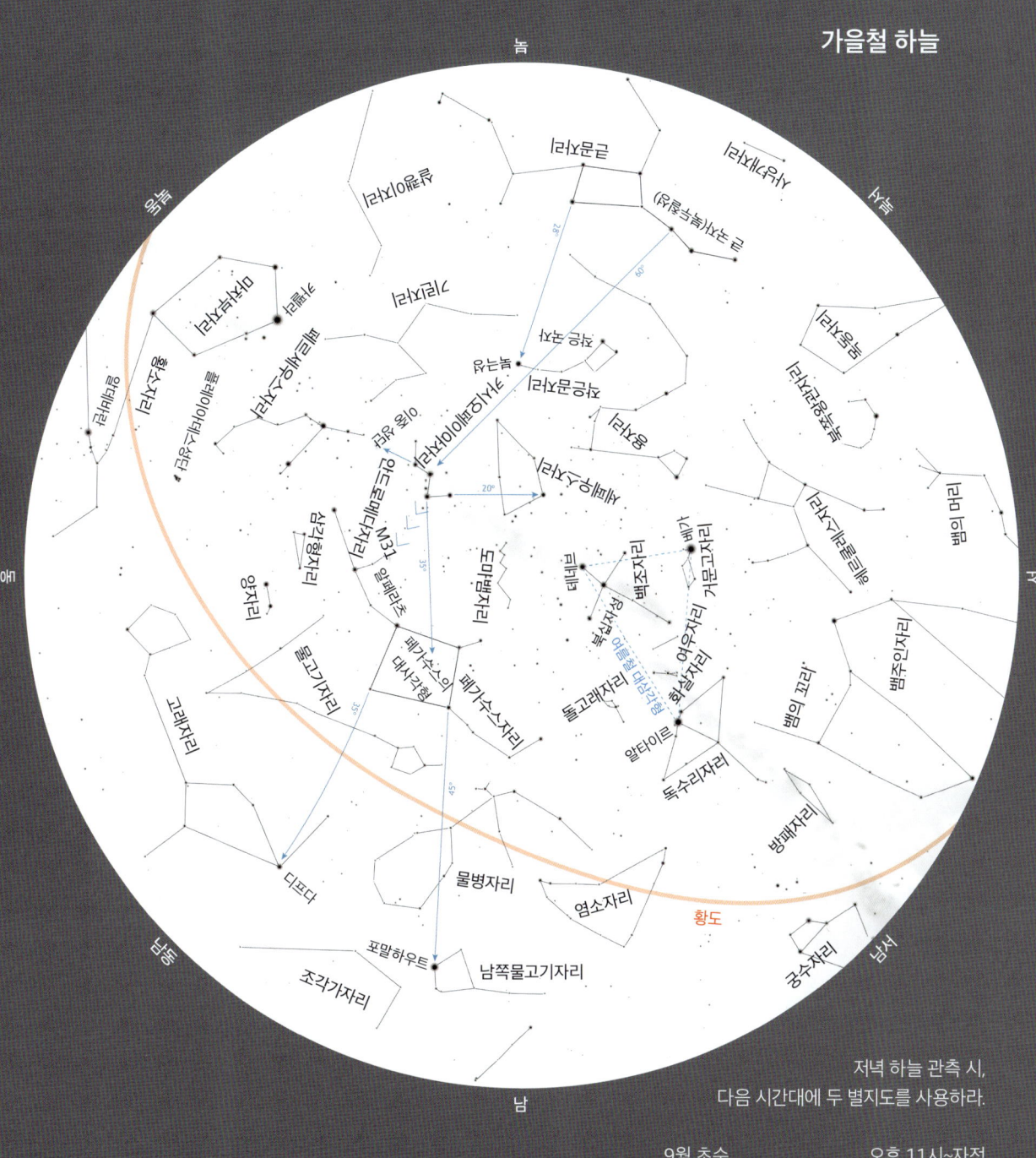

저녁 하늘 관측 시,
다음 시간대에 두 별지도를 사용하라.

9월 초순	오후 11시~자정
9월 하순	오후 10시~오후 11시
10월 초순	오후 9시~오후 10시
10월 하순	오후 8시~오후 9시
11월 초순	오후 7시~오후 8시
11월 하순	오후 6시~오후 7시

현지 일광 절약 시간 시에는 1시간을 더한다.

제4장 사계절 별 **95**

겨울철 하늘

상쾌하고 청명한 겨울밤에는 별이 그 어느 때보다 더 밝게 빛난다고들 한다. 그렇게 보일 수는 있지만, 겨울의 가장 이상적인 하늘과 연중 다른 시기의 가장 이상적인 하늘 사이에 선명도 차이가 없다는 사실이 실제 측정을 통해 증명됐다. 진짜 차이는 밝은 별이 더 많다는 점이다. 차이를 만드는 건 관측할 수 있는 밝은 별의 개수지, 차가운 공기가 아닌 것이다.

밝은 별이 많다는 것은 별무리들이 더 화려하게 꾸며진다는 의미다. 아니나 다를까, 위대한 신화 속 사냥꾼이자 가장 인상적인 별자리인 오리온자리가 겨울 하늘 중앙에 자랑스레 서 있다. 오리온자리는 모든 겨울철 별자리 가운데 가장 밝은 별자리이자 온 하늘에서 북두칠성 다음으로 눈에 띄는 별자리다. 대부분의 별자리는 이름과 거의 혹은 전혀 닮아 있지 않지만, 오리온자리의 별들은 실제로 인간의 형상처럼 보인다. 사냥꾼의 허리띠가 분명한 3개의 별은 독특하다. 이렇게 밝은 별 3개가 이만큼 가까이 붙어 있는 모습은 다른 어디에서도 찾아볼 수 없다. 허리띠 북쪽의 별 2개와 남쪽의 별 2개는 오리온의 어깨와 다리를 나타낸다.

오리온자리에서 가장 밝은 별인 리겔은 온 우주에서 가장 밝은 별 중 하나로도 알려져 있다. 태양보다 거의 5만 배 더 강하게 빛나는 이 뜨거운 청백색 별은 지구로부터 무려 862광년 떨어져 있다. 리겔보다 더 가까이 있는 별이 수백만이 넘지만, 그중 무엇도 리겔의 어마어마한 에너지 방출을 따라갈 수는 없다.

오리온자리의 항성 중 두 번째로 밝은 베텔게우스 또한 인상적이다. 가장 크다고 알려진 별 중 하나이기 때문이다. 베텔게우스는 전갈자리의 안타레스와 같은 적색 초거성으로, 지름은 대략 태양의 800배로 추정된다. 베텔게우스가 우리 태양을 대신한다면 수성, 금성, 지구, 화성의 궤도를 쉽게 집어삼킬 것이다. 이 매력적인 별은 육안으로 볼 때도 매혹적인 붉은색으로 빛난다.

베텔게우스와 오리온자리의 나머지 별들은 청명한 겨울 저녁, 기본적으로 정남쪽에 대략 지평선과 머리 위 사이 중간 부근에서 발견할 수 있다. 허리띠는 약 3도 너비이며 리겔에서 베텔게우스까지의 겉보기 거리는 20도보다 약간 짧다. 오리온의 허리띠가 이루는 선을 왼쪽으로 20도만큼 이어보면 큰개자리의 시리우스가 나온다. −1.5등급인 시리우스는 밤하늘에서 가장 밝은 별이다. 공기가 흔들릴 때면 극적으로 반짝이는 듯 보이고, 때로는 흰색에서 푸른색, 노란색으로 색을 바꾸기도 하며, 반짝이는 다이아몬드가 그러하듯 거의 끝없는 볼거리를 제공한다. 대기가 안정적일 때 시리우스는 청백색을 띤다.

오리온의 허리띠는 반대쪽으로 동일한 거리(20도)에 있는 불그스름한 주황색의 1등성, 알데바란을 가리킨다. 약 67광년 떨어져 있는 알데바란은 적색 거성으로 분류된다. 베텔게우스의 미니어처 버전인 셈이다. 알데바란은 밝기가 태양의 160배, 지름은 태양의 45배다.

오리온의 허리띠에서 알데바란으로 향하는 화살표를 15도 더 이어보면 신화 속 일곱 자매 플레이아데스의 이름을 딴 아름다운 성단에 닿는다. 플레이아데스성단은 하늘에서 가장 밝은 성단이다. 너비가 1도인 이 별들의 보석함을 쌍안경으로 들여다보면 환상적이다. 플레이아데스성단은 모양 때문에 작은 국자로 오인될 때가 많다. 작은곰자리의 진짜 작은 국자는 북두칠성 가까이에 있고, 어찌 됐든 플레이아데스성단보다 훨씬 눈에 덜 띈다.

오리온의 허리띠 중앙에서 곧장 뻗는 선을 베텔게우스와 벨라트릭스 사이로 쭉 통과시켜, 거의 정확하게 머리 위 지점까지 45도 정도 이어보면 마차부자리의 카펠라에 도달한다. 약간 노란 기가 도는 이 별은 겨울철 하늘에서 시리우스의 뒤를 이어 두 번째로 밝은 별이다. 카펠라에서 시리우스까지는 거대하고 완만한 호를 그릴 수 있는데, 이 호는 다른 밝은 별들인 카스토르, 폴룩스, 프로키온에 닿는다. 이 별들은 오리온자리에서 나오는 위치 표시선으로도 찾을 수 있다(59페이지 참조).

다른 계절과는 비할 수 없이 다양한 겨울철의 밝은 별들은 별들이 이루는 하늘 동물원의 엄청난 변화를 잘 보여준다. 시리우스는 모든 별 중에서 손에 꼽게 가깝다. 불과 8.6광년 떨어져 있는 이 별은 캐나다, 미국, 유럽 밤하늘에서 볼 수 있는 가장 가까운 별이다. 시리우스는 태양보다 더 크고 밝은데, 약 2배의 지름과 20배의 밝기를 자랑한다.

프로키온과 카펠라, 베텔게우스, 리겔은 모두 0등성이다. 맨눈에는 거의 똑같이 밝은 듯 보이지만 이 유사성은 순전히 우연의 일치다(베텔게우스는 변광성이라서 가끔 0등성보다 어두워진다. 변광성에 대한 자세한 내용은 151페이지를 참조하라). 프로키온은 불과 11광년 떨어져 있고, 카펠라는 43광년, 베텔게우스는 500광년에 조금 못 미치며, 리겔은 862광년이나 떨어져 있다.

오리온자리 북동쪽으로는 34광년 거리에 태양보다 31배 더 밝은 1등성, 폴룩스가 있다. 폴룩스의 동반성인 카스토르는 공식적으로 2등성이지만 거의 폴룩스만큼 밝다. 51광년 떨어진 카스토르는 태양보다 37배 더 밝다. 카스토르와 폴룩스는 겉보기 밝기가 거의 비슷해서 구분하는 데 어려움을 겪을 때가 많다. 나는 두 가지를 구분하기 위한 연상 방법으로 두운법을 사용한다. '**카**스토르는 **카**펠라에 가깝고, **폴**룩스는 **프**로키온에 가깝다.'

카스토르와 폴룩스는 쌍둥이자리에서 가장 밝은 별들이다. 이 별들에서 오리온자리를 향해 뻗어나가는 별의 띠 두 개가 신화 속의 쌍둥이 형제를 형성한다. 쌍둥이자리는 황도 12궁에 속해서 유명하다.

오리온자리와 친구들 겨울 하늘을 찍은 이 극단적인 광각 사진은 저자의 시골집 마당에서 남쪽을 바라보며 찍은 것으로, 12월에서 3월까지 보이는 중요한 별과 별자리가 나와 있다. 중앙의 오리온자리를 이용해 별무리들 사이로 길을 찾아보자.

겨울철의 두 번째 황도대 별자리는 황소자리로, 적색 거성인 알데바란이 황소의 '핏발 선' 눈을 나타낸다. 알데바란은 적당히 어두운 하늘에서도 분명하게 보이는 별들로 이뤄진 작은 V자 모양의 한쪽 끝에 있다. 이 별무리는 히아데스성단으로, 플레이아데스성단과 비슷하지만 더 넓게 퍼져 있어서 덜 두드러진다. 쌍안경으로 보면, 육안으로 볼 수 있는 한계치 바로 아래의 별들을 수십 개는 더 볼 수 있다.

오리온의 허리띠 아래에 자리 잡은 것은 쌍안경으로 볼 수 있는 독특한 천체인 오리온성운(M42)이다. 허리띠 바로 아래, '오리온의 검'이라고 불리는 별들이 그리는 짧은 선 중앙의 작고 어렴풋한 부분을 찾아보라. 쌍안경으로 보면 성운의 찻잔 모양을 확인할 수 있다. 마치 시간을 초월한 공간에서 얼어붙은 우주 가스 구름과도 같은 모양이다. 오리온성운은 우리은하의 나선팔에 흩어진 수천 개의 성운 중에서 가장 인상적인 사례다.

주로 여름철에 보이는 희뿌연 띠 모양 빛무리인 은하수는 북서쪽에서 남동쪽까지 겨울 하늘 거의 전체를 가로질러 펼쳐져 있다. 은하수의 이 부분은 여름에 보이는 반대쪽만큼 밝지는 않은데, 일반적으로 우리은하의 중심이 아닌 바깥쪽 가장자리 방향을 보는 것이기 때문이다.

겨울철 은하수에서 가장 좋은 부분 중 하나는 오리온자리와 쌍둥이자리 사이, 거기서 마차부자리까지에 있다. 쌍안경은 은하수의 진정한 본질을 드러낸다. 맨눈으로 볼 때는 그저 옅은 안개 같았던 부분에 쌍안경을 갖다대면 수천 개의 별과 반짝이는 성단 몇 개가 시야로 들어온다.

여름과 가을, 겨울에 볼 수 있는 은하수의 긴 행렬은 우리가 우리은하 내부에서 우주를 관찰하고 있음을 상기시켜주는 역할을 한다. 이 별 풍경은 아마 100만 년 전, 심지어 10억 년 전에도 크게 다르지 않았을 텐데, 우주를 지나는 태양의 경로가 태양(과 우리)을 우리은하 나선팔 근처에 머무르게 하기 때문이다. 이 경치가 시간을 초월하기에, 불과 지난 몇십 년 동안에야 비로소 우주의 전체적인 그림에 가까운 무언가가 분명히 드러나게 됐다. 수십억 개의 은하 중 어느 한 은하, 그리고 그 은하에 있는 어느 한 별, 그 별 주위를 공전하는 한 행성에 살고 있는 우리는 이제 눈에 보이는 우주의 범위를 알고 있다. 그게 궁극적인 범위는 아닐지라도 말이다. 오늘날 뒷마당 천문가들은 혜안으로 우주를 들여다보고 있다.

겨울철 하늘

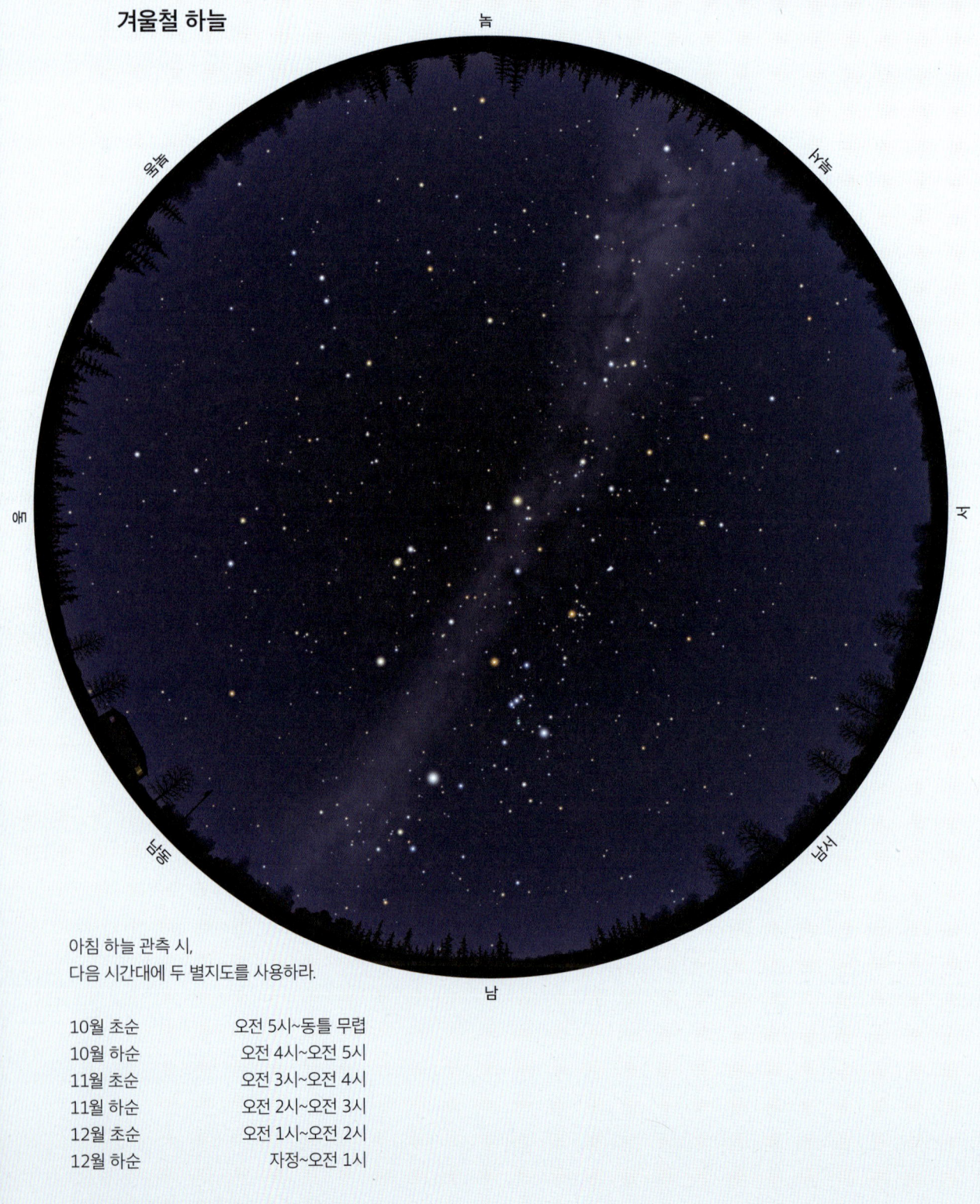

아침 하늘 관측 시,
다음 시간대에 두 별지도를 사용하라.

10월 초순	오전 5시~동틀 무렵
10월 하순	오전 4시~오전 5시
11월 초순	오전 3시~오전 4시
11월 하순	오전 2시~오전 3시
12월 초순	오전 1시~오전 2시
12월 하순	자정~오전 1시

현지 일광 절약 시간 시에는 1시간을 더한다.

겨울철 하늘

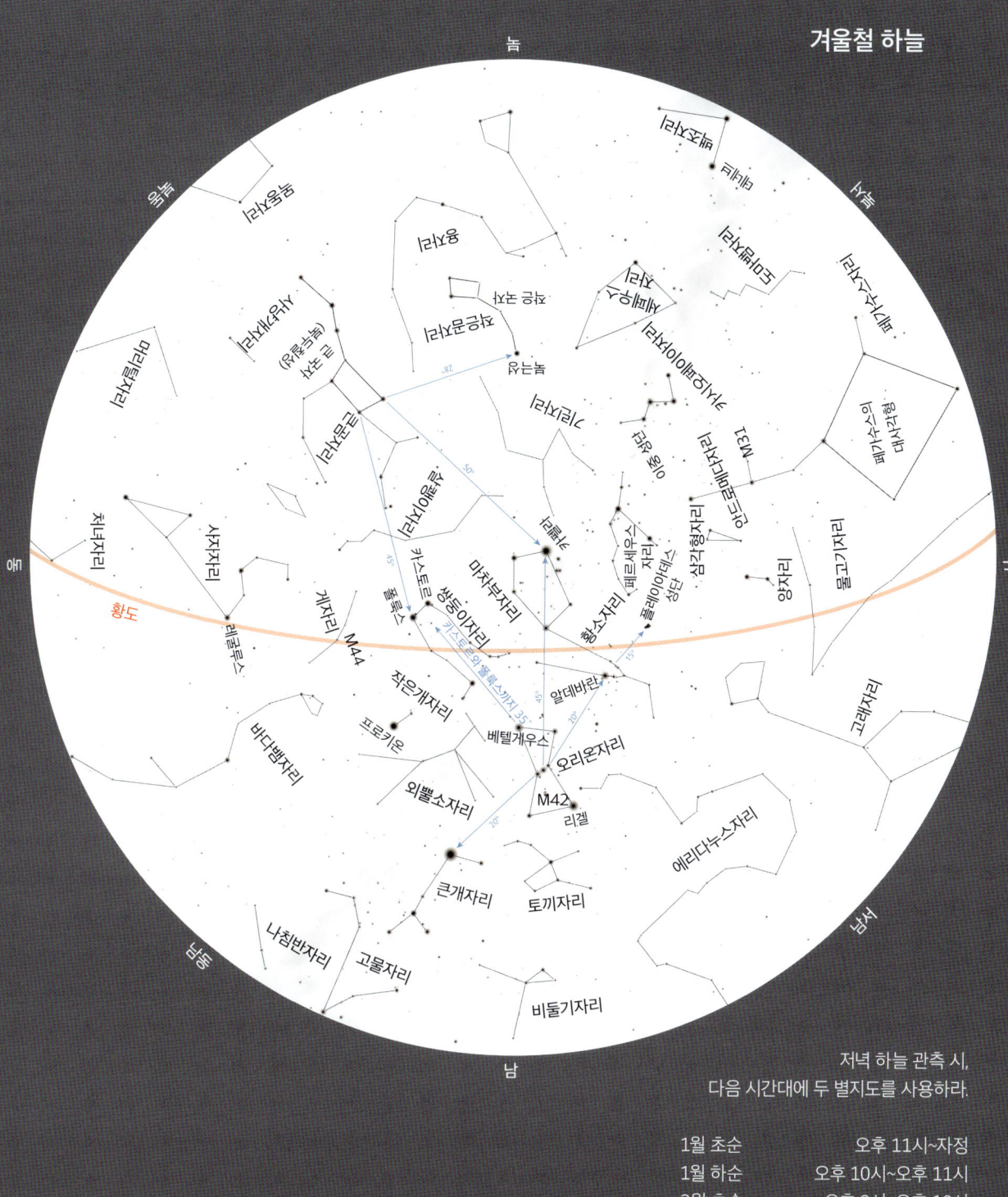

저녁 하늘 관측 시,
다음 시간대에 두 별지도를 사용하라.

1월 초순	오후 11시~자정
1월 하순	오후 10시~오후 11시
2월 초순	오후 9시~오후 10시
2월 하순	오후 8시~오후 9시
3월 초순	오후 7시~오후 8시

제5장

천체 관측 장비

오, 망원경이여, 많은 지식의 도구여,
그 어떤 왕홀보다 귀하도다!
그대를 손에 드는 이가 왕이자
신이 만든 작품의 주인이 아니겠는가?

요하네스 케플러(1571~1630)

무한한 선택 오늘날의 아마추어 천문인들은 별빛 아래에서 보내는 저녁을 즐거운 여가 활동, 특히 단체 여가 활동으로 만들어줄 고품질 장비를 다양하게 선택할 수 있다.
별도의 언급이 없는 한, 이 장에 나오는 모든 사진은 앨런 다이어의 작품이다.

    쌍안경은 가정에서 카메라 다음으로 흔하게 발견되는 광학 장비일 것이다. 하지만 나는 사람들이 밤하늘을 향해 쌍안경을 거의 들어 올리지 않는다는 것, 혹은 아예 그러지 않는다는 것을 알고 항상 놀란다. 가장 수수한 저배율 렌즈조차 별이 총총한 은하수를 화려한 보석 장식이 달린 벨벳 천으로 바꿔놓는다. 별의 색 또한 눈으로만 볼 때보다 쌍안경을 활용할 때 더 강렬해진다. 쌍안경으로는 목성의 네 위성뿐 아니라 달의 크레이터 수십 개도 볼 수 있다. 그리고 어디를 봐야 할지만 안다면, 고급 쌍안경은 우리은하 한참 너머에 있는 은하들까지 수백만 광년을 이동시켜줄 것이다. 양장본 책 한 권 크기의 장비치고 나쁘지 않다!

    사실 쌍안경은 천체 망원경 구입을 고려하는 모든 사람에게 연습용으로 완벽한 장비다. 쌍안경은 실상 망원경 두 개를 나란히 붙인 것이지만, 프리즘으로 빛의 경로를 압축했기에 일반적인 망원경보다 더 콤팩트하다. 쌍안경은 크기가 작고 배율도 낮아 천체 망원경과 맨눈의 중간 정도인 독특한 범주에 속한다. 나는 이렇게 콤팩트한 미니 천체 망원경을 들고 접이식 리클라이너 의자나 무중력 의자에 기대어 앉아 천상의 태피스트리를 여유롭게 감상하는 걸 특히 좋아한다.

    요즘 쌍안경은 옛날 것보다 더 가볍고, 디자인도 나은 데다 기술적으로도 우수하다. 몇십 년쯤 된 쌍안경을 가지고 있다면 새로 구입하는 것도 생각해보라. 특히 요즘 모델에 비해 무겁다면 말이다. 위로 쳐들고 사용하는 휴대용 장비에서 무게는 중요한 고려 사항이다. 오늘날 천체 관측에 가장 인기 있는 타입은 10×50으로, 무게는 보통 28~35온스(800~1000그램) 정도 된다.

    일반적으로 장비 본체에 새겨진 '10×50'이라는 숫자는 이 기기의 배율이 10배, 주 렌즈의 지름이 50밀리미터라는 뜻이다. 사실상 쌍안경은 50밀리미터 구경에 접안렌즈 배율이 10배율(10×)인 망원경과 같다. 이 크기의 장비는 많은 천체를 즐겁게 감상할 수 있게 해준다. 8×42, 10×42, 7×50, 8×56, 10×56 등 다른 옵션도 많이 있다. 이 범위에 있는 양질의 쌍안경은 시야Field of View, FOV 너비가 5~7도 정도 되고, 시골 하늘에서 9등성을 발견해주며, 이 책에서 쌍안경 명소라 언급하는 모든 천체를 찾아준다.

궁극의 편안함 쌍안경으로 밤하늘을 훑어보는 편안한 방법은 무중력 의자에 기대어 눕는 것이다.

더 높은 배율에 도전하고 싶다는 유혹은 늘 있다("10배율이 좋다면, 16배율이나 20배율은 더 좋겠지!"). 하지만 심각한 대가가 따르는데, 가장 중요한 건 배율이 높아질수록 시야가 좁아진다는 것이다. 실제로 16×50과 20×50은 천문학 애호가들도 선호하지 않는 편이다. 시야가 상대적으로 좁아서(겨우 3, 4도) 조준이 번거로워지기 때문이다. 일단 관측 대상이 잡혀도 손과 팔의 떨림이 16~20배로 확대되는 통에 렌즈를 안정적으로 유지할 수가 없다. 그래서 휴대용 쌍안경의 '실용적인' 배율은 10배율로 제한된다.

요약하자면 주 렌즈의 지름이 42~56밀리미터이고, 배율은 10배율을 넘지 않으며, 시야가 57도 정도인 쌍안경이 천체 관측에 이상적이다. 그 밖에는 무게가 가볍고 렌즈가 선명하며 완벽하게 멀티코팅돼 있는 것이 (빛을 더 많이 투과하므로) 좋다.

쌍안경 고르기

검은 바탕에 수놓인 밝은 점들을 관찰하는 밤하늘 관측은 광학 장비에 대한 엄격한 테스트다. 품질 좋은 쌍안경은 별들을 길쭉해지거나 왜곡되지 않은 작은 점의 모습으로 보여준다(렌즈 가장자리만 아니라면. 일부 뛰어난 모델은 가장자리까지 선명하다). 또한 렌즈 양쪽과 프리즘에 반사 방지 코팅을 추가해 빛 투과율을 늘리고, 내부의 고스트 이미지Ghost Image(강한 빛이 렌즈에 직접 들어온 탓에 선명도가 낮아진 이미지—편집자 주)를 감소시킨다. 코팅이 적절히 된 좋은 광학 장비에서는 캄캄한 하늘에서 보름달을 볼 때도 고스트 현상이 일어나지 않는다.

시야 FOV

쌍안경의 시야는 장비 본체에 주로 각도 단위로 새겨져 있지만, 때로는 '1000야드에서 몇 피트' 또는 '1000미터에서 몇 미터'라는 식으로 표기되기도 한다. 각도로 시야를 알면, 4장에서 설명했던 각도-거리 측정법을 사용하는 데 도움이 될 것이다. 폴 딘스가 그린 이 그림에는 저배율 천체 망원경(1도 시야)과 쌍안경(5도 시야)으로 본 1.5도 너비의 벌집성단이 나와 있다.

쌍안경에는 포로 프리즘Porro prism과 루프 프리즘Roof prism이라는 두 가지 유형이 있다. 두 종류 모두 빛의 경로를 접어서 똑바로 선 이미지를 만든다. 전통적인 포로 프리즘은 빛의 경로가 N자로 돼 있는 게 특징이다. 비교적 신형에 굉장히 인기 있는 루프 프리즘은 경통이 직선형이라 알아보기 쉽다. 고급 포로 프리즘 모델은 최소 150달러, 괜찮은 루프 프리즘 모델은 그 두 배(혹은 그 이상) 정도의 가격을 예상하자(참고 이 책에 나오는 모든 가격은 대략적인 것으로, 미국 달러를 기준으로 한다). 그렇다, 루프 프리즘은 비싸다. 하지만 내가 테스트해본 소형 루프 프리즘 모델 다수는 보트를 탈 때나 탐조, 여행에도 적합했다.

결제하기 전 시간을 들여 가능한 한 많은 쌍안경을 살펴보고 비교하라. '줌' 쌍안경은 천체 관측에는 거의 활용되지 않고, 비슷한 가격대의 고정 배율 렌즈에 비해 질이 낮으니 피하는 게 좋다. 나는 부시넬Bushnell, 셀레스트론Celestron, 니콘Nikon, 미드Meade, 오리온Orion, 펜탁스Pentax, 자이스Zeiss 등 잘 알려진 브랜드에서 훌륭한 고정 배율 모델들을 찾을 수 있었다. 하지만 경쟁이 심한 이 분야에서는 브랜드 이름보다 가격이 더 중요할 수 있으니 친숙한 브랜드의 제품이 아니라고 거부할 필요는 없다. 천문인들에게 잘 알려지지 않았지만 탐조인이나 수렵인에게는 친숙한 애슬론Athlon, 호크Hawke, 메이븐Maven, 뱅가드Vanguard, 보텍스Vortex 등의 모델은 천체 관측에도 탁월하다는 게 증명됐다.

또한, 제조사가 '영구 초점Permafocus'이라고 표시한 쌍안경은 피하는 걸 추천한다. 별을 가장 선명하게 보려면 초점을 조정할 수 있어야 한다. 초점을 맞추는 방식은 언제나 중요한 고려 사항이다. 아주 살짝 건드려도 초점이 바뀔 만큼 쉽게 움직이지는 않으면서도 부드럽게 움직이는지 테스트해보라. 고급 쌍안경은 보통 오른쪽 접안렌즈에 디옵터 조절 장치Diopter Adjustment가 있어서 왼쪽 눈과 오른쪽 눈 사이의 초점 차이를 맞출 수 있다. 또 안경을 쓴다면 안점 거리(전체 시

포로 프리즘 vs. 루프 프리즘 루프 프리즘 쌍안경은 콤팩트하다. 하지만 고급 루프 프리즘에 거액을 들이기 전에, 프리즘에 빛 손실을 줄이기 위한 유전체 코팅Dielectric Coating과 더 나은 대비를 위한 위상 보정 코팅Phase-correcting Coating이 돼 있는지 확인하라.

원치 않는 반사 고급 쌍안경(상단)은 빛 손실을 줄이기 위해 렌즈와 프리즘의 반사 방지 코팅이 개선됐다.

야를 보기 위해 눈과 접안렌즈 사이에 필요한 거리)가 최소 15밀리미터인 쌍안경을 사는 게 좋다. 안경을 쓰는 게 아니라도 안점 거리가 길면 보기가 더 편하다.

또 하나 중요한 부분은 삼각대의 어댑터 홀(중앙 바 전면에 있는 나사식 소켓)이다. 이 구멍에 저렴한 L자형 브래킷을 끼우면 쌍안경을 카메라 삼각대에 부착할 수 있다. 이렇게 쌍안경을 고정하면 훨씬 더 세세한 것들, 특히 잘 안 보이는 천체 종류를 볼 수 있다. 천체 관측용으로 구입하는 쌍안경이라면 어댑터 홀이 꼭 있어야 한다.

구경이 56밀리미터 이상이라면 삼각대는 필수다(손으로 들고 쓰는 데는 대체로 8×56이 한계라고 생각한다). 렌즈가 더 큰 것들은 몇 초 이상 편안하게 든 채로 표적을 조준하기에 정말 너무 무겁다. 내 커다란 11×80 쌍안경은 4.4파운드(2킬로그램)나 나가는 데 반해 10×50 쌍안경은 1.8파운드(817그램)밖에 나가지 않는다. '거대 쌍안경'은 10×70, 15×70, 15×80, 20×80 등 다른 사양으로도 나온다. 이 짐승급 쌍안경들은 튼튼한 카메라 삼각대나 쌍안경 전용 스탠드에 고정했을 때 가장 좋은 성능을 발휘한다.

손떨림 없는 쌍안경

최고를 원하는 쌍안경 마니아에게는 캐논 손떨림보정Image-Stabilized, IS 시리즈가 으뜸이다. 손떨림보정 디자인은 혁신적인 보정 프리즘을 활용해 손떨림을 거의 없애고 적당한 고배율을 효과적으로 사용하게 해준다. 접안렌즈 디자인도 뛰어나 시야가 매우 선명하다. 캐논의 손떨림보정 쌍안경은 다양한 크기로 출시되고 있다. 천체 관측용이라면 10배율(10×)보다 낮은 것은 고르지 말고, 10배율 또는 12배율 모델에 800달러 이상 지불할 준비를 하자.

천체 망원경의 세계

양질의 쌍안경과 몇 가지 중요한 자료(318페이지 참조)를 활용하면, 마음과 눈을 통해 우주의 깊은 곳을 몇 년이나 탐험할 수 있다. 하지만 별밤의 신비에 사로잡힌 거의 모든 사람은 머지않아 천체 망원경을 열망하게 된다. 문제는 이런 열망이 보통 좀더 일찍 시작된다는 점이다.

소위 입문자용 저가 천체 망원경은 1960년대에 처음 대량 생산되기 시작된 이래로 수백만 대가 팔렸다. 대부분은 부모님이나 배우자가 좋은 뜻으로 선물하거나, 천체 관측에 열정은 있지만 지식은 별로 없는 사람들이 구매한 것이다. 나의 첫 번째 망원경은 1950년대 후반 바로 그런 상황에서 구매한 것으로, 당시에 아주 흔했던 2.4인치(60밀리미터) 굴절 망원경이었다(숫자는 주 렌즈의 지름을 의미한다). 불안정한 삼각대 위에 놓인 그 작은 장비는 내게 수백 시간의 즐거움과 좌절감을 선사했다. 천문학 책에서 보던 것들을 처음으로 볼 수 있었기에 즐거움을 느꼈고, 바람이 아주 약간만 불거나 손가락이 아주 약간만 스쳐도 흔들리고 떨려서 시야에 들어온 천체가 몇 초간 이리저리 날뛰었기에 좌절감을 느꼈다.

무엇보다 그 망원경은 다음에 망원경을 구입할 때는 무엇을 살펴봐야 하는지를 가

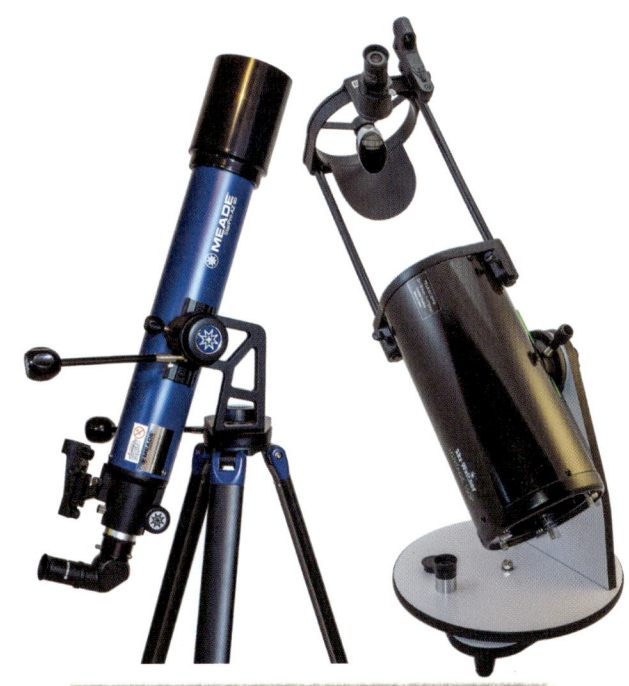

입문자용 천체 망원경 위에서 왼쪽: 단순한 경위대식 가대Altazimuth mount에 올려진 이 가벼운 90밀리미터 굴절 망원경은 사용하기 쉽다. 위에서 오른쪽: 스카이워처의 '헤리티지Heritage' 굴절 망원경은 훌륭한 초심자용 천체 망원경이다. 경통이 접혀서 휴대하기 편하다. 바로 위: 1958년경, 테런스 디킨슨과 그의 첫 천체 망원경(그 시대에 흔했던 60밀리미터 굴절 망원경이 허술하게 고정돼 있다).

제5장 천체 관측 장비

르쳐주었다. 가장 간절하게 바랐던 건 바위처럼 굳건한 가대mount였다. 두 번째로는 더 밝고 선명한 이미지를 만들어줄 크고 좋은 렌즈를 원했다. 하지만 작은 굴절 망원경을 사용해본 덕에 나는 제조사가 언급하는 배율에 신경을 쓰지 말아야 한다는 것도 깨달았다. "450배율 천체 망원경!"이라는 상자의 광고 문구와는 달리, 60밀리리터 굴절 망원경은 대략 120배율이 넘으면 사용에 이점이 없다. 자동차 속도계가 현실적으로 주행할 수 있는 속도보다 훨씬 더 높은 최대 속도를 표시하는 것과 같은 원리다.

하지만 나는 그 모든 걸 첫 번째 망원경을 구입한 '후'에야 배웠다. 같은 문제가 오늘날에도 지속되고 있다. 부적절하고 열악하게 설계된 입문자용 천체 망원경이, 좋은 의도는 있으나 정보가 부족한 소비자들에게 여전히 판매되고 있다. 다음은 천체 망원경을 구입할 때 피해야 할 몇 가지 사항이다.

'전형적인' 초보자용 천체 망원경은 삼각대가 가늘고 약해서 피해를 볼 때가 많다. 가대에는 반짝이는 은색 노브Knob와 고급스럽지만 작동하지 않는 다이얼이 붙었다. 액세서리 상자는 기본적으로 쓸모없는 장치들과 과도하게 확대되는 접안렌즈의 조합으로 가득하다. 장비 자체는 대개 2인치(50밀리미터)나 2.4인치(60밀리미터) 굴절 망원경, 또는 3~4.5인치(75~115밀리미터) 반사 망원경이다. 75달러에서 150달러 정도에 판매되는 이 망원경들은 창고형 할인점이나 드러그스토어의 카메라 매장, 취미 용품 할인점, 그리고 물론 온라인에서 구입할 수 있다. 이런 제품들은 브랜드명은 친숙할지 몰라도 실제로는 전부 아시아의 몇몇 대형 공장에서 생산된다. 이게 나쁘다는 것은 아니다. 가격이 150달러 미만인 천체 망원경은 누가 만드는지가 중요한 게 아니라 만족도가 떨어질 가능성이 높아서 문제다. 열악한 광학 기기란 꼭 결함이 있는 것이 아니라도 그밖의 모든 게 문제가 된다. 접안렌즈, 가대(마운트), 삼각대, 잠금 나사, 슬로모션 컨트롤, 파인더Finder, 그리고 설명서의 품질은 열악한 수준에서 최악의 수준까지 다양하다. 이런 저가 제품에는 주로 플라스틱 재질이 사용된다.

적절한 액세서리가 최소한으로 부착된 양질의 천체 망원경을 사려면 200~300달러는 줘야 한다. 400달러 이상 지불할 여유가 있다면 구매를 후회하게 될 제품을 고를 가능성은 현저히 줄어든다. 약간의 조사만 있다면 처음부터 제대로 해낼 수 있다.(『나이트워치』를 읽는 게 그 시작이다!) 이 장의 뒷부분에서 구체적인 제품 추천을 하겠다.

'쓰레기 망원경' 블루스

"내가 문제인가요, 아니면 이 망원경이 문제인가요?" 내게 전화를 건 사람이 물었다. "60밀리미터 렌즈인데 초점이 맞지 않고, 뭘 조준하고 있는지도 전혀 모르겠어요."

나는 창고형 할인점에서 150달러를 주고 산, '675배율 천체 관측용 망원경'이라는 매력적인 패키지 속 망원경 때문에 좌절하는 사람과 통화하고 있었다. 그 사람은 패키지의 다채로운 사진들뿐 아니라 동봉된 인상적인 액세서리도 거부할 수 없었음을 인정했다. 하지만 이제 그는 자신이 잘못된 판단을 내린 게 아닌지 의심하고 있었다.

"고정이 안 되는 것 같아요. 전부 흐릿하게 보여요." 그가 불평했다. "유일하게 뭐라도 보이는 접안렌즈는 'K20mm'라고 표시된 것뿐이에요. 내가 뭘 잘못하고 있는 건가요?"

"그렇지 않아요." 나는 한숨을 쉬었다. 전에도 이런 이야기를 수백 번은 더 들었다. "당신 문제가 아니에요. 망원경 문제죠." 나는 그에게 장담했다.

그 뒤 그가 구입한 망원경이 바로 많은 아마추어 천문인들이 무자비하지만 적절하게도 '쓰레기 망원경'이라 부르는 것들이라는 설명을 이어나갔다. 그의 좌절감은 지극히 정상적인 것이었다. 전형적인 쓰레기 망원경은 통상 구경이 4인치(100밀리미터) 미만이고, 사용하기 쉽도록 만들어지는 대신 생초보와 아무것도 모르는 선물 구매자들을 유혹하기 위해 만들어진다. 알 만한 브랜드명 또한 초보자를 유혹하지만, 그런 건 아무 의미도 없다. 이런 급의 망원경은 브랜드명과 상관없이 모두 특정 지역 공장 몇 곳에서 똑같이 제조되기 때문이다.

불필요하게 복잡한 적도의식 가대 Equatorial Mount와 흔들리는 삼각대로 이루어진 이런 장비를 조작하려다보면 전문 관측자조차 좌절하게 된다. 바로우 렌즈 Barlow Lens, 천정미러, 태양 투영판(구형 모델에서), 스마트폰 촬영 어댑터(신형 모델에서), 필터, 고배율 접안렌즈 등 제공되는 액세서리들은 너무 저렴하게 만들어져서 거의 사용할 수 없을 정도고, 그저 완벽하게 갖춰진 장비라는 인상을 주기 위해 포함됐을 뿐이다. 109페이지에 나와 있는 두 천체 망원경처럼, 양질의 쌍안경이나 더 단순하고 사용이 쉬운 망원경이 선호되는 제품이다.

'쓰레기 망원경'을 가지고 있다면 저배율 접안렌즈를 장착해 달이나 토성 고리, 목성 위성을 관측하는 입문용으로 사용하자. 그리고 그런 망원경을 아직 가지고 있지 않다면, 이 책을 먼저 읽게 된 것을 행운으로 생각하라.

천체 망원경과 관련해 자주 하는 질문

굴절 망원경, 뉴턴식 반사 망원경, 슈미트-카세그레인식 망원경 중 어떤 망원경이 가장 좋은가요?
이 장의 대부분은 여러 천체 망원경 디자인의 긍정적인 면과 부정적인 면을 비교하고 있습니다. 새 장비에 투자하기 전에 신중하게 읽어보세요. 간단히 대답하자면, 각각의 망원경은 충분히 엄격한 기준에 따라 제조되기만 한다면 놀라운 성능을 발휘합니다. 다행히 대부분의 시판 천체 망원경은 이런 기준(111페이지에서 언급한 '쓰레기 망원경'은 예외)을 충족하죠. '싼 게 비지떡'이라는 익숙한 속담이 좋은 시작점이 될 겁니다(118페이지의 '이상적인 입문자용 망원경'을 참고하세요).

천체 망원경의 이미지는 똑바로 보이나요, 아니면 거꾸로 보이나요?
망원경에 따라 다릅니다. 뉴턴식 반사 망원경은 이미지를 거꾸로 뒤집죠. 90도 천정미러나 정립 프리즘을 장착한 굴절 망원경, 또는 슈미트-카세그레인식 망원경은 똑바로 선 거울 이미지를 생성합니다. '제대로' 된 정립 이미지를 얻으려면 추가 광학 부품이 필요한데, 그것은 고배율에서 이미지를 왜곡할 수 있습니다. 하지만 정립 이미지는 천체 관측에 중요하지 않아요. 처음에는 이것 때문에 방향 감각을 잃겠지만, 연습하면 익숙해질 겁니다.

천체 망원경이나 쌍안경을 닫힌 창문 너머로 사용해도 괜찮은가요?
그렇지 않습니다. 사실상 모든 유리창은 망원경 시야에 왜곡을 가져오죠. 쌍안경은 그다지 영향을 받지 않지만, 선명도를 원한다면 닫힌 창문을 통해 보는 건 금물입니다. 창문을 열고 보는 것도 좋지 않아요. 창문으로 드나드는 공기의 흐름 때문에 관측 조건이 매우 나빠지거든요.

파인더는 어떻게 정렬하나요?

작은 파인더는 천체 망원경을 조준하는 데 꼭 필요하지만, 사용하려면 먼저 주 렌즈/거울에 맞추어 정렬해야 합니다. 낮 동안 망원경에 저배율 접안렌즈를 끼워 멀리 있는 대상을 겨냥한 다음, 조정 나사를 사용해 파인더의 십자선이 주 렌즈/거울과 정확히 같은 지점을 가리키도록 설정하세요. 그런 다음 파인더의 조정 나사를 조이는 겁니다. 비광학식 파인더에 대해서는 141페이지를 참조하세요.

천체 망원경은 얼마나 자주 세척해야 하나요?

세척을 너무 자주 하는 건 너무 가끔 하는 것보다 더 나쁩니다. 잘못 세척하면 렌즈나 거울이 긁힐 위험이 있어요. 렌즈와 거울에 먼지가 쌓이는 것은 불가피한 일이고, 사용하지 않을 때 먼지가 타지 않도록 망원경에 커버를 씌워두면 성능에는 크게 영향이 없을 겁니다. 꼭 청소해야 한다면, 먼저 렌즈 블로어로 큰 먼지를 제거한 다음 증류수에 적신 면봉으로 작은 먼지와 얼룩을 제거하세요. 절대 세게 문질러선 안 됩니다. 건조는 깨끗하고 보풀 없는 렌즈용 천으로 부드럽게 닦으시면 됩니다. 망원경의 거울은 특히 섬세하니 가능한 한 청소를 삼가야 합니다. 자신이 없으면 아예 건들질 마세요.

천체 망원경의 종류

아마추어 천문학에 사용되는 천체 망원경의 광학 시스템에는 크게 굴절 망원경, 뉴턴식 반사 망원경, 슈미트-카세그레인Schmidt-Cassegrain 망원경의 세 종류가 있다.

모든 크기의 **굴절 망원경**은 대물렌즈라 불리는 주 렌즈가 장착된 첨단 망원경이다. 대물렌즈는 들어오는 빛을 경통 하단의 초점에 집중시키고, 거기서 배율 접안렌즈가 시각적 이미지를 만들어낸다. 입문자용 천체 망원경은 일반적으로 2인치에서 3.2인치(50~80밀리미터) 대물렌즈가 달린 굴절 망원경이다. 최대 6인치(150밀리미터) 구경까지는 같은 크기의 다른 종류 망원경을 뛰어넘는 우수한 장비가 될 수 있다. 단순(하지만 견고)한 경위대식 가대와 삼각대에 올린 굴절 망원경이라 도 말이다. 가대에 대해서는 곧 더 이야기하겠다.

굴절 망원경은 아크로매틱Achromatic과 아포크로매틱Apochromatic의 두 종류가 있다. 아크로매틱 굴절 망원경은 250년 이상 제조된 유구하고도 성공적인 역사를 가지고 있다. 아크로매틱 굴절 망원경의 대물렌즈는 사실 중간에 얇은 공기층을 두고 두 장의 렌즈가 붙어 있는 형태다. 이

작은 것은 아름답다 몇몇 굴절 망원경은 매우 작지만, 품질이 좋은 렌즈와 함께라면 웅장한 천체 풍경을 담아낼 수 있다.

뉴턴식 디자인 뉴턴식 반사 망원경은 경통 뒤쪽에 주경, 앞쪽에 부경이 있으며, 부경에서 측면 접안렌즈로 빛을 보낸다.

디자인은 굴절 망원경의 초점 거리와 구경비(122페이지 참조)가 상대적으로 길 때 좋은 성능을 낸다. 하지만 구경비가 상당히 짧은(f/4~f/6) 탓에 대물렌즈가 빛의 다양한 색에 균일하게 초점을 맞추지 못해 색번짐이나 색수차Chromatic Aberration 문제를 겪는다. 색수차는 밝은 천체 주변과 달 가장자리에 보랏빛 헤일로처럼 나타난다.

 1군2매 내지는 1군3매 구성의 대물렌즈에서 색수차를 미미한 수준으로 낮추려면 렌즈에 아주 비싼 유리를 사용해야 한다. 이런 아포크로매틱(고차색지움) 굴절 망원경은 정교하고 선명한 이미지를 생성하며, 2.4인치(60밀리미터)에서 6인치(150밀리미터) 구경으로 출시된다. 아포크로매틱 굴절 망원경('아포' 굴절 망원경이라고도 한다)은 1980년대에 고가 프리미엄 장비로 출시됐고, 정밀 광학 마니아들에게 사랑받았다. 다행히 최근에는 아시아에서 생산된 아포 굴절 망원경이 유입되면서 가격이 내려갔다. 현재 3인치(75밀리미터)에서 4인치(100밀리미터) 고품질 아포크로매틱 굴절 망원경의 가격은 2000~5000달러 정도로, 비싸긴 하지만 적절히 갖춰지면 천체 사진을 찍기에도 좋아서 다용도로 사용할 수 있다(제11장 참조).

 뉴턴식 반사 망원경의 단순하고 우아한 디자인은 수십 년 동안 천체 관측자들의 사랑을 받아왔다. 뉴턴식 망원경은 개방형 경통 하단의 정밀하게 연마된 얕은 그릇 모양 주경Primary Mirror

이 빛을 반사해 경통 상단 근처 초점으로 보내는 구조로 돼 있다. 경통 상단에서는 45도로 기울어진 작고 평평한 부경Secondary Mirror이 포커서가 있는 측면의 구멍으로 빛을 반사한다. 포커서가 경통 상단에 있어서 접안렌즈로 머리 위를 관측하기 유리하다는 게 특징이다(다른 종류는 똑바로 위를 향할 때 불편할 수 있다). 뉴턴식 반사 망원경은 굴절 망원경보다 제조 과정이 간단해서 대부분의 뒷마당 천문인들이 감당할 수 있는 비용으로 더 크게 업그레이드할 수 있다.

거울 지름이 4인치(100밀리미터) 미만인 가장 저렴한 소형 뉴턴식 반사 망원경은 피해야 한다. 앞서 설명했듯이 이런 망원경은 조잡한 가대와 액세서리를 장착하고 있을 때가 많다. 또 배송 중에나 일상적인 사용 중에 거울이 어긋날 수 있는데, 초보자라면 망원경을 구입한 후에도 이 위험을 인지하지 못할 수 있다. 모델의 디자인이 조잡하지만 않다면 거울 재정렬('시준Collimation'이라고 한다)은 어렵지 않다. 하지만 경험 없는 관측자는 별이 흐릿하게 혜성처럼 보이는 걸 보고 망원경의 품질을 탓할 수도 있다. 이렇듯 시준을 필요로 하는 것(139~142페이지 참조)은 뉴턴식 반사 망원경의 뛰어난 가치를 위해 '감수해야 할 대가'다.

뉴턴식 반사 망원경용 가대는 적도의식과 경위대식 두 가지로 나오는데, 후자는 대개 돕소니언Dobsonian 디자인이다. 돕소니언 가대는 수직/수평으로 부드럽게 움직일 수 있게 해주는 테플론 베어링이 달린, 기발할 만큼 단순한 목재 구조물이다. 이런 단순성 덕에 돕소니언 가대는 상대적으로 가볍고 작으면서 놀라울 정도로 안정적인 가대가 될 수 있었다. 1970년대 초 캘리포니아주의 천체 관측자 존 돕슨John Dobson이 고안한 원래 디자인은 유난히 얇고 세심하게 지지된 주경과 강화 골판지로 된 경통이 특징이었다. 이 뼈대 구조 아이디어는 인기를 끌었고, 돕슨에게 영감을 받은 수천 명의 사람들이 집에서 직접 망원경을 만들었다.

1970년대의 돕소니언 혁명 덕에 아마추어 천문학계는 서서히 변화했다. 대형 뉴턴식 망원경이 저렴하면서 실용적인, 실현 가능한 물건이 된 것이다. 세기가 바뀔 무렵에는 (집에서 만든 것이든 공장에서 제조된 것이든) 돕소니언 망원경이 흔해졌다. 오늘날 딥스카이 관측자들은 구경이 25인치(또는 그 이상) 정도인 돕소니언 망원경을 사용한다. 이 대형 돕소니언 망원경('돕'이라고도 한다)은 희미한 광자를 많이 모을 수 있어서 '빛 양동이light buckets'라는 애칭으로 불린다.

놀랍게도 1970년대에 아마추어 망원경과 관련된 중요한 혁명이 한 번 더 일어났다. 바로 **슈미트-카세그레인식 망원경**Schmidt-Cassegrain telescope, SCT의 대량 생산이다. 슈미트-카세그레인식 망원경은 굴절 망원경과 뉴턴식 반사 망원경의 특징을 결합한 것이다. 뉴턴식 반사 망원경처럼 주경이 오목 거울이고, 렌즈가 경통 상단에 있다. 이 렌즈는 세 가지 기능을 수행한다. 광학 수차를 보정하고, 경통을 밀폐해 공기 중의 오염 물질을 막으며, 부경을 지지한다. 부경은 집중된 빛

크기는 중요하다 왼쪽: 돕소니언 가대에 장착된 뉴턴식 반사 망원경은 구경이 상대적으로 크고 휴대성도 뛰어나 도시 불빛으로부터 멀리 떨어진 곳에서 관측하기 이상적이다. 사진: 존 네미. 오른쪽: 사실상 어떤 차량에든 실을 수 있는 망원경을 원한다면 8인치 슈미트-카세그레인이 좋은 선택이 된다.

을 주경의 구멍을 통해 다시 접안렌즈로 반사하는 역할을 한다.

　슈미트-카세그레인의 가장 큰 장점은 대단히 콤팩트하다는 것이다. 8인치(200밀리미터) 슈미트-카세그레인의 경통은 약 2피트(60센티미터)로 일반적인 8인치 뉴턴식 반사 망원경의 경통이 4피트(120센티미터)인 것에 비해 짧다. 이렇듯 압축적인 구조는 슈미트-카세그레인이 천체 관측에 진심인 관측자들에게 가장 잘 팔리는 망원경이 된 주된 이유다. 셀레스트론과 미드는 슈미트-카세그레인식 망원경 제조사의 양대 산맥으로, 둘 다 가격 대비 제품 성능이 우수하다. 삼각대를 포함하는 8인치 장비는 가대와 첨단 기능에 따라 1600~4000달러로 가격대가 다양하다. 5~14인치(125~350밀리미터) 구경도 출시되고 있기는 하지만, 크기와 무게 대비 운반 및 설치가 용이한 최적의 구경은 8인치다. 더 작은 장비는 아파트 발코니에서 사용하기에 이상적이다(삼각대용 진동 감소 패드를 사용하길 권장한다).

　슈미트-카세그레인의 변형품으로는 선명한 이미지로 유명한 막스토프-카세그레인Maksutov-Cassegrain이 있다. 막스토프-카세그레인식 망원경('막스'라고도 불린다)은 주로 3.5~5인치(90~125밀리미터) 크기로 판매된다. 막스토프-카세그레인 및 다른 종류의 망원경은 앨런 다이어와 공동 집필한 『뒷마당 천문가를 위한 가이드』 4판(2023년 개정)에 자세히 다루어져 있다. 모든 종류의 망원경에 저마다 마니아들이 있지만, 오늘날 취미 천문인들이 사용하는 대다수의 망원경은 굴절 망원경, 뉴턴식 반사 망원경, 슈미트-카세그레인식 망원경이다. 따라서 여기서는 이들에 초점을 맞출 것이다.

가대 장착 문제

흔히 볼 수 있는 60밀리미터 망원경을 건너뛰는 데는 장점이 많은데, 그중 특히 중요한 점은 장비의 크기가 클수록 실제로 사용하기가 쉽다는 것이다. 가대가 더 무겁고 안정적이면 망원경이 조준된 위치가 그대로 유지된다. 하지만 그게 다가 아니다. 모든 천체는 움직인다. 우리가 자전하는 행성에서 천체를 관측하고 있기 때문이다(제3장 참조). 접안렌즈를 들여다보자마자 이 움직임을 확인할 수 있는데, 관측 대상인 별이나 행성이 시야 안에서 삐딱하게 이동하는 것처럼 보인다. 사용하는 배율이 높을수록 천체가 더 빠르게 움직인다. 하늘 어디에 있는 어떤 것을 관측하더라도(천구의 극 주변은 제외) 반드시 1분에 한 번씩 수동으로 중심을 조정해야 한다.

천체 추적은 가지고 있는 가대의 종류에 따라 다음 세 가지 중 하나의 방식으로 이루어진다. (1)경통을 부드럽게 민다. (2)슬로모션 컨트롤 노브를 돌린다. (3)가대의 모터 드라이브를 활성화한다. 적절하게 설계된 망원경이라면 세 가지 방법 모두 잘 작동한다. 예를 들면, 손으로 경통을 미는 것은 괜찮은 방법이라기엔 너무 대충인 것처럼 들린다. 하지만 이 방법은 기본적인 돕소니언이 작동하도록 설계된 방식과 정확히 같으며, 돕소니언은 테플론 패드 위에서 부드럽게 회전한다. 많은 관측자는 표적을 자동으로 추적하지 못하는 돕소니언의 단점을 저렴한 가격과 설치의 용이성, 높은 휴대성에 대한 정당한 대가라고 생각한다. '경통 밀기'를 원하지 않는다면, 컴퓨터 지원 조준 및 추적 기능이 있는 전동 돕소니언도 (추가 비용을 얹어야 하겠지만) 생산되고 있다는 점을 염두에 두라.

4인치 이하 구경 굴절 망원경에 흔히 제공되는 전통적인 경위대식 가대에는 망원경의 상하 움직임(고도각)과 좌우 움직임(방위각)을 부드럽게 조정하는 수동 슬로모션 컨트롤이 있을 때가 많다. 그리고 돕소니언이 그랬듯 더 비싼 제품은 두 축이 컴퓨터 지원 조준, 즉 '자동도입GoTo'으로 전동화되어 있다.

기본적인 적도의식 가대에는 수동 슬로모션 컨트롤이 제공되는데, 이때 모터 드라이브가 있으면 한층 더 정교해진다. 적도의식 가대의 극축 드라이브는 지구의 자전을 보상한다. 일단 극축이 북반구 하늘의 북극성 근처에 있는 천구 극(51페이지 참조)에 정렬되면 대상 천체가 무엇이고

이상적인 입문자용 망원경

입문자를 위한 '완벽한 망원경'이라는 건 없지만, 그에 가장 가까운 것은 아마도 6인치(150밀리미터) 또는 8인치(200밀리미터) 돕소니언 반사 망원경일 것이다. 시판 망원경 가운데 가격, 범용성, 실용성이 가장 잘 조합된 것이 이 망원경이다. 500~800달러면 놀라운 성능의 망원경 풀 세트를 살 수 있다. 이걸 사용하면 토성의 고리에 있는 '카시니 간극Cassini's division', 목성의 '대적점Red Spot', 화성의 극관과 어두운 영역, 달의 수천 가지 세부 사항, 수많은 이중성과 다중성, 다양한 발광 성운과 행성상 성운, 산개 성단 여러 개, 멋진 구상 성단에 있는 각각의 별들, 거기 더해 수백만 광년 떨어진 은하까지 볼 수 있을 것이다.

6인치(왼쪽)와 8인치 돕소니언은 내가 이상적인 장비에 필요한 요소라 생각하는 것들이 조합된 제품들이다. 두 가지 모두 다루기 쉬운 부품 2개(4피트 정도의 경통과 스툴 크기의 가대)로 돼 있어서 거의 모든 차량에 실어 운반할 수 있다. 게다가 이 장비들은 브랜드명과는 상관없이 사실상 모두 아시아에서 만들어지며, 합리적인 가격에 비해 놀라울 정도로 높은 광학 기준을 충족한다. 한마디로 6인치/8인치 돕소니언에는 장점이 많다. 편리성을 더해주는 컴퓨터/스마트폰 지원 조준 및 추적, 즉 자동도입GoTo 버전은 효과가 좋으며 더욱더 다양한 기능을 사용할 수 있게 해준다(비용이 늘어나긴 한다). 어떤 크기의 망원경을 사야 할까? 가격과 휴대성, 성능을 생각하면 나는 8인치에 점수를 주겠다. 망원경 이미지 제공: 스카이워처.

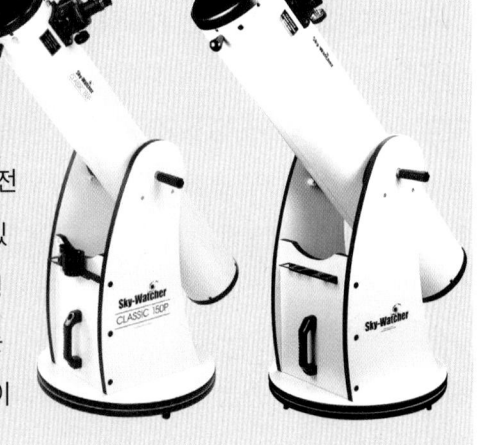

어디에 있든 계속 조정할 필요 없이 관측할 수 있으며, 시야의 중심에 그 위치가 유지된다. 이런 스타일의 가대도 자동도입GoTo의 일종으로 보지만, 그래도 여전히 극축 정렬은 필요하다(291페이지 참조).

결정하기

다목적 구매에 가장 적합한 망원경의 종류와 크기는 무엇일까? 쉬운 답은 없다. 어떤 전문 관측자는 예산 내에서 최대한 큰 뉴턴식 반사 망원경을 사라고 조언할 것이다. 다른 이는 최고급 광학 장비만 구입하라고 조언할 것이고, 또 다른 이는 휴대성이 가장 중요하다고 말할 것이다. 모두를 위한 완벽한 망원경은 없다. 사람들의 라이프스타일, 관측지, 관심사는 서로 다르다. 가용 소득은 말할 것도 없다. 결국 가장 좋은 망원경은 자신이 실제로 자주 사용할 망원경이다.

소형 굴절 망원경에서 대형 반사 망원경까지 수십 가지 장비를 소유하고 사용해본 나는 4~8인치(100~200밀리미터) 구경의 망원경을 선호한다. 이런 망원경은 사용하기 쉽고 휴대성이 좋으며 주요 천체라면 어떤 것이든 보여줄 수 있을 만큼 성능이 좋아서 취미로 하는 천문학의 주력 장비가 됐다.

무거운 장비도 여러 대 가지고 있었지만 지금은 모두 폐기했다. 그중에는 내가 '탈장' 모델이라 부르던 것도 있었는데, 두 사람이 매달려도 설치하기가 쉽지 않았다. 크고 무거운 다른 망원경은 큼직한 부품들로 되어 있고 볼트와 클램프가 지나치게 많았으며 거대한 경통이나 균형추를 지지한 상태로 조작해야 했다. 다루기 힘든 이런 장비들 가운데 많은 수가 휴대성이 떨어진다는 이유로 창고에 처박혔다.

'구경병Aperture Fever'은 아마추어 천문인들 사이에 흔히 나타나는 병이다. 하지만 망원경을 실제로 다뤄보기 전까지는 크기가 12인치(300밀리미터) 이상인 장비가 얼마나 무거운지 상상하기 어렵다. 이런 거대 장비를 가지고 캄캄한 관측지를 오가는 일이 원정 관측의 주를 이룬다. 새벽 2시

두 종류의 가대 단순한 경위대식 망원경 가대(왼쪽)와 극축 모터 드라이브가 장착돼 더 복잡한 적도의식 가대(오른쪽)를 비교해보라.

에 무거운 망원경을 해체하는 의식은 광적인 마니아들을 제외한 모두를 낙담시킬 만하다.

대형 장비는 아주 세세한 것들까지 분해해서 보여주지만, 언제나 기대 이상의 성능을 발휘하는 건 아니다. 미세한 특징들까지 분해해내는 망원경의 능력은 구경뿐 아니라 '시상Seeing'이라는 현상에도 영향을 받기 때문인데, 이때 시상은 망원경으로 보는 이미지의 안정성을 나타낸다(좋은 시상=안정적인 이미지, 나쁜 시상=불안정한 이미지). 지구 대기의 난류는 크게 확대된 이미지를 아른거려 보이게 만든다. 이때 난류의 강도는 대기 상층부 사이의 온도 차와 망원경 주변의 국지적 지형, 공기 순환에 따라 달라진다. 이런 시상 문제는 고배율에서 대형 구경의 유효성을 제한할 수 있다. 그러나 더 작은 망원경에서 저배율로 보는 이미지처럼 배율을 낮추기만 해도 난류로 인한 흐림 효과를 줄일 수 있다. 소형 망원경의 분해능이 대형 망원경의 분해능보다 좋을 수는 없지만, 최악의 상황에는 둘이 같을 수 있는 것이다.

또한, 대형 반사 망원경은 '냉각 시간'이 더 많이 필요할 수 있다. 냉각 시간은 일반적으로 해질 무렵(또는 밤에 망원경을 야외로 가지고 나온 뒤) 광학 장비가 열을 발산할 때, 그리고 주경 앞의 공기가 움직이는 기류의 영향을 받을 때 생기는 휴식 시간이다. 이때 망원경은 끓어오르는 듯한 이미지를 보여준다. 냉각의 필요성은 추운 저녁에 가장 뚜렷하다. 일부 대형 장비는 안정화되기까지 몇 시간이 걸리기도 한다.

하지만 대형 망원경은 언제나 더 밝은 이미지를 생성한다. 집광력은 구경의 제곱 단위로 달라지기 때문이다. 예를 들어 12인치(300밀리미터) 뉴턴식 반사 망원경은 4인치(100밀리미터)보다 9배 더 밝은 이미지를 생성하므로 9배 더 희미한 천체까지 볼 수 있다. 4인치로는 13등성, 8인치로는 14등성, 12인치로는 15등성까지 볼 수 있다. 이런 이점은 성운이나 은하처럼 대형 망원경에서 훨씬 더 잘 보이는 희미한 천체에 가장 잘 적용된다. 그러나 어떤 장비를 사용하든 이런 딥스카이 관측을 하려면 어두운 외곽 지역의 관측지로 가야만 한다.

이 모든 요인이 가장 잘 팔리는 망원경이 4~8인치(100~200밀리미터) 범위에 속하는 이유를 말해준다. 즉 휴대용으로 이상적인 크기인 것이다. 이는 엄청난 크기로 인해 제약이 생길 수밖에 없는 대형 망원경과 이미지는 선명하지만 밝지는 않은 소형 장비 사이에서 최적의 절충안이기도 하다.

얼마나 확대되나요?

천체 망원경 소지자들이 늘 듣는 질문이 두 가지 있다. "가격이 어떻게 되나요?" "얼마나 확대되나요?" '확대'와 관련된 질문은 천체 망원경의 성능을 크게 오해해서 나오는 것이다. 높은 확대능에 집착하는 건 거의 아무런 의미도 없다.

천체 망원경의 성능을 좌우하는 세 가지 요소는 집광력, 배율(확대능), 분해능이다. 가장 덜 중요한 게 배율인데, 이것이 소형 망원경의 유일한 마케팅 포인트가 될 때가 많다. 135~137페이지에서 더 자세히 설명하겠지만 배율은 망원경의 초점 거리를 접안렌즈의 초점 거리로 나눈 값으로 결정된다. 초점 거리가 2000밀리미터인 망원경에 25밀리미터 접안렌즈를 쓰면 2000÷25=80배율이다. 하지만 배율은 망원경 성능의 일부에 불과하다.

가장 중요한 요소는 집광력이다. 예를 들어 2인치(50밀리미터)와 4인치(100밀리미터) 망원경을 동일한 배율로 사용하면 오리온성운은 대략 같은 크기로 보인다. 그러나 4인치 망원경의 집광력이 2인치보다 4배 더 뛰어나기에 성운이 4배 더 밝게 보일 것이다. 이것은 중요한 차이인데, 대부분의 천체는 상대적으로 희미해서 밝기를 크게 높여줄 필요가 있기 때문이다.

충분한 집광력을 고려하면 배율에 다른 제한이 생긴다. 실질적인 배율 제한은 대략 구경 인치당 50배율(밀리미터당 2배율)이다. 따라서 2인치 굴절 망원경의 상한은 100배율이다. 그런 망원경을 150배율 또는 그 이상으로 밀어붙이면, 이미지는 극도로 확대돼 성능의 세 번째 요소인 분해능을 초과해버린다. 분해능은 세세한 디테일을 식별하는 능력이다.

과도하게 확대하면 이미지가 흐릿해지고, 장비는 거의 사용할 수 없는 상태가 된다. 포커서를 만질 때 생기는 작은 출렁임이나 약한 바람이 불면서 생기는 움직임에도 천체가 떨리거나 요동친다. 게다가 배율이 높을수록 시야가 좁아지는데 이는 결국 천체의 위치를 찾고 중심을 맞추는 데 더 많은 시간이 걸린다는 뜻이다. 어찌어찌 위치를 찾아도 곧 지구의 자전 때문에 대상이 시야에서 벗어나버린다.

이 모든 요소로도 확대에 집착하는 초보자를 단념시키지 못한다면, 시상 조건을 열악하게 만들곤 하는 대기의 난류가 마지막 완충이 될 것이다. 인치당 50배율 한계는 난류가 가장 적고 시상이 좋을 때만 적용된다. 망원경은 그 절반 수준의 시상으로 제한될 때가 많다.

한 줄로 요약해보겠다. '망원경 광고가 최고의 망원경들조차 어찌지 못하는 한계를 뛰어넘는 수준의 확대능을 홍보한다면, 다른 제품을 알아보시길'.

구경비

구경비는 망원경을 갖게 되면 꼭 알아야 하는 개념이다. 모든 망원경은 특정 구경비(예를 들면 f/10과 f/4.5)에서 작동하는데, 이는 망원경 설명서에 명시돼 있기도 하고 쉽게 계산해볼 수도 있다.

구경비는 망원경의 초점 거리를 렌즈/거울의 지름으로 나눈 값이다(이때 초점 거리는 대물렌즈 또는 주경이 초점에 빛을 굴절 또는 반사하는 거리다). 일반적으로 초점 거리와 렌즈/거울 지름은 망원경 어딘가에 새겨져 있다. 예시로 가져온 이 사진에서는 초점 거리(F=900mm)를 렌즈 지름(D=120mm)으로 나누어 구경비가 f/7.5로 나온다.

뉴턴식 반사 망원경과 굴절 망원경은 길이가 초점 거리와 비슷하므로 경통 길이를 측정해서 구경으로 나누어도 대략적인 구경비를 얻을 수 있다. 슈미트-카세그레인 망원경에선 이 방식이 적용되지 않을 수도 있는데, 빛의 경로를 접어서 긴 초점 거리를 짧은 경통에 집어넣는 방식이기 때문이다. 슈미트-카세그레인의 구경비는 보통 f/10이고, 대부분의 뉴턴식 반사 망원경은 f/4에서 f/8까지 다양하며, 굴절 망원경은 주로 f/8~f/15(아크로매틱 버전) 또는 f/6~f/9(아포크로매틱 버전)다.

구경비가 작은(흔히 '짧다' 혹은 '빠르다'고들 부른다) 망원경이 구경비가 큰('길다' 혹은 '느리다') 망원경보다 더 밝은 이미지를 보여준다는 근거 없는 믿음도 널리 퍼져 있는데, 이건 천체 사진을 촬영할 때만 사실이다. 망원경 두 대의 종류와 구경이 같다면(하나는 f/5, 또 하나는 f/8인 8인치(200밀리미터) 뉴턴식 반사 망원경이라고 해보자) 같은 배율에서 사실상 동일하게 밝은 이미지를 생성할 것이다. 구경비는 서로 다를지라도 말이다.

구경비가 짧은 장비는 배율이 아주 낮거나 시야가 넓을 때도 사용할 수 있다. 그러나 구경비가 짧은 아크로매틱 굴절 망원경은 구경비가 긴 굴절 망원경보다 색수차가 더 심하다(114페이지 참조). 특히 고배율일 때 그렇다.

이상적인 구경비라는 건 없지만, 가장 범용적인 망원경의 구경비는 f/6~f/8이라고 나는 줄곧 생각해왔다. 대형 뉴턴식 반사 망원경은 예외다. f/4~f/5 정도로 빠른 구경비라야 경통 길이를 조절하기 쉽기 때문이다. 사진: 폴 딘스.

지금까지 망원경을 직접 만드는 것에 대해서는 언급하지 않았다. 1970년대까지 시판 망원경은 사치품이었다. 천체 관측에 적극적으로 참여한다는 것은 아마추어 망원경 제작자Amateur Telescope Maker, ATM가 된다는 의미였다. 오늘날 거울을 연마하고 적도의식 가대를 만드는 등의 아마추어 망원경 제작 활동은 사실상 사라졌다.

어느 정도 활발하게 유지되고 있는 제작 활동으로는 돕소니언 가대와 경통 만들기가 유일하다. 이마저도 제작한 뒤에는 시판 광학 부품과 액세서리를 장착한다. 돕소니언 가대는 거의 다 목재로 돼 있어서 DIY족들이 성공적으로 작업할 수 있다. 망원경을 직접 만들면 돈을 많이 절약할 수 있던 시절도 있었지만 이제는 그렇지 않다. 지금은 천문학에 진심인 거의 모든 사람이 완성품을 구입한다. 게다가 망원경을 제작하려면 하루에 몇 시간씩 몇 주 또는 몇 개월이나 작업해야 한다. 나라면 그 시간에 별 하나를 더 보겠다.

추천

결론이 뭐냐고? 지출할 수 있는 최대 금액을 현실적으로 계산해보는 것부터 시작하라. 다른 무엇보다 바로 그것이 당신의 선택지를 결정해줄 것이다.

특히 천문인이 되고자 하는 어린 친구들을 위해서는 셀레스트론, 미드, 오리온 같은 브랜드의 70밀리미터 아크로매틱 굴절 망원경이 입문용으로 괜찮다(가격은 150달러 선). 겉보기로는 공포의 '쓰레기 망원경'과 비슷해 보이지만, 더 나은 브랜드에서 괜찮은 액세서리를 달고 나오는 이 모델들은 꽤 쓸 만한 배율을 가지고 있다. 한 단계 더 나은 모델로는 셀레스트론, 익스플로어사이언티픽, 미드, 오리온의 80/90밀리미터 굴절 망원경이 있다(가격은 180~250달러 선). 경위대식 가대를 장착하고 삼각대 위에 올려진 이 망원경들은 최고급까진 아니어도 초보 천체 관측자 모두에게 적합하다.

200~300달러 선에서는 오리온 '스카이스캐너SkyScanner' 102밀리미터, 스카이워처 '헤리티지' 130/150밀리미터 반사 망원경이 아이들을 위한 탁월한 선택이다. 모두 콤팩트한 싱글 암 돕소니언 스타일 뉴턴식 반사 망원경으로, 반드시 테이블 위에 올려놓고 사용해야 한다. 작은 발코니가 있는 아파트에 산다면 이런 모델들이 이상적일 수 있다.

300~1000달러 선에는 익스플로어사이언티픽, 오리온, 스카이워처 같은 브랜드에서 나오는 80/90밀리미터 적도의식 아크로매틱 굴절 망원경과 6에서 10인치 돕소니언 가대 뉴턴식 반사

망원경이 포함된다. 이중에선 8인치 돕소니언이 입문자용으로 훌륭하다(118페이지 박스 참조). 휴대성이 가장 중요하다면 컴퓨터화된 모델인 셀레스트론의 '넥스타NexStar' 5SE나 6SE가 좋다. 휴대성을 최대화하고 싶다면 80/90밀리미터 단초점 굴절 망원경이나 튼튼한 경위대식 GoTo 가대에 올린 90~100밀리미터 막스토프도 가능하다.

1000~1600달러 선에서는 가능하면 컴퓨터와 진동식 축이 있는 8~10인치 돕소니언, 또는 슬로모션 컨트롤이 있는 적도의식 가대나 튼튼한 경위대식 가대에 올린 100~120밀리미터 아크로매틱 굴절 망원경을 추천한다. 가대 종류는 신경 쓰지 말고 단순성과 기능성만 보라. 망원경이 부드럽게 움직이는가? 위치가 손을 뗀 그 자리에서 정확히 유지되는가? 그래야만 한다.

1600달러 이상의 것을 찾는다면, 셀레스트론 또는 미드에서 나오는 8인치 슈미트-카세그레인식 망원경이 막강한 후보다(가격에 삼각대가 포함돼 있는지 확인하라). 미드와 셀레스트론의 슈미트-카세그레인식 망원경의 광학 부품들을 테스트해본 적이 있는데, 사실상 차이가 없었다.

2000달러 이상에서는 12인치 이상 돕소니언과 10인치 이상 슈미트-카세그레인이 좋지만, 구매하기 전에 망원경을 신중히 살펴보는 게 좋다. 이런 망원경 중 어떤 것은 설치할 때 시간이 아주 오래 걸릴 정도로 거대하다. 이 높은 가격대에서 크기는 작은 망원경으로는 아포크로매틱 굴절 망원경이 있는데, 이는 주로 발코니나 근처 공원에서 밝은 천체를 보는 것밖에 할 수 있는 일이 없는 도시 천문인들에게 인기 있다. 값비싼 아포 망원경은 도심 지역에서도 캄캄한 시골 지역에서처럼 달과 행성들을 선명하게 보여준다는 점에서 높이 평가된다. 인기 있는 아포 망원경 브랜드로는 익스플로러사이언티픽, 오리온, 샤프스타SharpStar, 스카이워처, 스텔라뷰Stellarvue, 다카하시Takahashi, 텔레뷰Tele Vue, 윌리엄옵틱스William Optics 등이 있다.

테이블용 천체 망원경 오리온의 '스카이스캐너'는 젊은 천문학 애호가들을 위한 망원경으로, 품질도 괜찮고 휴대가 용이하다. 이 망원경의 100밀리미터 거울과 견고한 가대는 '쓰레기 망원경'보다 훨씬 우수하다.

컴퓨터 시대의 망원경

컴퓨터화된 GoTo 가대는 처음엔 값비싼 옵션이었지만 이제는 널리 보급됐다. GoTo 시스템은 몇 분 안에 망원경을 설치하고 정렬해 장비의 데이터베이스에 있는 수천 개의 천체 중 어느 하나를 정밀하게 가리키게 할 수 있는 수준까지 발전했다. 가장 놀라운 부분은 천체의 이름이나 위치를 몰라도 설치 가능한 모델이 대부분이라는 점이다. 컴퓨터는 정말 대단하지 않은가? 글쎄, 그렇기도 하고 아니기도 하다.

어떤 사람들은 진정한 아마추어 천문인이 되려면 별자리를 배우고 천체를 스스로 찾아보는 입문 기간이 1년 이상 꼭 필요하다고 주장할 것이다(과거에는 나 또한 그랬다). 사실 눈과 파인더, 망원경을 이용해 천체를 사냥하는 일은 가장 순수한 형태의 천문학이다. 희미한 은하와 성운을 추적해가는 경험을 피하려든다면, 밤하늘은 결코 헌신적인 관측자들이 아는 것과 같은 친숙한 반구가 돼주지 않을 것이다. 멀리 떨어진 은하의 흔적은 컴퓨터로 찾기보다 직접 발견했을 때 더 의미가 크다.

위의 문단은 내가 수십 년 동안 말한 것과 얼추 비슷하다. 하지만 나는 교외 하늘 대부분이 적당히 어두웠던 시절에, 우리 집 뒷마당에서 별자리를 배우고 딥스카이를 관측했다. 오늘날 평균적인 도시나 교외의 마당 또는 고층 발코니는 빛 공해가 심각하다. 빛이 비치는 하늘에서는 천체의 위치를 찾기가 매우 어려울 수 있다. 그리고 평소 도시에 거주하는 천체 관측자는 도시 바깥의 별이 가득한 하늘을 탐색하는 데 어려움을 겪곤 한다. 이런 맥락에서 컴퓨터화된 GoTo 망원경은 환영할 만한 기술이다. 이제는 자신만의 우주여행을 기획할 때 활용할 수 있는 선택지가 아주 넓다. 돕소니언이나 여타 컴퓨터화되지 않은 망원경, 직접 만든 망원경을 사용하면서 대상이 되는 천체들을 별지도로 직접 조준할 수 있다. 아니면 컴퓨터화된 가대가 마법처럼 천체를 찾아내도록 할 수도 있다. 다음 페이지부터는 망원경 전문가(이자 나의 책 『뒷마당 천문가를 위한 가이드』 공동 저자)인 앨런 다이어가 21세기 첨단 망원경 세계의 더 깊은 곳으로 우리를 안내할 것이다. 또한 당신이 가지고 있거나 사려고 생각 중인 망원경에 더해볼 수 있는 유용한 업그레이드를 추천할 것이다.

기초를 넘어서

게스트 저자인 앨런 다이어가 컴퓨터화 망원경의 세계와 밤하늘 관측을 최적화해주는 다양한 액세서리를 설명한다.

GoTo 천체 망원경

우리끼리 하는 이야기지만, 테런스와 나는 수십 종의 컴퓨터화된 천체 망원경을 소유하거나 테스트해왔다. 컴퓨터화 천체 망원경은 이제 800달러 이상 모델 시장을 장악하고 있다(이 책에 나오는 모든 가격은 미국 달러 단위이며, 2022년 기준에서 정확한 수치라는 점을 기억하라). 컴퓨터화되지 않으면서 갖출 걸 다 갖춘(광학 경통과 가대) 망원경은 입문용 모델과 대부분의 돕소니언 반

자동 천체 관측 나의 망원경이 어두운 하늘에서 찾을 수 있는 딥스카이 천체인 안드로메다은하, 또는 메시에 31Messier 31을 가리키고 있다. GoTo 기능이 있다면 그저 'M>31'(또는 유사한 명령어)만 입력하라. 망원경이 그것을 찾아줄 것이다.

오른쪽: 왼쪽의 천체 망원경은 경위대식 GoTo 가대로 제어되며, 다른 것은 수동 적도의식 가대 위에 올려져 있다. 둘 다 천체를 추적할 수 있지만, 천체의 위치를 찾을 수 있는 건 GoTo 망원경뿐이다.

사 망원경뿐이다. 오늘날에는 심지어 돕소니언 중에도 컴퓨터화된 모터 옵션으로 구입할 수 있는 게 많다. 그렇다면 컴퓨터화된 망원경만이 답일까?

우선 흔한 오해부터 바로잡아 보도록 하자. 입문자들은 망원경이 동쪽에서 서쪽으로 이동하는 천체를 따라가기 위해서는 컴퓨터가 필요하다고 생각하는 경향이 있다. 하지만 꼭 그렇지는 않다! 모든 적도의식 가대는 배터리식 싱글 스피드 모터만으로도 천체를 추적할 수 있다. 적도의식 가대에 올린 입문용 굴절 망원경과 반사 망원경 중에는 모터가 기본 구성이거나 옵션으로 돼 있는 것들이 많다. 그러나 모터가 달린 가대라도 동서 회전축, 즉 극축이 천구의 극(북반구의 북극성 근처)을 곧장 가리키게끔 하는 정렬은 꼭 필요하다. 극축 정렬 방법에 대해서는 291페이지를 참조하라.

컴퓨터화된 천체 망원경은 컴퓨터 데이터베이스에서 선택한 관측 대상을 향해 고속으로 이동한다('미끄러진다'고도 표현한다). 천체로 '이동go to'할 수 있다고 해서 'GoTo'라는 이름이 붙었다. 일단 표적을 잡으면 모터가 다시 저속 모드로 돌아가 천체를 추적하고 접안렌즈 중앙에 유지시킨다.

추적은 방위각축과 고도각축에 모터가 장착된 경위대식 가대로도 가능하다. 두 모터가 양 축 방향으로 망원경을 조금씩 꾸준히 밀면서 선택한 천체가 밤하늘을 가로지르며 만드는 곡선 호를 따라간다. 경위대식 GoTo 가대는 극축을 정렬하지 않고도 천체를 찾고 추적할 수 있어서 설치가 조금은 간편하다.

또 사람들이 오해하는 점이 있는데, GoTo 망원경이 혼자 힘으로 천체를 식별하고 자동 추적할 수 있는 건 아니다. 최소한 대부분은 그렇다! GoTo 망원경이 관측 대상을 향해 미끄러질 때,

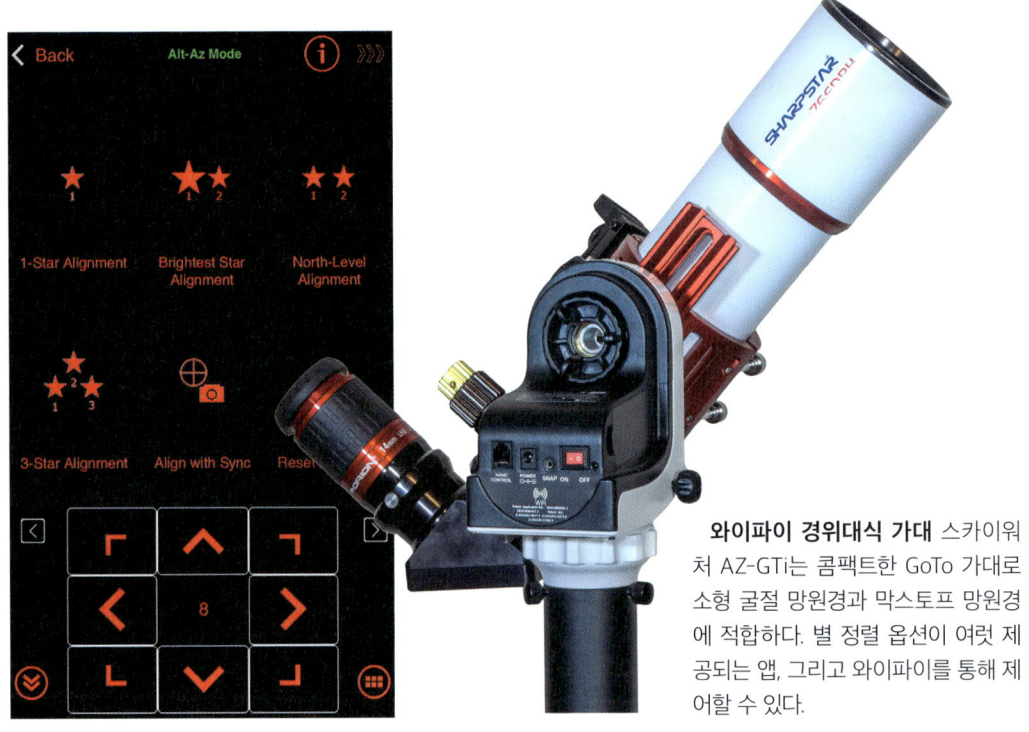

와이파이 경위대식 가대 스카이워처 AZ-GTi는 콤팩트한 GoTo 가대로 소형 굴절 망원경과 막스토프 망원경에 적합하다. 별 정렬 옵션이 여럿 제공되는 앱, 그리고 와이파이를 통해 제어할 수 있다.

    그것은 사용자의 명령에 따라, 천체의 천구 좌표상 천체가 있어야 한다고 '생각하는' 곳을 향해 이동하는 것이다. 위치를 정확하게 잡기 위해 대부분의 GoTo 망원경은 초반에 두세 개의 밝은 별을 조준함으로써 컴퓨터의 천체 카탈로그를 실제 하늘 위에 정렬하는 과정을 필요로 한다. 이것을 잘못 수행하면 망원경은 표적을 벗어나게 될 것이다.

    정렬이 성공적으로 완료된 뒤에는 버튼만 누르면 천체를 찾을 수 있고, 이중성, 성단, 밝은 성운도 볼 수 있게 된다. 테런스가 언급했듯이 빛 공해로 인해 길을 찾기 어려운 교외 뒷마당 하늘에서도 말이다.

    더 어두운 하늘에서는 천체 목록(예를 들면, 메시에 천체 목록)을 빈틈없이 탐색하거나 별자리 주위를 천천히 훑어볼 수 있다. 혹은 컴퓨터가 해주는 가이드 투어를 통해 미처 몰랐던 천체 풍경을 발견할 수도 있다(심지어 해설까지 해준다).

    모두 이상적으로 들리는 이야기지만, 구매 시에는 GoTo 기능에 추가 비용이 든다는 걸 고려하자. 좋은 GoTo 망원경을 살 돈이면 그보다 구경이 훨씬 더 큰 기본 옵션 돕소니언 반사 망원경을 살 수 있고, 어떤 천체를 조준하든 더 큰 망원경은 더 많은 것을 보여준다. 천체를 찾을 수만 있다면 말이다!

예산이 500달러 이하라면 구매 가능한 수동 망원경 중에서 품질과 구경이 가장 좋은 것을 사는 걸 추천한다. 500달러 이하 GoTo 모델 중에선 추천할 만큼 좋은 제품을 찾지 못했다. 그런 모델들은 조준의 신뢰도가 낮고 부정확하다. 첨단 모델 가운데 스타센스의 '익스플로러Explorer' 시리즈는 예외인데, 자세한 내용은 나중에 다루겠다.

예산이 500달러 이상이라면 GoTo가 매력적인 선택지가 된다. 약 1000달러 정도의 GoTo 망원경은 구경이 대부분 90~150밀리미터라 콤팩트하고 휴대성이 좋다. 좋아 보이지만 복잡성과 단순성의 문제를 고려해야 한다. 달이나 행성을 짧게 관찰할 때 GoTo는 시스템을 작동하기가 약간 까다로우며, 전력은 말할 것도 없다. 수동 망원경은 설치도 더 빨리 할 수 있고 조준하기도 쉽다. 결국 달과 육안으로 볼 수 있는 행성을 찾는 데 컴퓨터에 의지해서는 안 된다는 말이다. 게다가 아파트 발코니 등 가장 자주 찾는 관측지에 시야 제한이 있다면 하늘에 흩어진 별들에 정렬해야 하는 GoTo는 실용적이지 않을 수 있다.

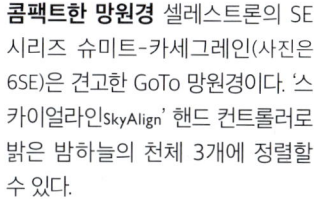

콤팩트한 망원경 셀레스트론의 SE 시리즈 슈미트-카세그레인(사진은 6SE)은 견고한 GoTo 망원경이다. '스카이얼라인SkyAlign' 핸드 컨트롤러로 밝은 밤하늘의 천체 3개에 정렬할 수 있다.

지금은 많은 GoTo 망원경이 전통적인 핸드 컨트롤러 없이 나온다(혹은 추가 비용이 필요한 옵션으로 제공한다). 이런 망원경을 제어하려면 내장된 와이파이를 활성화한 뒤 무료 앱을 통해 스마트폰이나 태블릿에 연결해야 한다. 앱에서는 구식 컨트롤러보다 더 많은 기능을 사용할 수 있고, 사용자의 위치와 시간을 입력하는 수고도 덜어진다.

모든 GoTo는 사용자가 설정값을 입력해야만 작동한다. 각 입력 단계에는 실수할 가능성이 있는데 그러면 망원경이 말을 제대로 안 들을 수 있다. 그러는 건 원치 않을 것이다. 내가 유용하다고 생각한 몇 가지 팁을 주겠다.

GoTo 망원경 설치하기

먼저 새 망원경을 실내에 설치하고, 사용 설명서에 따라 초기 설정을 진행하라. 첫 번째는 위치다. 망원경에 핸드 컨트롤러가 함께 온다면, 제조사의 소재지 등이 기본 위치로 설정돼 있을 것이다. 망원경에 GPS 수신기(컨트롤러로 켜야 할 수도 있다)가 달려 있는 게 아니라면 자신의 거주지로 위치를 변경해야 한다. 셀레스트론과 미드의 것은 도시를 선택할 수 있도록 돼 있다. 선택지에서 멀리 떨어진 곳에 산다면 위도와 경도를 수동으로 입력하라. 0.5도 근사치까지는 괜찮

편리한 앱 셀레스트론의 '에볼루션Evolution' 슈미트-카세그레인 망원경에는 6인치, 8인치, 9.25인치 구경에 내장 배터리와 와이파이 기능이 있는 견고한 가대가 딸려 온다. 와이파이로 제어하는 별지도 앱에서는 핸드 컨트롤러보다 더 많은 기능을 이용할 수 있다.

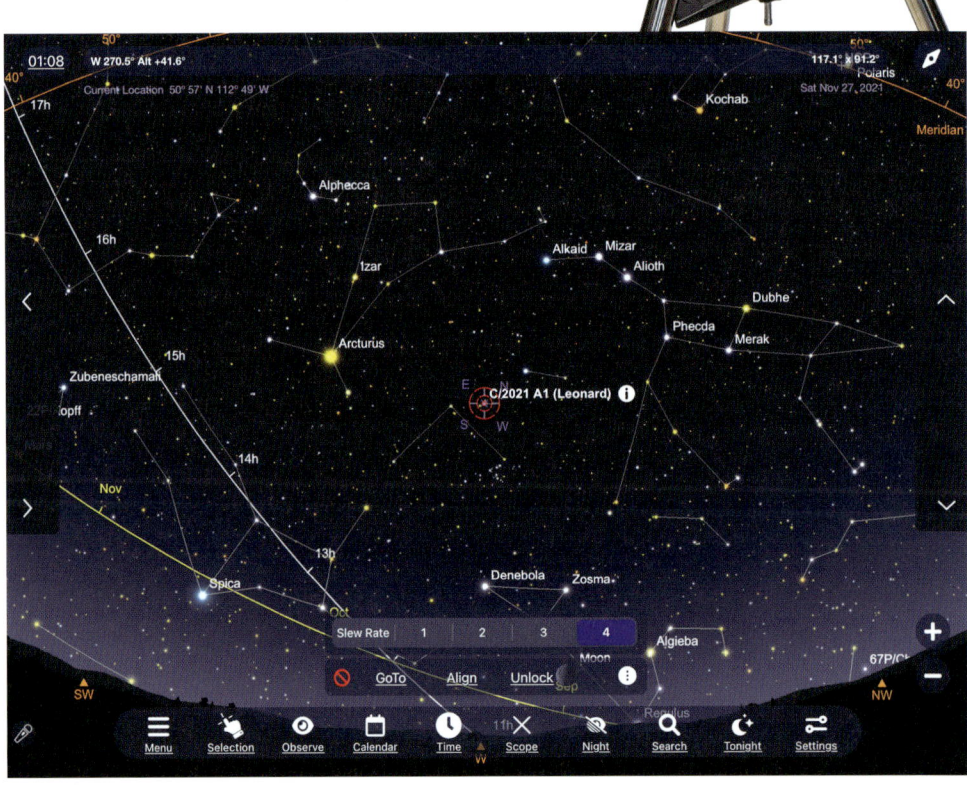

다. 스카이워처의 '신스캔SynScan' 망원경으로는 위도와 경도만 입력할 수 있다.

부호에 조심하라. 위도가 마이너스(-)면 남반구다. 경도가 마이너스면 그리니치 자오선의 서쪽으로, 아메리카 대륙 전체가 포함된다. 경도가 플러스(+)면 그리니치의 동쪽으로 유럽, 아프리카, 아시아가 포함된다. 위치를 잘못 입력했다간 망원경이 땅을 조준할 수도 있다.

시간대에서는, 대한민국 표준시가 그리니치 평균시에서 플러스(마이너스가 아니다) 9시간이고, 태평양 표준시는 마이너스 17시간이라는 데 주의하자(미국 기준으로 돼 있던 것을 변경—편집자 주). 일광 절약 시간 설정에서는 당장 일광 절약 시간제가 시행 중인 곳에 있을 때만 '예'를 입력한다. 달 조준에 계속해서 실패한다면 일광 절약 시간이 올바르게 켜져 있는지(혹은 꺼져 있는지) 확인해보라. 위치와 시간대는 일반적으로 한 번만 입력하면 된다. 마지막은 날짜와 시간이다. 이런 것들을 자동으로 파악하는 핸드 컨트롤러도 있지만, 대부분은 현재 날짜(일반적으로 월/일/년 순)와 시간을 입력하도록 요구한다. 후자에서는 오후 8시가 기본으로 설정돼 있을 때도 많다(다시 말하지만, 핸드 컨트롤러 대신 앱을 사용하면 위치와 시간을 입력할 필요가 없다).

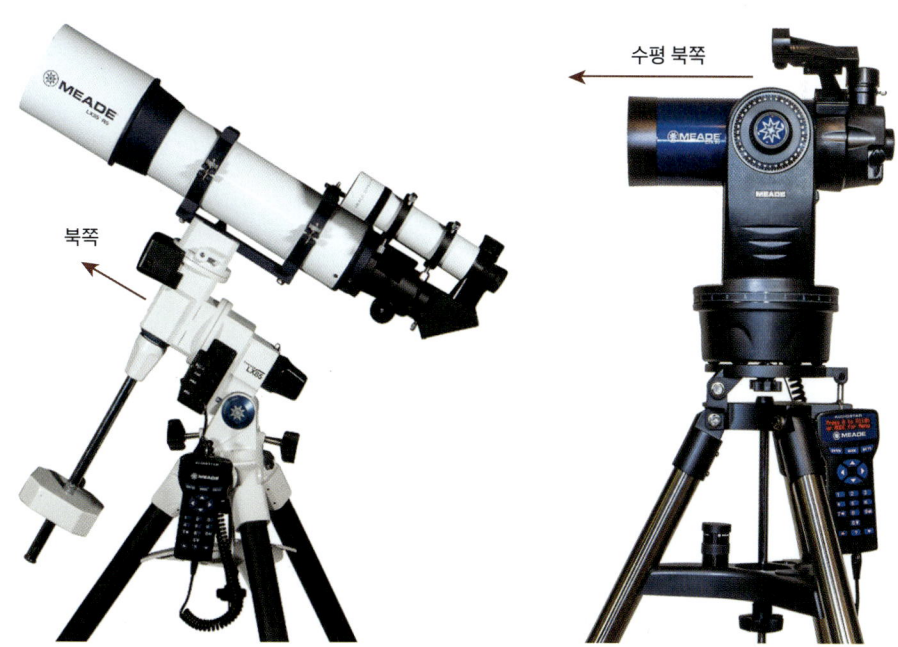

적도의식 vs. 경위대식 GoTo 정렬을 시작할 때, 적도의식 가대(왼쪽)는 보통 극축 정렬을 위해 천구의 극을 조준하는 '홈Home' 위치에 둔다. 경위대식 가대(오른쪽)는 종종 '수평으로 북쪽을 조준하는' 시작 위치에 맞춰주는 작업을 필요로 한다. 왼쪽 이미지 제공: 미드 인스트루먼츠.

밤에 설치할 때는 가대를 정확히 수평에 맞출 필요가 없는 게 보통이다. 셀레스트론 '스카이얼라인' 망원경은 좀더 까다로운데, '아무 천체나 3개에 정렬하는' 옵션이 작동하려면 수평을 정확히 조정해야 할 수 있기 때문이다. 사용자가 망원경이나 가대를 특정 시작 위치로 맞춰줘야 하는 제품도 있다. 핸드 컨트롤러(또는 앱)에 이를 요구하는 메시지가 표시될 수 있다. 이 '홈' 위치에서 2성 또는 3성 정렬을 선택하면, 망원경이 자동으로 첫 번째 별을 향해 미끄러질 것이다. 시작 위치 설정이 없는 다른 망원경이라면 사용자가 직접 이동시켜야 한다. 조심하자. 잘못된 별에 조준하면 우주에서 길을 잃게 될 것이다. 기술은 천체에 대한 기본 지식과는 무관하다.

첫 번째 별 다음으로, 망원경은 다음 정렬 별이 있다고 생각되는 곳을 향해 움직일 것이다.

망원경이 초반의 정렬 별들을 정확히 중앙에 놓을 것이라 기대하지 마라. 기껏해야 파인더 시야의 6도 이내로만 가까이 옮겨놓을 것이다. 그게 정상이다. 지시에 따라 이동 버튼을 사용해 처음에는 파인더, 그다음에는 저배율 접안렌즈 중앙으로 각각의 별을 위치시키자. '정렬Align'이나 '입력Enter' 버튼을 누르면 된다. 대부분의 망원경은 전동식으로만

중요한 팁 10가지

1. 우선, 문제 해결이 더 쉬운 실내에 새 망원경을 설치하라.
2. 핸드 컨트롤러의 메뉴는 복잡할 수 있으니 유용한 팁이 담긴 설명서를 꼭 읽어보라.
3. 핸드 컨트롤러가 없는가? 앱을 다운받는 걸 잊지 마라.
4. 관측지의 세부 정보에 주의하라. 위치나 시간대를 잘못 입력하면 문제가 생길 수 있다.
5. 파인더가 망원경에 정렬돼 있는지 확인하라(113페이지 참조). 그래야 첫 번째 정렬 별을 중앙에 배치할 수 있다.
6. 정렬할 때 망원경이 정확한 별을 조준하고 있는지 확인할 수 있도록 밝은 별들을 충분히 알아두라.
7. 망원경이 회전은 하는데 추적을 안 한다고? '추적Tracking'이 켜져 있는지 확인하고, '항성 속도Sidereal Rate'로 설정하라.
8. 망원경이 잘 작동하지 않는다고? 배터리가 부족하거나 외부 전원 연결이 불량해 이상이 발생할 수 있다.
9. 여전히 문제가 있다고? '공장 초기화Factory Reset' 명령은 모든 것을 해결한다.
10. 문제가 남았다고? 온라인 유저 그룹에서 도움을 받거나 망원경을 구입한 대리점에 문의할 수 있다.

사용하고 망원경의 잠금을 해제해 수동으로 움직이지 않도록 하자. 반려견(또는 반려묘)이 삼각대를 치지 않도록 하고!

'자동 정렬Auto Align' 모드에서는 망원경이 사용자를 위해 적합한 별을 골라줄 수 있다. 혹은 사용자가 목록에서 선택할 수도 있다. 하늘을 가로질러 동쪽에서 서쪽으로 멀리 떨어져 있는 별(웬만하면 3개)을 고르자. 다시 말하지만, 망원경이 정확한 별들을 조준하고 있는 게 맞는지 확인하기 위해서는 밝은 별들의 이름을 잘 알고 있는 것이 가장 좋다. '정렬 성공Alignment Successful' 메시지가 표시되고 나면 망원경이 모든 표적 천체를 저배율 접안렌즈 시야 안에 배치한다.

관측이 끝날 무렵 망원경을 '절전Park' 또는 '최대 절전Hibernate'으로 둔 채 움직이지 않고 가만두는 게 아닌 이상 밤마다 이 정렬 과정을 반복해야 할 것이다. 인내심을 갖자. 몇 밤쯤 연습을 해야 한다. 하지만 일단 익숙해지면 빠르게 수행할 수 있게 되고, GoTo 망원경의 안내에 따라 천체의 놀라움이 가득한 하늘을 여행할 수 있게 될 것이다.

스타센스 망원경

셀레스트론의 '스타센스 익스플로러' 시리즈는 전자식 작동을 특징으로 하며, 가격은 300달러 아래에서 시작한다. '스타센스 익스플로러'는 GoTo는 아니지만 컴퓨터화된 모델이다. 사용자의 컴퓨터를 사용함으로써 가격을 낮추었다. 당신 주머니 속 핸드폰은 기존 핸드 컨트롤러에 내장된 컴퓨터보다 더 강력하다.

그 스마트폰에는 카메라도 있다. 대부분의 GoTo 천체 망원경과 달리, '스타센스'는 하늘 사진을 찍어서 iOS와 안드로이드에서 사용 가능한 무료 '스타센스' 앱 속의 가상 천체 지도와 비교함으로써 정렬을 수행한다.

나는 스마트폰 카메라가 조준 위치를 식별할 정도로 많은 별을 감지해낼 수 있을지 회의적이었다. 그런데 정말 가능했다! 넓은 하늘을 봐야 하기에 집과 나무로 둘러싸인 관측지에서는 제대로 작동하지 않을 수 있다. 그런 상황만 아니라면 거의 마법같이 된다. 위치와 시간 정보는 스마트폰에 있으니 따로 입력할 필요도 없다. 일련의 별 정렬도 필요치 않다. 그저 펼쳐진 하늘을 향해 조준하고, 해당 영역을 데이터베이스와 매치시켰다고 앱에서 알려줄 때까지 기다려라. 그런 다음, 앱의 천체 지도에 보이는 천체를 탭하거나 앱의 목록에서 천체를 불러올 수 있다.

다음은 좀더 복잡하다. 선택한 천체의 중심을 맞추려면 망원경을 어디에 조준해야 하는지 보여주는 화살표가 앱에 표시된다. 따라서 망원경을 밀어야 하는데, 관측 대상으로 미끄러지거나 대상을 추적할 모터가 없기 때문이다. 하지만 조준 가이드는 놀라울 정도로 정확하며 사용자의 실수, 모터나 기어의 부적절한 작동으로 오류가 발생할 가능성은 작다. 또한 앱에는 이미지와 오디오 설명 등이 더해져 있기에 일반적인 핸드 컨트롤러보다 훨씬 더 많은 정보를 얻을 수 있다.

'스타센스' 기능은 처음에 소형 굴절 망원경과 뉴턴식 반사 망원경에 탑재됐다. 하지만 이제는 '스타센스'가 장착된 8인치(200밀리미터)와 10인치(250밀리미터) 돕소니언이 제품 라인에 추가됐다. 초심자라면 기본 돕소니언에 비해 이 8인치 모델에 추가되는 비용(약 150달러)이 가치 있다고 느낄지 모른다. 내가 테스트해본 '스타센스' 모델들은 아주 잘 작동했으며 초심자와 열정적인 천체 관측자 모두에게 매력적인 선택지로 보였다.

스마트 조준 왼쪽: 클램프가 스마트폰을 고정하고 카메라는 기울어진 거울을 향하도록 하는 식으로 하늘을 볼 수 있다. 밝은 천체(지평선 위의 빛도 괜찮다)를 하나 골라, 접안렌즈 시야와 비교해 스마트폰 카메라 이미지의 중심이 어디에 있는지 앱에 알려주는 정렬만 수행하면 끝이다. 오른쪽: 표적을 고르면 '스타센스' 앱이 그 천체로 안내하는 화살표를 보여준다. 망원경을 더 가까이 가져가면 화살표가 조준선으로 변하고, 관측 대상에 도달하면 녹색으로 바뀐다.

업그레이드: 접안렌즈

꽤 비싼 천체 망원경이라도 적합하지 않은 접안렌즈가 오거나 아예 안 들어 있을 때가 많다. 초급 망원경에는 접안렌즈가 두세 개쯤 딸려 오곤 하는데 이것들은 거의 항상 품질이 떨어진다.

광학적으로 따져볼 때 접안렌즈는 이미지 확대라는 중요한 역할을 하는 '망원경의 반쪽'이다. 품질이 나쁜 접안렌즈는 좋은 망원경의 장점을 깎아내릴 것이다. 더 좋은 접안렌즈를 사용하면 이미지가 선명해지고, 시야도 넓어지며 관측도 편안해진다. 많은 관측자가 위시리스트 1위로 새 접안렌즈를 꼽을 정도다. 어떤 기능을 살펴봐야 할까? 아래는 내 조언이다.

초점 거리 카메라 렌즈에서 그렇듯, 접안렌즈에서도 초점 거리가 가장 중요하다. 초점 거리는 밀리미터 단위로 부여되는데, 접안렌즈는 55밀리미터(아주 낮은 배율)부터 3밀리미터(아주 높은 배율)까지로 다양하다. 가장 높은 배율의 접안렌즈에 가장 작은 숫자가 붙기에 숫자가 헷갈릴 수 있다.

다양한 접안렌즈 접안렌즈는 놀라울 정도로 다양하며, 굳이 망원경과 동일한 브랜드로 구입할 필요가 없다.

낮은 배율   중간 배율   높은 배율

배율 예시 배율이 다른 접안렌즈 세 종류를 사용하면 저배율(20~60배율)에서 보이는 크고 희미한 성운부터 고배율(120~200배율)에서 보이는 작고 밝은 행성까지 모든 종류의 천체를 볼 수 있다.

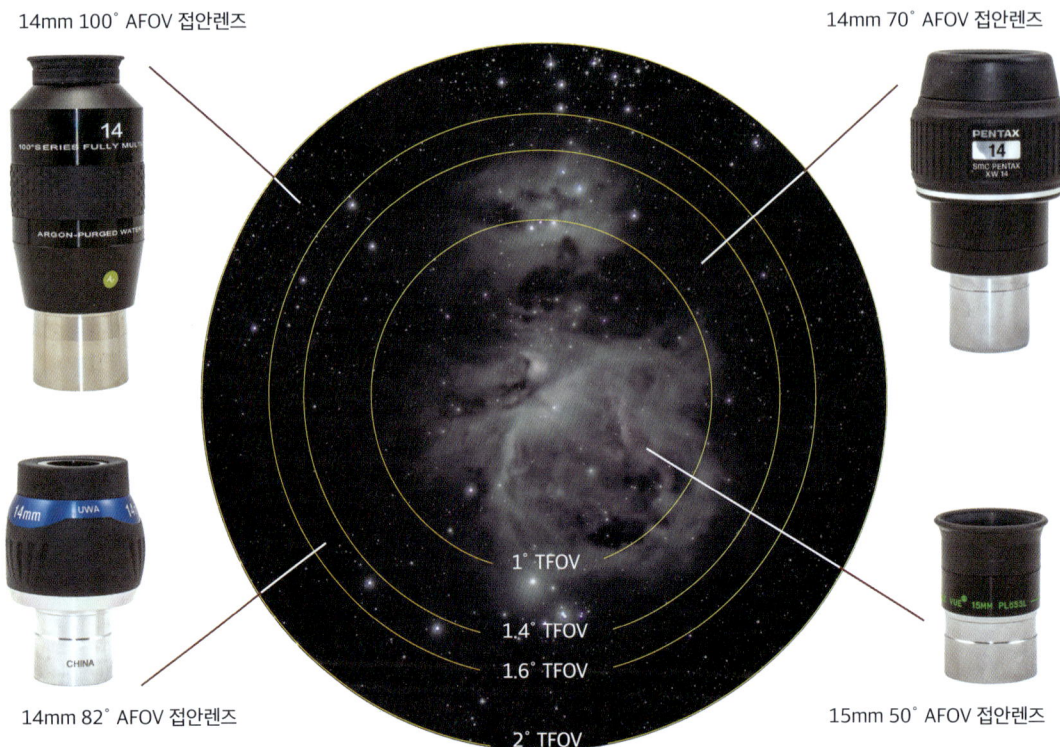

14mm 100° AFOV 접안렌즈   14mm 70° AFOV 접안렌즈

1° TFOV
1.4° TFOV
1.6° TFOV
2° TFOV

14mm 82° AFOV 접안렌즈   15mm 50° AFOV 접안렌즈

시야 튜토리얼 접안렌즈로 보이는 하늘의 크기는 배율과 겉보기 시야Apparent Field of View, AFOV에 달려 있다. 이 예시 속 14밀리미터와 15밀리미터 초점 거리 접안렌즈는 모두 배율이 약 50배(초점 거리가 750밀리미터인 망원경이라고 가정)다. 하지만 겉보기 시야가 더 넓을수록 접안렌즈가 더 넓은 하늘을 보여주고, 실제 시야True Feld of view, TFOV도 덩달아 넓어진다. '실제 시야=겉보기 시야÷배율'이다. 따라서 50배율에 겉보기 시야가 100도인 접안렌즈는 실제 시야가 2도일 것이다.

긴 것과 짧은 것 이 고배율 접안렌즈들은 초점 거리가 7~9밀리미터다. 하지만 왼쪽에 있는 플뢰슬 접안렌즈Plössl eyepiece 한 쌍은 렌즈가 작고 안점 거리가 짧다는 문제가 있다. 오른쪽의 한 쌍은 렌즈도 더 넓고 안점 거리도 더 길고 편안하다.

접안렌즈의 배율은 121페이지에 테런스가 언급한 것처럼 망원경의 초점 거리를 접안렌즈의 초점 거리로 나누는 간단한 공식으로 구할 수 있다. 망원경의 초점 거리는 보통 주경통에 밀리미터로 표시돼 있거나 사용 설명서에 나와 있다. 또 망원경의 구경(밀리미터)에 구경비를 곱해서도 계산할 수 있다(구경비에 대한 더 자세한 내용은 122페이지 참조).

예를 들면 구경비가 f/6인 100밀리미터(4인치) 구경 망원경의 초점 거리는 600밀리미터다(100×6). 이 망원경에 6밀리리터 접안렌즈를 사용하면 100배의 배율을 얻을 수 있으며(600÷6) 100배율이라고 표시된다. 10밀리미터 접안렌즈면 60배율(600÷10)이고 20밀리미터 접안렌즈면 30배율이다.

이 접안렌즈 3종을 초점 거리가 2000밀리미터인 8인치(200밀리미터) f/10 슈미트-카세그레인식 망원경에 사용하면 배율이 아주 달라지는데, 20밀리미터 접안렌즈는 100배율, 10밀리미터는 200배율, 6밀리미터는 무려 333배율(2000÷6)이다! 마지막 배율은 가장 안정적인 관측 조건에서만 효과적으로 사용할 수 있을 것이다. 초점 거리가 긴 이 망원경에 더 적절한 접안렌즈는 40밀리미터(50배율)와 20밀리미터(100배율), 10밀리미터(200배율)일 것이다. 요약하자면, 접안렌즈 선택은 가지고 있는 망원경의 종류에 따라 다소 달라질 거라는 말이다.

겉보기 시야 겉보기 시야는 접안렌즈로 별을 들여다볼 때 빛의 원이 얼마나 넓은지를 나타내는 개념이다. 겉보기 시야는 전체 렌즈를 구성하는 개별 렌즈의 디자인과 매수로 결정된다. 저렴한 3매와 4매 접안렌즈의 겉보기 시야는 일반적으로 40~50도 정도다. 더 복잡한(그리고 비싼) 6~9매 접안렌즈는 시야가 최대 100도로 탁 트인다.

배럴 지름 가장 흔한 크기는 소위 미국 표준인 1.25인치다. 이 배럴은 오늘날 판매되는 대부분

바로우 구입 바로우는 1.5~2인치 접안렌즈에 사용할 수 있다. 광학적 결함(의사 색상False Color 등)을 발생시키지 않는 2매나 3매 바로우는 60~100달러 정도 한다.

플뢰슬 퍼레이드 오리온과 텔레뷰의 이 제품들과 같은 플뢰슬 접안렌즈는 상대적으로 저렴하다. 플뢰슬 렌즈들은 일부 망원경에 포함된 저품질 접안렌즈를 저렴한 값에 업그레이드해준다.

넓은 시야 좋은 접안렌즈는 시야가 넓고, 광학 수차를 보정해주는 렌즈 매수가 많다. 사진 속 예시는 시야가 65~76도 정도다. 다른 접안렌즈는 82~100도의 시야를 자랑하곤 한다.

의 망원경에 잘 맞는다. 최대한 넓은 시야를 확보하는 데 필요한 대형 렌즈를 수용할 수 있게끔 고급 접안렌즈에는 2인치 배럴이 제공된다. 단, 망원경에 2인치 포커서가 장착돼 있어야만 사용이 가능하다.

안점 거리 안점 거리는 전체 시야를 보기 위해 필요한 접안렌즈 상단에서 눈까지의 거리다. 초점 거리가 줄어들면 안점 거리도 짧아지는 디자인이 많다. 초점 거리가 4~7밀리미터인 저가 접안렌즈는 안점 거리가 3~5밀리미터에 불과해서 눈을 접안렌즈 바로 위에 두어야 한다. 편안하게 관측하려면 안점 거리가 적어도 15밀리미터는 되는 게 좋다.

바로우 렌즈 이 편리한 액세서리는 삽입된 접안렌즈의 배율을 2~3배로 늘려주는 동시에 안점 거리는 그대로 유지해준다. 예를 들어 초점 거리가 12밀리미터인 접안렌즈를 2배율 바로우에 삽입하면 12밀리미터의 안점 거리는 그대로 유지하면서 배율은 6밀리미터와 동일해진다. 2.5밀리미터, 5밀리미터와 동일한 배율을 내게끔 25밀리미터, 10밀리미터 접안렌즈에 2배율 바로우를

짝 맞춰두면 훌륭한 세트가 될 수 있다.

광학 디자인 기본 디자인의 접안렌즈는 여러 브랜드에서 판매하지만, 한 회사에서 독점적으로 판매하는 디자인도 있다. 가장 저렴한 접안렌즈는 케르너Kellner(K)와 변형 아크로마트 Modified Achromat(MA)인데, 두 가지 모두 입문용 망원경에서 자주 보이는 3매 디자인이다. 시야가 40~45도로 좁고 안점 거리가 짧다.

한 단계 좋은 것은 4매 플뢰슬이나 오서스코픽Orthoscopic이지만 현재 오서스코픽은 찾아보기 어렵다. 그보다 보편적인 플뢰슬은 거의 모든 제조사에서 나오고 있다. 소위 슈퍼플뢰슬Super Plössl은 4매 또는 5매로 디자인돼 있는데, 시야는 여전히 기본 플뢰슬처럼 50~55도다. 플뢰슬과 플뢰슬 계열 모델들의 성능은 그 어떤 3매 디자인보다 더 선명하다.

6~8매 접안렌즈는 일반적으로 이름에 '와이드 시야Wide-Field'나 브랜드 고유의 상표명이 붙는다. 이런 것들은 60~76도 시야에서도 별을 선명하게 보여주고, 광학 보정도 더 낫다. 겉보기 시야가 넓으니 풍경이 더 파노라마 같고 인상적이다. 딥스카이 풍경은 숨이 막힐 정도다. 달을 보면 마치 우주선에 타서 창밖을 내다보는 듯하다. 심지어 행성을 관측할 때도 이점이 있다. 수동 천체 망원경을 사용할 때 행성들이 시야에 더 오래 머무르기 때문이다.

가장 멋지고 또 가장 비싼 접안렌즈는 '울트라 와이드Ultra Wide'다. 82도, 90도, 100도, 심지어는 110도의 시야를 자랑하는 이 접안렌즈는 정말로 우주를 바라보는 '우주선의 창문' 같다. 여러 브랜드에서 자체적인 7~9매 디자인과 상표명의 울트라 와이드 제품 라인을 출시하고 있다. 개중엔 초점 거리가 짧은데도 안점 거리가 적절한 제품들이 많다. 그래, 비싸긴 하다. 하지만 고급 울트라 와이드 접안렌즈를 한번 들여다보면 한 세트 통째로 갖고 싶게 될 것이다!

업그레이드: 액세서리

망원경 가게에 들어가면 꼭 필요(하거나 불필요)한 액세서리를 몇 개 사지 않고는 나가기 어려울 것이다. 온라인으로 구매한다면 다른 사람들이 구매한 제품으로 연결되는 클릭 가능한 링크로 유인될 테고. 하지만 '정말' 필요한 건 무엇일까? 더 나은 접안렌즈 다음으로 추천하고자 하는 것을 대략 우선순위가 높은 순서대로 적어보았다.

빨간 불빛 손전등 반드시 가지고 있어야 한다! 어둠 속에서 망원경을 설치하고 6장의 별지도

케이스 보관 귀중한 접안렌즈와 액세서리 컬렉션을 안전하게 보관하려면 케이스가 필요하다. 방수 카메라 케이스가 잘 맞는다.

파인더의 도움 일부 무배율 파인더(가운데의 한 쌍)는 빨간색 점을 투사한다. 텔라드Telrad(40달러, 왼쪽)와 리겔 퀵파인더Rigel QuikFinder(45달러, 오른쪽) 같은 대형 파인더는 플라스틱 창에 조준 십자선을 투사한다.

를 사용할 때 야간 시력을 민감하게 유지하려면 어두운 빨간색 빛이 필요할 것이다. 빛을 줄이는 법에 대한 자세한 내용은 149페이지 '야간 시력 이용하기'를 참조하라.

배터리 팩 GoTo 망원경을 가지고 있다면 12볼트 전원이 필요하다. 일부 망원경에는 배터리가 내장돼 있기도 하지만, 외장 배터리 팩이 더 오래간다. 망원경에 적합한 출력 플러그가 있으면 AC 어댑터도 사용할 수 있다. 야외 사용을 위해서는 12볼트 출력 단자가 있는(어쩌면 5볼트 USB 단자도) 리튬 배터리 팩(80~200달러)과 망원경에 맞는 코드가 필요하다. 보통 외경 5.5밀리미터/내경 2.1밀리미터 배럴 잭을 사용한다.

정립 프리즘 몇몇 굴절 망원경은 낮에 쓸 때 정립 이미지를 만들어주는 45도나 90도 아미치 프리즘Amici prism과 함께 온다. 하지만 야간에 고배율로 사용할 때는 대개 이미지가 왜곡된다. 천체를 더 선명하게 보려면 전통적인 프리즘이나 천정미러(40~100달러)를 구입하라.

케이스 케이스가 제공되는 망원경은 많지 않다. 망원경을 들고 자주 이동한다면, 패딩 처리된 소프트 케이스나 겉면이 단단한 하드 케이스가 필요할 것이다(80~300달러).

시준 보조 장치 일부 뉴턴식 반사 망원경은 두 거울이 정렬돼 있는지, 모든 반사의 중심이 같은지 확인하는 용도의 구멍이 뚫린 시준 캡Collimation Cap과 함께 온다. 고급 도구에는 직접 보면서 하는 것보다 더 쉽게 정렬할 수 있게 해주는 레이저 콜리메이터Laser Collimator가 포함된다 (60~150달러).

파인더 보조 장치 망원경에 일반적인 빨간 조준점 파인더가 달려 있을 수도 있다. 없다면 25~45달러 선에서 하나 추가하는 게 좋은데, 특히 GoTo 망원경에 필요한 정렬 절차를 밟을 때 도움이 된다. 빨간 점은 광학 파인더를 멋지게 보완해준다.

듀캡과 열선 슈미트-카세그레인과 막스토프의 전면 보정판Corrector Plate은 결로에 민감하다. 이 비싼 망원경들에는 듀캡Dewcap이 딸려 오지 않는다. 배터리식 열선 또한 결로와 성에로부터 광학 부품을 지키는 데 아주 효과적이다. 듀캡과 열선의 가격은 30~100달러 정도다.

측면 조준선 스크린이 있는 레이저 콜리메이터가 접안렌즈 홀더로 들어간다

레이저의 점이 주경 중앙에 오도록 부경을 조정한다

레이저의 점이 콜리메이터 스크린의 중앙에 오도록 주경 뒤쪽을 조정한다

레이저 콜리메이션 레이저로 뉴턴식 반사 망원경의 광축을 정렬하는 과정은 두 단계로 돼 있다. 1단계(위쪽): 부경을 조정해 레이저의 점이 주경 중앙에 오도록 한다(많은 망원경에는 중앙이 표시돼 있다). 2단계(아래쪽): 레이저의 점이 레이저 콜리메이터 내부 조준선 스크린의 중앙에 다시 튀어나오도록 주경 뒷면의 조절 장치 세 가지를 조정한다.

필터링된 시야 접안렌즈로 들어오는 빛을 필터링하기 위해 접안렌즈나 정립 프리즘에 행성 필터, 성운 필터를 끼운다.

성운 필터 이 특수 필터를 사용하면 대부분의 성운에서 방출되는 빨간색과 초록색의 좁은 파장만 보이게 된다. 빛 공해의 영향을 부분적으로 감소시키므로 도시 환경에서 성운을 더 잘 볼 수 있다. 심지어 시골 하늘에서는 효과가 더 좋다. 초고대비Ultra High Contrast, UHC 필터는 가장 유용한 구매 항목이다(지름을 1.25인치로 선택하느냐 2인치로 선택하느냐에 따라 가격은 100~200달러 선이다).

행성 필터 통상적인 컬러 필터(세트로 판매될 때가 많음, 50달러 이상)는 목성의 대적점이나 화성의 표면 흔적 등 행성의 세세한 특징들을 살짝 강조해준다. 달 관측 시에는 중립 밀도 필터나 편광 필터가 밝은 달의 눈부심을 줄여줄 것이다. 태양 필터를 사용해 태양을 안전하게 관찰하는 방법에 대해서는 8장에서 설명하겠다.

커버 귀중한 망원경을 밤새도록 밖에 두거나 별 축제, 뒷마당, 발코니 등에 장기간 둘 예정이라면 방수 커버(60~200달러)를 추천한다.

진동 방지 패드 아파트 발코니에서 관측할 때는 발코니 바닥과 움직임 없는 관측용 바닥은 다르다는 걸 명심하라. 삼각대 아래에 진동 억제 패드(30~55달러)를 깔면 관측자의 움직임이 일으키는 망원경의 진동을 줄일 수 있다.

구경에 따른 천체 망원경 비교

일반적으로 사용되는 구경 범위	망원경 종류	특징	일반적인 사양 및 성능	활용
2.4~4인치 (60~100 밀리미터)	굴절 망원경	아크로매틱	견고하고 안정적이며, 일반적으로 유지 관리가 필요 없는 이 장비는 예로부터 아마추어 천문인들의 '첫' 망원경으로 선택돼왔다. 구경이 90밀리미터 이하일 때 휴대가 용이하다. 저가 모델은 가대가 부적절하거나 삼각대가 가늘고 약할 수 있으니 주의하라. 긴 구경비* 모델이 가장 좋다.	달, 행성, 밝은 성단, 이중성 및 일반적인 입문용 관측에 탁월하다. 구경이 작아서 성운, 희미한 성단, 은하를 볼 때는 좋지 않다. 어쨌든 희미한 천체가 가려지는 도시나 교외의 하늘을 관찰하기에는 실용적이다.
2.4~6인치 (60~150 밀리미터)	굴절 망원경	아포크로매틱	수차나 차폐 없는 렌즈 디자인 덕에 이 범위에서는 의심할 여지 없이 최고의 망원경이다. 뛰어난 이미지를 보여주며 비싸다. 크기가 100밀리미터 이하일 때 휴대가 용이하다.	구경이 클수록 달과 행성의 이미지가 더 뛰어나진다. 열정적인 천체 사진가들이 가장 좋아하는 종류다. 천체 이미지가 아주 선명해 이중성을 분리 식별하는 데 탁월하다. 상대적으로 작은 구경으로 제한된다.
4~8인치 (100~200 밀리미터)	뉴턴식 반사 망원경	적도의식 가대	기본 모델에는 슬로모션 컨트롤이 있고, 디럭스 모델은 전동식이다. 제대로 작동시키려면 극축 정렬이 필요하다. 돕소니언보다 가대가 무겁다.	모든 유형의 천체 관측에 적합하지만, 가대 설치와 정렬이 번거로울 수 있다.
4~8인치 (100~200 밀리미터)	뉴턴식 반사 망원경	돕소니언 가대	단순화된 경량 가대 덕분에 상대적으로 저렴한 패키지로도 중형에서 대형 구경을 택할 수 있다. 기본 모델은 수동 추적이지만, 디럭스 모델은 전동식이다.	모든 유형의 천체 관측에 적합하다. 초보 천체 관측자에게 좋은 올라운더 망원경이다.
5~8인치 (125~200 밀리미터)	복합식 망원경	슈미트-카세그레인	광학 성능은 전반적으로 양호하다. 경통이 짤막해서 안정적이고 사용하기 쉽다. 돕소니언 가대에 올린 뉴턴식 반사 망원경보다 비싸지만, 슈미트-카세그레인의 최신 모델은 전부 GoTo 기능을 제공한다.	슈미트-카세그레인은 디자인도 콤팩트하고 모든 분야에 활용할 수 있게끔 액세서리가 다양하게 나오는 훌륭한 장비다. 달, 행성, 이중성을 보기에는 긴 구경비*가 좋다. 하지만 시야를 넓게 하거나 저배율로 관측하고 싶을 때는 바람직하지 않다.
10인치 이상 (250 밀리미터 이상)	뉴턴식 반사 망원경	돕소니언 가대	일반적으로 구경비가 상당히 짧은* 것이 특징이다. 광축 정렬만 적절하게 유지하면 딥스카이 천체를 기막히게 다룬다.	빛 공해로부터 벗어나 사용하면 은하와 성운을 관측하기 가장 좋은 장비라 딥스카이 마니아들이 선호한다.

천체 망원경 이미지: 위에서 아래로, 미드인스트루먼츠, 빅센, 미드인스트루먼츠, 스카이워처, 셀레스트론, 미드인스트루먼츠 제공.

제5장 천체 관측 장비

망원경 선택 시 고려할 요소

일반적으로 사용되는 망원경	다른 관측지로 운반할 수 있는가?	주요 관측지가 도시인가, 시골인가?	천체 사진 촬영에 사용할 수 있는가?	달과 행성 관측에 주로 사용하는가?	딥스카이 천체 관측에 주로 사용하는가?	주간 관측에 사용하는가?
2.4~4인치 (60~100밀리미터) 아크로매틱 굴절 망원경	일반적으로 운반이 쉬움.	도시 환경에서는 좋지만, 어두운 하늘에서는 다른 망원경만 못함.	달 촬영을 제외하고는 권장하지 않음.	긴 구경비* 모델이라면 성능이 뛰어남.	권장하지 않음.	크기가 더 작아도 괜찮음.
2.4~6인치 (60~150밀리미터) 아포크로매틱 굴절 망원경	최대 4인치까지는 쉽지만, 적도의식 가대가 있는 더 큰 모델은 무거움.	도시 관측과 일부 시골 관측 겸용으로는 현명한 선택.	천체 사진가들이 가장 선호함. 적도의식 가대가 필수.	이 범위에서는 달과 행성 관측 성능이 타의 추종을 불허함.	선명도와 대비는 뛰어나지만 구경 때문에 제한이 있음.	60~80밀리미터가 주간 관측에 탁월함.
4~8인치 (100~200밀리미터) 뉴턴식 반사 망원경, 적도의식 가대	8인치 망원경과 가대는 부피가 크고 무거울 수 있음. 거울은 운반 후 광축 정렬을 다시 해야 할 수 있음.	성능은 전반적으로 괜찮음. 8인치 뉴턴식 반사 망원경을 활용하면 어두운 관측지에서 딥스카이 천체를 볼 수 있음.	천체 사진 촬영용이라면 반드시 크고 튼튼한 가대와 전용 액세서리가 있어야 함.	성능은 일반적으로 좋음. 1980년대에 아포크로매틱 굴절 망원경이 출현하기 전까지는 기본적인 행성 망원경이었음.	딥스카이 관측 시 8인치 모델을 특히 추천함.	권장하지 않음.
4~8인치 (100~200밀리미터) 뉴턴식 반사 망원경, 돕소니언 가대	운반이 쉽고 상당히 튼튼하며 쉽게 손상되지 않음. 거울은 운반 후 광축 정렬을 다시 해야 할 수 있음.	위와 마찬가지로 성능이 두루 좋음.	권장하지 않음.	성능은 좋지만, 수동 컨트롤 가대는 달과 행성을 지속적인 고배율로 관측하는 데 이상적이지 않음.	위와 마찬가지로 8인치 모델이 딥스카이 관측 시 완벽한 선택.	권장하지 않음.
5~8인치 (120~200밀리미터) 슈미트-카세그레인	어떤 차량으로든 쉽게 운반할 수 있음. 다만 더 크고 튼튼한 가대가 장착된 장비는 무거우며, 슈미트-카세그레인 광학 부품은 파손에 취약함.	두루 쓰일 수 있는 인기 제품. 아파트 발코니에는 소형이 이상적임.	천체 사진 촬영에 사용할 수 있는 액세서리가 다양하게 잘 갖춰져 있음.	잘 갖춰진 슈미트-카세그레인은 달이나 행성을 관측하기 아주 좋음.	딥스카이를 보는 성능은 같은 범위의 다른 망원경 대부분에 필적함.	주간 사용에는 특히 5인치 모델이 적합함.
10인치 이상 (250밀리미터 이상) 뉴턴식 반사 망원경, 돕소니언 가대	가대가 크고 경통이 길어서 대형 차량이 필요할 수 있음. 주/부경은 운반 후 광축 정렬을 다시 해야 할 수 있음.	도시 환경에서는 희미한 딥스카이 천체를 완전히 보여줄 수 없지만, 어두운 하늘에 사용하기에는 훌륭함.	권장하지 않음.	'빠른' 광학 부품이 제대로 장착되고 광축 정렬이 잘돼 있다면, 주로 짧은 구경비* 망원경으로 행성을 관측하기에 좋음.	희미한 천체를 보기에 가장 경제적인 방법으로 매우 인기 있음. 저배율에서 탁월함.	권장하지 않음.

* 짧은 구경비 망원경은 일반적으로 구경비가 f/4~f/5다. 초점 거리(122페이지의 '구경비' 참조)가 대물렌즈나 주경 지름의 네다섯 배라는 뜻이다. 중간 구경비 망원경은 f/6~f/8, 긴 구경비는 f/9~f/16이다.

제6장

심우주 탐사하기

별을 밝은 점으로만 보지 마라.
우주의 광대함을 느껴보라.

마리아 미첼(1818~1889)

깊은 곳 들여다보기 관측자가 여름철 은하수를 보기 위해 대형 돕소니언 반사 망원경의 접안렌즈를 들여다보고 있다. 은하수의 수많은 보물 중 하나인 우아한 수리성운Eagle Nebula, M16이 에이드리언 애버딘이 촬영한 사진(맞은편 페이지)에 있다. M16은 111페이지 별지도 8에 표시돼 있다. 사진: 존 네미.

*

어느 날 저녁 해 질 무렵, 내가 천문학에 관심 있다는 것을 아는 한 지인이 밖에 놓아둔 나의 망원경을 발견했다. "저걸로 뭘 하시나요?" 그가 물었다. 나는 행성, 별, 은하로 이루어진 우주와 그것들을 찾고 관측하는 데서 오는 개인적인 발견의 스릴감에 대해 열정적으로 설명하기 시작했다. 열심히 듣던 그는 이번엔 모든 광경을 보고 난 뒤에는 무슨 일을 하는지 궁금해했다.

대부분의 시간 동안 이전에 관측했던 천체들을 다시 점검한다고 설명하려 했지만, 그런 개념이 무척 어렵게 들리겠다는 자각이 뒤따라 들었다. 뒷마당 천문가들은 별종이다. 그들은 별빛 아래서 보내는 순간을 만끽한다. 그들은, 마치 인간 사이의 의미 있는 관계가 그러하듯 스스로 성장하고 자라는 우주와 사랑에 빠진다. 물론 정의하기가 더 어려운 일방적인 관계긴 하지만, 나는 그 느낌이 자연과 하나 되는 것에 가장 가깝다고 생각하게 됐다. 별빛 아래서 밤을 보내고 나면 겸손과 경이로움, 발견이 뒤섞인 감미로운 기분이 든다. 우주는 아름답다. 시각적으로나 영적으로나 말이다.

적어도 시각적인 아름다움만큼은 분명하게 정의될 수 있다. 그것은 맥동하는 별들과 우리은하 인근 나선팔에 자리 잡은 항성군부터 머나먼 별들의 도시인 은하까지 다양한 형태로 나타난다. 이제 천체 망원경이나 쌍안경으로 정확히 무엇을 볼 수 있으며 하늘의 어느 곳을 보아야 하는지를 구체적으로 정의할 때다. 남은 장에서는 태양, 달, 행성, 혜성과 같은 태양계의 경이와 유성, 오로라 같은 대기 현상들을 살펴볼 것이다. 그 모든 것이 우리의 우주적 이웃 동네에 있다. 이 장에서 탐험하는 태양계 너머의 우주는 아마추어 천문인들에게 '딥스카이'로 알려져 있으며, 관심이 집중되는 대상은 '딥스카이 천체'라고 불린다.

쌍성 혹은 이중성

천체 망원경에서는 대부분의 별이 홀로 떠 있는 점처럼 보이지만, 사실 태양처럼 단일한 별은 소수다. 우리은하의 별 중 적어도 절반, 많게는 85퍼센트가 쌍성계 또는 다중성계에 속하는 것으로 추정된다. 두 개 이상의 항성이 중력으로 묶인 채 서로의 주위를 공전하는 것이다. 이런 별들 수천 개가 하늘에 흩어져 있고, 그중 일부는 쌍안경과 소형 천체 망원경 너머로 아름다운 광경을 연출한다.

쌍성계에 속하는 두 별의 밝기가 정확히 같을 때도 간혹 있지만, 약간 다를 때도 있고, 큰 폭으로 대조될 때도 많다. 그중에서도 최고는 표면 온도가 크게 달라 완전히 다른 색을 띠는 극소수의 별들이다. 두 개의 항성을, 각각 행성을 가지고 있을지도 모르는 별들을 바라보고 있다는 사실을 의식하며 쌍성을 바라보는 건 무척 즐거운 일이다. 지구도 그런 쌍성계에서 태어났을 수 있었다. 해왕성 자리에 작은 적색 항성이 공전한다면, 우리의 하늘은 얼마나 달라졌을까?

이중성의 성분별Component Star 사이 겉보기 거리는 분수로 측정된다. 보름달의 지름이 약 0.5도임을 기억하라. 대부분의 이중성과 다중성을 구성하는 성분별은 달 지름의 아주 작은 부분만큼 떨어져 있다. 이 거리를 분명히 하기 위해 천문학자들은 분(')과 초(")를 사용한다. 1분(각)은 1도의 60분의 1이고, 1초(각)는 1분의 60분의 1이다. 밝기가 같은 두 별이 6분(1도의 10분의 1) 떨어져 있으면 맨눈으로 구별할 수 있다. 그보다 가까이 붙어 있다면 쌍안경이 필요하다. 쌍안경의 도움이 더해지면 분해능이 증가해 이중성을 1분 미만까지 구분할 수 있을 것이다.

야간 시력 이용하기

인간이 올빼미나 고양이, 기타 야행성 동물들의 뛰어난 야간 시력을 따라갈 순 없지만, 우리의 눈은 어둠 속에서 디테일을 보는 데 대단히 효율적이다. 이런 정교한 야간 시력 시스템은 수백만 년 전, 우리 조상들이 해가 진 뒤에도 잠재적인 위험을 감지해야 했을 때 진화했다. 이 과정을 '암순응 Dark Adaptation'이라고 한다.

평범하게 조명이 켜진 집을 나와 어두운 환경에 들어서면 눈은 거의 즉각적으로 반응해 눈에 더 많은 빛을 받아들이도록 동공의 크기를 증가시킨다(카메라의 조리개를 여는 걸 생각해보라). 그 뒤 20~30분 동안 더 복잡한 과정이 일어난다. 눈 망막의 광수용체 속 시색소가 더 많이 공급되고, 어두운 빛에 대한 민감도가 점차 향상된다.

완전한 암순응의 효과는 천체 관측자도 놀랄 정도다. 눈이 완전히 적응된다면 도시 하늘의 눈부심과 농장의 조명으로부터 충분히 떨어진 시골에서 수천 개의 별과 은하수의 장관을 볼 수 있다. 천체 망원경을 통해서는 수백 개의 색다른 딥스카이 천체들도 볼 수 있다. '밤눈'을 보호하고 '측시 Averted Vision'라는 기술을 사용하면 조밀한 성단과 옅은 성운들, 머나먼 은하의 경치까지도 진정으로 감상할 수 있을 것이다.

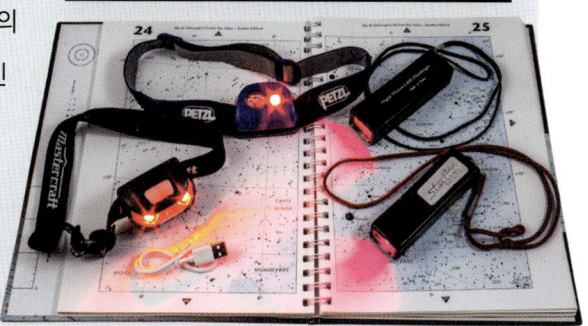

빨간 불 노련한 천체 관측자는 장비를 조정하거나 별지도를 볼 때 조도가 낮은 빨간 불빛을 사용하여 암순응 시력을 보호한다. 빨간 불빛은 필터 없는 손전등의 하얀 불빛보다 야간 시력을 덜 손상시킨다. 사진: 존 네미(위), 앨런 다이어(아래).

측시란 희미한 천체를 직접 쳐다보지 않으면서 그것에 집중하는 것이다. 천체를 접안렌즈 시야 중앙에 두고, 시선은 시야의 가장자리에 둔다. 그러면 직접적으로 봤을 때는 보이지 않던 미세한 것들이 문득 드러나곤 하는데, 시축 중심에서 떨어져 있는 눈의 시각 수용체가 희미한 빛에 더 민감하기 때문이다. 빛이 희미할 때 유용한 이 주변시는(다시 말하지만, 수천 년에 걸쳐 발달했다) 가시 한계에 있는 천체를 관측할 때면 언제나 활용해야 할 것이다.

색 대비 알비레오라고도 알려진 백조자리 베타(β) 시그니(185페이지 별지도 10)는 쉽게 구분할 수 있는 밝은 이중성으로 아마추어 천문인들에게 인기가 많은 별이다. 성분별은 황금색과 파란색이다. 사진: 데이미언 피치.

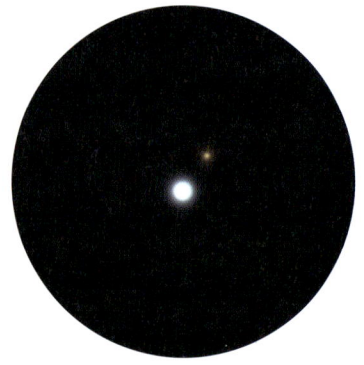

황색 항성과 적색 왜성 카시오페이아자리 에타(η)(194페이지 별지도 19)는 눈에 잘 띄는 주성으로, 태양을 닮았다. 희미한 적색 왜성을 동반성으로 품고 있다. 사진: 데이미언 피치.

2.4인치(60밀리미터) 굴절 망원경이 있으면 볼 수 있는 이중성과 다중성이 크게 늘어난다. 동등하게 밝은 두 별이 불과 2.0초(각)밖에 떨어져 있지 않더라도 분리해서 볼 수 있기 때문이다. 최상의 조건에서 3인치 굴절 망원경을 사용하면 1.5초 떨어진 두 별도 구분할 수 있다. 6인치 굴절 망원경이라면 고작 0.8초 떨어진 쌍둥이 별도 가능하다(밝기 차이가 크면 구별하기가 더 어렵긴 하지만). 이는 달 너비의 약 2000분의 1에 불과한 대단히 작은 수치다. 더 큰 천체 망원경으로는 그 크기에 비례해 더 근접한 쌍성까지 구별할 수 있다. 그러나 이는 뛰어난 광학 장비와 완벽한 기상 조건을 요하는 이론적인 수치다. 그리고 가장 중요하게도, 이 한계는 접안렌즈를 들여다보는 사람이 숙련된 관측자라는 가정하에 설정된 것이다.

초보자라면 적어도 처음에는 망원경의 이론적 한계에 근접할 거라고 기대해선 안 된다. 그것이 이중성 관측의 요점도 아니다. 쉽게 구별되는 별들은, 너무 가까이 붙어 있어서 상이 거의 분리되지 않는 별보다 더 아름다운 광경을 만든다. 이를 염두에 두고 전형적인 아마추어 장비(쌍안경과 천체 망원경 모두)로 관측하기 가장 좋은 이중성과 다중성을 골라보았다. 이 별들은 이 장의 끝에 있는 별지도에서 구체적으로 확인할 수 있다.

이중성으로 보이는 별이라고 모두 실제로도 붙어 있는 것은 아니다. 별들이 우연히 정렬돼 있는 걸 '광학적 이중성Optical Double'이라고 한다. 중력으로 묶인 별 한 쌍의 기술적인 명칭은 '쌍성계Binary System'다. 이중성계에 속한 별 각각의 밝기는 보통 한 등급의 10분의 1 단위 정확도로 주어진다. 처음에는 2등성과 3등성이 구분하기 어려워 보일 수 있다. 그러나 조금만 연습하면, 한 등급의 수십 분의 일밖에 차이 나지 않는 별들도 구별할 수 있게 된다. 서로 상당히 가까이 있는 별들이라면 더 그렇다. 맨눈으로 볼 수 있는 모든 별의 등급은 별지도에서 소수점 첫째 자리까지 표시된다. 며칠 밤 연습을 거쳤다면, 이를테면 3.3등성과 2.9등성의 차이를 말하는 게 어렵지 않을 것이다. 다중성계 별들의 분리는 등급 외에 분(')이나 초(")로도 표시된다. 가장 밝은 별은 A, 두 번째로 밝은 별은 B, 세 번째로 밝은 별은 C, 그런 식으로 이어진다.

변광성

우리 태양의 빛 방출은 오랜 시간 안정적으로 유지되고 있다. 적어도 수천 년 전부터 지금까지 태양의 밝기는 1퍼센트보다 훨씬 적게 변화했고, 태양과 유사한 대부분의 항성도 균일한 에너지를 방출하여 비슷하게 안정적인 열핵 용광로로 기능하고 있다. 하지만 몇몇 별은 진화의 중요한 단계를 거치고 있으며 그들의 열핵 발전기는 한 유형의 연료에서 다른 유형으로 전환되고 있다. 이 단계에서 일어나는 일은 주로 별의 질량에 따라 다르지만, 며칠이나 몇 달, 몇 년에 걸쳐 밝기가 몇 등급을 오간다는 공통점이 있다. 천문학자들은 이런 변광성에 관심이 많다. 많은 변광성이 수명이 거의 끝날 때쯤 나타나기에, 변광성을 이해하면 별의 진화 및 죽음의 시작에 대한 정보도 얻을 수 있을 것이기 때문이다.

맨눈으로 볼 수 있는 변광성은 약 12개다. 쌍안경으로는 100개 가까이 식별할 수 있고, 아마추어용 천체 망원경으로는 수천 개를 볼 수 있다. 지난 세기 동안 전 세계의 숙련된 변광성 관측자들은 일반적인 장비들로 이 변덕스러운 항성들의 밝기를 수없이 추정해왔다. 이렇듯 헌신적인 애호가들 중에는 자신들이 추정한 밝기를 매사추세츠주 케임브리지시 미국변광성관측자협회AAVSO에 보고하는 사람이 많다. 그러면 미국변광성관측자협회는 관측 결과를 표로 작성하고, 주요 천문대들은 그 결과를 변광성 전문가들에게 보낸다. 밤마다 하늘의 변광성을 관측할 시간도 직원도 없는 이들이다. 변광성 관측은 이처럼 과학적 연구에 도움이 될 기회이기도 하지만, 희미한 천체를 구별하고 밝기 차이를 감지하는 데 필요한 눈의 민감도를 증가시키는 데에도 아주 좋은 방법이다. 게다가 이런 별을 찾는 과정은 하늘에 대한 지식을 크게 늘려준다.

나는 망원경 관측 2년 차부터 변광성을 관측하기 시작했다. 그후 2년 동안 1000개 이상의 밝기 추정치를 만들었는데, 내게는 그 경험이 하늘의 지리를 배우는 견습생으로서 가장 귀중한 경험이었다.

가장 밝은 변광성 중 몇 가지는 이 장의 별지도에 표시돼 있다. 비교하기에 적당한 등급을 가진 가까운 별들은 한 등급의 10분의 1까지 식별된다. 변광성의 밝기를 계산하는 연습을 하려면, 그보다 약간 밝거나 희미한 별을 고른 뒤 변광성의 등급을 추정하라. 눈에 잘 띄는 몇몇 변광성의 최대 밝기를 예측한 바는 캐나다왕립천문학회의 『관측자 핸드북Observer's Handbook』에 나와 있다(참고자료 참조).

예측 가능한 변광성에는 크게 네 가지 종류가 있다. 원형별인 세페우스자리 델타(δ)Deta Cephei(주기: 5.37일, 195페이지 별지도 20)의 이름을 딴 **세페이드 변광성**Cepheid variable은 주기적으로 맥동하는 별이다. 이들의 변동 주기와 밝기 범위는 매우 정확해서 우리은하 너머 은하들까지의 거리를 측정해주는 '표준 촉광Standard Candle'으로 이용된다(157~158페이지 '거리 측정' 참조).

식변광성Eclipsing Variable은 맥동하지 않는 별들로 된 쌍성계다. 두 별이 앞뒤로 교대하며 공전하기에 지구 시점에선 주기적으로 식Eclipse과 빛의 감소가 발생한다. 이 종류 중 가장 잘 알려진 별은 페르세우스자리의 알골(주기: 2.87일, 194페이지 별지도 19)이다.

장주기 변광성 Long-period Variable은 베텔게우스(주기: 423일, 191페이지 별지도 16), 안타레스(주기: 5.97년, 183페이지 별지도 8)와 유사한 초거성이지만 진화상 서로 다른 단계에 있다. 이런 별 중 몇 가지는 1년 내에 10등급 이상 변화하며, 2~3주 내에 1~2등급 변화하는 것도 드물지 않다. 변광성 관측자들이 가장 좋아하는 변광성이기도 한데, 등급 범위가 넓고 주기가 서로 정확하게 반복되지 않아서 관측 시 예측해보는 재미를 주기 때문이다.

쉽게 관측되는 변광성의 마지막 유형은 **불규칙 변광성**Irregular Variable이다. 여기에는 여러 괴짜별이 포함되는데, 어떤 것은 평소에 밝았다가 어두워지고, 어떤 것은 평소에 희미했다가 때때로 밝아진다. 또 다른 불규칙 변광성은 몇 달이나 몇 년에 걸쳐 아주 느리게 맥동하면서 한 등급의 수십 분의 일만큼 밝아지거나 희미해진다. 베텔게우스는 불규칙 변광성이자 장주기 변광성으로 간주된다.

신성과 초신성

가장 극적인 변광성은 신성Nova이다. 신성은 보통 때는 희미하거나 눈에 띄지 않는 별이다가 예측 불가하게 외층을 폭발시켜 별의 밝기를 12~15등급만큼 급증시킨다. 밝기가 몇 시간 혹은 며칠에 걸쳐 급상승하는 탓에 사실상 '새로운' 별처럼 보인다. 1975년 백조자리에 등장한 신성은 최고조에 달했을 때 1등성인 데네브의 밝기와 거의 맞먹었다. 이틀 밤이 지나니 3등급으로 떨어졌고, 몇 주가 더 지나니 쌍안경이 있어야 볼 수 있는 수준이 됐다. 신성은 갑작스럽게 출현하기에 하늘에 익숙한 아마추어 천문인들이 가장 먼저 발견하게 될 수도 있다. 신성은 우리은하에서 1년에 약 45회 발생하지만, 3등급 이상에 도달하는 일은 10년에 한두 번에 불과하다. 그렇기에 신성의 발견은 천문학의 주요 사건 중 하나다.

신성은 두 별이 서로 가까운 쌍성계 중에서도 둘 중 하나가 강력한 중력으로 동반성으로부터 물질들을 천천히 빨아들이는 밀도 높은 백색 왜성일 때 발생한다. 궁극적으로 왜성 표면에 축적되는 새로운 수소 연료는 몹시 뜨거워지고 빽빽해져 폭발적인 핵융합을 일으킬 수 있을 정도가 된다. 방출된 에너지가 포획된 별 물질을 폭발시키며 광휘가 생성되고, 이것이 몇 주 동안 은하의 한 구역을 지배한다. 백색 왜성은 몇 개월 뒤 정상으로 돌아오지만 수십 년 또는 수 세기 뒤에 이 순환을 반복한다. 주기가 인간의 수명보다 짧은 신성은 몇 없으며, 노련한 변광성 관측자들이 부지런히 이들을 관측하고 있다.

변광성 중 가장 희귀한 종류는 초신성Supernova이다. 개중에는 거대한 별의 갑작스럽고 폭발적인 죽음을 특징으로 하는 유형이 있다. 제2형 초신성Type II Supernova으로 알려진 이 현상은 별의 중심에 있는 열핵 용광로가 연료 부족으로 멈출 때 일어난다. 별의 핵이 붕괴되고, 바깥으로 튀어 오르고, 붕괴하는 별의 낙하 물질들과 충돌한다. 이는 태양보다 수십억 배 더 밝은 맹렬한 불덩어리를 형성하며 중성자별이나 작은 블랙홀을 남긴다. 제1a형 초신성Type Ia Supernova의 진화는 신성의 진화와 유사하지만 백색 왜성 표면에 폭발이 일어나지는 않는다. 대신 표면에 물질이 빠르게 쌓이며, 백색 왜성이 불안정해지고 결국 폭발해서 아무것도 남지 않게 될 때까지 질량이 증가한다. 제1a형 폭발은 쌍성계 속 두 백색 왜성이 병합될 때도 일어날 수 있다.

어떤 유형에서든, 겉보기에 평범한 별이 몇 시간 안에 일시적으로 밤하늘의 그 어떤 별보다 더 밝아질 수 있다. 인류 역사상 가장 유명한 초신성은 1054년 중국의 천체 관측자들이 기록한 것이다. 황소자리의 '객성Guest Star'은 처음엔 환한 낮에도 빛났다. 그 사건이 남긴 별의 잔해가 현대의 망원경으로 볼 수 있는 게성운Crab Nebula(190페이지 별지도 15)의 형성으로 이어졌다.

하늘의 묘비 황소자리의 게성운은 서기 1054년 눈부신 초신성으로 갑작스럽게 나타났던 별의 위치를 나타낸다. 사진: 댄 믹.

나란히 놓인 보물들 페르세우스자리가 딥스카이 최고의 경이인 이중 성단을 뽐내고 있다. 별이 가득한 이 보석 상자들은 쌍안경으로 볼 수 있고, 망원경으로 보면 '이중으로' 더 인상적이다. 사진: 존 맥도널드.

베텔게우스처럼 극도로 밝고 거대한 별은 초신성의 후보다. 베텔게우스가 초신성이 된다면 여러 달 동안 낮에도 볼 수 있을 만큼 밝은 별이 될 것이다. 하지만 초신성은 매우 드물고, 베텔게우스만큼 가까운 곳(불과 500광년 거리)에서 발생할 가능성은 대단히 희박하다. 우리은하에서 마지막으로 알려진 초신성은 1604년 독일의 천문학자인 요하네스 케플러에 의해 관측됐으며 밝기는 목성만 했다. 1987년 2월에는 우리은하에서 가장 가까운 동반 은하인 대마젤란은하에서 초신성이 발생했다. 초신성 1987ASupernova 1987A라 불렸던 이 별은 3등급에 달했으나 먼 남쪽 하늘에 자리한 탓에 중앙아메리카보다 위도가 높은 곳에서는 관측할 수 없었다.

산개 성단

이전 장에서 우리는 맨눈으로 볼 수 있는 황소자리의 두 성단, 히아데스성단과 플레이아데스성단을 확인했다(190페이지 별지도 15). 수십 개의 항성이 모인 작은 집합체부터 수백 개의 별들이

상호 중력으로 뭉친 별무리에 이르기까지, 수백 개의 성단들이 우리은하 곳곳에 흩어져 있다. 딥스카이 천체 중에서도 가장 매력적인 종류에 속하는 이 성단은 산개 성단으로 알려져 있다. 그중 수십 개는 망원경으로 쉽게 만나볼 수 있다. 페르세우스자리의 이중 성단(194페이지 별지도 19), 게자리의 벌집성단(193페이지 별지도 18), 그리고 물론 히아데스성단과 플레이아데스성단처럼 북반구 관측자들이 쌍안경으로 볼 수 있는 아름다운 천체들도 몇 개 있다.

플레이아데스성단

하늘에서 가장 눈에 잘 보이는 산개 성단인 플레이아데스성단(M45)은 특별히 언급할 만하다. 약 450광년 거리에서 눈길을 사로잡는 이 덩어리는 '일곱 자매'라는 이름으로도 알려져 있는데, 시력이 평균 이상이라면 볼 수 있는 일곱 개의 별을 가리키는 말이다. 나는 아주 탁월한 조건에서도 맨눈으로 여

최고의 쇼 맨 위: 플레이아데스 산개 성단은 늦가을부터 초봄까지의 맑은 날 밤 확연히 눈에 띈다. 성단을 휘감고 있는 성운상 물질 가닥은 어두운 하늘 아래에서 망원경으로 보면 매우 희미하다. 사진: 토니 푸에르저. 바로 위: 중북부 관찰자들에게 가장 좋은 3개의 구상 성단 중 하나는 헤르쿨레스자리의 대성단인 메시에 13이다. 여름철 내내 남쪽 하늘 높이 떠 있어서 망원경으로 관측하기 아주 좋다. 사진: 캐시 워커.

섯 개 이상 찾기가 어렵던데, 나의 천문학 제자 가운데 몇몇은 11개까지 세기도 했다. 이 성단에 속한 별 중 수십 개는 쌍안경으로 찾을 수 있고, 망원경으로 찾을 수 있는 건 100개가 넘는다.

플레이아데스성단의 별 중 800여 개는 약 1억 년 전에 태어나 46억 살인 태양에 비하면 아기나 다름없다. 플레이아데스성단에서 가장 밝은 알키오네는 태양보다 2000배 더 밝고, 이 성단에 있는 모든 어린 별들이 그렇듯 강렬한 청백색으로 빛난다. 이 성군은 지름이 약 85광년이다. 중심 부근 별들의 간격은 2광년 미만이라 태양 인근의 별들보다 훨씬 더 가까이 있다.

작고한 천문학자이자 역사학자인 로버트 버넘 주니어는 자신의 고전 『천체 핸드북Celestial Handbook』에서 플레이아데스성단과 데블스 타워의 연관성을 언급했다. 데블스 타워는 마치 석화한 그루터기처럼 와이오밍주 북동부 평원 위에 867피트 높이로 솟아 있는, 놀랍도록 인상 깊은 암반 성상이다. 카이오와족 설화에 따르면 거대한 곰에게 쫓기던 일곱 명의 원주민 처녀들을 지키기 위해 '위대한 정령'이 만들어낸 것이라고 한다. 그 처녀들은 이후에 하늘의 플레이아데스성단이 됐고, 데블스 타워 측면의 수직 줄무늬에서 여전히 곰의 발톱 자국을 볼 수 있다.

플레이아데스성단은 분명 여러 세기 동안 호기심을 자극해왔다. 중국 기록에는 기원전 2357년에서부터 이 성단이 언급돼 있다. 그러나 우리가 공룡 시대의 정점이던 1억 년 전으로 되돌아갈 수 있다면 플레이아데스성단은 하늘을 장식하지 못할 것이다. 성단이 막 태어나는 과정에 있었던 때이기 때문이다.

구상 성단

산개 성단과 뚜렷하게 대조를 이루는 것은 더 크고, 더 오래되고, 더 먼 곳에 있는 구상 성단이다. 상대적으로 고립된 채 우리은하의 헤일로에 자리 잡고 있는 이 구형 별무리는 지구로부터 7000광년에서 10만 광년 이상 떨어진 은하 중심부에 집중돼 있다. 구상 성단은 지름이 65광년에서 230광년까지 다양하며 최대 1000만 개의 항성들을 포함한다. 성단을 빈틈없이 가득 채운 이 오래된 항성들은 보통 100억 살이 넘는다. 천문학자들은 우리은하에서 150개 이상의 구상 성단을 발견했는데, 그중 수십 개는 아마추어용 망원경으로도 볼 수 있다.

구경이 4인치 미만인 망원경으로 구상 성단을 보면 가장자리가 점차 희미해지면서 빛이 가운데 집중된 공 모양이 최선이지만, 더 큰 장비로 보면 별 단위로 분해할 수 있다. 중북부 위도에서 볼 수 있는 가장 밝은 구상 성단은 헤르쿨레스자리의 M13(181페이지 별지도 6), 뱀자리의

M5(182페이지 별지도 7), 궁수자리의 M22(183페이지 별지도 8)다. 세 가지 모두 쌍안경으로 쉽게 볼 수 있으며, 8인치 이상의 망원경을 쓰면 아주 근사하게 보인다. 망원경 구경이 커질수록 구상 성단 관측이 크게 유리해진다. 도시 불빛에서 벗어나 대형 돕소니언으로 보면 이 거대한 항성들의 샹들리에는 놀랍도록 감격적이다.

4등급인 센타우루스자리 오메가는 구상 성단 가운데 가장 크고 밝으며, 맨눈으로 쉽게 볼 수 있다. 하지만 위치가 먼 남쪽 하늘이라 손쉽게 관찰하려면 미국의 최남단이나 그보다 더 남쪽으로 가야 한다(312페이지 참조).

거리 계산하기

최초의 별 거리는 1838년 독일의 천문학자 프리드리히 빌헬름 베셀이 계산했다. 그는 독창적인 방법을 사용했다. 주변에 나타나는 별들에 대해 상대적인 별의 위치를 정확하게 기록한 뒤, 그 위치를 6개월 후 지구가 태양의 반대편으로 회전해 갔을 때 다시 측정했다. 만약 별이 대략 100광년 이내에 있다면, 주변의 어떤 별과 비교해도 약간만 이동했을 것이다. 우리가 약간만 달라진 각도에서 그것을 보고 있으니 말이다. '시차Parallax'라고 하는 이 움직임이 별까지의 거리를 알려준다. 안타깝게도 지상 기반의 천체 망원경은 아주 가까운 별들에 대해서만 신뢰할 만한 시차를 산출한다. 20세기 후반에 이 기법은 한계에 다다랐다.

그러다 위성이 등장한다. 1989년부터 1994년까지 작동한 유럽우주국ESA의 위성 '히파르코스Hipparcos'는 밝은 별 10만 개의 시차를 지상 기반 천체 망원경보다 훨씬 더 정확하게 측정했다. 이제 2013년에 발사된 유럽우주국의 가이아 탐사 덕분에 수치가 다시 향상되고 있다. 가이아의 시차 측정은 10억 개 이상의 별까지의 거리를 결정지었다.

우리은하의 별 대다수는 가이아 기준으로도 너무 멀리 떨어져 있다. 천문학자들은 직접적인 측정보다는 면밀한 추정에 의존해야만 한다. 추정은 스펙트럼 특징이 동일한 별들은 고유 광도(지구에서 보이는 밝기가 아닌 별의 실제 밝기)도 동일할 가능성이 높다는 생각을 기반으로 한다. 거리를 측정할 수 있는 인근 별들의 실제 밝기는 알고 있으니, 광도는 동일하지만 더 어두워 '보인다'고 의심되는 별은 그에 비례해 더 멀리 있어야 한다.

인근 은하까지 엄청나게 먼 거리를 계산하기 위해 천문학자들은 세페이드 변광성(152페이지 참조)이라는 맥동성에 의지한다. 변동 주기가 고유 광도와 직접적으로 관련되는 세페이드 변광성은 거리 측정에 무척 중요하다. 주기가 길수록 광도가 큰데, 이를 발견한 헨리에타 스완 리비트에게 경의를 표한다는 의미에서 이 관계를 '리비트 법칙Leavitt's Law'이라고 부른다. 연구자들은 세페이드 변광성의 고유 광도를 겉보기 밝기와 비교함으로써 거리를 계산할 수 있다. 세페이드 변광성은 일반적으로 태양보다 1000배 더 밝아서 먼 거리에서도 볼 수 있다. 허블 우주 망원경은 지구로부터 1억 광년 이상 떨어진 은하의 세페이드 변광성을 측정하기도 했다.

수십억 광년 떨어진 은하까지의 거리는 여러 간접적인 방식으로 계산된다. 그중 가장 주요한 것은 은하의 '적색 편이Redshift'를 측정하는 방식이다. 이것은 은하가 우주의 팽창으로 인해 우리로부터 후퇴하는 속도를 천문학자들에게 알려주며, 결과적으로 우주의 대략적인 거리를 알게 해준다.

성운

우리은하의 나선팔에서 별들 사이를 떠다니는 것은 성운이라 불리는 수천 개의 거대한 가스와 먼지구름이다. 성운은 대부분 어둡고 보이지 않지만, 간혹 우리은하를 울퉁불퉁하고 분열된 모습으로 보이게 하는 불투명한 균열과 조각을 만들어내곤 한다. '암흑성운'으로 알려진 이 빽빽한 구름은 우리은하에서 가장 큰 천체로, 뒤에 있는 수백만 개 별들의 빛을 차단하는 우주의 거대한 연무층이다. 일반적으로 이들의 존재는 우리은하의 특정 구역에서 별의 수가 적어 보일 때만 드러난다. 하지만 가끔, 평소에는 가스와 먼지로 이루어진 어스름한 장막에 묻혀 있던 거대한 별들이 장막을 가열해 빛을 내면 암흑 성운은 화려한 천상의 경치로 탈바꿈한다. 천문학자들은 이 빛나는 구름을 '발광 성운Emission Nebula'이라 부른다.

발광 성운은 별들이 태어나는 은하계의 분만실이다. 그 과정은 성운 내부에서 시작된다. 차가운 가스와 먼지들이 매듭 형태로 모였다 흩어지고 다른 곳에 다시 모인다. 때로는 구름의 평형이 큰 교란(아마도 인근의 초신성 폭발이나 구름들의 합병 때문에)을 겪으며, 커다란 구름 덩어리가 더 작고 조밀한 덩어리로 붕괴되도록 유도하기도 한다. 물질이 급속도로 유입되기 시작하면 중력의 연쇄 반응이 촉발된다. 원자와 분자가 서로 충돌하고 구름의 먼지 알갱이와 부딪친다. 충돌로 에너지를 얻은 먼지는 열을 방사하지만 불투명한 구름이 방사된 열을 가두어 더 가열한다. 그러는 동안 물질은 구름 덩어리의 중력 중심에 쌓인다. 온도가 치솟는다. 중심 질량은 더 많은 물질을 끌어당기고, 이 순환이 심화되며 원시성이 형성된다. 이후 10만 년에서 수백만 년 동안(별의 질량이 클수록 반응이 더 빠르다) 온도는 융합 반응의 발화점인 1000만 도까지 올라간다. 그렇게

차갑고 어두운 우리은하 세페우스자리의 배경 별에서 나오는 빛이 코끼리코성운Elephant's Trunk Nebula, IC1396에 가로막혀 있다. 이 차갑고 어두운 구름의 일부는 별을 형성하는 발광 성운으로 합쳐진다. 사진: 존 에릭 미네르바.

별이 태어난다.

아주 어린 항성은 엄마 구름의 자궁 속에 자리 잡고 있다. 결국에는 별이 순전히 방사력만으로 장막을 걷어내고, 구름의 한 부분이 날아가면서 어린 별이 드러난다. 아마도 혼자는 아닐 것이다. 하나의 별을 생성하는 과정은 거대한 구름의 상당 부분에서 일어날 때가 많으며, 마치 번데기를 찢고 나오듯이 성단이 나타난다. 이것이 정확히 우리가 있는 은하계 영역에서 보이는 장면이다.

오리온성운 안에서의 별의 탄생

이렇게 별이 탄생하는 영역 중 가장 잘 알려져 있고 가장 밝은 곳은 오리온의 허리띠(191페이지 별지도 16) 바로 아래의 오리온성운(M42)이다. M42의 중심부에는 작은 별무리가 있는데, 그 별들 중 일부는 고작 1만 년 전에 태어났다. 이 항성들은 우리 태양보다 훨씬 더 거대하고 밝으며 활기 넘친다. 이들은 티끌 장막을 걷어내면서 20광년 너비에 그릇 모양을 한 놀라운 동굴, 즉 천문학자들이 오리온성운이라 부르는 가시 영역을 밝게 비춘다. 이 영역은 오리온자리 대부분을 채우는 거대한 암흑 구름의 가장자리에 자리 잡고 있다.

앞으로 수천 년 내에 더 많은 암흑 구름이 드러나게 될 것이다. 허블 우주 망원경을 이용한 연구들은 별들이 오리온성운 바로 뒤에 있는 두꺼운 가스와 먼지 속에서 형성된다는 사실을 확인했다. 새로운 별이 진화하고 더 많은 열과 빛을 방출함에 따라 그들은 먼지를 증발시키고 가스를 이온화시키며 빛을 낼 것이다. 성운 중심부의 별들이 그랬던 것처럼 말이다. 별의 탄생은 감염병 확산과 비슷하다. 일단 시작되면, 그 과정이 거대한 성간 구름을 잠식해나간다.

1500광년이라는 비교적 가까운 거리에 자리한 M42는 맨눈으로 뚜렷하게 볼 수 있다. 맨눈으로는 마치 초점이 안 맞은 별, 혹은 4등급 밝기로 빛나는 한 모금의 연기처럼 보인다. 쌍안경으로 보면 컵 모양의 연무가 드러난다. 이 부드러운 빛은 오리온의 허리띠에 있는 2등성 삼총사, 그리고 성운에 더 가까이 있는 3등성, 4등성과 매혹적인 대조를 이룬다.

쌍안경으로는 성운 중심 근처의 5등성인 오리온자리 세타1도 볼 수 있다. 여기서는 보이는 것과 실체가 같다. 세타1은 실제로 오리온성운의 중심에 있고, 오리온성운이 내는 빛의 주요 원천이다. 게다가 60밀리미터 굴절 망원경으로도 세타1이 실은 5~7등급 밝기의 별 네 개이며, 거리가 8.7초(각)에서 19.2초까지인 사다리꼴 형태로 배치돼 있다는 것을 볼 수 있을 것이다. 사다리꼴성단Trapezium이라 불리는 이 조그만 4인조는, 네 개의 청백색 보석이 하늘의 천에 박혀 있는 듯 매우 아름다운 광경을 연출한다.

배율이 가장 낮은 접안렌즈로 보면, 오리온자리의 대표작인 오리온성운은 사다리꼴성단 주변에 있는 작고 적당히 밝은 보풀에 불과하다. 이제 배율을 두 배로 올려보자. 하늘에 달이 없고 연무와 빛 공해가 없다면 눈부시게 아름다운 광경이 펼쳐질 것이다. 어두운 시야에 눈이 익숙해지며 시력의 한계점에서 성운의 미묘한 줄기와 소용돌이가 나타난다. 망원경이 클수록 더 많은 것을 볼 수 있다. 하지만 작은 장비로도 머나먼 별들의 놀이방이 선사하는 기분 좋은 경치를 볼 수 있을 것이다.

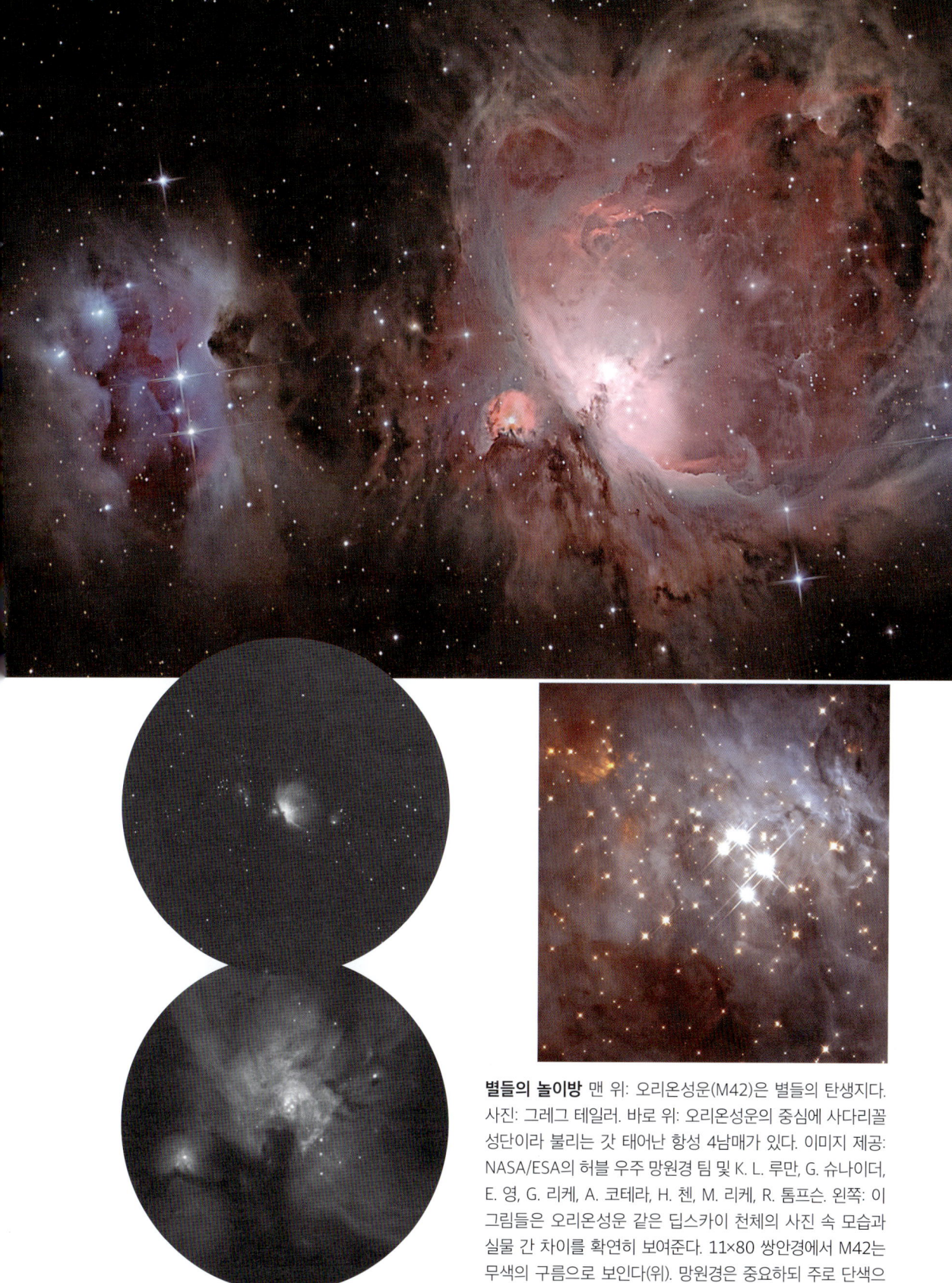

별들의 놀이방 맨 위: 오리온성운(M42)은 별들의 탄생지다. 사진: 그레그 테일러. 바로 위: 오리온성운의 중심에 사다리꼴 성단이라 불리는 갓 태어난 항성 4남매가 있다. 이미지 제공: NASA/ESA의 허블 우주 망원경 팀 및 K. L. 루만, G. 슈나이더, E. 영, G. 리케, A. 코테라, H. 첸, M. 리케, R. 톰프슨. 왼쪽: 이 그림들은 오리온성운 같은 딥스카이 천체의 사진 속 모습과 실물 간 차이를 확연히 보여준다. 11×80 쌍안경에서 M42는 무색의 구름으로 보인다(위). 망원경은 중요하되 주로 단색으로 된 세부 사항을 더해준다(아래). 이미지: 아돌프 샬러.

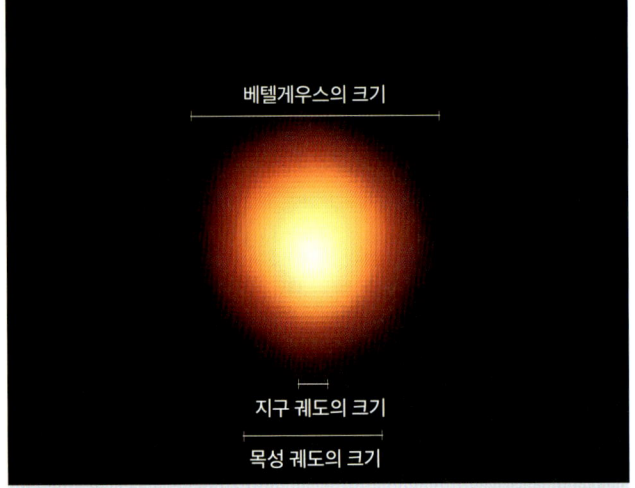

슈퍼스타 베텔게우스는 적색 초거성이다. 부풀어 오른 별은 상상할 수 없을 만큼 거대하다. 베텔게우스가 우리 태양계의 태양을 대신한다면 목성이 있는 곳까지의 모든 공간을 채울 것이다. 이미지 제공: NASA/ESA 및 A. 듀프리, R. 길리랜드.

별 지름

우리가 밤하늘에서 보는 별들 대부분이 태양보다 크고 밝지만, 우리의 뒷마당에 놓인 망원경에서는 어떤 배율을 사용하든 작은 점처럼 보일 뿐이다. 별들은 그야말로 너무 멀리 떨어져 있다. 천문대 장비와 허블 우주 망원경도 겨우 초거성 몇 개의 지름을 직접 측정했을 뿐이다.

그러면 천문학자들은 시리우스의 지름이 태양의 1.7배라는 것, 또는 알데바란의 지름이 태양의 44배라는 것을 어떻게 아는 걸까? 천문학자들은 간접적인 측정 기술과 항성 진화 이론을 이용해 별들의 지름을 추론할 수 있다. 별빛을 분광 분석하면 온도와 광도에 대한 데이터를 얻을 수 있다. 천문학자들은 이 정보와 거리 추정치로 별의 지름을 계산할 수 있다.

지름 계산을 통해 우리는 '육안으로 볼 수 있는 별' 중 태양보다 작은 별은 1퍼센트도 안 된다는 걸 알게 됐다. 그러나 '모든 별'을 조사해보니 별들이 평균적으로 태양보다 작고 어둡다는 사실이 드러났다. 천체 관측자들이 숭배하는 하늘에는 부조화가 있는 것이다. 그것이 바로 친숙한 별자리를 형성하는 은하의 타오르는 등불, 즉 거성이다. 우주의 평균적인 별들이 육안으로 볼 수 있는 밤하늘에 기여하는 바는 무시해도 될 정도로 미미하다.

161페이지에 제시된 것과 같은 훌륭한 M42 아마추어 천체 사진에는 거의 1도 가량의 영역을 뒤덮는 진홍색 구름이 포착돼 있다. 하지만 망원경으로 성운을 관찰하면, 그것이 사진에서 본 것과 같은 천체가 맞는지 의아해질 것이다. 색깔은 다 어디로 간 걸까?

인간의 눈에는 한계가 있다. 조도가 낮을 때의 색상 감도는 사실상 0이다. 일부 관측자들은 사다리꼴성단을 둘러싼 작고 선명한 안개에서 녹슨 듯한 색깔을 감지할 수 있지만, 나는 16인치 망원경을 동원해도 옅은 회녹색 외에는 아무 색도 보지 못한다. 그렇지만 어둠에 적응한 눈은 더 밝은 부분에서 잔물결과 고리, 그리고 '질감'의 느낌을 감지할 것이다. 다시 한번 배율을 올려보라. M42는 고배율에서도 사라지지 않는 몇 안 되는 발광 성운 중 하나다. 더 큰 광학 장비에서는 앞서 언급한 중앙 부분을 장엄하게 볼 수 있다.

오리온성운의 구름 같은 모습은 다소 기만적이다. 누군가는 뭉게구름을 뚫고 날아가는 비행기처럼 우주선을 타고 그곳을 통과하는 상상을 할지도 모른다. 하지만 실제 상황은 매우 다르다. 성운을 뚫고 날아오르는 가상의 우주선은 성간 공간에서보다 약간 더 많은 입자들과 마주칠 뿐이다. 별들이 태어나는 곳이나 초기 별이 자라고 있는 곳 근처는 밀도가 증가하긴 한다. 하지만 M42는 너무나 광대해서(대략 7000세제곱광년 정도다) 밀도가 낮음에도 수백 개의 새로운 항성을 형성하기 충분한 양의 물질이 포함돼 있다.

행성상 성운

딥스카이 천체의 한 종류인 행성상 성운Planetary Nebula은 잘못 붙은 천문학 용어 가운데 굉장히 특이한 사례다. 이 용어는 1785년에 영국의 천문학자 윌리엄 허셜이 만든 것이다. 망원경으로 둥근 성운 여러 개를 발견한 허셜은 작은 성운들이 그가 4년 전 발견한 행성인 천왕성과 다소 비슷해 보인다는 감상을 남겼다. 겉으로 보기에 비슷했을 뿐인데, 명칭은 그대로 붙어버렸다.

사실 행성상 성운은 적색 거성으로 성장한 오래된 별의 죽어가는 숨결이다. 부풀어 오른 별은 불안정하고, 부푼 외층에는 중력이 별로 없다. 내부의 대변동이 적색 거성을 파괴할 때 옅은 대기는 우주로 날아가 우리의 태양계보다 훨씬 더 큰 가스 구체를 형성한다. 그후 노출된 별의 핵으로부터 빠르게 이동하는 입자의 바람이 부풀어 오른 구체와 충돌해 그것을 얇은 껍데기로 압착한다. 백열 상태의 핵에서 나오는 자외선 복사가 껍데기를 휩싸며 원자에 에너지를 공급하고 원자를 빛나게 만든다. 그렇게 만들어지는 게 빛나는 행성상 성운이다.

사실 대부분의 행성상 성운은 아마추어 망원경에서 아주 작게 보이고, 대형 망원경에서조차 다소 흐릿하게 보인다. 여우자리(184페이지 별지도 9)의 아령성운Dumbbell Nebula, M27이나 거문고자리(185페이지 별지도 10)의 고리성운Ring Nebula, M57 등 겨우 몇 개만이 잘 보일 만큼 밝다. 하지만 특수한 성운 필터(142페이지 참조)를 사용하면 흐릿한 행성상 성운의 대비를 크게 향상시켜 생생하게 볼 수 있다. 행성상 성운은 단연 노려볼 만한 천체다.

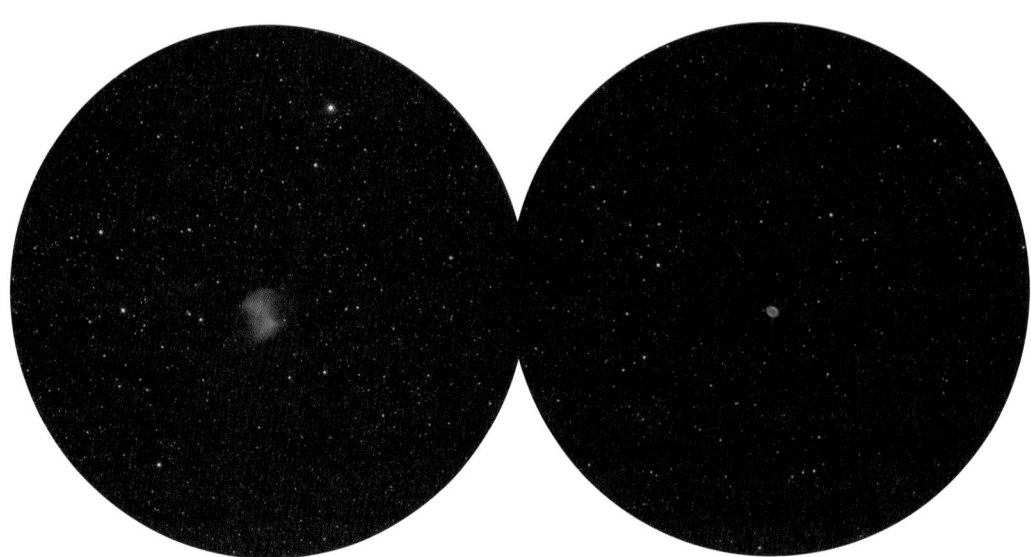

유령처럼 빛나는 왼쪽: 아령성운(M27)은 망원경으로 보면 마치 역도 선수의 역기 같아서 그런 이름이 붙었다. 하지만 어떤 관측자들에게는 반쯤 먹은 사과처럼 보이기도 하고, 특수 필터를 이용한다면 우주에 떠 있는 유령 행성처럼 보이기도 한다. 오른쪽: 소형 망원경에서 저배율로 보면, 상징적인 고리성운(M57)은 둥글지만 아주 작게 보인다. 그러나 적당한 배율을 사용하면 이 흐릿한 도넛 모양 천체가 진가를 드러낸다. 사진: 앨런 다이어.

은하

지금까지 설명한 모든 천체는 우리은하에 있는 것들이다. 딥스카이 천체의 마지막 분류는 '다른' 은하들, 즉 공허한 우주 속에서 망원경이 보여줄 수 있는 가장 먼 거리를 떠다니는 수십억 개의 별들로 이뤄진 외딴섬들이다.

아마추어 천체 관측의 관점에서 은하는 나선 은하와 타원 은하라는 두 가지 종류로 나뉜다. 나선 은하는 우리은하와 유사하다. 어떤 것들은 거의 균일한 원반을 만드는 나선팔이 단단히 감겨 있는 반면, 어떤 것들은 연결이 느슨하고 고르지 못하다. 나선 은하는 별이 수백억 개 포함되는 것부터 수조 개의 항성을 뿜내는 거대한 것까지 크기가 다양하다. 나선 은하들은 우리은하와 크기가 대략 비슷하며 나선을 그리는 만큼 평균적인 은하보다 약간 더 커 보인다. 타원 은하는 기본적으로 특색 없는 구형 성계로, 별이 수백만 개 포함된 왜소 타원 은하부터 수조 개 포함된 초거대 타원 은하까지 질량의 범위가 훨씬 더 넓다. 초거대 타원 은하는 우주에서 가장 큰 천체다. 아마추어 망원경으로도 수억 광년 떨어진 타원 은하를 몇몇 관찰할 수 있다.

성운과 마찬가지로 사진에 보이는 은하들의 세세한 구조는 눈으로는 절대 볼 수 없다. 그러나 나선 은하의 모양은 분명하게 보일 때가 많다. 별처럼 보이는 밝은 핵이 불분명하고 환영 같은 헤일로에 둘러싸인 작은 안개 부분에 묻혀 있는 게 일반적이다. 간혹 나선팔의 흔적이 보이기도 하지만, 정면이나 거의 정면으로 보이는 나선 은하는 상대적으로 밝은 핵 주위의 어두운 연무로 보일 때가 더 많다. 머리털자리(179페이지 별지도 4)의 NGC4565처럼 측면으로 보이는 나선 은하는 그저 방추 모양의 빛에 불과하다. 우리은하의 동반 은하인 대마젤란은하와 소마젤란은하는 남쪽 하늘 깊은 곳에 자리하고 있다(이에 대한 자세한 내용은 12장 참조).

원 플 러 스 투 가늘고 긴 먼지대Dust Lane가 안드로메다은하(M31)를 부각한다. 어두운 시골 하늘 아래서 중형 망원경으로 보면, 두 개의 주요 흡수대Dark Lane와 위성 은하인 M32(안드로메다은하 중심의 왼쪽 위에 있는 밝지만 작은 점), M110(이미지 아래쪽에 있는 크지만 희미한 점)이 드러난다. 사진: 스콧 페어베언.

안드로메다은하

우리은하와 가장 가까운 은하는 안드로메다은하(M31)다. 캄캄한 하늘에서 이 은하는 안드로메다자리 뉴Nu(ν) Andromedae(188페이지 별지도 13) 근처에 있는 흐릿한 4등급 천체라는 특징으로 식별할 수 있다. 256만 광년 떨어져 있는 M31은 대부분의 사람이 맨눈으로 찾을 수 있는 가장 먼 천체다. 이 은하는 우리 시선에서 13도 기울어져 있어 가느다란 타원 모양으로 보인다. 괜찮은 10×50 쌍안경을 쓰면 너비는 1도 미만에 길이가 3~4도쯤 되는 날씬한 윤곽을 볼 수 있다. 왜소 타원 동반 은하인 M32와 M110은 목격하기가 더 어렵다.

망원경으로 처음 안드로메다은하를 보고는 크게 실망하는 초보자들이 많다. 사진에서 안드로메다은하는 너무나 아름다워 보인다(다음 페이지와 16페이지). 심지어 쌍안경이 보여주는 광경이 몇몇 망원경보다 더 만족스러울 수도 있다. 그에 반해 망원경은 상대적으로 밝고 작은 딥스카이 천체인 오리온성운의 실질적인 구조를 보여준다.

대체 어떻게 된 일일까? M31은 '크고', 그 빛은 얇게 퍼진다는 것을 기억하라. 그렇기에 긴 구경비 굴절 망원경이나 슈미트 카세그레인식 망원경보다 더 넓은 시야가 필요하다. 지름 2인치 포커서와 장초점 접안렌즈(25밀리미터 이상)를 장착한 짧은 구경비 망원경(굴절식 또는 반사식)이 최고의 감동을 선사하는데, 그러면 은하가 2도나 그 이상의 시야에 자리 잡을 것이다. 8인치 망원경에 이 조합을 사용해 깨끗한 시골 하늘을 올려다보면 주의 깊은 관측자는 M31의 빛나는 핵 한쪽에서 평행한 흡수대(나선 구조의 흔적이다)를 찾아낼 수 있다. 그리고 훈련된 눈으로 보면, M31을 가장 유명한 '원 플러스 투' 상으로 만들어준 두 왜소 동반 은하를 발견하는 데도 어려움이 없을 것이다.

우주의 동반자 오른쪽: 더 작고 약간 더 멀리 있는 은하가 장엄한 소용돌이은하Whirlpool Galaxy(M51)의 옷자락에 올라타고 있는 듯 보인다. 노란빛을 띠는 이 이웃 은하는 M51과의 중력 조우Gravitational Encounter로 심각하게 비틀어져 있다. 분홍빛 발광 성운들과 M51의 푸르스름한 나선팔을 그리는 먼지 흡수대에 주목하라. 사진: 라이언 프레이저.

소용돌이은하

더 멀리 떨어진 은하라면, 관측자들은 이 거대한 별들의 도시를 찾는 것만으로도 만족할 것이다. 그것의 창백한 형태는 눈보다 마음을 더 자극한다. 북두칠성 근처 사냥개자리(177페이지 별지도 2)에 있는 소용돌이은하(M51)를 생각해보자. M51은 거의 우리은하만큼 크지만, 2500만 광년이나 떨어져 있어서 작은 망원경으로 보면 희미한 얼룩 한 개나 두 개 정도로 줄어든다.

하지만 M51은 아마추어 천체 관측 장비로도 나선 구조를 엿볼 수 있는 몇 안 되는 정면 은하 중 하나다. 한번은 나도 5인치 망원경을 이용해 나선팔을 두 개 관측할 수 있었고(어두운 하늘에서 한 임계 관측이었지만), 10인치 반사 망원경으로 나선팔을 뚜렷하게 추적하기도 했다. M51의 장엄함은 장노출 사진에서 분명하게 드러나는데, 이런 사진을 보면 '얼룩 두 개'가 한 나선팔 끝에 매달린 듯 보이는 동반 은하에 의한 효과라는 사실도 알 수 있다. NGC5195로 알려진 그 동반 은하는 M51보다 약간 뒤쪽에 자리한 왜소 은하다. 이 은하는 지난 수억 년간 M51 근처에서 회전하며 심하게 비틀어졌다. 사진에서 보듯이 이 은하의 측면 충돌 사고는 NGC5195의 모양을 망가뜨렸다. 하지만 그것이 M51 나선팔에서의 새로운 별 형성을 촉발하고 모양새를 향상시켰을 수도 있다.

천체 명명법

제4장의 올스카이 지도에는 별자리와 밝은 별 몇 개의 이름이 나와 있다. 이 장의 별지도에는 별들이 더 많이 나와 있다. 300개가 약간 넘는 밝은 별들에 베가와 아르크투루스 같은 개별 이름이 붙어 있다(눈에 덜 띄는 별들은 다른 명명 체계를 사용해 식별한다).

가장 오래된 별 명명 체계는 망원경이 발명되기 직전이던 17세기 초, 독일의 천문학자 요한 바이어에 의해 개발됐다. 바이어는 그리스 알파벳의 소문자를 사용해 각 별자리의 별을 밝기 순서대로 지명했다. 가장 밝은 것은 알파(α), 두 번째로 밝은 것은 베타(β), 세 번째로 밝은 것은 감마(γ), 그런 식으로 이어진다. 커다란 별자리 중에는 그리스 문자 24개를 전부 사용한 것도 있었다.

17세기 말쯤 되자 천문학자들은 바이어 명명법의 한계를 해결해야 한다는 걸 깨달았다. 영국의 천문학자 존 플램스티드는 별자리의 각 별에 번호를 부여하는 방식을 제안했다. 그는 육안으로 볼 수 있는 한계 안에 있는 별들을 포함해 별자리의 서쪽부터 동쪽으로 번호를 적용했다. 가장 큰 별

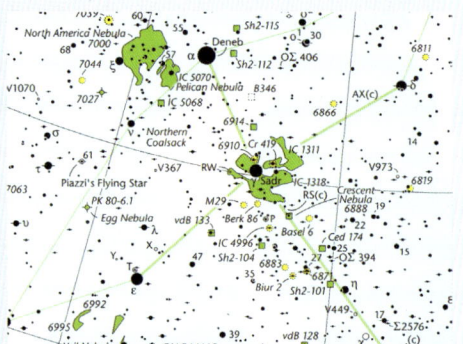

우주의 대륙 왼쪽: 북아메리카성운. 사진: 토니 푸에르저. 위: 별지도책에는 고유의 언어가 있지만, 일단 익숙해지면 풍부한 정보를 얻을 수 있다. 『스카이 앤드 텔레스코프의 휴대용 하늘 지도책Sky & Telescope's Pocket Sky Atlas』(샘플이 위에 나와 있다)에는 7등성까지의 별들과 더불어 수많은 딥스카이 천체까지 표시돼 있다. 이 책과 다른 지도책들은 참고 자료에 설명돼 있다.

자리는 100 이상의 플램스티드 번호를 받았다. 플램스티드 목록에 들어가기엔 너무 희미한 별들은 더 최근에 별 위치를 전문으로 하는 천문대에서 생성된 목록 번호 몇 개 중 하나로 식별한다.

이 장의 별지도에는 또한 딥스카이 천체들이 표시돼 있는데, 이들에게도 고유한 식별 체계가 있다. 대다수의 눈에 잘 띄는 성단과 성운, 은하는 18세기 프랑스 천문학자 샤를 메시에가 만든 목록에서 찾을 수 있다. 110개의 메시에 천체는 M1, M2 등으로 명명된다. 19세기 후반에는 영국의 천문학자 J. L. E. 드레이어가 정리한 훨씬 더 포괄적인 엔지시 목록New General Catalogue, NGC이 출간됐다. 수천 개의 NGC 목록 천체에는 앞에 'NGC'라는 글자가 붙어 있다. 대부분의 메시에 천체는 NGC 목록에도 수록돼 있고, 그들 중에는 유명한 이름이 붙은 것도 많다. 예를 들어 M1은 'NGC1952'와 '게성운'으로 알려져 있다. 이런 주요 목록 어디에도 속하지 않는 일부 천체는 'IC' 또는 'Col.'처럼 앞에 다른 글자를 붙여 구별한다.

그리스 문자

α	alpha	알파	κ	kappa	카파	τ	tau	타우
β	beta	베타	λ	lambda	람다	υ	upsilon	입실론
γ	gamma	감마	μ	mu	뮤	φ	phi	피
δ	delta	델타	ν	nu	뉴	χ	chi	키
ε	epsilon	엡실론	ξ	xi	크사이	ψ	psi	프시
ζ	zeta	제타	ο	omicron	오미크론	ω	omega	오메가
η	eta	에타	π	pi	파이			
θ	theta	세타	ρ	rho	로			
ι	iota	이오타	σ	sigma	시그마			

석호 평가하기 300밀리미터 망원렌즈로만 촬영한 오른쪽 석호성운(M8, 183페이지 별지도 8) 사진과 4인치(100밀리미터) 굴절 망원경에서 보이는 M8의 어두운 하늘을 비교해보라. 카메라는 눈이 망원경을 통해 구분해낼 수 있는 것보다 더 많은 세부 사항을 기록해준다. 하지만 사진은 망원경 접안렌즈 너머에서 눈과 뇌가 실시간으로 조합해내는 천상의 감동을 포착하지 못한다. 컬러 사진: 토니 푸에르저, 사진: 앨런 다이어.

제6장 심우주 탐사하기 169

두 은하가 거의 충돌할 뻔했을 때 각 은하에서 떨어져 나가 은하 사이의 심연으로 던져졌을 수십억 개의 별들은 사진에 기록되지 않았다. 만약 우리은하가 비슷한 일을 경험해 태양이 떨어져 나간다면, 태양이 영원히 은하 사이의 어둠을 떠도는 동안 지구는 영향을 받지 않은 채 계속 태양 주위를 돌 것이다. 밤하늘은 거의 완전한 검은색이 될 것이고, 빛이 만드는 흐릿한 점들이 여기저기 찍혀 있을 것이다. 우주의 은하계 도시 수십억 개 중 가까이에 있는 것들 말이다.

천체 망원경 경험

천체 망원경 관측에 익숙해지기까지는 오랜 시간이 걸린다. 관측 대상이 어두운 딥스카이 천체라면 더 그렇다. 나의 천문학 제자 몇몇은 처음으로 관측에 나섰을 때 아무것도 보지 못했다. 접안렌즈를 들여다보기 위해 몸을 굽힐 때 머리를 흔들리지 않게 유지하는 게 관건인 듯하다. 망원경으로 관측할 때는 정자세로, 하지만 편안하게 서거나 앉을 필요가 있다. 눈(과 정신)은 처음에는 감지할 수 없는 세세한 것들을 찾아낼 수 있도록 반드시 훈련해야 한다. 처음에는 언제나 가장 낮은 배율을 사용해야 한다. 그렇게 하면 더 쉽게 천체를 찾고 초점을 맞출 수 있다.

측면 나선 은하의 섬세한 방추 모양이나 성운의 줄무늬 구조는 초보자에게는 거의 보이지 않는다. 몇 주가 지나자 내 제자들은 대체로 처음 망원경을 볼 때는 전혀 찾아내지 못했던 하늘의 세부 사항까지 감상할 수 있게 됐다. 그러나 그들은 텅 비어 있는 듯 보이는 하늘에 망원경을 조준하고 노브를 몇 번 돌리는 것만으로 성단이나 성운을 찾아내는 내 모습에 경외감을 느끼곤 했다. 이건 사실 특별한 재능이 아니다. 베테랑 천체 관측자라면 누구나 할 수 있는 일이고, 주로 독학으로 배우게 되는 기술이다.

천체의 위치를 찾는 일은 주로 자기 향상 훈련이다. 주요 별자리를 지목할 수 있는 사람도 있겠지만, 무수히 많은 별 사이에 파묻힌 더 희미한 천체를 찾으려면 갓 시작한 아마추어 천문인은 독학으로 배운 지식을 연습해야만 한다. 별자리들의 기하학적 관계가 머릿속에서 연결되기 시작하면 지구의 자전과 공전에 의한 하늘의 움직임이 친숙해질 것이다. 1년 정도 지나면 모든 천체가 제자리를 찾기 시작하고, 밤하늘은 반짝이는 점들이 수놓인 태피스트리 이상의 의미를 갖게 된다.

결국에 당신은 밝은 별 수백 개의 상대적인 위치를 기억으로 알게 될 테고, 이는 망원경으로 사냥 가능한 더 흥미로운 대상들의 위치를 찾게 해주는 일종의 연결망이 될 것이다. 입문자 중 많은 수가 하늘에 익숙해지는 과정에서 포기하곤 한다. 그들은 천체 풍경을 못 찾겠다며 망원경을 창고에 처박아버린다. 그러나 그들은 자기 자신을 과소평가함으로써 능력 발휘를 스스로 막고 있을 뿐이다.

오늘날의 매혹적인 디지털 천체 사진에 나타나듯 색이 가득한 풍경을 기대했다가, 뒷마당 망원경으로 실제 천체를 관측하고는 실망하는 사람들이 있다. 영상 기기는 딥스카이 광원으로부터 수 시간 동안 빛을 축적할 수 있다는 장점이 있다. 인간의 눈은 하지 못하는 일이다. 그렇지만 머나먼 은하나 성운의 은은하지만 실감 나는 이미지의 진가를 알아보기 위해서는 반드시 경험해야 할 실망이 필요한 법이다.

기록하기

별빛 아래에서 보낸 시간을 기록하는 데 특별한 형식이 필요한 건 아니다. 어떤 종류의 공책이라도 괜찮은데, 다만 천체 망원경을 사용할 때는 개인적으로 빈 페이지(간단한 스케지용)와 줄쳐진 페이지(메모용)가 있는 스프링 연습장을 선호해왔다. 이후에 관측 내용을 컴퓨터에 입력해두면 키워드를 빠르게 검색할 수 있으니 더 좋은 기록이 될 것이다.

관측지의 관측 조건은 특정 순간 무엇을 볼 수 있고 무엇을 볼 수 없는지에 영향을 미칠 것이다. 하늘의 선명도를 평가하려면 작은 국자(176페이지 별지도 1과 195페이지 별지도 20)에서 찾을 수 있는 가장 희미한 별이 무엇인지 기록하라. 이것이 밤마다 비교하기 위한 표준이 될 것이다.

중요한 것은 시작부터 메모를 하는 것이다. 날짜, 시간, 장소, 사용한 장비(있을 때만), 관측한 천체를 기록하라. 관측하려고 찾아봤지만 발견하지 못한 것이 있다면 그것도 기록하라. 천체를 수십 개쯤 기록하고 나면, 그 공책이나 컴퓨터 파일은 계속해서 깊어지는 당신의 우주 탐사에 대한 개인적인 기록이 될 것이다.

딥스카이 지도 사용하기

다음 페이지부터 소개하는 20개의 별지도에는 중북위도에서 볼 수 있는 거의 모든 하늘이 담겨 있다. 이 지도들은 별지도로서 기능할 뿐 아니라 육안, 쌍안경, 천체 망원경으로 볼 수 있는 천체 수백 개에 대한 정보를 담고 있다. 각 지도는 대략 가로 45도, 세로 55도(팔을 뻗고 이 책을 들었을 때 대략 한 페이지의 세로 너비 정도) 영역의 하늘에 있는 별자리를 하나 이상 포함한다.

5등급까지의 많은 별이 나와 있다. 밝은 별들에 대한 바이어 명칭(167~168페이지 '천체 명명법' 참조)이 밝기 등급과 함께 표시돼 있다. 거리(157~158페이지 '거리 계산하기' 참조) 등과 같은 다른 세부 정보도 적당한 위치에 들어가 있다.

지도의 모든 정보는 검은색, 파란색, 빨간색으로 색상 구분이 돼 있다. 밤에 야외 관측을 하면서 빨간 필터 손전등으로 지도를 보다보면(149페이지 '야간 시력 이용하기' 참조) 빨간색 글씨는 눈에 띄지 않을 텐데, 그 정보가 필수적이기 않기 때문이다. 반면 관측 데이터인 파란 글씨는 검은색으로 두드러져 보일 것이다.

검은색
- 별자리, 별, 딥스카이 천체의 이름과 명칭

파란색
- 천체의 밝기 등급(소수점 첫째 자리까지)
- 별 또는 딥스카이 천체의 유형이나 분류
- A와 B 성분별의 밝기 등급을 포함하는 이중성 또는 다중성 데이터
- 초(각) 또는 분(각) 단위로 이중성의 성분별 분리('Sep'으로 표시)
- 딥스카이 천체의 일반적인 겉보기 모습, 최고의 경치를 위한 장비 추천

빨간색
- 안시 관측 별 및 딥스카이 천체 대부분에 대한 광년 단위 거리
- 필요시 흥미로운 사항 추가

최고의 딥스카이 보물들

아래 목록은 중북위도에서 볼 수 있는 '최고의' 딥스카이 천체들이다. 목록을 따라가면서 관측하는 천체 옆에 체크 표시를 해보라. 망원경 시야 시뮬레이션 보정 사진: 앨런 다이어.

이중성

☐ 미자르와 알코르 - 큰곰자리, 별지도 1

☐ 알비레오 - 백조자리, 별지도 10

☐ 알마크 - 안드로메다자리, 별지도 13

☐ 세타1 - 오리온자리(사다리꼴성단), 별지도 16

알비레오

산개 성단

☐ M11(야생오리성단) - 방패자리, 별지도 9

☐ M45(플레이아데스성단) - 황소자리, 별지도 15

☐ M44(벌집성단) - 게자리, 별지도 18

☐ NGC869와 NGC884(이중 성단) - 별지도 19

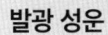
M11

발광 성운

☐ M8(석호성운) - 궁수자리, 별지도 8

☐ M17(백조성운) - 뱀자리, 별지도 8

☐ M42(오리온성운) - 오리온자리, 별지도 16

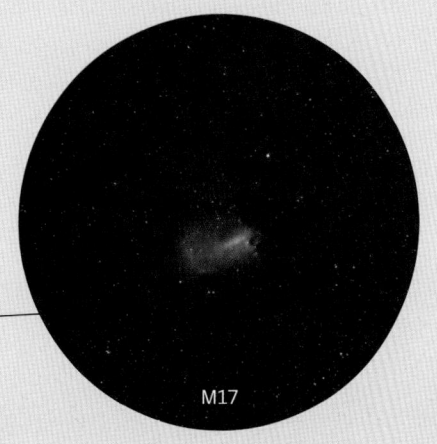
M17

행성상 성운

☐ M27(아령성운) - 화살자리, 별지도 9

☐ M57(고리성운) - 거문고자리, 별지도 10

☐ NGC7293(나선성운) - 물병자리, 별지도 11

구상 성단

☐ M3 - 사냥개자리, 별지도 4

☐ M13 - 헤르쿨레스자리, 별지도 6

☐ M5 - 뱀자리, 별지도 7

☐ M22 - 궁수자리, 별지도 8

☐ M15 - 페가수스자리, 별지도 12

은하

☐ M81과 M82 - 큰곰자리, 별지도 1

☐ M51(소용돌이은하) - 사냥개자리, 별지도 2

☐ M65와 M66 - 사자자리, 별지도 3

☐ NGC4565(바늘은하) - 머리털자리, 별지도 4

☐ M31(안드로메다은하) - 안드로메다자리, 별지도 13

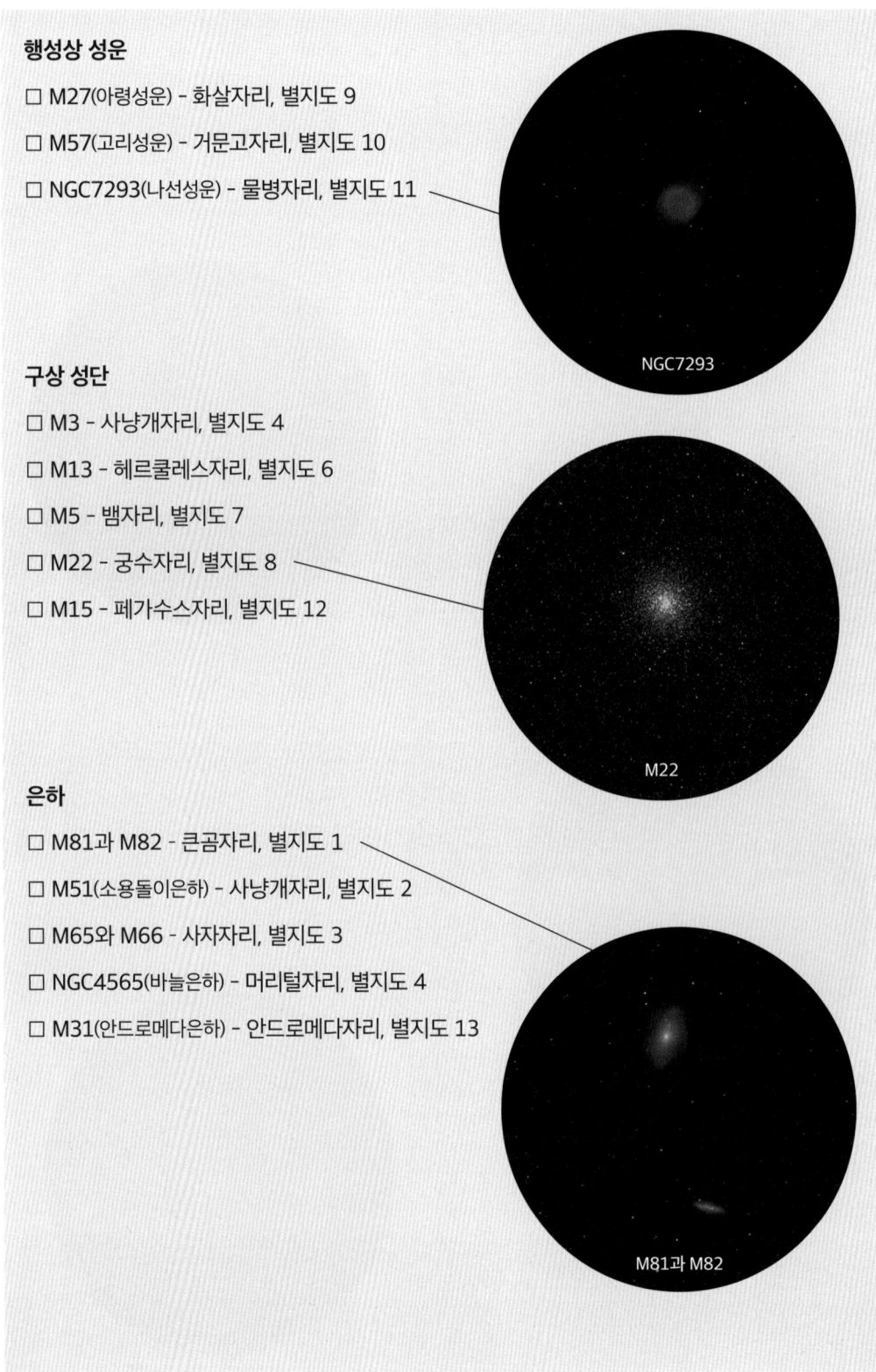

봄 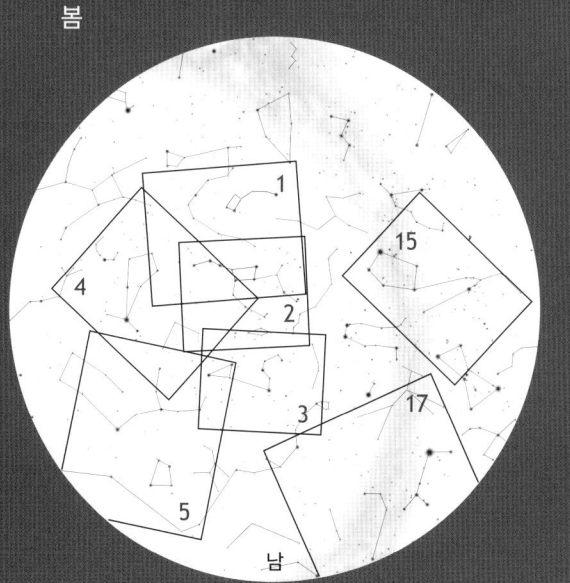 여름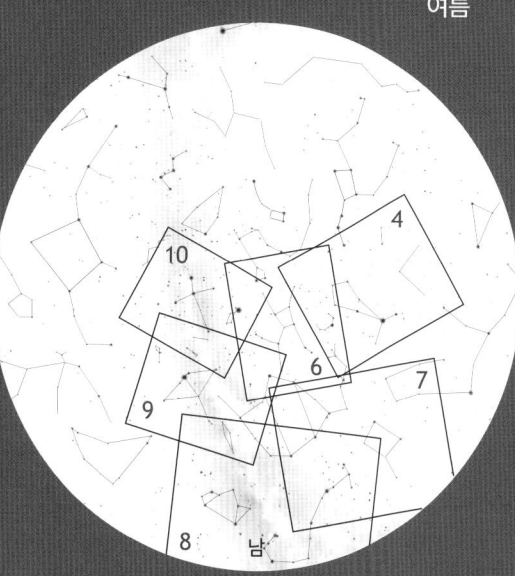

별지도 색인

가을 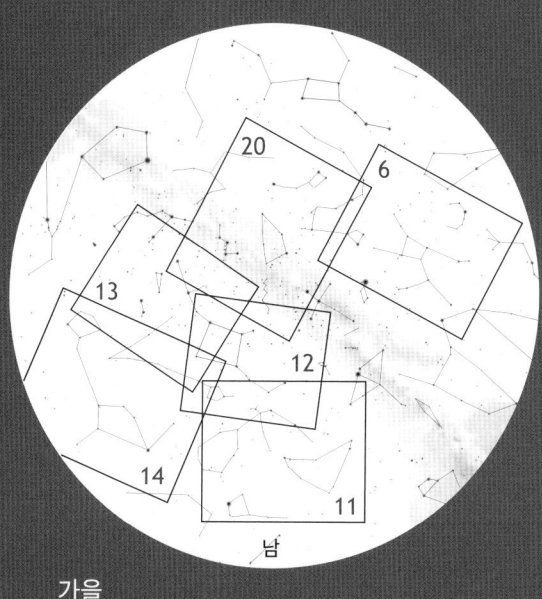 겨울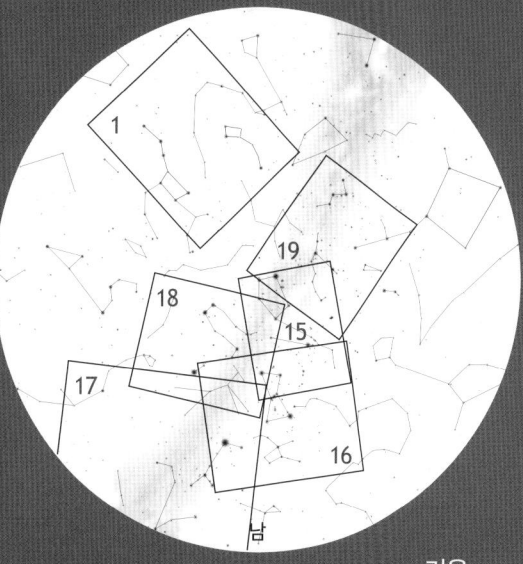

제6장 심우주 탐사하기 175

별지도 1: 큰곰자리, 작은곰자리, 용자리(일부)

일 년 내내 북쪽에서 보이는 이 주극 별자리들은 늦겨울과 봄에 가장 잘 정렬된다

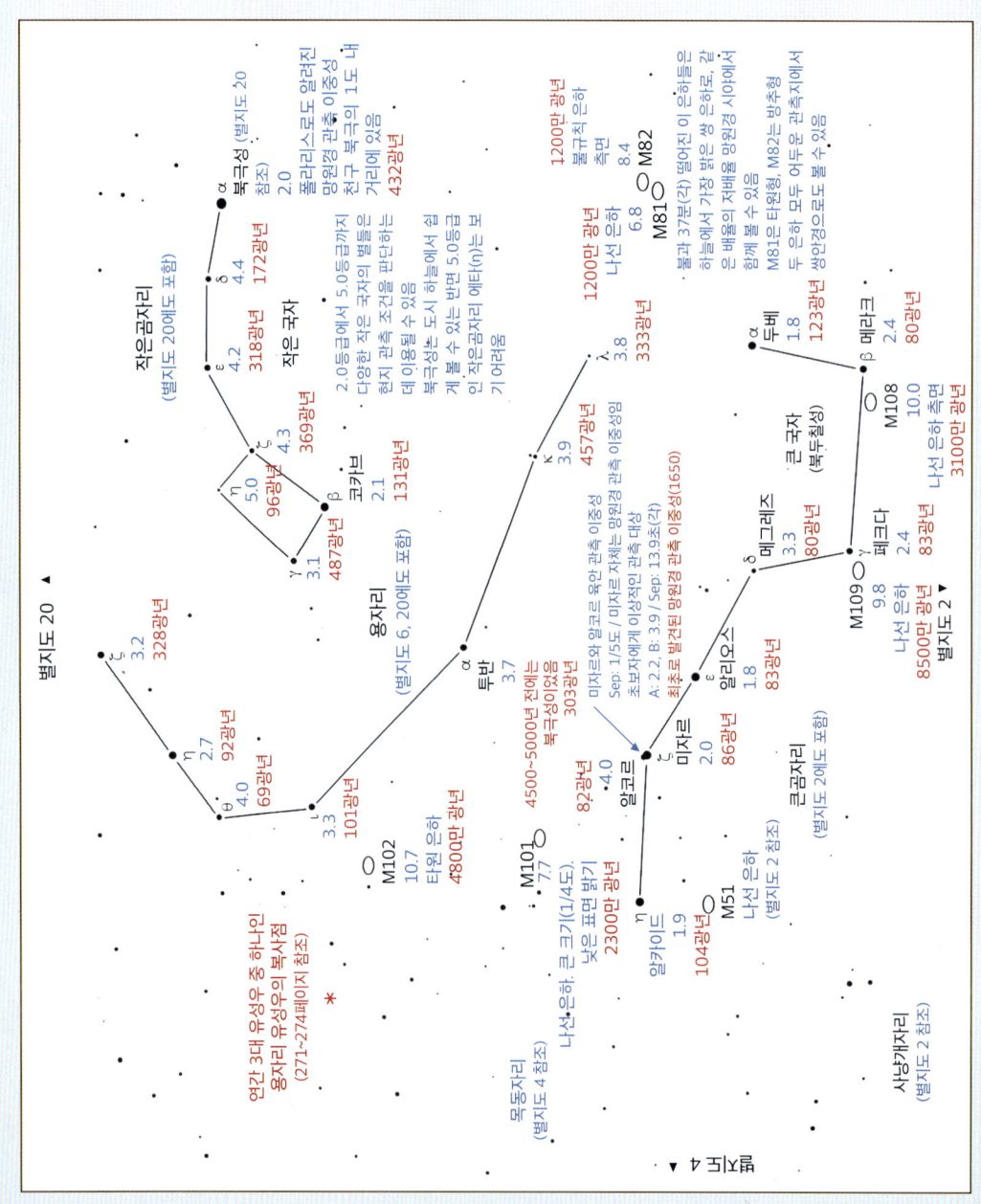

별지도 2: 큰곰자리, 사냥개자리

북두칠성의 지배를 받는 이 영역은 늦겨울에서 늦봄까지 하늘 높이 자리한다

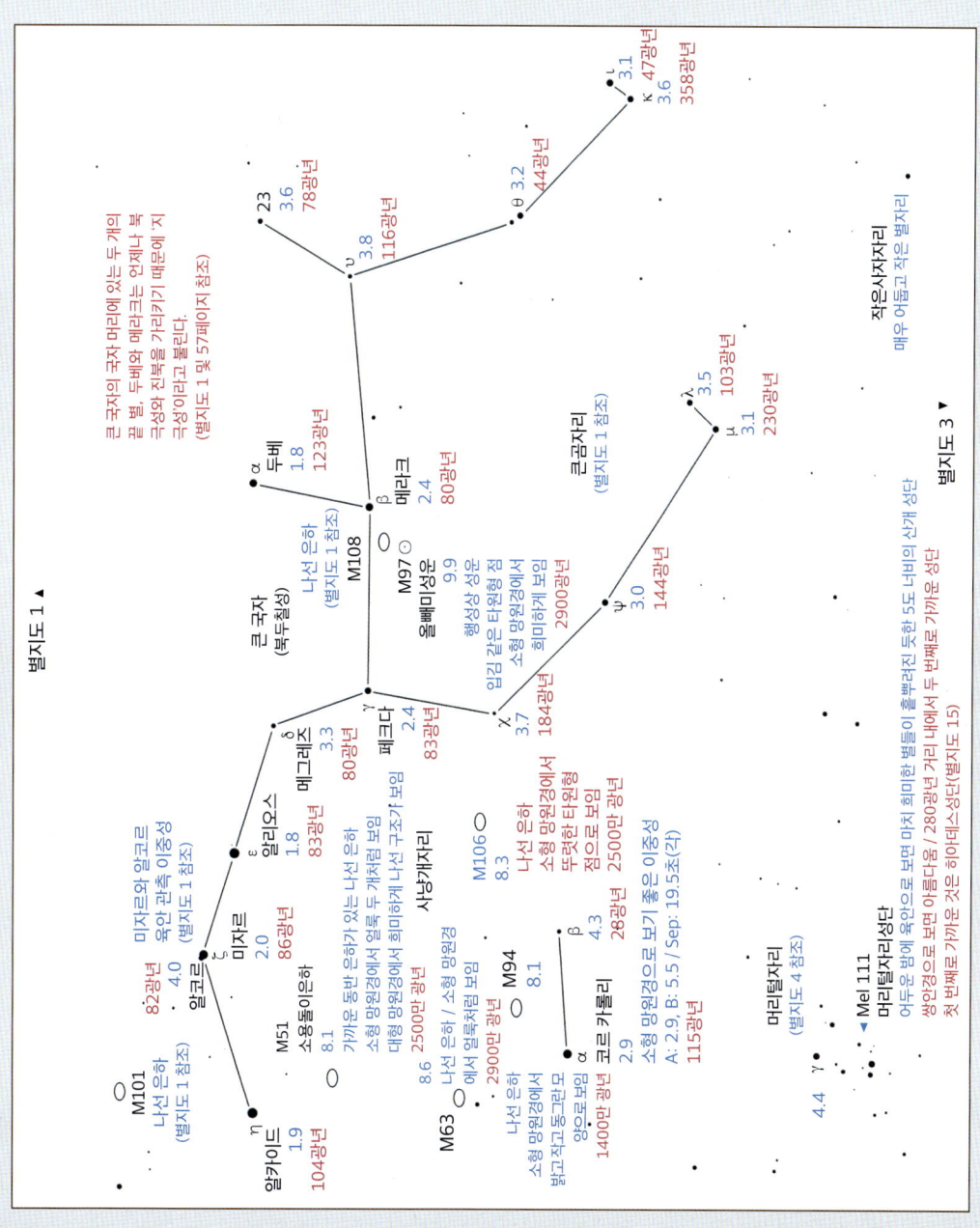

별지도 3: 사자자리, 게자리(일부), 바다뱀자리(일부)

하늘의 사자는 봄철 내내 눈에 잘 띄는 남쪽 높은 곳에 자리하고 있다

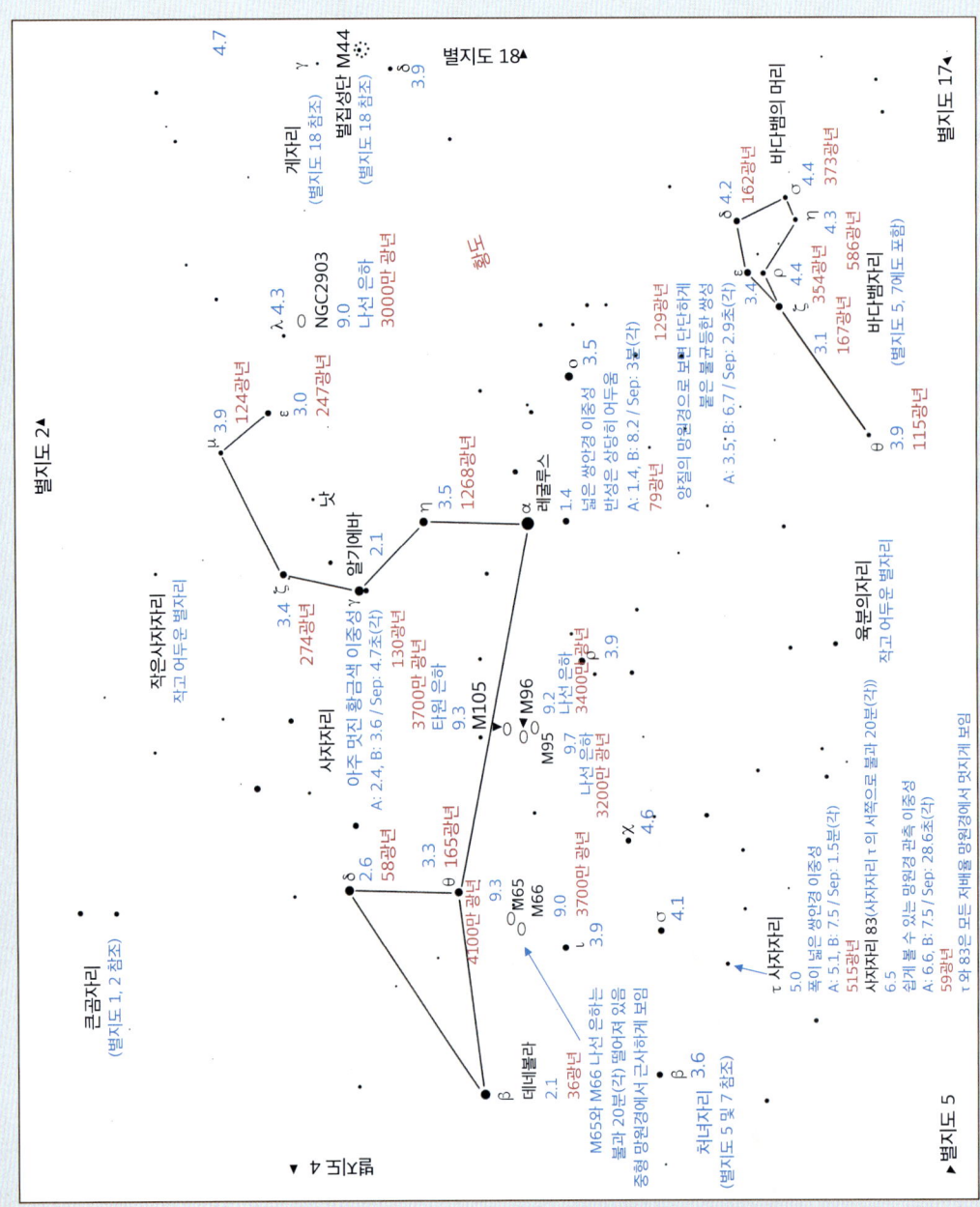

별지도 4: 목동자리, 북쪽왕관자리, 머리털자리

이 영역의 천체 대부분은 봄과 초여름 내내 높이 떠오른다

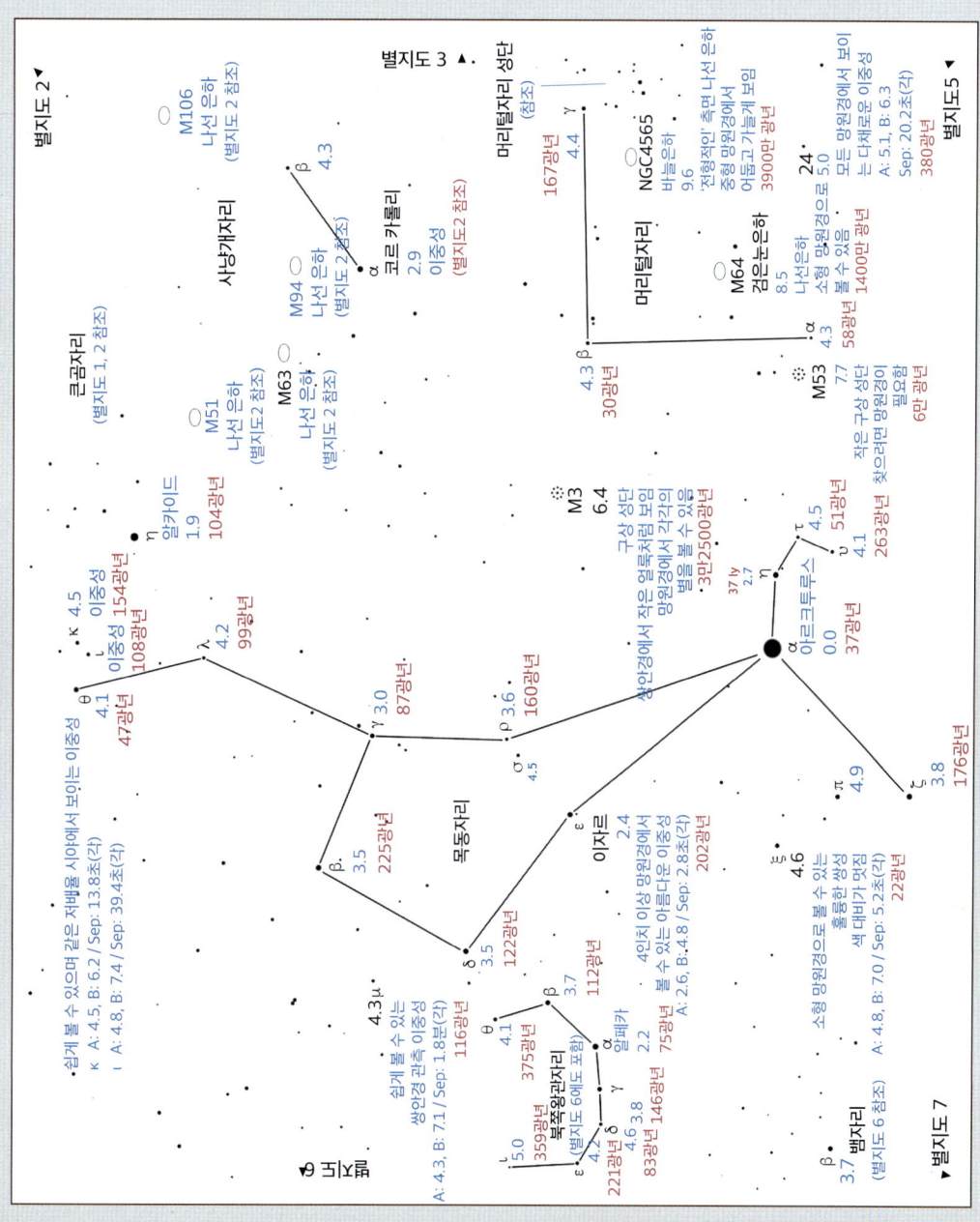

별지도 5: 처녀자리, 까마귀자리, 바다뱀자리

하늘의 이 부분은 봄철 내내 보인다

지도의 아래쪽은 중북위도의 남쪽 지평선과 가깝다

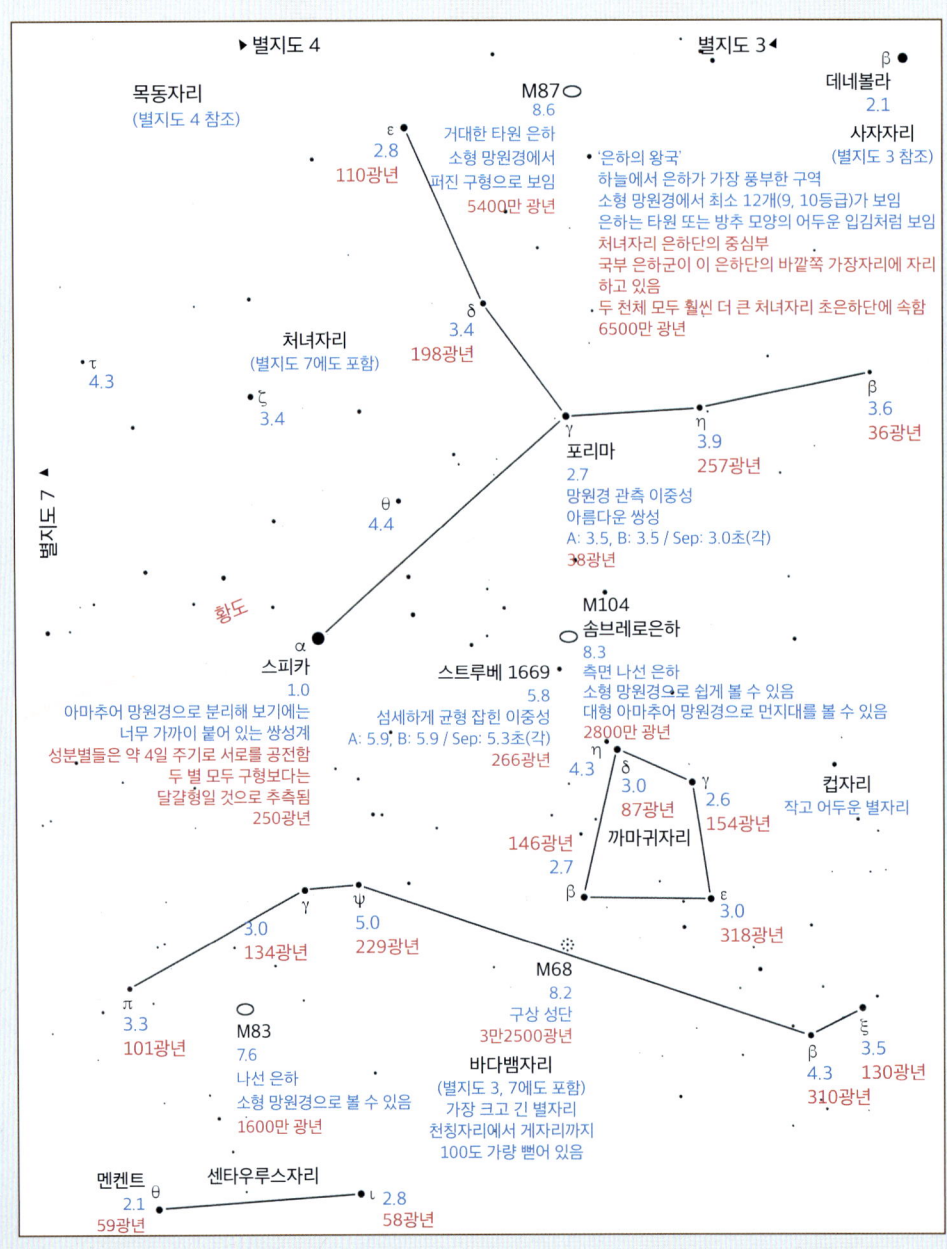

별지도 6: 헤르쿨레스자리, 뱀주인자리(일부), 용자리(머리만)

헤르쿨레스자리의 키스톤은 늦봄부터 여름 끝 무렵까지 남쪽 높은 곳에 걸려 있다

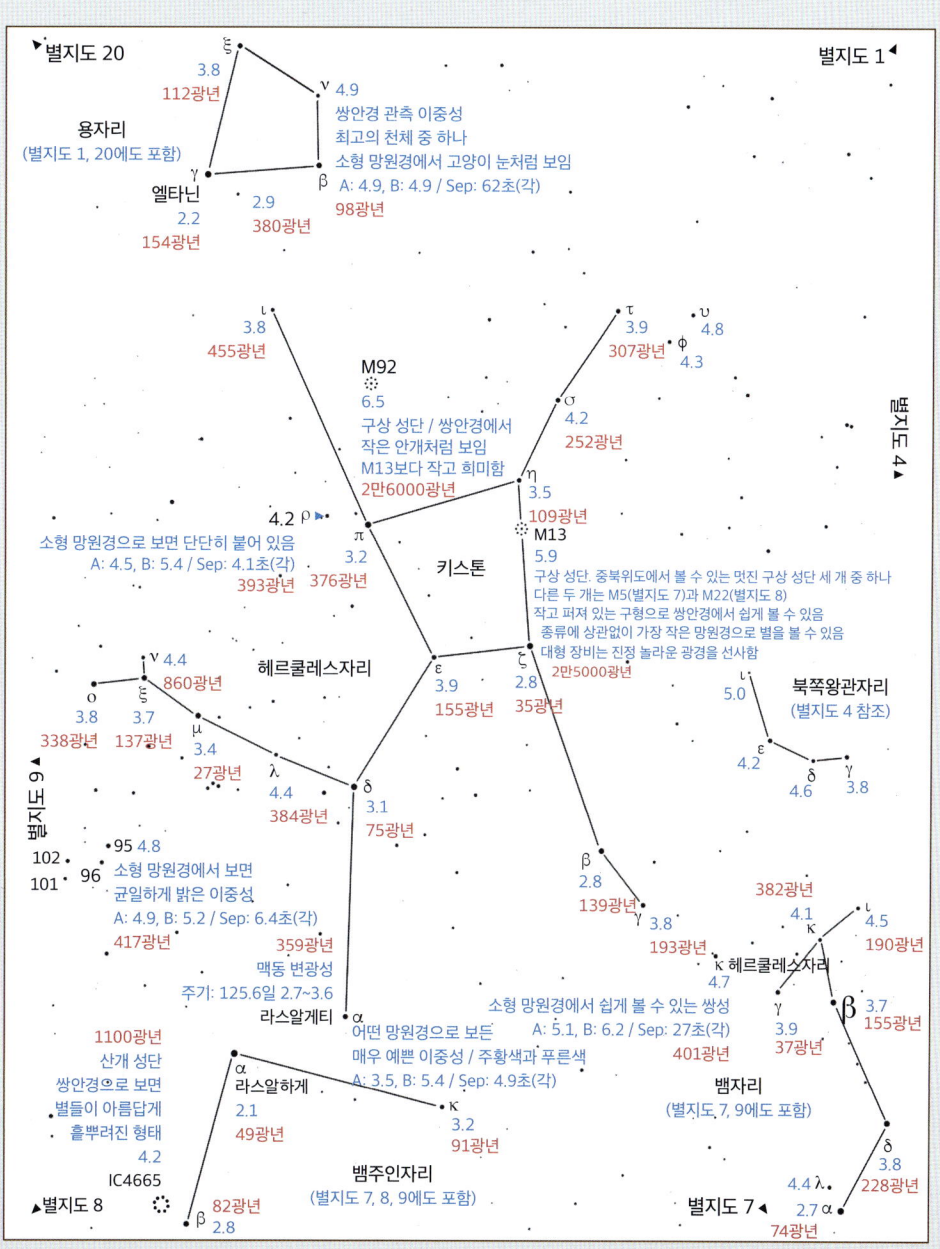

별지도 7: 뱀주인자리, 천칭자리, 전갈자리(북쪽 부분)

이 영역은 초여름 동안 남쪽에 잘 정렬된다

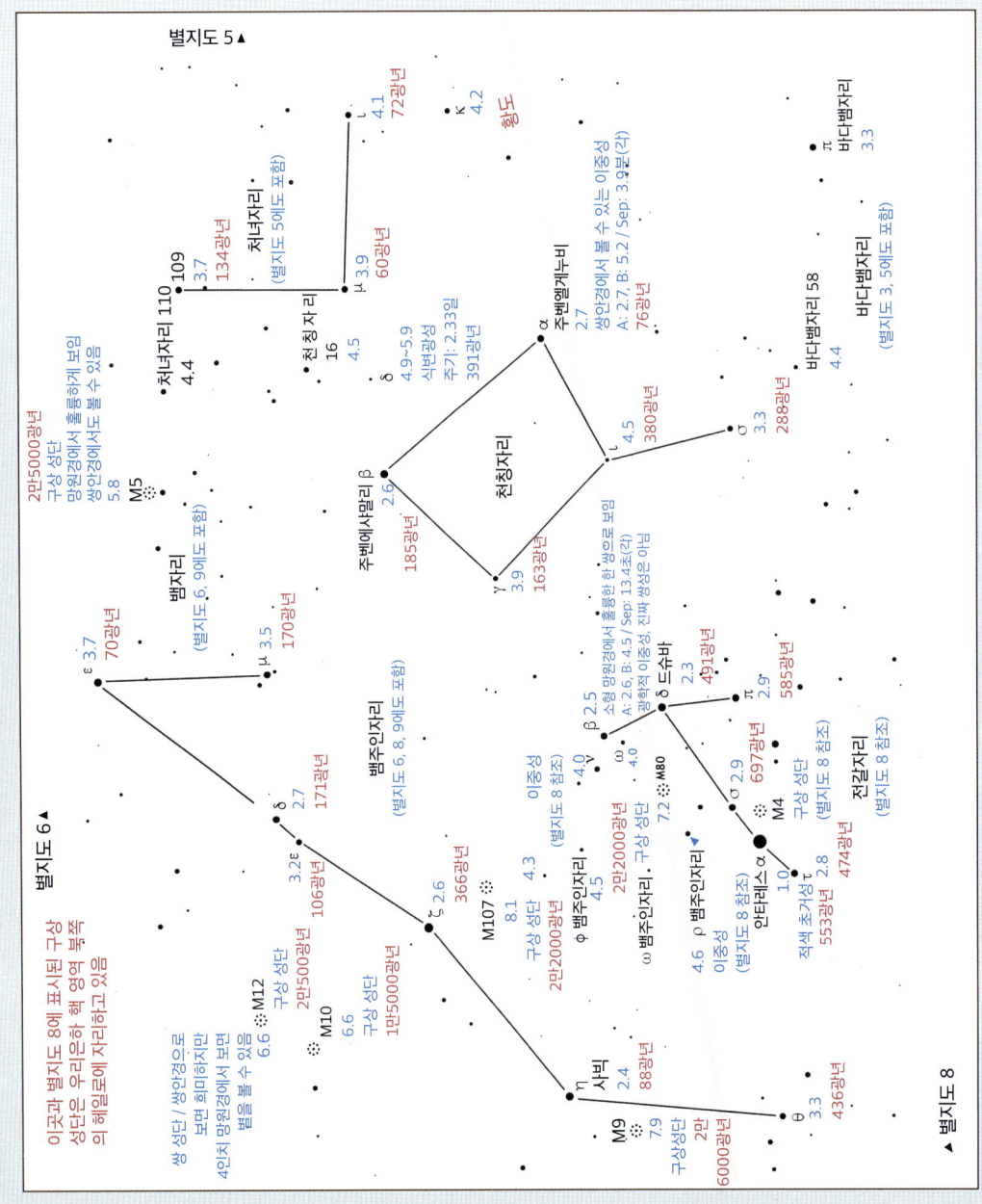

별지도 8: 전갈자리, 궁수자리

은하수에서 가장 다채로운 영역이 궁수자리와 전갈자리의 꼬리를 통과한다

중북위도 관측자에게 이 별들은 거의 여름 내내 남쪽 낮은 곳에서 보인다

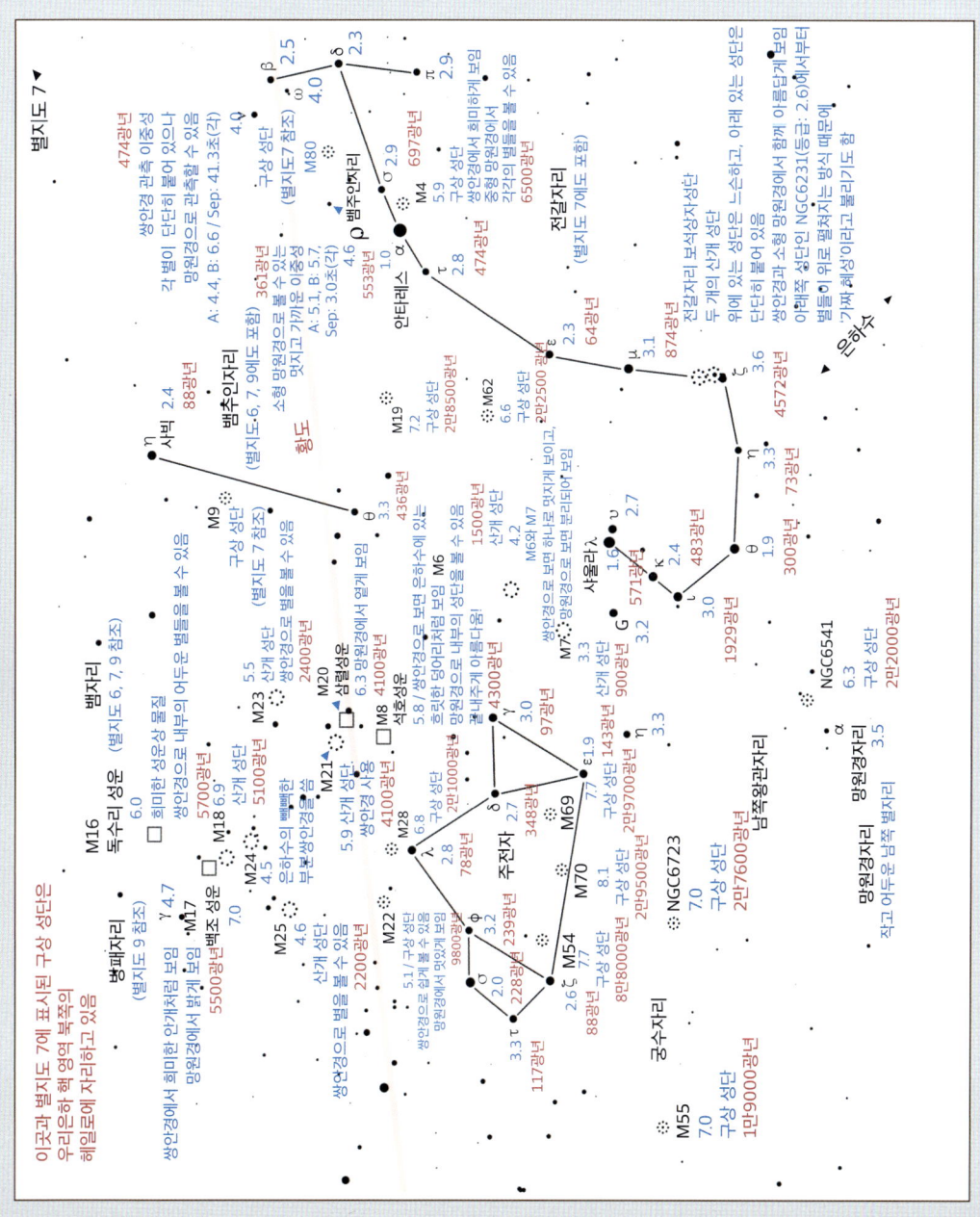

제6장 심우주 탐사하기 183

별지도 9: 독수리자리, 돌고래자리, 화살자리

여름철 대삼각형의 아랫부분을 차지하는 독수리자리는 여름과 초가을 내내 보인다

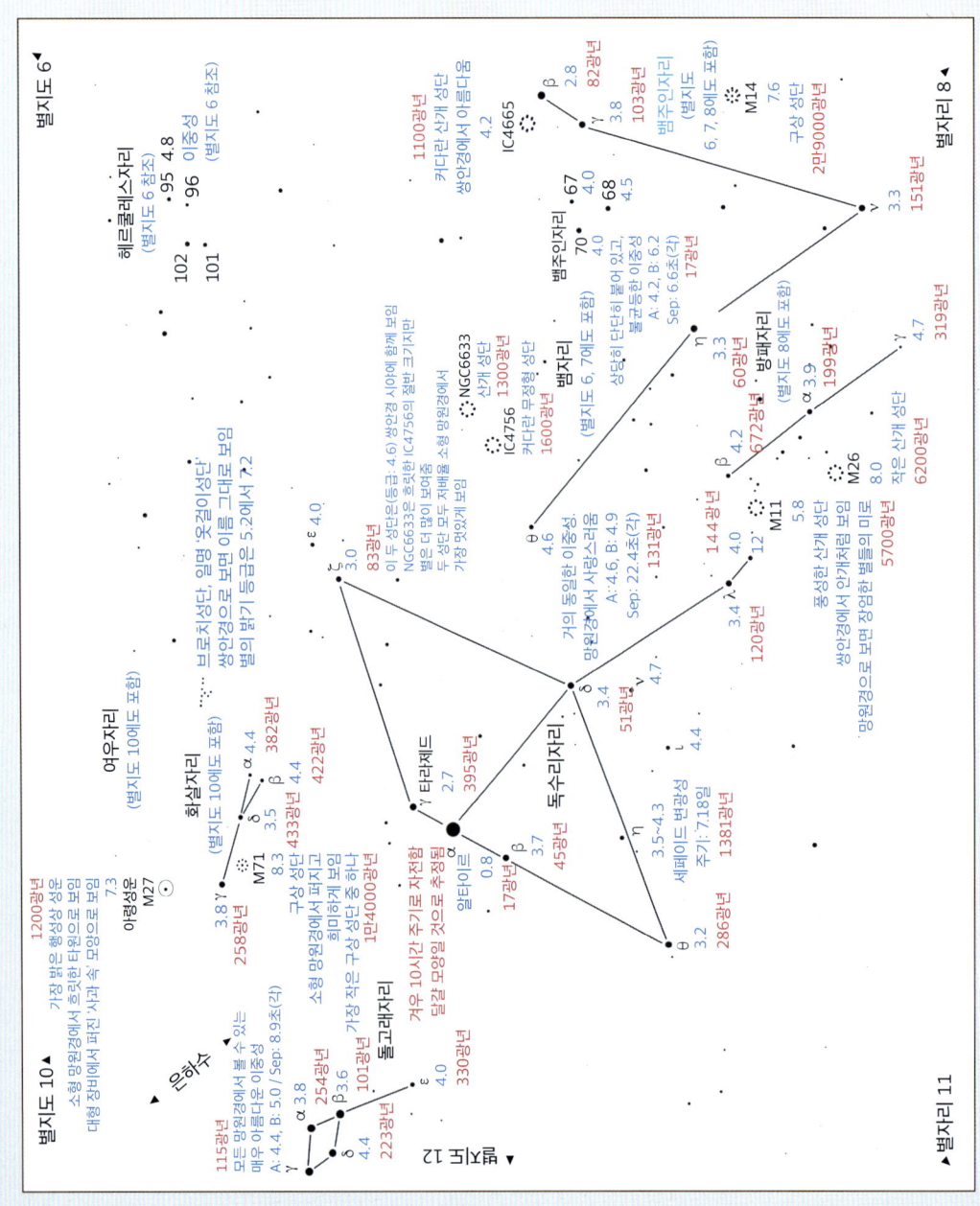

184

별지도 10: 백조자리, 거문고자리

여름철 대삼각형의 윗부분을 구성하는 백조자리와 거문고자리는 봄에 북동쪽 하늘로 올라와 여름 내내 아주 높이 떠 있다가 가을에 북서쪽으로 내려간다

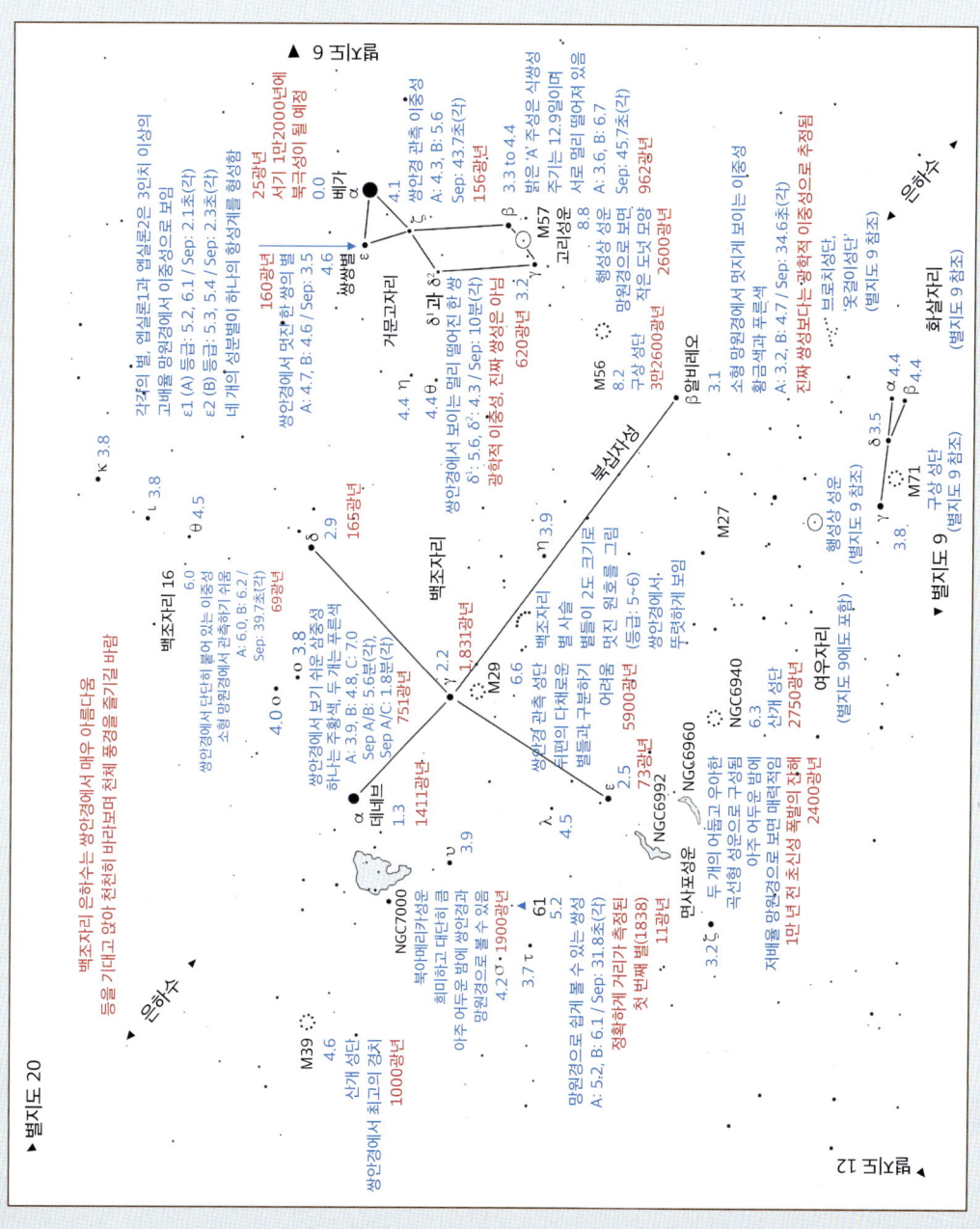

제6장 심우주 탐사하기 185

별지도 11: 염소자리, 물병자리

이 어두운 황도대 별자리는 가을 동안 남쪽의 상당히 낮은 곳에 자리한다

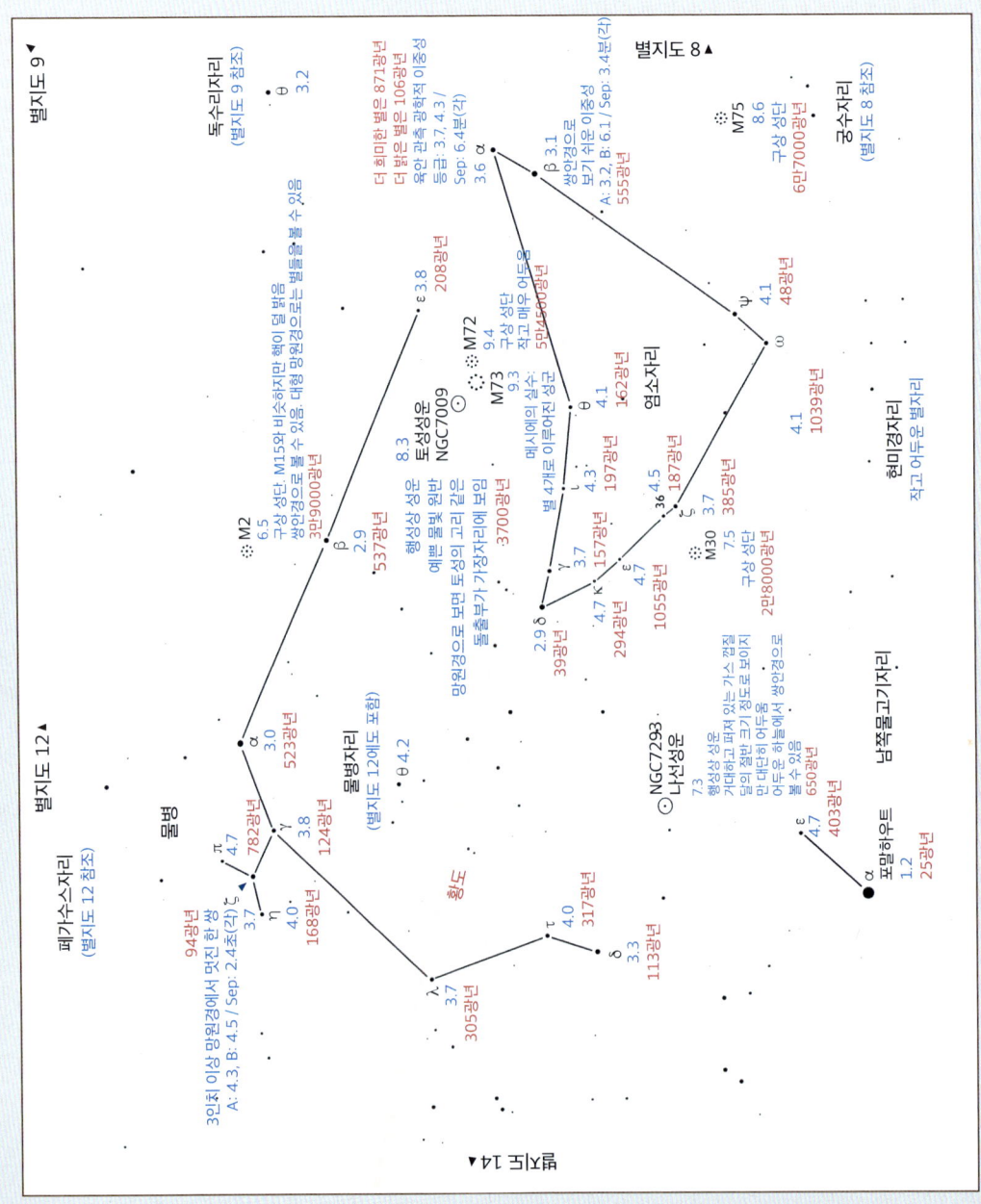

별지도 12: 페가수스자리, 물고기자리(일부), 물병자리(일부)

대사각형은 10월부터 12월까지 남쪽 높이 떠오르는 하늘의 주요 이정표다

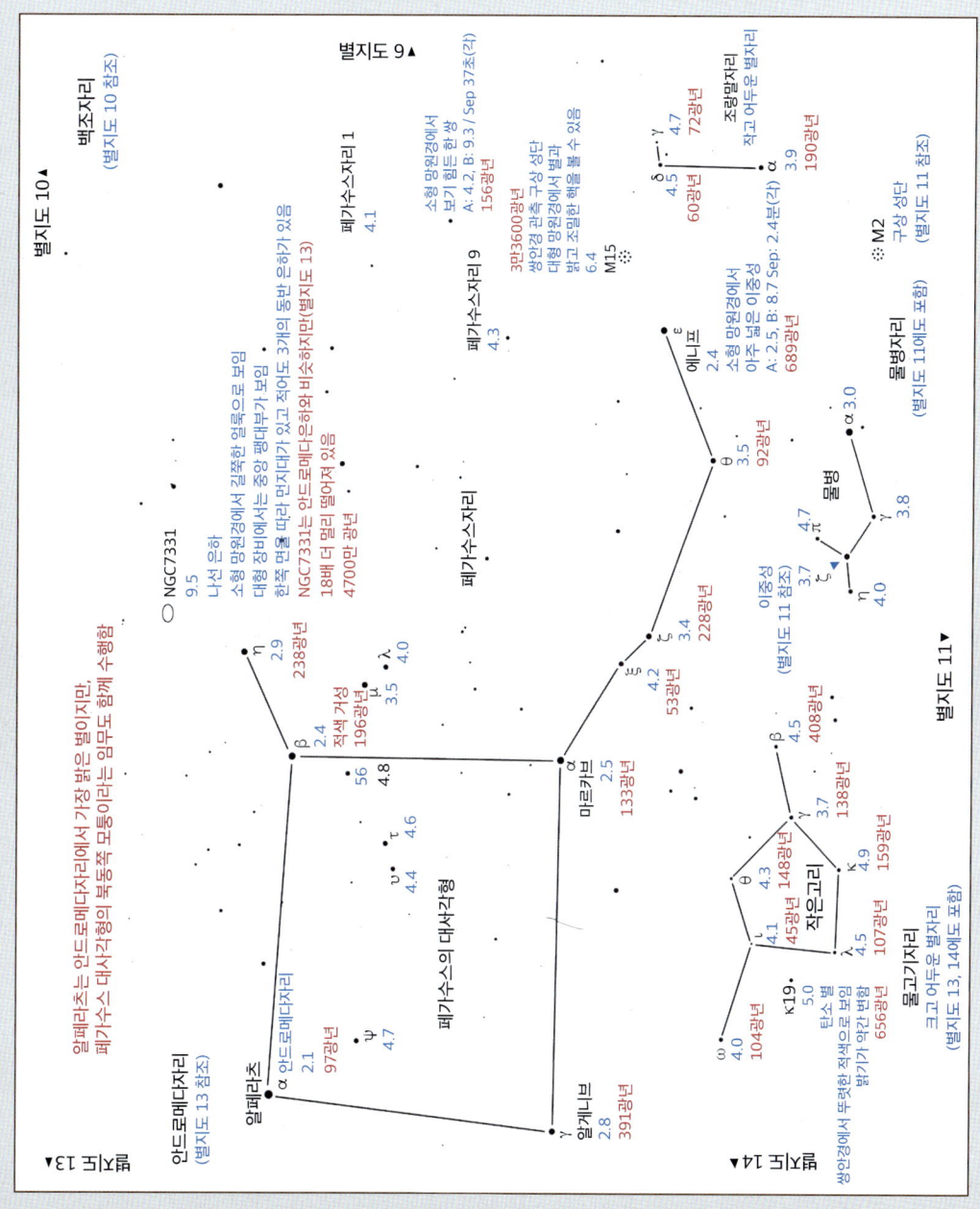

제6장 심우주 탐사하기

별지도 13: 안드로메다자리, 양자리, 삼각형자리

유명한 안드로메다은하를 찾고 싶다면 초가을에는 북동쪽, 늦가을 무렵에는 머리 위, 초겨울에는 북서쪽을 보라

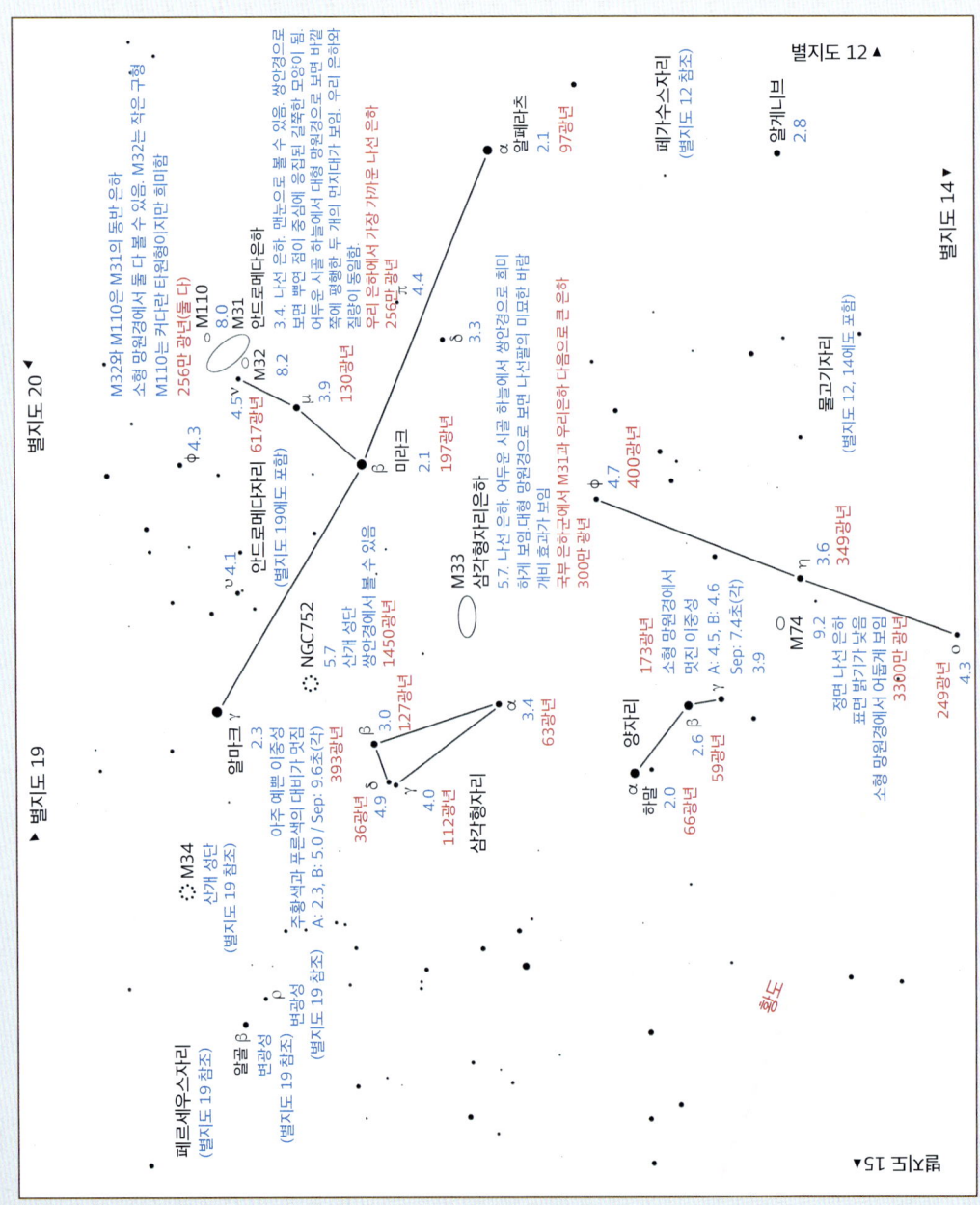

별지도 14: 고래자리, 물고기자리

크고 어두운 이 별자리들은 가을 동안 남쪽에 자리한다

중북부 관측자들에게 지도 아래쪽은 남쪽 지평선과 가깝다

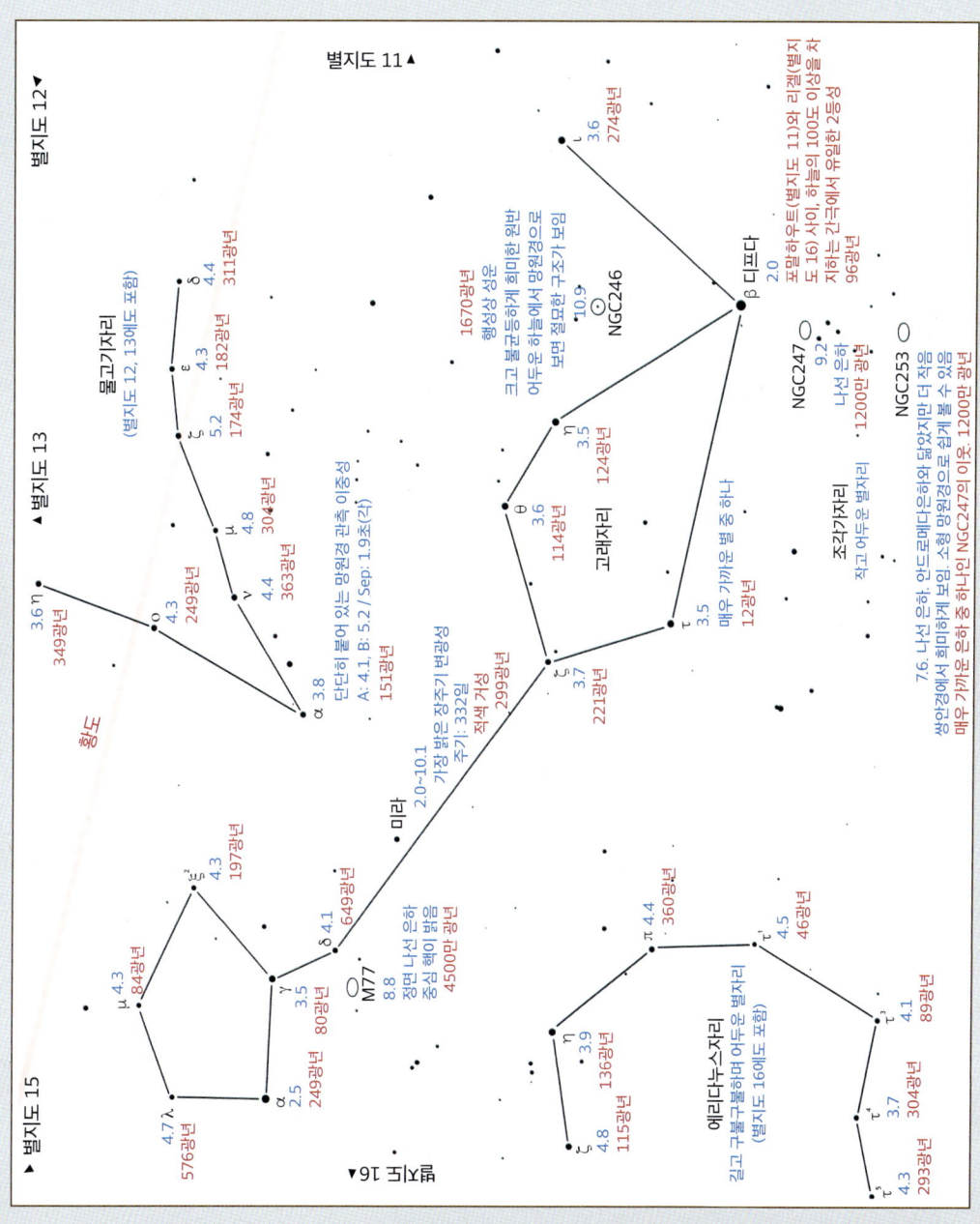

별지도 15: 황소자리, 마차부자리, 오리온자리(일부)

여섯 개의 주요 겨울철 별자리 중 황소자리와 마차부자리는 12월 하순부터 3월 초순까지 남쪽 높은 곳에 자리한다

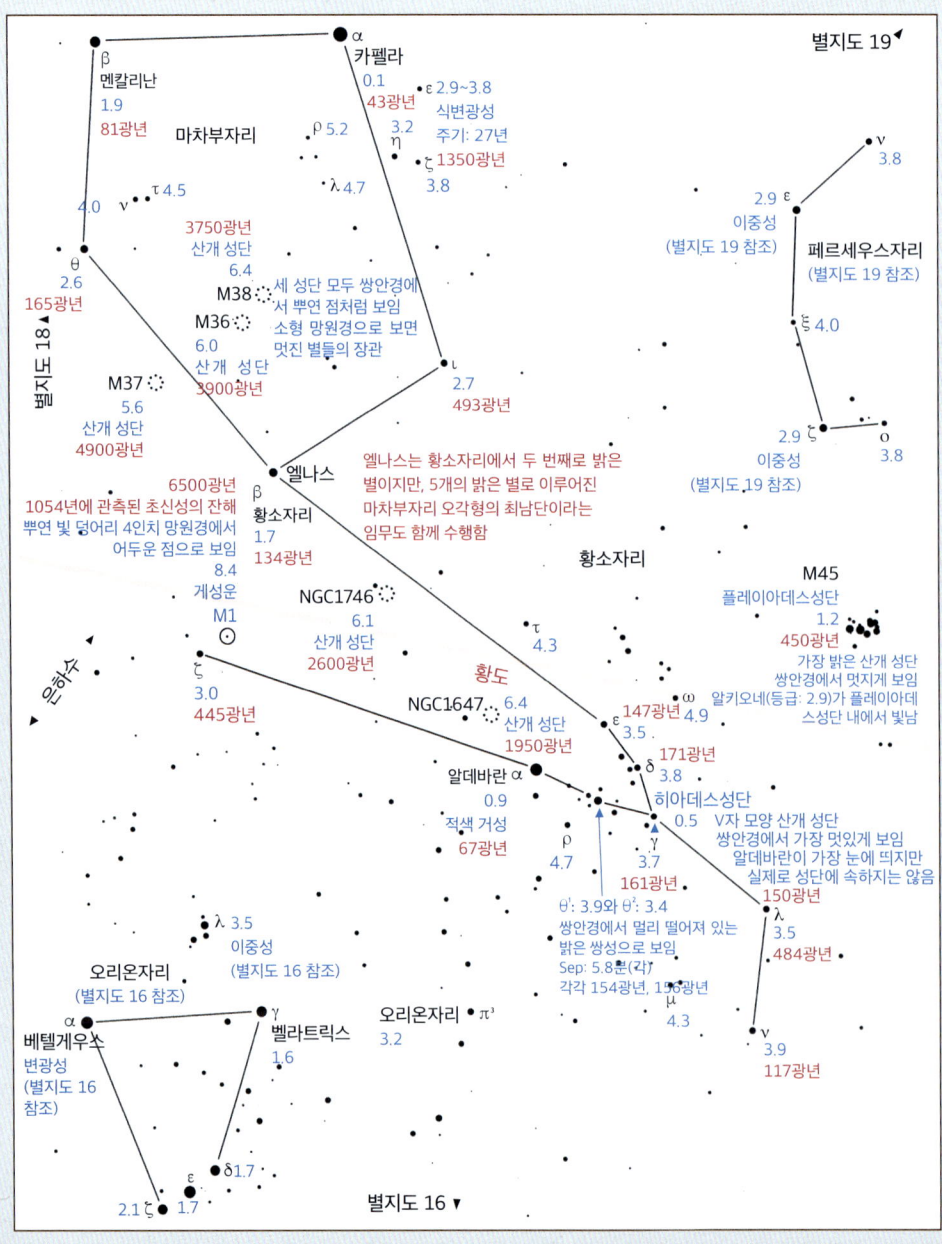

별지도 16: 오리온자리, 토끼자리, 에리다누스자리(일부)

오리온자리는 겨울 하늘의 주요 이정표이며 다양한 천체 관측을 도와준다

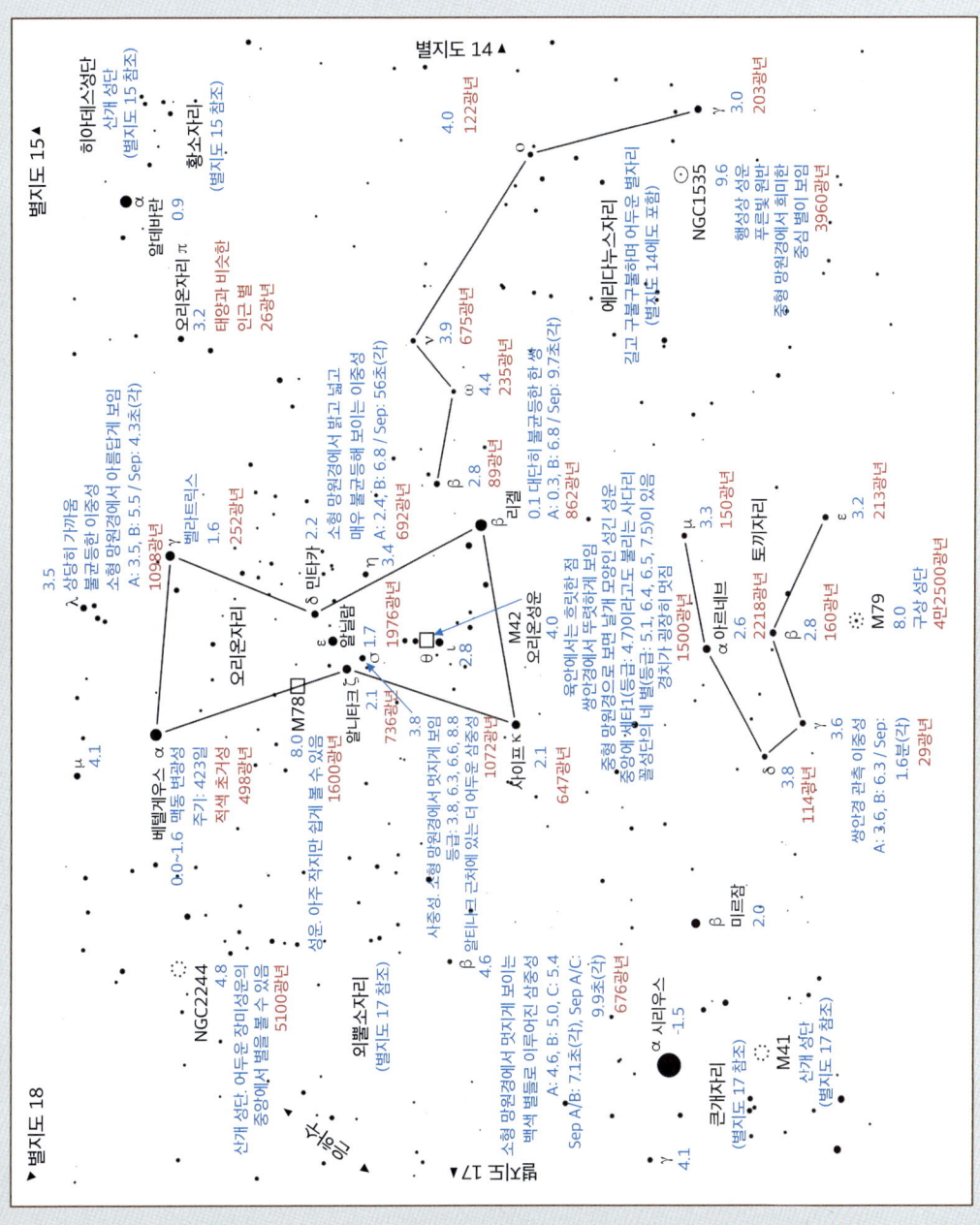

제6장 심우주 탐사하기

별지도 17: 큰개자리, 고물자리, 외뿔소자리

밤하늘의 가장 밝은 별 시리우스는 한겨울과 초봄에 남쪽 하늘의 이 영역을 비춘다

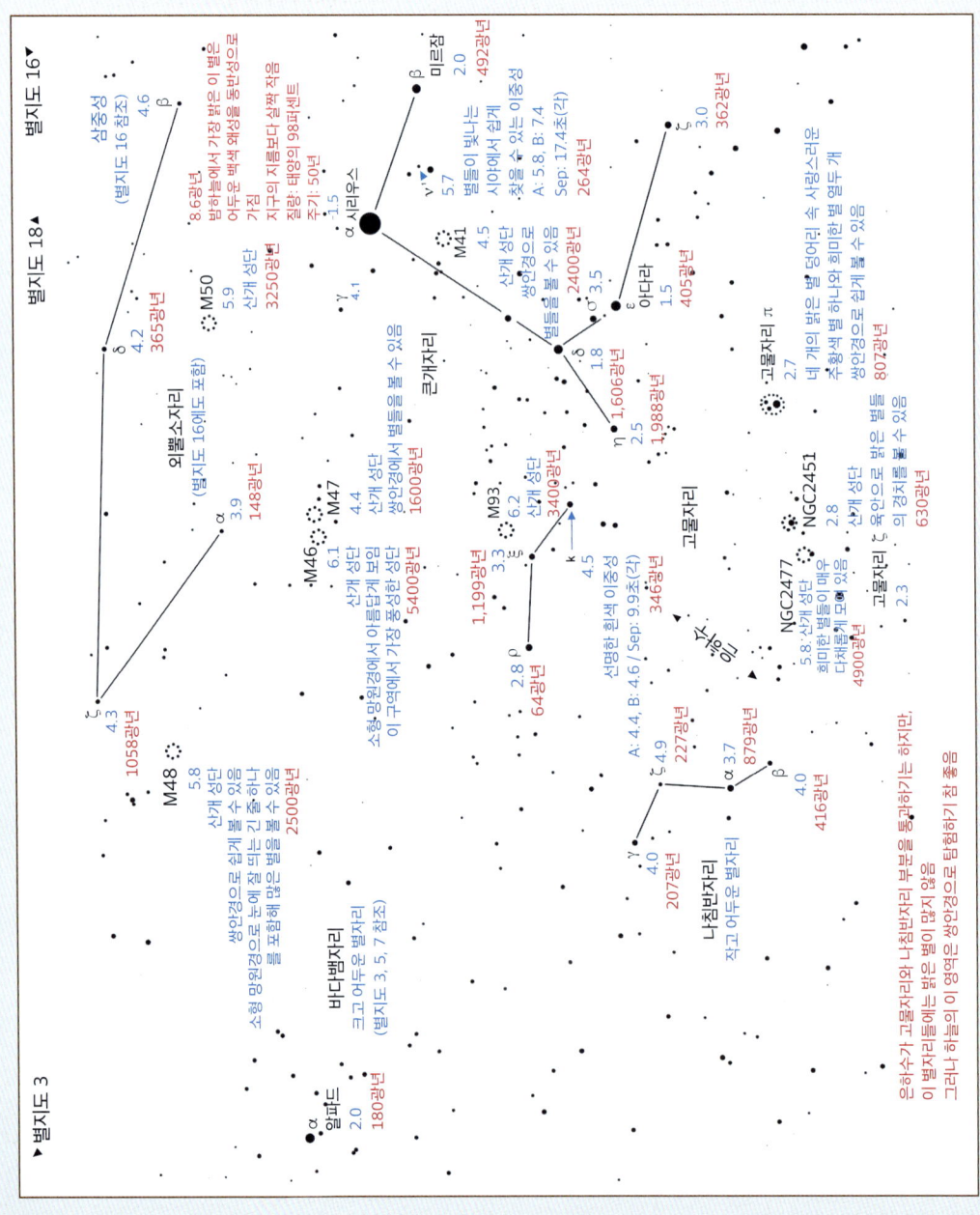

별지도 18: 쌍둥이자리, 작은개자리, 게자리

오리온자리의 동쪽인 이 영역은 한겨울부터 초봄까지 남쪽 높이 자리한다

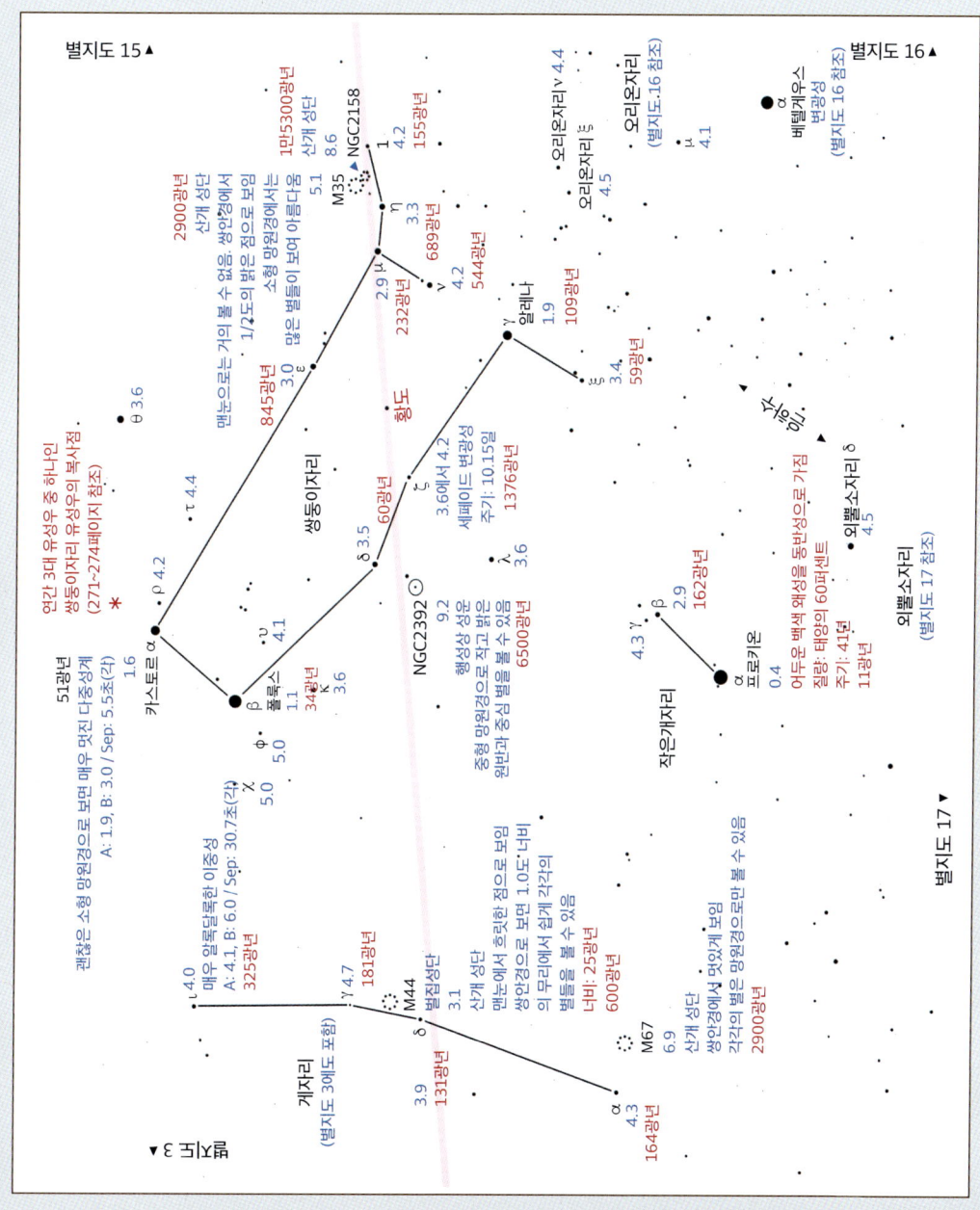

별지도 19: 페르세우스자리, 카시오페이아자리, 안드로메다자리

카시오페이아자리의 뚜렷한 W자 (혹은 M자)를 찾고 싶다면 가을에는 북동쪽, 겨울에는 머리 위, 봄에는 북서쪽을 보라

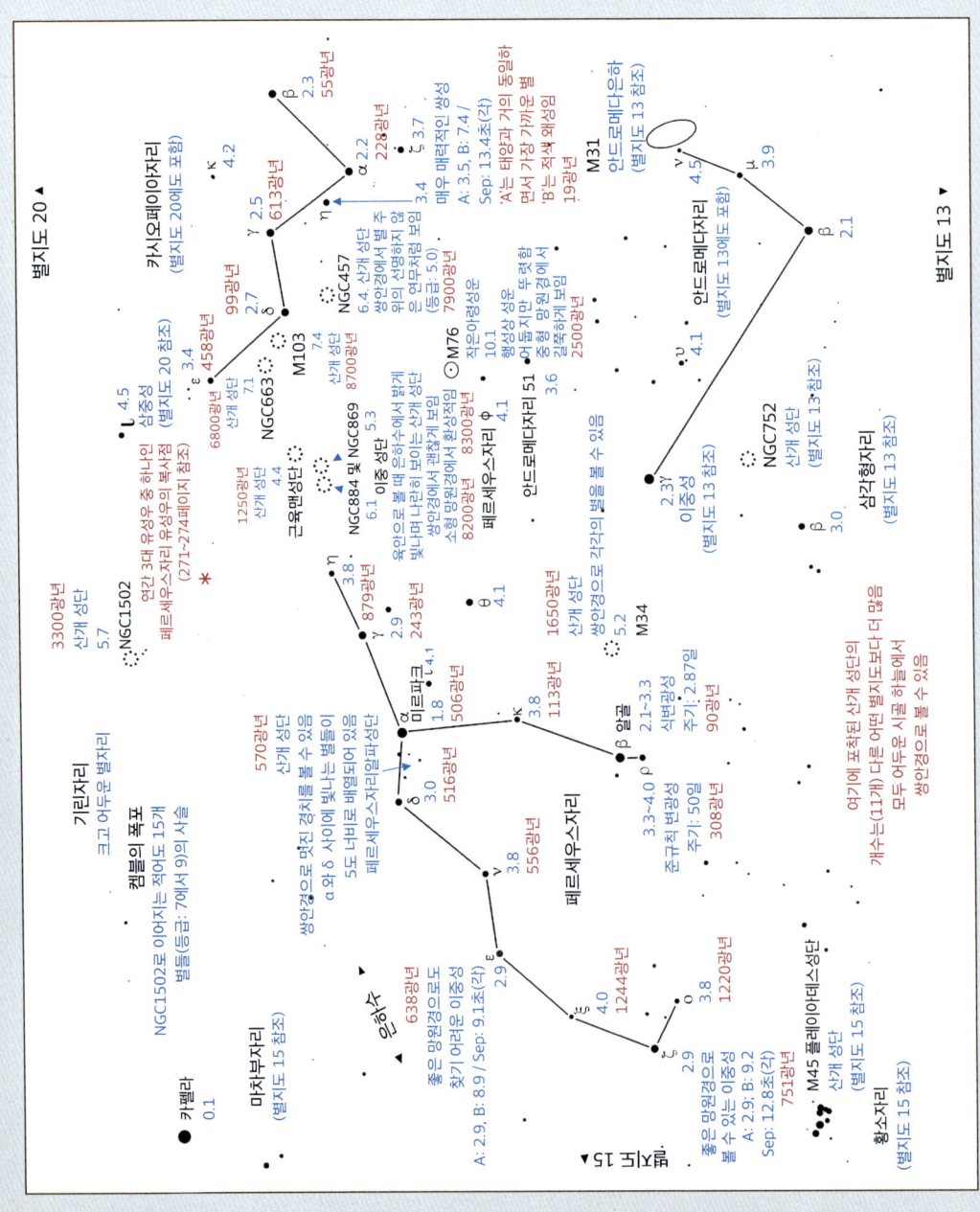

별지도 20: 세페우스자리, 카시오페이아자리, 작은곰자리

일 년 내내 북쪽에서 보이는 이 주극 별자리들은 가을 동안 머리 위에 자리한다

봄철에 세페우스자리와 카시오페이아자리는 대체로 북쪽 지평선 근처에 자리한다

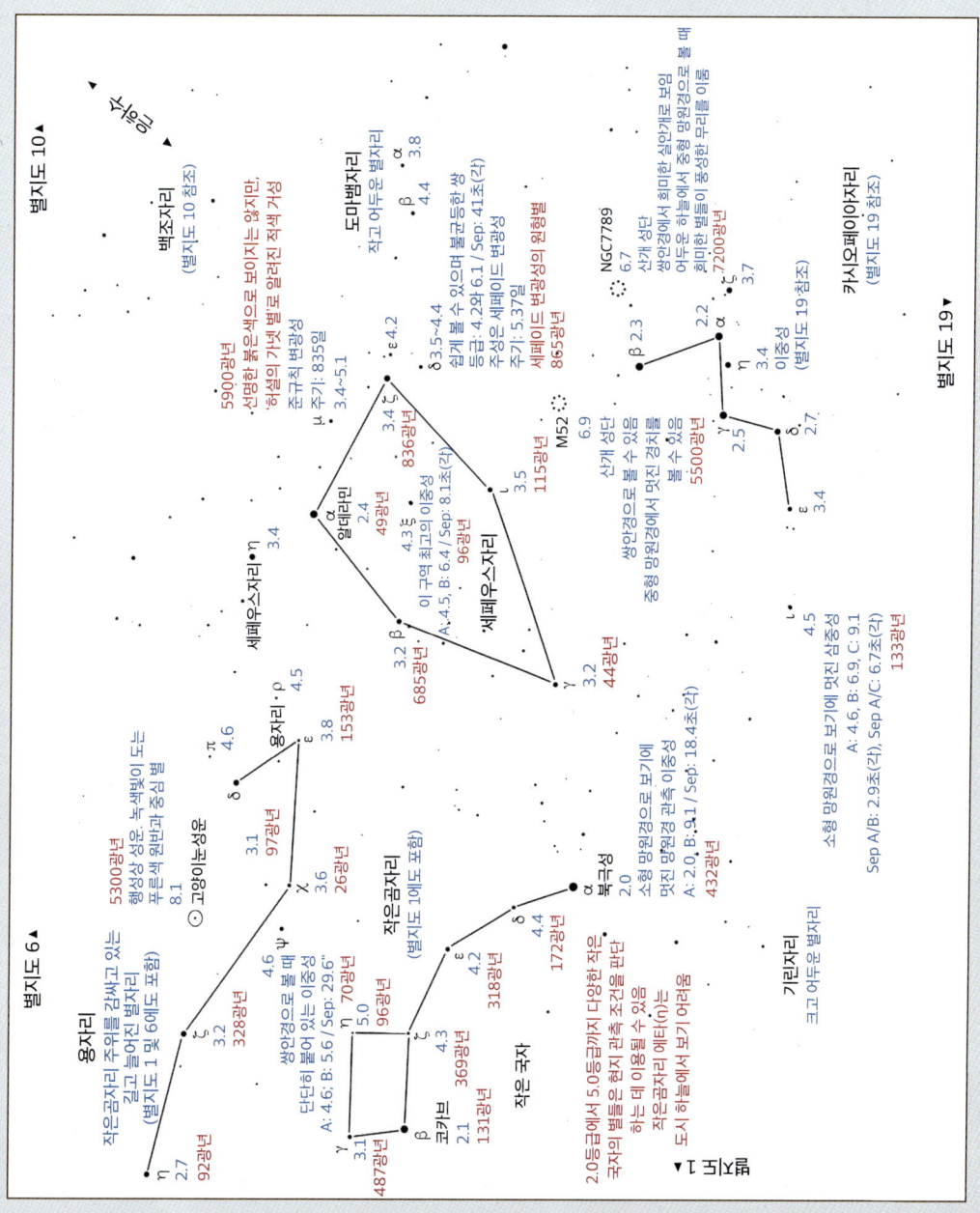

제6장 심우주 탐사하기

제7장

행성

내가 가장 자신 있게 할 수 있는 예측은,
오늘날 우리에겐 가장 놀라운 발견을
예측할 만큼의 지혜가 없다는 것이다.

칼 세이건(1934~1996)

반지 낀 경이 토성은 행성들의 대표격이다. 이 특별한 사진은 2019년 6월 20일, 토성이 약 14억 킬로미터 거리로 일년 중 지구에 가장 가깝게 접근했을 때 허블 우주 망원경으로 촬영한 것이다. 고리 구조의 다른 부분은 반사율이 높지만, 안쪽의 어스름한 '가닥'은 너무나 얇아서 줄무늬 구름으로 된 토성의 구체가 비쳐 보인다. 이미지 제공: NASA/ESA/A. 사이먼/M. H. 웡 및 OPAL 팀.

지구상에서 가장 오래된 문화의 흔적, 동굴 벽화와 뼛조각에 새긴 표시들은 인간이 6만 5000년 전에도 그들을 둘러싼 세상에서 본 것들을 이해하려 노력했음을 보여준다. 별자리를 나타내는 기호는 5000년도 더 전 메소포타미아에 문명이 일어나던 때의 쐐기 문자판에서 발견된다. 하지만 특히 고대 천문학자들의 흥미를 끌었던 것은 밝게 떠도는 다섯 개의 별, 즉 행성들이었다. 우리 조상들에게 그 천체들은 어떤 마법 같은 힘에 의해 움직이는 듯 보였다.

별로 가장한 이 하늘의 사기꾼들은 '황도대'라는 명확히 정의된 별자리 대를 떠돈다. 오늘날 우리는 행성 궤도의 기하학이 황도, 즉 태양계의 평면을 배경으로 황도대 별자리들을 매달았다는 사실을 알고 있다. 그 어떤 행성도 오리온의 허리띠를 스치거나 북두칠성의 배열을 망가뜨리지 않는다.

황도가 이 책에 나오는 별지도를 통과할 때마다 표시해두었다. 만약 지도에 표시되지 않은 밝은 천체가 이 부근에서 발견된다면, 그건 매우 높은 확률로 행성이다. 지구를 제외한 태양계 행성 7개 중 5개, 즉 수성, 금성, 화성, 목성, 토성은 맨눈으로도 볼 수 있다. 다섯 행성 모두(화성이 지구에서 가장 멀리 떨어져 있을 때를 제외하면) 1등성만큼, 혹은 그 이상 밝다. 다른 두 행성, 천왕성과 해왕성은 쌍안경으로 볼 수 있다.

수성은 찾기 어렵다. 태양에 가장 가까운 행성인 만큼, 수성의 팽팽한 궤도는 태양광 때문에 매년 대략 2주씩 몇 번밖에 보이지 않는다. 관측 가능할 때는 0등성 정도 혹은 더 밝은 노란색으로 해가 진 후 서쪽 노을빛에 맴돌거나 해 뜨기 직전 동쪽에 낮게 떠 있는 모습으로 보인다. 특별히 수성을 찾고 있는 게 아니라면 아마 절대 알아보지 못할 것이다.

태양과 두 번째로 가깝고 지구에서 가장 가까운 **금성**은 하늘에 떠 있는 최고의 보석이다. 밝기가 최대 -4.8등급에 다이아몬드처럼 하얀 금성은 너무나 눈부셔서 행성을 잘 모르는 사람이라면 천체가 아니라고 생각할 수도 있다. 간혹 '샛별(새벽별)' 또는 '저녁별'로도 불리는 금성은 매년 몇 달간 초저녁이나 이른 아침에 볼 수 있다. 금성 또한 수성처럼 궤도가 태양과 지구 사이에 있어 태양 양쪽의 쐐기 모양 하늘에 갇혀 있다. 일몰 후나 일출 전 4시간 이상 관측되는 일은 드물다.

화성은 다른 어떤 행성보다도 밝기 변화가 큰데, 지구와의 거리가 0.4천문단위에서 2.7천문단위까지(1천문단위는 1억 4960만 킬로미터) 7배나 변하기 때문이다. 우리에게서 가장 멀리 있을 때 화성은 1등급보다 더 희미하게 보인다. 가장 가까이 있을 때는 −3등급만큼 밝을 수 있다(지구에 가장 가까워지는 다음 시기는 2035년). 화성은 1년 동안 하늘의 적어도 절반을 가로질러 이동할 수 있다. 이렇듯 움직임이 빠르고 색도 명확한 황토색(혹은 녹슨 듯한 색)이라 별들 사이에서 이동하는 모습을 보면 무척 흥미롭다.

밝기가 −1.7등급에서 −2.9등급까지 다양한 **목성**은 다른 어떤 별보다 더 밝다(결코 금성만큼 밝지는 않지만). 크림 같은 흰색으로 빛나는 커다란 '요베(로마 신화에서 주피터의 다른 이름—옮긴이 주)'는 잘못 볼 수가 없다. 화성과 토성처럼 목성의 궤도도 지구 궤도를 벗어나고, 결과적으로 이 '행성의 왕'은 황도를 따라 어디서든 밤새도록 볼 수 있을 때가 있다. 목성은 각 황도대 별자리에서 1년가량 보내며 지구 시간으로 12년 동안 태양 주위를 한 바퀴 돈다.

토성은 평균 등급이 황도대의 1등성인 레굴루스, 스피카, 안타레스보다 아주 약간 더 밝은 0.5등급 정도라 별과 가장 자주 혼동된다. 화성과는 달리 뚜렷한 색을 뽐내지 않고 노르스름한 빛을 띠기도 한다. 토성이 궤도를 완주하는 데는 29.5년이 걸리며, 각 황도대 별자리에서 적어도 2년씩을 보낸다.

태양계 구성 가스와 얼음 행성들은 정말로 거대하다. 그에 비하면 지구와 그 이웃들은 아주 작은 세상이다.
출처: NASA/LPI.

행성을 바라보다보면 일반적으로 별처럼 반짝이진 않는다는 사실을 알게 될 것이다. 대기의 난류 때문에 별들은 가장 고요한 밤에도 변함없이 깜빡인다. 지구 대기 어디에나 있는 잔물결은 쉽게 별들의 점 모양을 흩뜨려 반짝이는 듯 보이게 한다. 반면 행성은 점이 아니라 작은 원반이다. 너무 작아서 눈으로는 낱낱이 뜯어볼 수 없지만, 대기가 비정상적으로 흔들리지 않는 한 빛이 잔물결의 영향을 받지 않을 만큼의 크기는 된다.

화성과 목성, 토성을 식별하는 가장 확실한 방법은 별자리를 기준으로 이들의 상대적인 위치를 아는 것이다. 금성과 수성은 보통 완전히 어두워지기 전에 볼 수 있으므로 해 질 녘 언제, 어디를 봐야 하는지 알아야 한다. 이 정보는 222~226페이지의 '행성 관측 참고표'에 나와 있다(더 어두운 천왕성과 해왕성을 추적하려면 소프트웨어나 캐나다왕립천문학회의 『관측자 핸드북』 같은 책자에 나온 지도를 이용하고, 참고자료를 참조하라).

낮에도 행성이나 별을 볼 수 있나요?

일반적으로 이 질문에 대한 대답은 '아니요'다. 태양 외에 낮 동안 볼 수 있는 천체는 달뿐이며, 그조차 얇은 초승달일 때는 못 보고 지나치기 쉽다. 하지만 매년 수개월 정도는 그다음으로 밝은 천체인 금성이 낮에도 맨눈으로 볼 수 있을 만큼 눈부시게 빛난다.

낮 하늘에서 금성을 찾기 전, 황혼 녘에 미리 봐두면 일반적인 위치를 알 수 있을 것이다(물론 적절한 저녁 관측 시간대에 수행해야 한다. 222페이지 표 참조). 일몰 직후에 금성을 찾아보라. 일단 발견하고 나면 전봇대나 굴뚝, 또는 다른 높은 건물의 꼭대기를 관통하는 임의의 선을 그어 위치를 표시해 두라. 그다음 맑은 날, 같은 위치에 좀더 이른 저녁 접근해 표시한 위치보다 좀더 왼쪽 위에 있는 금성을 찾아보라.

금성은 8분마다 팔을 쭉 뻗었을 때의 엄지 너비만큼(대략 2도) 움직이는 것처럼 보인다. 금성이 움직이는 것이라기보단 지구가 자전하는 것이다. 그러니 금성이 저번에 일몰 15분 후 관측됐다면, 일몰 때 팔을 쭉 편 채 엄지 너비 두 배만큼 위쪽을 표시해둔 위치의 왼쪽을 찾아보라. 이런 식으로 일몰 전에도 금성이 잘 보일 때까지 조금씩 시간을 앞당기면 된다. 이 방법을 사용하면 일몰 한 시간 전, 또는 그보다도 전에 금성을 찾기가 쉬워진다. 다만 하늘이 반드시 파래야 한다는 조건이 있는데, 연무가 행성과 하늘 사이의 대비를 크게 감소시키기 때문이다.

낮에 금성을 관측하는 더 직접적인 방법은 쌍안경으로 찾는 것이다. 금성은 10×50 쌍안경에서

낮의 금성 그믐달이 이른 아침 하늘을 장식하고 있다. 골퍼의 9번 아이언 바로 위에 보이는 작은 '골프공'이 바로 금성이다. 사진: 존 네미.

놀랍도록 밝게 보이지만, 어디를 봐야 하는지에 대한 지침 없이는 찾는 데 시간이 꽤 오래 걸릴 수도 있다. 어느 날 금성이 초승달 근처에 있다는 걸 알게 된다면 달을 먼저 찾고, 그다음 금성을 찾아보라.

금성은 가장 밝은 별보다 21배 더 밝을 수 있고, 그다음으로 밝은 천체인 목성보다는 6배 가까이 더 밝을 수 있다. 나는 일몰 전에 맨눈으로 목성을 발견하는 데 성공해본 적이 없지만, 일몰 무렵 쌍안경으로 찾았던 적은 있다.

GoTo 망원경을 이용하면 낮에도 밝은 별을 관측할 수 있다. 나는 이 방식으로 베가, 시리우스, 프로키온, 알타이르를 찾았는데, 이는 굉장히 학술적인 활동이다. 그러나 수직으로 뚫린 어두운 바닥에서 대낮에도 맨눈으로 별을 볼 수 있다는 전설이 계속해서 전해져 내려오고 있다. 전설에 따르면, 쿠푸 왕의 대피라미드 안쪽에 마련된 관측 구멍을 통해 한때 북극성이었던 투반(176페이지 별지도 1)을 파라오 묘실 안쪽에서 바깥쪽으로 올려다볼 수 있었다고 한다. 피라미드 내부의 칠흑같이 어두운 동굴에서 매일 한 번씩 투반을 볼 수 있었다는 얘기다.

1964년, 돌무더기와 잔해로 채워져 있던 이 소위 '관측 구멍' 2개를 천문학자와 이집트학자들이 자세히 조사했다. 한 구멍은 물론 투반을 가리키고 있었지만, 다른 한 구멍은 오리온의 허리띠 중간에 있는 별 알닐람을 조준하고 있었다. 하지만 관측 구멍이 똑바로 볼 수 있을 만큼 직선은 아니어서, 학자들은 고대 이집트의 종교에서 중요성을 가지고 있었던 두 별로 향하는 파라오의 여정을 상징하는 통로로 보인다고 결론 내렸다.

하지만 대낮에 어두운 바닥에서 별을 보는 게 가능할까? 1940년대 후반, 오하이오주립대학 천문학 교수 J. 앨런 하이넥은 밝은 별 베가가 머리 바로 위를 지나기 한 시간 전에 235피트 높이의 버려진 공장 굴뚝 아래로 제자들 몇 명을 데리고 갔다. 안에 들어간 학생들은 눈이 완전히 어둠에 적응된 채 베가가 굴뚝 입구로 정렬되기를 기다렸다. 약속된 시간이 왔고, 지나갔다. 두 명은 쌍안경까지 사용했음에도 아무것도 보지 못했다. 하늘의 밝기는 너무나 압도적이었다.

저녁 행성 일몰 후 서쪽 하늘에서 더 밝은 금성의 옆으로 보이는 수성은 쉽게 찾을 수 있다. 언제 어디를 봐야 하는지만 안다면 말이다. 사진: 앨런 다이어.

수성

수성은 거의 우리 달의 쌍둥이다. 두 세상 모두 태양계 탄생 이래 46억 년 중 4분의 3에 달하는 시간 동안 본질적으로 변하지 않은 채 크레이터 가득한 표면을 자랑하고 있다. 크레이터는 행성이 형성되고 남은 잔해가 표면과 맹렬하게 충돌하면서 생긴 흉터다. 지구의 지각은 그 후 많은 변화를 겪었지만, 수성과 달의 지각은 그렇지 않았다.

달을 조사하는 것보다 수성의 세부적인 것들을 관측하기가 더 어려운데, 수성이 달보다 지구로부터 300배나 더 멀리 있기 때문이다. 150배율 망원경(행성 관측을 위한 일반적인 배율)으로 봐도 맨눈으로 보이는 달 크기의 절반에 불과하다. 수성의 위치가 태양 빛과 가깝다는 점도 문제가 된다. 때문에 망원경으로 볼 수 있는 건 수성의 원반에 있는 모호한 특징 몇 가지뿐이다.

하지만 우리는 수성의 위상을 볼 수 있다. 가장 작은 망원경만 아니라면 어떤 망원경으로든 상현 수성의 짧은 저녁 관측창, 혹은 마찬가지로 짧은 하현 수성의 아침 관측창 동안 7~10초(각) 너비의 초승달이나 반달 모양 위상을 구분할 수 있다. 위상은 그저 수성이 공전함에 따라

황혼의 여왕 왼쪽: '저녁별'이라는 유명한 이름을 얻은, 다이아몬드처럼 하얀 금성이 어스름한 하늘을 빛내고 있다. 오른쪽 아래: 2020년 5월 29일 낮, 금성이 57초(각) 너비의 낫처럼 가느다란 초승달 모양으로 망원경 이미지에 포착됐다. 금성이 태양과 지구 사이에서 일직선을 이루는 내합이 일어나기 겨우 5일 전이었다. 사진: 앨런 다이어.

지구에서 볼 수 있는 수성의 낮 부분과 밤 부분이 달라지는 양에 불과하다.

수성은 하늘에 낮게 떠 있는 일몰 후나 일출 전에만 쉽게 찾을 수 있어서, 시야가 지평선에 방해받으면 망원경 경치도 함께 뭉개지곤 한다. 태양계 안쪽의 타는 듯이 뜨거운 수성이라는 이 죽은 행성은 관측하기가 정말 어렵다. 나는 그것을 찾는 것만으로도 만족감을 느끼고, 해마다 한 번이라도 망원경으로 선명한 모습을 엿볼 수 있다면 행운이리라 생각한다.

금성

1년 반마다 대여섯 달씩, 일몰 후에는 서쪽, 일출 전에는 동쪽의 청명한 하늘에서 빛나는 밝은 천체가 있다. 바로 밤하늘에서 달 다음으로 밝은 금성이다.

가장 밝을 때 금성은 제일 가까운 라이벌인 목성보다 6배 가까이 밝고, 밤에 가장 밝은 별인 시리우스보다 21배 더 밝다. 이렇게 두드러지는 건 다른 어떤 행성보다도 지구에 가까이 다가오기 때문이다. 금성은 최대 0.26천문단위 거리까지 접근하는데, 이는 지구와 달 거리의 100배 정도밖에 되지 않는다. 금성이 밝게 보이는 또 다른 이유는 태양 빛의 거의 75퍼센트를 다시 우주로 반사하는 하얀 구름 망토에 있다. 태양과 지구 사이 거리의 3분의 2에 불과한 지점에서, 금성은 우리 행성이 받는 햇빛의 2배 이상을 받는다.

금성은 타의 추종을 불허하는 하늘의 총총한 등대로서 많은 민족의 종교와 문화에서 부각돼왔다. 하지만 어떤 민족도 중앙아메리카 마야 문명만큼 금성을 중요하게 여기지는 않았다. 서기 1000년에 전성기를 누리던 마야는 정교한 역법을 개발했는데, 이는 584일 주기, 즉 새벽에 연이어 나타나는 금성의 두 모습 사이 간격을 부분적인 기반으로 했다. 금성은 8년마다(584일의 5배) 배경의 별들과 비교해 측정한 하늘의 정확히 같은 위치로 돌아오는데, 이는 달력상 중요한 장기적인 사건이었다. 마야인은 금성을 '위대한 별'이라 부르며 금성이 나타나는 주기에 집착했다.

많은 이들이 금성을 망가진 지구로 여긴다. 금성은 크기와 질량이 우리 행성과 사실상 동일하지만, 지구보다 밀도가 90배나 높은 가스로 뒤덮여 있다. 금성의 대기는 거의 전적으로 이산화탄소로 구성되며 황산비가 섞여 있고, 이는 구름을 파고드는 태양 복사를 효과적으로 가두어 금성을 온실 행성으로 만들었다. 극에서 극까지의 표면 온도는 450도에 가깝다. 우리가 아는 어떤 종류의 생명체도 금성에서 이런 조건 하에 존재할 수 있으리라고는 상상할 수 없다. 심지어 다양한 신비의 생명체에 대한 이색적인 SF 시나리오조차 금성의 환경에서는 비현실적으로 보인다.

나는 일몰 무렵 망원경으로 금성을 관측하는 걸 좋아하는데, 그때 금성은 진해져가는 파란 배경 때문에 마치 당구대 위의 당구공처럼 보인다. 눈처럼 하얀 구름층은 전혀 특색이 없고, 텅 빈 모습은 용광로처럼 뜨거운 아래의 황무지를 적절히 가려준다. 금성도 수성처럼 보름달에 가까운 모양부터 가느다란 초승달 모양까지 위상이 변화하지만 금성의 위상은 감지하기가 훨씬 더 쉽다. 10×50 쌍안경을 흔들림 없이 들고 있기만 해도 금성의 날씬한 초승달 모양을 볼 수 있는 것이다. 금성은 18개월마다 한 번씩 지구에 가장 가까운 지점에 근접하는데, 그때 망원경으로 관측하면 크고 인상적이며 선명한 이미지를 볼 수 있다. 그럴 때 금성은 대략 1분(각) 너비의 가느다랗고 아름다운 초승달 모양이다.

그렇지만 보통 금성은 망원경으로 관측하기 매력적인 천체가 아니다. 위상 외에는 관찰할 게 없기 때문이다. 금성이 저녁 하늘을 장식할 때면 망원경으로 이 행성을 가장 먼저 조준하곤 한다. 하지만 몇 분 뒤에는 더 다양한 천체들을 추적하기 시작한다. 황혼의 여왕은 자신의 진짜 얼굴을 뒷마당 천문인들에게 드러내는 법이 결코 없다.

화성

우주 시대 이전에 우리가 알던 화성은 영웅과 여인, 기괴한 생명체들로 가득한 놀라운 세계였다. 그중에서도 가장 마음을 사로잡는 것은, 줄어드는 수자원을 보전하겠다고 전 행성에 운하망을 건설해가며 존재를 이어가기 위해 절박하게 애쓰는 죽어가는 문명에 대한 상상이었다. 1800년대 후반 지구에서 화성을 바라본 천문학자들은 그 운하를 보았다. 혹은 보았다고 생각했다.

오늘날, 유명했던 화성 운하의 미스터리는 사라진 지 오래다. 그것은 수로가 아니라 시력의 한계 가까이에 있는 미묘한 세부사항을 자기도 모르게 선형으로 연결한 관측자들의 무의식이 만들어낸 것, 즉 착시임이 증명됐다. 화성 문명에 대한 추측은 실제 화성, 크기와 표면 상태에서 지구와 달의 중간쯤 되는 실제 행성에 자리를 내주었다. 우주선이 찍은 사막과 크레이터, 에베레스트산조차 쪼그라들게 만드는 거대한 화산 사진은 우주 시대 이전에 상상했던 바와는 사뭇 달랐다. 생명체를 찾도록 설계된 미국 바이킹 착륙선 두 대에서 얻은 부정적인 실험 결과가 주요한 전환점이 됐다. 우리가 꿈꾸던 화성은 영원히 사라졌다.

나는 과거의 화성에서 새로운 화성으로 최종 전환되던 순간을 생생하게 기억한다. 바이킹 1호 착륙선이 화성에 착륙한 그날은 1976년 7월의 따뜻한 여름 저녁이었다. 나는 200여 명의 과학자와 같은 수의 기자, SF 작가들과 함께 미국 캘리포니아주 패서디나의 제트추진연구소 관제센터에 있었다. 우리 모두는 화성에서 첫 표면 사진이 전송되기만을 초조하게 기다리고 있었다. 각각의 사진이 텔레비전 모니터에 한 줄씩 나타나면서, 바위가 흩어져 있는 모래 언덕의 풍경이 천천히 드러났다. "이 순간부터는 화성이 어떻게 생겼을지 상상할 필요가 없겠네요." 내 옆에 서 있던 SF 작가 레이 브래드버리가 조용히 말했다.

역사적인 첫 번째 사진 1976년 7월 20일, 바이킹 1호 착륙선이 화성에 착륙한 후 촬영한 이 클로즈업 사진은 화성의 지표면에서 촬영된 최초의 사진이다. 이미지 제공: NASA.

태양계의 다른 주요 행성들도 마찬가지였다. 그들은 과학과 공상과학 사이 경계에서 지워졌고, 지구인들이 일곱 개의 행성과 그 너머로 날려보냈던 무인 우주선의 전자 눈을 통해 초점이 선명하게 맞춰졌다. 비슷하게 아마추어 천문학의 초점도 달라졌다. 우주 시대 이전에는 망원경 애호가들이 주로 행성을 관측했다. 이웃 세계에 대해 알려진 것이 거의 없었기 때문이다. 미지의 세계가 내뿜는 분위기는 마치 강력한 자석 같아서, 접안렌즈 위로 몸을 굽혀 화성 표면의 특징을 엿보려고 노력하는 취미 천문인이 많았다. 특히나 흥미로운 것은 이 붉은 행성의 어두운 부분에 생긴 변화였는데, 1965년까지 몇몇 전문가들은 이것을 초목이라 생각했다. 그 당시에는 화성을 고배율로 조사하는 게 무척 대단한 일이었다.

21세기, 망원경으로 화성을 관측하는 일은 마치 관광객이 비행기에서 휴양지를 바라보듯 별다른 탐구를 요하지 않는 더 일상적인 활동이 됐다. 흥미롭고, 이색적인 면도 있기는 하지만 신비롭지는 않다. 지금 화성을 보면 바람이 생각난다. 광활한 사막의 모래 언덕에 휘몰아치고, 그랜드캐니언보다 5배 더 깊으며 9배 더 긴 매리너 계곡Valles Marineris을 따라 포효하는 바람. 산화철 광물층에 의해 붉게 칠해진 끝없는 평원, 화성에 녹슨 듯한 독특한 색감을 더하는 평원을 아득히 먼 곳에서 바라본다. 그리고 드라이아이스 층(화성의 겨울 동안 땅에 얼어붙은 얇은 대기의 일부)으로 다듬어진 하얀 극빙관에 경이를 느낀다.

아마추어 천문인들에게는 화성이 지구의 절반 크기밖에 되지 않는 작은 행성이라는 점이 문제가 된다. 화성과 지구가 각자 궤도 내에서 가장 멀리 떨어져 있을 때, 붉은 행성의 지름은 머나먼 천왕성의 모습과 비슷한 4초(각) 미만으로 줄어든다. 따라서 화성이 망원경에서 창백한 산호색 점으로 보일 때가 많다는 건 놀라운 일이 아니다. 다행히 대략 26개월마다 지구가 화성을

확대된 화성 왼쪽: 2003년 8월 27일, 허블 우주 망원경이 이 사진을 촬영했을 때 이 붉은 행성은 지구에서 불과 0.37천문단위 떨어져 있었다(최대한 근접했을 때와 비슷한 정도). 중앙 우측의 커다란 쐐기 모양은 시르티스 메이저 Syrtis Major고, 아래쪽에 있는 것은 남극관이다. 이미지 제공: NASA/ESA. 오른쪽: 작가가 7인치 아포크로매틱 굴절 망원경을 사용해 완성한 이 섬세한 화성 그림은 1988년 9월 화성이 0.39천문단위 떨어져 있을 때 만든 것이다.

따라잡고 추월한다. 두 행성이 서로 통과하거나 가장 가까이 접근하는 것을 '충Opposition'이라고 부른다. 화성의 궤도는 타원형이라, 화성까지의 거리는 관측에 유리한 충일 때 0.37천문단위부터 불리한 충일 때 0.68천문단위까지로 달라질 수 있다. 그렇지만 관측에 불리한 0.68천문단위조차 행성 표준을 고려하면 가까운 편이다(다가오는 화성의 충 시기를 알고 싶다면 223페이지를 참조하라).

화성이 가까워지면 그 원반의 지름은 20초(각)를 넘을 수 있다. 토성의 구체보다 약간 더 크지만 목성에는 한참 못 미치는 수치다. 그렇지만 화성은 관측하기 유리한 충에 다다르는 몇 주 동안 참을성 있는 관측자들 앞에 제 모습을 드러낸다. 화성은 대기가 빈약해서(우리 대기 밀도의 1퍼센트 미만) 화성은 행성 가운데 유일하게 망원경으로 표면을 분명히 볼 수 있다. 크고 어두운 영역인 시르티스 메이저와 아키달리아의 바다Mare Acidalium, 그리고 밝고 새하얀 극관처럼 눈에 잘 띄는 특징 몇 가지를 쉽게 찾아 볼 수 있다.

화성과 벌집성단

2010년 1월 16일 촬영된 이 화성 사진엔 사자자리의 머리(왼쪽)와 벌집성단(오른쪽) 사이를 표류하는 붉은 행성이 포착돼 있다. 벌집성단은 황도에서 조금 벗어나 게자리에 자리한다(193페이지 별지도 18). 가끔 달이나 행성이 1.5도 너비인 이 별 보따리를 통과하거나 아주 가까이 접근할 수 있다. 아래에 화성/벌집성단 현상을 관측하기 좋은 날짜를 나열해두었는데, 정확한 시간은 관측 위치에 따라 다를 것이다. 하늘의 위치와 시간은 북아메리카에서만 유효하다.

벌집 속에서 윙윙거리기 -1등급으로 밝게 빛나는 화성이 오른쪽의 벌집성단과 왼쪽의 사자자리 사이를 떠돌고 있다. 사진: 앨런 다이어.

날짜	하늘 위치/시간
2025년 5월 4~5일	서쪽의 높은 하늘, 저녁
2026년 10월 10~12일	동쪽의 높은 하늘, 아침
2028년 9월 16~17일	동쪽의 높은 하늘, 동트기 전

내가 화성을 제대로 본 건 고급 3인치 굴절 망원경을 통해서가 처음이었지만, 초반에는 새하얀 극관 하나밖에 보지 못해 실망했다. 더 많은 세부 사항을 식별할 수 있도록 눈을 훈련하기까지는 몇 주가 걸렸다. 지금도 2년에 한 번씩 화성이 돌아올 때면 나는 눈을 다시 단련해야 한다. 이제 하루 이틀이면 되긴 하지만 말이다. 망원경과 정신, 그리고 눈이 함께 작용해 매일 밤 점점 더 많은 것들이 드러난다. 화성의 자전은 지구보다 40분 느려서 다음 날 저녁에는 40분 더 늦게 같은 모습을 드러내는데, 이는 익숙해지는 과정에 도움이 된다.

'충' 시기마다 나는 화성을 충분히 스케치해 이 행성에 대한 작은 지도를 만들려고 노력한다.

지름 2인치의 원과 부드러운 연필을 사용하며, 특징들의 강렬한 정도를 자세히 기록해서 찾기 쉬웠는지 혹은 어려웠는지 밝힌다. 시간과 날짜까지 기록한 다음에는 관측하는 것들을 표시할 수 있도록 플라네타륨 소프트웨어로 행성의 중앙 자오선을 알아낸다.

시르티스 메이저(지구에서 화성을 볼 때 가장 어두운 부분—옮긴이 주)를 알아보는 것, 혹은 바이킹 1호가 착륙했던 크리세 평원Chryse Planitia을 잠깐 엿보는 스릴감이 그 보상이다. 거대한 화산인 올림푸스산Olympus Mons이 타르시스Tharsis와 아마존 평원Amazonis Planitia 사이에서 어렴풋이 보인다는 사실은 상상력을 자극한다. 수많은 궤도선, 착륙선, 탐사선의 로봇 눈을 통해 밝혀진 화성에 대한 새로운 지식들은 화성이 흥미로우며 놀라울 만큼 다채로운 세계라는 사실을 보여주었다.

소행성대

크레이터 자국이 난 울퉁불퉁한 바위들이 서로 부딪히는, 마치 우주의 거대한 핀볼머신 같은 소행성대의 대중적인 이미지는 SF 소설의 흥미로운 소재는 될지언정 현실과는 거리가 멀다. 화성과 목성의 궤도 사이에 자리 잡은 소행성대는 엄청난 면적을 차지한다. 집채만 하거나 그보다 더 큰 소행성 수백만 개가 이 영역을 떠돌고 있지만, 이들이 있는 공간 자체가 너무 넓어서 소행성 하나에 올라탄 우주 비행사가 3등성이나 4등성보다 밝은 다른 소행성을 볼 일은 거의 없을 것이다.

소행성은 19세기 이전에는 알려진 바가 없었지만, 아예 예상치 못한 존재는 아니었다. 천문학자들은 화성과 목성 사이의 간격을 이해할 수 없었다. 그 간격이 태양계 행성들의 위치 규칙을 망치기 때문이었다. 이 영역에 무언가 있으리라는 느낌이 너무나 강했던 나머지 몇몇 천문학자는 수년 동안 '사라진' 행성을 찾아 헤맸다.

1801년 1월 1일, 이탈리아의 성직자이자 수학자, 천문학자인 주세페 피아치는 별지도를 수정하던 중 지도에 표시돼 있지 않은 별이 있다는 사실을 알아차렸다. 다음 날 밤 그 위치를 확인해보니 별은 약간 움직여 있었다. 이 새로운 천체의 궤도를 계산한 천문학자들은 그것이 화성-목성 간극의 한가운데에서 태양 주위를 돌고 있음을 깨달았다. 세레스라고 명명된 이 천체는 겉으로 보기에 달보다도 훨씬 작았다.

화성과 목성 사이에 작은 행성 하나가 있다는 사실에 익숙해질 새도 없이 1년 뒤 두 번째 천체인 팔라스Pallas가 발견됐다. 그다음 해에는 그보다 더 작은 주노Juno와 베스타Vesta가 발견됐다.

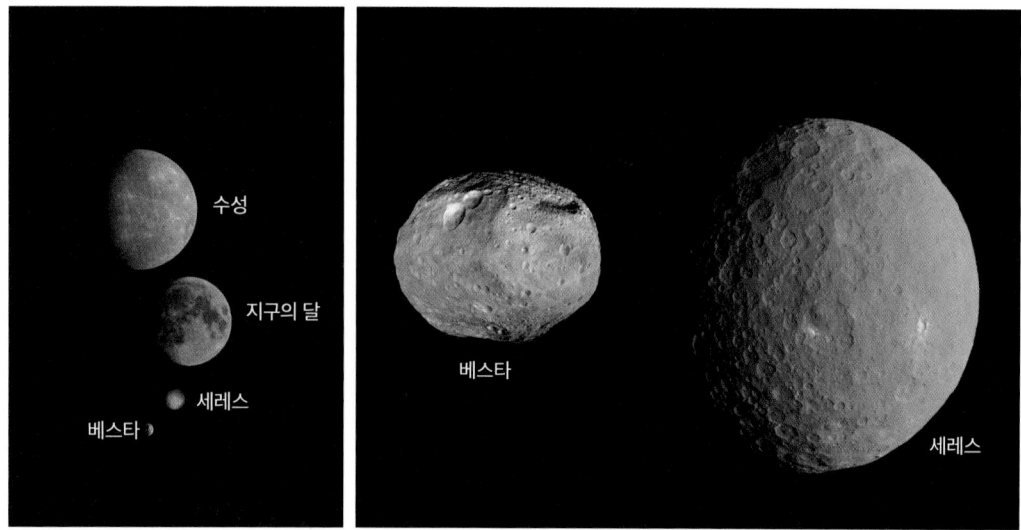

작은 세계에 대한 큰 관심 왼쪽: 왜행성인 세레스와 소행성인 베스타는 소행성대에서 대단히 큰 천체이지만 수성과도, 심지어는 우리의 달과도 비할 수 없이 작다. 이미지 제공: NASA/JPL-Caltech. 오른쪽: 우주선 돈Dawn은 크레이터가 많고 기이한 타원형인 베스타의 궤도를 2011년 7월부터 1년 넘게 돌았다. 그런 다음 더 크고 둥근 세레스로 다가가서 2015년 4월부터 선회하기 시작했다. 이미지 제공: NASA/JPL-Caltech, 세레스 채색: 저스틴 코워트.

오늘날에는 50만 개 이상의 소행성 궤도 경로를 정확히 계산할 수 있을 만큼 이 영역은 오랫동안 관측되었다. 지름이 1킬로미터 이상인 소행성은 거의 200만 개에 달하는 것으로 추정된다. 현재 왜행성으로 분류된 세레스는 소행성대에서 가장 큰 천체이며, 지름이 940킬로미터에 질량은 다른 모든 소행성의 질량을 합친 추정치의 40퍼센트에 달한다. 그다음으로는 베스타(525킬로미터), 팔라스(510킬로미터), 히기에이아(435킬로미터) 순으로 크다.

이 모든 소행성 가운데 안시 관측이 거의 불가능한 시기가 있는 건 베스타뿐이다. 그러나 아마추어 망원경에서는 수십 개 이상이 추가로 별처럼 보일 수 있다. 몇몇 소행성에 대한 하늘 지도가 『관측자 핸드북』과 『스카이 앤드 텔레스코프』(참고자료 참조)에 게재돼 있고, 플라네타륨 소프트웨어에 표시될 수도 있다.

행성 형성에 대한 다양한 시나리오를 바탕으로, 천문학자들은 이제 행성 대신 소행성대가 존재하는 것이 이 위치에서 실질적인 행성은 형성될 수 없었음을 의미한다고 본다. 최근의 이론들이 제안하는 바는 이렇다. 태양계 초기에 가까이 있는 목성의 강력한 중력이 우주 암석들을 이 영역 안팎으로 날렸고, 그래서 잔해들이 행성으로 뭉쳐질 수 없었으리라는 것이다.

목성

아서 C. 클라크의 SF 소설 중 하나에는 칼리스토(목성의 주요 위성 4개 가운데 가장 바깥쪽에 있는 위성) 궤도 바로 너머에서 목성으로 접근하는 행성 간 우주선이 나온다. 태양계의 가장 큰 행성으로부터 200만 킬로미터 이상 떨어진 이곳에서 승무원 한 명이 우주선 창문 밖으로 거대한 목성의 구체를 바라본다. 천체는 어둠 속에 보이지 않는 끈으로 매달려 있는 색색깔의 비치 볼을 닮았다.

이 우주 여행자가 목성의 표면을 가로지르며 소용돌이치는 폭풍 구름을 넋 놓고 바라보는 동안, 거대한 행성이 아주 빠르게, 지구의 두 배가 넘는 속도로 회전하고 있음이 분명해진다. 불과 몇 시간 전만 해도 중앙에 있던 구름이 시야에서 사라지고, 새로운 구름이 시야에 들어온다. 양극이 7퍼센트 정도 찌그러진 이 소용돌이 세상은 눈에 띄게 타원형을 띠고 있다.

클라크는 목성이 지구처럼 암석으로 이루어진 세계가 아니라 거대한 가스 행성이라고 설명했다. 오늘날 우리는 목성이 실제로 그렇다는 것을 알고 있다. 목성은 금속과 암석이 녹아 있는 밀도 높은 핵, 그리고 그 핵을 둘러싼 수소와 헬륨 기체로 된 어마어마한 구체다. 클라크가 상상했던 요동치는 구름층도 어두운 띠Belt와 밝은 대Zone가 평행한 모습으로 실존한다. 일반적으로 '대'는 암모니아와 물로 구성된 상층 구름이고 '띠'는 목성 대기의 심층에 있는 구름이다.

수십 년 전 쓰인 클라크의 묘사에서 흥미로운 부분은, 그 묘사가 내가 6인치 망원경을 통해 조사한 목성과 크게 다르지 않다는 점이다. 안정적인 관측이 가능한 밤에 약 180배로 확대되는 접안렌즈를 사용하면 칼리스토에서 100만 킬로미터도 채 떨어지지 않은 곳에 있는 것처럼 보인다. 그것은 클라크의 소설 속 풍경에 버금가는 멋진 경치다.

목성은 4천문단위보다 가까이 자리할 때가 거의 없음에도 천체 망원경에서 그 어떤 행성보다 훨씬 더 크게 보인다(가까이 있을 때의 금성은 제외). 가장 크게 보일 때는 너비가 무려 50초(각)이다. 적당한 크기(4~8인치)의 고급 장비를 사용하면 띠와 대를 여러 개 볼 수 있다. 이렇듯 강한 바람에 휩쓸리는 기류, 특히 압도적인 황갈색 적도 띠Eequatorial Belt 한 쌍은 색과 강도가 계속해서 변한다. 그보다 밝은 대는 페스툰Festoon이라 불리는 회색 균열 혹은 고리들에 의해 자주 갈라진다. 강렬하게 띠가 둘러진 적도 지역에서는 종종 극적인 현상이 일어나기도 하는데, 이 지역에선 행성의 다른 영역에 비해 구름이 6분 더 빠르게 회전한다(9시간 56분이 아니라 9시간 50분). 때문에 두 구름 기류가 시속 530킬로미터로 미끄러져 지나고, 지속적인 난류가 일어난다.

목성 대기의 가장 유명한 특징은 대적점이다. 엇갈린 두 구름 사이에 자리하는 대적점은 대

거대 행성 목성 2020년 8월, 허블 우주 망원경이 이 목성 사진을 촬영했을 때 이 행성은 지구로부터 4.3천문단위 떨어져 있었다. 목성의 왼쪽에 있는 얼음 위성은 유로파다. 중앙 근처에 있는 어두운 타원형의 폭풍은 대적점이다. 이미지 제공: NASA/ESA/STScI.

략 500킬로미터 아래까지 뿌리를 뻗은 물질의 용승처럼 보인다. 이 어마어마한 소용돌이는 인접한 적도 띠 위 약 8킬로미터까지 솟아 있다. 내부에 있는 구름은 최대 시속이 680킬로미터에 육박하는 바람에 실려 반시계 방향으로 이동한다.

흥미롭게도 대적점은 크기와 색이 천천히 달라진다. 1980년대만 해도 이 타원형의 고기압권은 지구를 세 개나 집어삼킬 수 있을 만큼 컸는데, 이는 적어도 150년 동안 줄어들어왔다. 이유는 아무도 모른다. 2023년 현재 그것은 지구보다 아주 많이 크지는 않다. 그 붉은 색조 역시 확실히 설명되지 않는다. 뒷마당 천문인들이 이 불가사의한 폭풍을 면밀히 살펴보길 좋아하는 건 어쩌면 당연한 일이다. 대적점은 관측 조건에 따라 고배율 4인치 망원경에서 살짝 보일 수도 있다.

목성을 더 매력적으로 만드는 것은 네 개의 유명한 위성들이다. 모든 망원경으로, 심지어는 쌍안경으로도 이 '갈릴레이 위성들'을 볼 수 있는데, 1610년 이탈리아의 천문학자 갈릴레이에게 발견돼 그런 이름이 붙었다. 네 개의 갈릴레이 위성은 목성에서 멀어지는 순서대로 이오, 유로파, 가니메데, 칼리스토다. 각각 지름이 3000킬로미터가 넘는다. 족히 100개는 될 목성의 수많은 위성 중에서 오직 이 네 가지만 소형 망원경으로 관측 가능하다. 다른 위성들은 모두 지름이

폭풍의 눈 2017년 7월 10일, 우주선 주노Juno는 목성의 구름 꼭대기 위로부터 1만4000킬로미터도 채 되지 않는 지점을 지나며 타원형 대적점의 소용돌이치는 중심을 들여다보았다. 대적점은 항상 뚜렷하게 눈에 보이는 건 아니지만 지구보다도 크다. 이미지 제공: NASA/JPL-Caltech/SwRI/MSSS/제이슨 메이저.

170킬로미터 미만이다.

가장 큰 갈릴레이 위성인 가니메데는 지름이 5262킬로미터다. 밝기가 4.6등급이라 이론적으로는 광학 보조 장비 없이 볼 수 있다. 하지만 목성의 광휘가 이를 방해한다. 적어도 그렇다는 것이 하나의 통념으로 받아들여져왔다. 그럼에도 수년 동안 가니메데를 보았다고 주장하는 사람들의 보고가 꾸준히 있었는데, 나는 늘 선입견 때문이라고 결론을 내렸다. 거기에 위성이 있다는 걸 관측자가 알기 때문이다. 정신과 눈이 결합돼 눈부신 발광체 옆에 작은 점이 있다는 착시를 불러일으키는 것이다.

수년간 이 주제로 결론 없는 논쟁을 치른 끝에, 이런 주장 중 일부가 정확할 가능성이 있음을 알게 됐다. 1981년 중국과학원의 시쩌쭝席澤宗은 중국의 고대 천문학자 감덕甘德이 기원전 365년 여름에 목성의 위성을 관측한 기록이 있다고 밝혔다. 그 기록의 내용은 다음과 같다. '목성은 매우 크고 밝았다. 분명 그 옆에는 작고 붉은 별이 달려 있었다.' 이 구절은 감덕이 위성을 보았음을 거의 확실하게 의미한다고 시쩌쭝은 말했다. 감덕의 진술이 타당한지를 살피고자 시쩌쭝은 플라네타륨에서 실험을 진행했다. 그 결과, 시력이 특히 뛰어난 사람들은 가니메데가 목성의 한쪽 또는 다른 한쪽으로 멀리 선회할 때 그것을 희미하게 빛나는 점으로 감지할 수 있었다. 1610년 있었던 갈릴레이의 유명한 발견이 그보다 거의 2000년 더 전에 이미 일어났던 일일 수 있다는 뜻이다.

이오는 2일 미만, 칼리스토는 거의 17일로 궤도 주기가 서로 다른 갈릴레이 위성들은 정확히 목성의 적도면에서 공전한다. 목성은 축의 기울기가 3도에 불과해서 적도면과 위성들의 궤도가 거의 나란하며 측면만 보인다. 위성들은 얇은 경로를 따라 앞뒤로 왕복하며, 끊임없이 변하는 그들의 위치는 태양계의 축소판과 유사하다. 이들은 목성 양쪽에서 쌍을 이룰 수도 있고 4개가 한 줄로 정렬될 수도 있다. 하나 이상의 위성이 목성의 뒤나 앞을 지나고 있어 한꺼번에 드러나지 않기도 한다.

목성 앞쪽에 있는 위성은 아래의 구름 꼭대기에 그림자를 드리울 것이다. 망원경으로 목성의 원반을 가로지르는 작은 그림자를 따라가는 건 무척이나 매력적인 여가 활동이다. 수시간 지속되는 이 현상은 고급 3인치 굴절 망원경에서 약 100배율로 볼 수 있으며, 잉크처럼 까만 그림자가 밝은 영역을 지나갈 때 특히 잘 보인다. 위성들은 유로파(우리의 달보다 약간 작음)부터 가니메데(달 지름의 1.5배)까지 크기가 상이하고 목성까지의 거리도 달라서 이들의 그림자도 크기가 다 다르다. 이오와 가니메데의 그림자가 유로파와 칼리스토보다 약간 더 뚜렷하다.

그림자가 보이는 시기, 각 위성이 목성의 넓은 그림자 속으로 들어가거나 목성 뒤로 사라지는 시기, 그리고 매일 이동하는 위성들의 궤도 내 위치는 『관측자 핸드북』과 다양한 천문학 잡지에 정리돼 있다(참고자료 참조). 갈릴레이 위성들의 군무와 목성의 다양한 구름 줄무늬, 대적점의 독특한 특성 덕분에 목성은 아마추어 천문인들에게 최고의 명소가 된다.

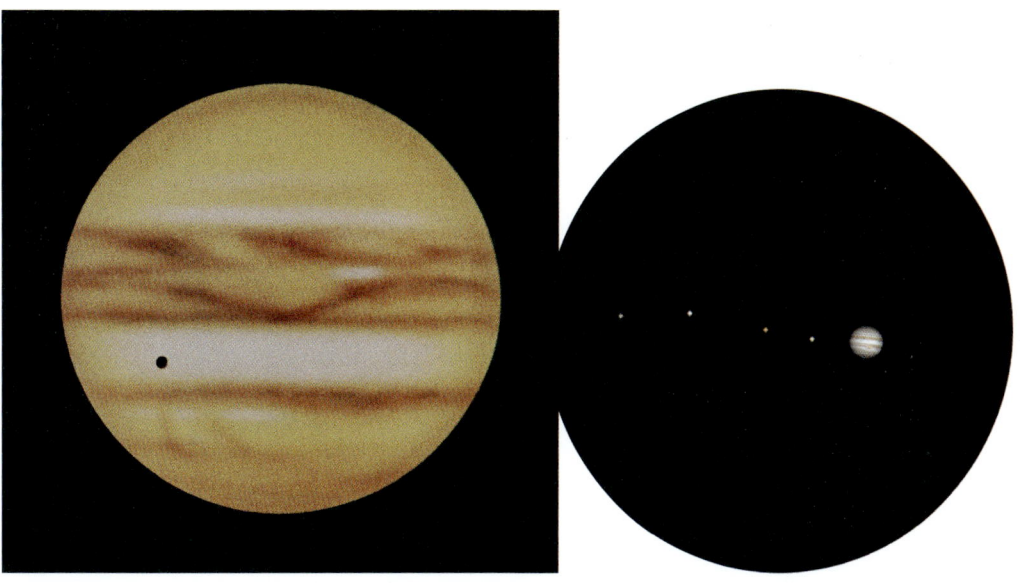

관측된 목성 왼쪽: 저자가 고배율 3인치 굴절 망원경으로 만든 목성 스케치에는 구름 띠가 여럿 보인다. 목성의 커다란 위성 4개 중 하나가 만든 까만 그림자는 마치 거대한 행성에 난 총알구멍처럼 보인다. 오른쪽: 목성과 커다란 위성 네 개에 대한 이 시뮬레이션은 6인치 망원경에서 중~고배율을 사용했을 때 보이는 경관과 비슷하다. 사진: 시뮬레이션 커리큘럼.

도시에서 행성 관측하기

쌍안경이나 천체 망원경으로 행성을 관측하는 일은 도시에서도 어두운 시골에서만큼이나 잘 진행할 수 있는 몇 안 되는 활동 중 하나다. 행성은 도시의 흐리고 오염된 하늘을 뚫고 나올 만큼 밝다. 테라스나 발코니에 설치된 망원경은 목성, 토성, 금성, 화성을 농장이나 시골집에서 볼 수 있는 것과 사실상 똑같은 모습으로 보여준다. 1960년대에는 가로등 불빛과 토론토 교외의 눈부심에 둘러싸인 뒷마당에서 행성을 관측했는데, 그때 7인치 굴절 망원경으로 본 경치는 지금껏 본 것 중 최고에 속한다.

도시에서의 관측 조건이 다른 곳 못지않을 수 있으며, 심지어 더 좋을 수도 있다는 경험적인 증거도 있다. 대기가 차분한다면 도시의 공기 오염이 노면과 건물에서 발생하는 열과 합쳐져 안정적인 공기로 된 미기후를 형성할 때가 많기 때문이다. 그런 조건에서는(무더운 여름 저녁에 가장 흔하다) 대단히 한결같은 상태로 관측할 수 있어서 망원경으로 볼 수 있는 행성의 아름다운 세부 사항들이 잘 드러난다.

빛과의 싸움 왼쪽: 도시의 천체 관측자 게리 세로닉은 여러 대도시의 아파트 옥상과 발코니에서 관측했다. 사진: 게리 세로닉. 오른쪽: 토론토의 천체 사진가 에이드리언 애버틴과 그의 아들 이선은 인근 도시에서 불빛이 오는데도 아파트 발코니에 크고 작은 장비를 설치했다. 에이드리언의 '발코니 천문학'이 성공적이라는 증거로는 147페이지에 있는 그의 사진을 참조하라. 사진: 에이드리언 애버딘.

토성

밤하늘의 슈퍼스타인 토성은 다른 무엇에도 비할 수 없는 밤하늘의 대표작이다. 망원경으로 처음 본 토성의 모습, 작고 창백한 구체의 서늘한 아름다움과 검은 벨벳 같은 들판 위에 마법처럼 떠올라 구체를 둘러싸고 있는 섬세한 고리는 누구도 잊을 수 없을 것이다. 10억 킬로미터가 넘는 우주를 가로질러 바라보는 것이지만 가장 작은 망원경으로도 고리를 볼 수 있다. 적당한 구경의 고급 굴절 망원경이나 반사 망원경으로 바라보는 토성은 숨이 막히도록 아름답다.

고리는 크기가 엄청나다. 바깥쪽 가장자리 한쪽에서 다른 한쪽까지가 지구와 달 사이 거리의

눈부시게 아름다운 고리 위: 2013년 10월 10일, 카시니 우주선이 토성의 북극 위 높은 곳에서 토성 고리계의 모습을 촬영했다. 카시니 간극은 바깥쪽 A고리와 더 뚜렷한 안쪽의 B고리 사이에 선명하게 보인다. 이미지 제공: NASA/JPL-Caltech/SSI/케빈 길. 오른쪽: 카시니 간극을 초근접 거리에서 찍은 이 사진은 A고리 바로 안쪽의 좁은 킬러 간극 안에 자리 잡은 아주 작은 위성 다프니스를 보여주고 있다. 이미지 제공: NASA/JPL-Caltech/SSI/소피아 나스르.

거의 90퍼센트에 달한다. 멀리서 보면 고리는 단단한 것처럼, 10미터 두께밖에 안 되는 넓은 판이 중력에 의해 정확히 토성의 적도 위에 배열된 것처럼 보인다. 사실 고리는 티끌 한 점만 한 입자부터 집채보다 큰 바윗덩어리에 이르기까지 수조 개의 작은 얼음 위성들로 이루어져 있다. 이들은 각각 자기 궤도에서 토성 주위를 돌며 반짝이고 우아한 행렬을 이룬다. 가장 빽빽한 구역에서는 작은 위성들이 토성 주위로 눈부시게 휘몰아친다.

겉보기 크기를 따지면 토성이 지구에 가장 가까이 근접할 때, 즉 1년 중 '충'에 도달할 때 고리계의 끝에서 끝까지가 대략 45초(각)이다. 고리의 대부분은 토성 자체보다 빛을 더 많이 반사하며 그래서 더 밝다. 더 좋은 점은 망원경으로 세부 특징을 만끽할 수 있다는 점이다. 간격과 밝기 차이로 고리 몇 개가 정의된다. 가장 밝고 멋진 고리 두 개(A고리와 B고리라고 부른다)는 망원경으로 분명하게 볼 수 있다. 이 고리들은 '카시니 간극'으로 분리돼 있는데, 이 간극은 달보다 더 넓어서 관측 조건이 안정적일 때 고배율 3인치 굴절 망원경을 쓰면 까만 헤어라인처럼 분명하게 보인다. 고리가 토성 뒤로 곡선을 이루면서 생기는 고리 위의 토성 그림자와 토성의 원반에 비치는 토성 고리 그림자는 카시니 간극보다도 알아보기 쉬울 때가 많다.

아마추어 천문인들은 고리계의 기울기가 해마다 천천히 변화하는 모습을 보는 걸 좋아한다. 그 변화는 천문학의 위대한 착시 중 하나인데, 사실 고리의 각도는 전혀 변하지 않기 때문이다. 토성은 축이 27도 기울어져 있으며 태양을 공전하는 데는 29.5년이 걸린다. 토성 시간으로 1년마다 두 번, 동지와 하지 무렵이면 토성의 고리가 완전히 우리 쪽 혹은 우리 반대쪽으로 기울어 활짝 열린 듯 보인다(다음 페이지에 있는 일련의 사진들을 참조). 반사율이 매우 높은 고리계가 활짝 열려 있을 때 토성의 밝기는 한 등급 더 밝아진다. 반대로 토성의 춘분이나 추분에는 고리가 우리 시선의 측면에 오게 된다. 예를 들어 2025년에는 측면으로 있다가 2032년에는 최대 27도로 기울어지고, 2039년에 다시 측면으로 온다. 측면으로 오면 고리는 면도날처럼 얇은 선으로 변하며, 일시적으로 시야에서 사라진다.

'충' 시기에는 창백한 노란색인 토성의 원반이 대략 20초(각) 정도 지름으로 1년 중 가장 넓어진다. 심지어 그때조차 지구에 있는 망원경에서는 적도 영역을 따라 고작 한두 개의 어둡고 탁한 줄무늬가 보일 뿐이다. 왜 그렇게 잔잔한 모습으로 보이는 걸까? 토성의 내부가 목성과 근본적으로 다르지는 않지만, 토성의 대기 상층부가 훨씬 더 차갑다. 우주선 탐사로 얻어진 발견들은 거대한 허리케인 띠의 존재를 확인해주었다. 하지만 목성에서 아주 분명하게 보이는 다채로운 색상의 암모니아 구름은 토성의 차가운 대기 깊숙한 곳에 놓여 있고, 그래서 더 보기 어렵다. 토성은 10시간 40분 만에 한 바퀴를 자전하지만 행성 표면이 단조로운 탓에 아마추어 망원경

변화하는 아름다움 아래: 토성 중심축의 경사는 27도로 고정돼 있지만, 토성이 태양을 공전함에 따라 행성을 보는 우리의 관점이 천천히 바뀌는지라 마치 고리가 활짝 열리고 닫히는 것처럼 보인다. 이 사진은 허블 우주 망원경이 5년에 걸쳐 촬영한 것이다. 이미지 제공: NASA/ESA와 허블 헤리티지 팀(STScI/AURA). 왼쪽: 소형 망원경으로 보면 토성의 위성을 최소 두 개 볼 수 있다. 여기 보이는 위성 네 개, 타이탄, 레아, 디오네, 테티스는 6인치 망원경으로 볼 수 있다. 사진: 시뮬레이션 커리큘럼.

으로는 이 빠른 회전을 감지하기가 거의 불가능하다. 우리의 망원경으로는 빠르게 회전하는 토성의 적도가 거의 지구의 지름만큼 더 부풀어 보이는데, 이 때문에 토성은 태양계에서 가장 납작한 행성이 됐다(이 현상은 고리가 측면에 온 지 1, 2년 내에 가장 뚜렷하다).

토성은 위성 식구를 80개 이상 관리하는데, 대부분은 아주 작다. 가장 큰 타이탄은 수성보다 약간 크고, 지구 대기보다 밀도 높은 두꺼운 질소층으로 덮여 있다. 이 커다란 위성은 16일 동안 토성 주위를 도는 8등급 '별'로서 어느 망원경에서나 볼 수 있다. 타이탄이 토성의 동쪽 혹은 서쪽으로 가장 먼 거리에 있을 때는 고리 지름의 약 5배 떨어진 곳에 나타난다. 안쪽에 있는 위성들이 으레 그렇듯 타이탄 역시 토성 적도 바로 위를 공전한다. 남아 있는 다른 위성 중에 구경이

5인치 이하인 망원경에서 쉽게 보이는 것은 밝기가 10등급인 레아뿐이다. 레아의 궤도는 타이탄 궤도 안쪽에 자리하는데, 그 거리가 고리 지름의 2배도 되지 않는다. 다른 두 위성 디오네와 테티스는 6인치 이상 망원경으로 볼 수 있다. 작디작은 이 위성들은 고리 바로 너머 토성의 환한 빛에 숨어 있을 때가 많지만, 이들을 발견하는 건 태양계에서 가장 매력적인 행성을 관측하며 얻게 되는 보너스 중 하나다.

더 멀리 있는 행성들

거대한 가스 행성인 목성과 토성 너머로 가면 태양계는 음산해진다. 지름이 목성의 3분의 1 정도인 천왕성과 해왕성은 거대한 얼음 행성으로 알려져 있다. 목성이나 토성처럼 대기가 주로 수소와 헬륨으로 이루어져 있지만, 두 행성의 대기에선 물과 암모니아, 메테인 등 얼음이 더 높은 비중을 차지한다. 이 얼어붙은 거대 행성들은 태양으로부터 멀리 떨어진 어둠 속에 있는 만큼 매우 어둡다. 이들을 찾기 위해서는 잡지나 『관측자 핸드북』의 별지도에 표시돼 있는 현재 위치가 필요할 것이다(참고자료 참조).

평균 5.7등급인 천왕성은 눈으로 볼 수 있는 한계에 간신히 걸쳐 있다. 그러나 제대로 식별하기 위해서는 쌍안경이 필요할 것이다. 나는 도시에 있는 아파트 발코니에서 7×50 쌍안경으로 천왕성을 찾을 때 아무런 문제도 겪지 않았다. 하지만 '별처럼 생긴 점'보다 더 많은 것을 보는 건 또 다른 문제다. 실제로 천왕성은 1781년 영국의 아마추어 천문인 윌리엄 허셜이 6인치 뉴턴식 반사 망원경으로 우연히 발견할 때까지 수십 번쯤 별로 오해받았다. 지름이 4초(각)도 되지 않는 청록빛의 작은 원반을 뜯어보려면 고급 망원경과 100배 이상의 배율이 필요하다.

해왕성은 천왕성보다 태양에서 50퍼센트 더 멀리 있고, 겉보기 지름도 2.3초로 더 작아 소형 망원경으로는 별이 아니라는 것을 알아채기 어려운 천체다. 대부분의 뒷마당 천문인들에게는 해왕성을 발견하는 것 자체가 충분한 보상이 된다. 쌍안경으로도 엄밀히 따지면 아직 관측할 수 있지만, 해왕성은 절대 7.7등급보다 밝지 않다. 그 정체를 확인하려면 좋은 별지도가 있어야 한다.

천왕성과 해왕성에는 아마추어 망원경의 관측 범위를 한참 넘어서는 흐릿하고 실 같은 고리가 있다. 또한 둘 다 많은 위성을 거느리고 있지만, 이렇게 멀리 있는 위성이라면 천왕성의 티타니아와 해왕성의 트리톤처럼 가장 큰 것조차 소형 망원경으로는 볼 수 없다.

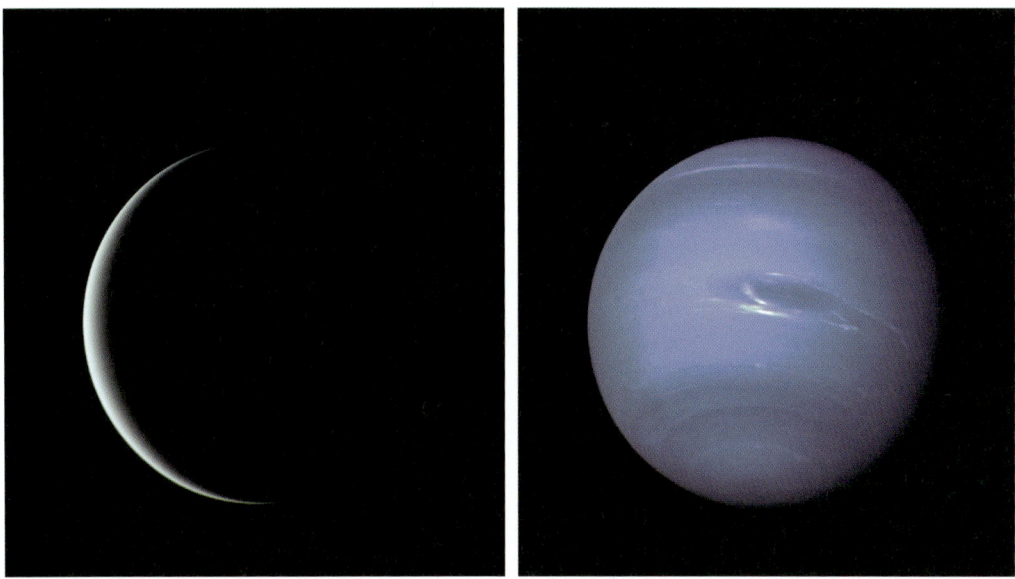

얼음 거성 천왕성(왼쪽)과 해왕성(오른쪽)은 거대하지만 너무 멀리 떨어져 있어서 아마추어 망원경에서는 점으로밖에 보이지 않는다. 이 근접 사진은 보이저 2호 탐사선이 1986년(천왕성)과 1989년(해왕성)에 촬영한 것이다. 이미지 제공: NASA/JPL.

명왕성은 태양의 카이퍼 벨트에 속해 있는 멀고도 작고 또 희미한 왜행성이다. 명왕성을 관측하는 건 아마추어 천문인 극소수만이 달성할 수 있는 엄청난 성과다. 명왕성은 궁수자리와 염소자리의 경계 근처에 있으며 밝기는 14등급이다. 10인치 망원경, 특히 GoTo 장비로 명왕성을 포착할 수 있다. 그러나 명왕성을 희미한 별과 구별하는 것은 사실 간단한 일이 아니다. 배경 별과 비교해 명왕성의 움직임이 증가하는 정도를 표시해 명왕성임을 확인하려면 며칠 밤 간격으로 두 차례 관측해야 할 수 있다. 하늘 영역에 대한 상세하고 광범위한 지도가 절대적으로 필요하다.

2023~2035년 행성 관측 참고표

이 표는 하늘에서 매달 위치가 바뀌는 밝은 행성 5개를 식별하는 데 도움을 줄 것이다. 다섯 행성의 육안 관측 모습이 궁금하다면 이 장의 시작 부분을 참조하라.

금성: 뚜렷하게 보이는 기간

해 질 무렵 서쪽 하늘	해 뜰 무렵 동쪽 하늘
2023년 1월 초순~2023년 7월 중순	2023년 9월 초순~2024년 2월 중순
2024년 10월 하순~2025년 3월 중순	2025년 4월 중순~2025년 11월 초순
2026년 3월 중순~2026년 9월 중순	2026년 11월 초순~2027년 4월 중순
2027년 11월 초순~2028년 5월 중순	2028년 6월 중순~2029년 1월 중순
2029년 5월 하순~2029년 12월 하순	2030년 1월 중순~2030년 8월 중순
2030년 12월 하순~2031년 7월 중순	2031년 8월 하순~2032년 2월 하순
2032년 10월 초순~2033년 3월 중순	2033년 4월 초순~2033년 11월 초순
2034년 3월 중순~2034년 9월 초순	2034년 11월 초순~2035년 4월 초순
2035년 11월 초순~2036년 5월 중순	2036년 6월 중순~2037년 1월 초순

참고: 금성은 밤하늘에서 달 다음으로 밝은 천체지만, 지평선에 가까이 있을 때가 많다. 가능하면 해당 방향 지평선에 방해물이 없는 곳에서 관측하자.

수성 관측을 위한 최상의 시기

	저녁 하늘, 낮은 서쪽	아침 하늘, 낮은 동쪽
2024	3월 하순	1월 중순, 9월 초
2025	3월 초순, 7월 초	8월 중순, 12월 초순
2026	2월 중순, 6월 중순	11월 중순
2027	2월 초, 5월 말	11월 초
2028	1월 중순, 5월 초순	10월 중순
2029	4월 중순	9월 말
2030	4월 초	1월 중순, 9월 중순
2031	3월 중순, 7월 중순	1월 초, 12월 중순
2032	2월 말, 6월 하순	8월 초순, 11월 말
2033	2월 중순, 6월 초순	7월 중순, 11월 초순
2034	1월 하순, 5월 중순	10월 중순
2035	1월 초순, 5월 초	10월 초순

참고: 수성은 지평선으로부터 20도가 채 되지 않는 곳에서 일몰 30~60분 후 또는 일출 30~60분 전에 보인다. 반드시 해당 방향 지평선에 방해물이 없는 곳에서 관측하자. 위 데이터는 북반구에서만 유효하다.

화성을 어디서 찾을까 - 월 중순

	1월	2월	3월	4월	5월	6월	7월	8월	9월	10월	11월	12월
2024	-	-	새벽	물병	물고기	양	황소	황소	쌍둥이	쌍둥이	게	게
2025	쌍둥이	쌍둥이	쌍둥이	게	게	사자	사자	처녀	처녀	황혼	-	-
2026	-	-	-	-	새벽	양	황소	쌍둥이	쌍둥이	게	사자	사자
2027	사자	사자	사자	사자	사자	사자	처녀	처녀	천칭	전갈	뱀주인	궁수
2028	황혼	-	-	-	-	새벽	황소	쌍둥이	게	사자	사자	처녀
2029	처녀	처녀	처녀	처녀	처녀	처녀	처녀	처녀	천칭	뱀주인	궁수	염소
2030	염소	물병	물고기	황혼	-	-	새벽	게	사자	사자	처녀	처녀
2031	처녀	천칭	천칭	천칭	천칭	처녀	천칭	천칭	뱀주인	궁수	궁수	염소
2032	물병	물고기	물고기	양	황혼	-	-	-	사자	사자	처녀	처녀
2033	천칭	전갈	뱀주인	궁수	궁수	궁수	궁수	궁수	궁수	염소	물병	
2034	물고기	물고기	양	황소	황소	황혼	-	-	처녀	처녀	천칭	
2035	천칭	뱀주인	궁수	염소	염소	물병	물병	물고기	물병	물병	물병	물고기

참고: 대시(-)는 태양광 때문에 행성이 사라져 관측할 수 없음을 나타낸다. '새벽'과 '황혼'을 제외한 나머지는 황도 12궁과 뱀주인자리를 나타낸 것이다. 제4장의 올스카이 지도에서 해당 달에 하늘의 어디에서 보이는지(즉, 화성이 통과하는 별자리) 확인할 수 있다.

다가오는 화성의 '충' 시기

2025년 1월 16일(0.64천문단위)

2027년 2월 19일(0.68천문단위)

2029년 3월 25일(0.65천문단위)

2031년 5월 4일(0.56천문단위)

2033년 6월 27일(0.43천문단위)

2035년 9월 15일(0.38천문단위)

목성을 어디서 찾을까 - 월 중순

2023	5월: 해 뜰 무렵 / 이후 연말까지: 양자리
2024	저녁: 양자리 / 4월: 해 질 무렵 / 태양광으로 사라짐 / 6월: 해 뜰 무렵, 이후 연말까지 황소자리
2025	저녁: 황소자리 / 5월: 해 질 무렵 / 태양광으로 사라짐 / 8월: 해 뜰 무렵 / 이후 연말까지: 쌍둥이자리
2026	저녁: 쌍둥이자리 / 6월: 해 질 무렵 / 태양광으로 사라짐 / 8월: 해 뜰 무렵 / 9월: 게자리 / 연말까지: 사자자리
2027	저녁: 사자자리-게자리 경계 / 7월: 해 질 무렵 / 태양광으로 사라짐 / 10월: 해 뜰 무렵 / 11월: 사자자리 / 12월: 처녀자리
2028	2월까지: 아침, 처녀자리 / 이후: 저녁, 사자자리 / 8월: 해 질 무렵 / 태양광으로 사라짐 / 10월: 해 뜰 무렵 / 이후 연말까지: 처녀자리
2029	1월: 아침, 처녀자리 / 이후: 저녁 처녀자리 / 9월: 해 질 무렵 / 태양광으로 사라짐 / 11월: 해 뜰 무렵 / 12월: 천칭자리
2030	2월까지: 아침, 천칭자리 / 이후: 저녁, 천칭자리 / 10월: 해 질 무렵 / 태양광으로 사라짐
2031	1월: 해 뜰 무렵 / 4월: 아침, 뱀주인자리 / 10월까지: 저녁, 뱀주인자리 / 11월: 궁수자리 / 12월: 해 질 무렵
2032	2월: 해 뜰 무렵 / 3월: 아침, 궁수자리 / 5월까지: 아침, 염소자리 / 이후 연말까지: 저녁, 궁수자리
2033	3월 해 뜰 무렵까지 태양광으로 사라짐 / 이후 연말까지: 물병자리
2034	1월: 물병자리 / 2월: 해 질 무렵 / 태양광으로 사라짐 / 4월: 해 뜰 무렵 / 이후 연말까지: 물고기자리
2035	2월까지: 물고기자리 / 3월: 해 질 무렵 / 이후 태양광으로 사라짐 / 5월 새벽 / 이후 연말까지: 양자리

토성을 어디서 찾을까 - 월 중순

2023	3월: 해 뜰 무렵 / 이후 연말까지: 물병자리
2024	1월: 물병자리 / 2월: 해 질 무렵 / 태양광으로 사라짐 / 3월: 해 뜰 무렵 / 이후 연말까지: 물병자리
2025	1월: 물병자리 / 2월: 해 질 무렵 / 태양광으로 사라짐 / 4월: 해 뜰 무렵 / 9월까지: 물고기자리 / 이후 연말까지: 물병자리
2026	1월: 물병자리 / 2월: 물고기자리 / 3월: 해 질 무렵 / 태양광으로 사라짐 / 4월: 해 뜰 무렵 / 이후 연말까지: 물고기자리
2027	2월까지: 물고기자리 / 3월: 해 질 무렵 / 태양광으로 사라짐 / 5월: 새벽 / 이후 연말까지: 물고기자리
2028	2월까지: 물고기자리 / 3월: 해 질 무렵 / 태양광으로 사라짐 / 5월: 새벽 / 이후 연말까지: 양자리
2029	3월까지: 양자리 / 4월: 해 질 무렵 / 태양광으로 사라짐 / 6월: 새벽 / 10월까지: 황소자리 / 이후 연말까지: 양자리
2030	3월까지: 양자리 / 4월: 해 질 무렵 / 태양광으로 사라짐 / 6월: 새벽 / 이후 연말까지: 황소자리
2031	4월까지: 황소자리 / 5월: 해 질 무렵 / 태양광으로 사라짐 / 6월: 새벽 / 이후 연말까지: 황소자리
2032	4월까지: 황소자리 / 5월: 해 질 무렵 / 태양광으로 사라짐 / 7월: 새벽 / 이후 연말까지: 쌍둥이자리
2033	5월까지: 쌍둥이자리 / 6월: 해 질 무렵 / 태양광으로 사라짐 / 7월: 새벽 / 이후 연말까지: 쌍둥이자리
2034	5월까지: 쌍둥이자리 / 6월: 해 질 무렵 / 태양광으로 사라짐 / 8월: 새벽 / 이후 연말까지: 게자리
2035	6월까지: 게자리 / 7월: 해 질 무렵 / 태양광으로 사라짐 / 8월: 새벽 / 이후 연말까지: 게자리-사자자리 경계

행성들의 주요 합

밝은 행성들은 서로, 그리고 달과 가까워질 때 특히 눈에 띈다. 이런 현상을 '합Conjunction'이라고 한다. 북아메리카에서 2035년까지 볼 수 있는 최고의 합 몇 개를 표에 수록했다.

2023년 11월 9일	해 뜰 무렵, 동북동쪽, 초승달 위에 금성 / 사랑스러운 광경
2024년 8월 14일	이른 아침, 동쪽, 화성으로부터 0.25도 위치에 목성
2025년 1월 17일	저녁, 남서쪽, 토성으로부터 2도 위치에 금성
2025년 8월 11~12일*	해 뜰 무렵 전, 동북동쪽 낮은 곳, 목성으로부터 1도 위치에 금성
2026년 6월 8~10일*	해 질 무렵, 서쪽, 목성으로부터 1.5도 위치에 금성
2026년 10월 5일**	해 뜰 무렵 전, 동쪽, 벌집성단(M44)을 통과하는 달
2026년 11월 14~17일	이른 아침, 남동쪽 높은 곳, 화성으로부터 1.33도 위치에 목성
2027년 5월 14~16일	저녁, 서남서쪽 높은 곳, 레굴루스로부터 1.25도 위치에 화성
2027년 11월 24일	해 질 무렵, 남서쪽 아주 낮은 곳, 화성으로부터 0.25도 위치에 금성
2027년 11월 30일	해 질 무렵, 남서쪽 아주 낮은 곳, 7도 간격으로 정렬되는 달, 금성, 화성

2028년 3월 29일	해 질 무렵, 서쪽, 달 위 금성, 예쁜 광경
2028년 4월 3일**	해 질 무렵, 서북서쪽, 플레이아데스성단(M45) 안에 금성 / 드문 광경 / 놓치지 말 것!
2028년 7월 7~13일	해 뜰 무렵 전, 동북동쪽 낮은 곳, 히아데스성단을 지나는 금성
2028년 9월 15일*	해 뜰 무렵 전, 동쪽 높은 곳, 달 아래 금성, 달 위에 화성과 M44
2028년 10월 2일	해 뜰 무렵 전, 동쪽, 레굴루스로부터 0.2도 위치에 금성
2028년 10월 22일	해 뜰 무렵, 동쪽 아주 낮은 곳, 수성으로부터 1도 위치에 목성
2028년 10월 22일**	일출 30분 전, 육안 관측 행성 5개가 모두 보임 / 동쪽 낮은 곳, 수성 및 목성 / 동남동쪽 높은 곳, 금성(27도) 및 화성(50도) / 서쪽 낮은 곳, 토성
2028년 11월 9~10일	아침, 동쪽, 목성으로부터 0.75도 위치에 금성
2029년 9월 6~7일*	해 질 무렵, 서남서쪽 낮은 곳, 목성으로부터 1.75도 위치에 금성
2029년 10월 10일*	해 질 무렵, 남서쪽 낮은 곳, 달 옆에 금성
2029년 11월 26~30일	해 질 무렵, 남서쪽, 화성으로부터 2도 위치에 금성
2030년 6월 24~25일	해 뜰 무렵, 동북동쪽, 토성으로부터 0.6도 위치에 금성
2031년 3월 25일	해 질 무렵, 서쪽, 달 옆에 금성
2031년 9월 13일*	해 뜰 무렵, 동쪽, 달 위에 금성 / 아름다운 광경
2031년 9월 27~29일	저녁, 남남서쪽 낮은 곳, 화성으로부터 2도 위치에 목성
2032년 1월 10일	해 뜰 무렵, 남동쪽, 달 위에 금성
2032년 2월 6~7일*	해 뜰 무렵, 남동쪽 아주 낮은 곳, 목성으로부터 0.5도 위치에 금성
2032년 12월 5~6일*	금성 및 목성으로부터 8도 위치에 달 / 사랑스러운 저녁 모임
2032년 12월 7~8일*	해 질 무렵, 남서쪽, 목성으로부터 2도 위치에 금성
2033년 2월 2일*	저녁, 서남서쪽, 달 위에 금성 / 예쁜 광경
2033년 6월 23일*	해 뜰 무렵, 동쪽, 달 위에 금성 / 아름다운 광경
2033년 8월 13일	해 뜰 무렵, 동북동쪽, 토성으로부터 0.33도 위치에 금성
2033년 11월 5일	해 뜰 무렵, 동남동쪽 아주 낮은 곳, 수성으로부터 0.5도 위치에 금성
2033년 11월 30일	저녁, 남쪽, 화성으로부터 0.25도 위치에 목성
2034년 5월 10~12일	해 질 무렵, 서쪽, 화성으로부터 0.5도 위치에 금성
2034년 5월 19~21일*	해 질 무렵, 서북서쪽, 수성, 화성, 금성, 토성이 정렬 / 근처에 달
2035년 5월 17일*	일출 전, 동쪽 아주 낮은 곳, 목성으로부터 0.5도 위치에 금성

별표(*) 항목은 특히 인상적이거나 상대적으로 드물거나, 혹은 둘 다이다(**).

제8장

달과 태양

그것이 바로 달의 오류인데,
그녀는 평소 버릇보다 더 가까이 지구로 다가와
남자들을 미치게 만드는 것이다.

윌리엄 셰익스피어(1564~1616)

지구조Earthshine 지구에서 반사된 태양빛이 달의 밤 반구면을 희미하게 비춘다. 어느 망원경에서나 놀랍도록 아름다운 지구조는 초승달 위상에서 가장 뚜렷하다. 심지어 쌍안경으로도 놀라울 만큼 선명하고 뚜렷하게 보이며, 수십 개의 크레이터와 험준한 산봉우리들이 분명하게 드러난다. 사진: 앨런 다이어.

*

   이탈리아의 과학자인 갈릴레오 갈릴레이는 1609년 '광학 튜브'라는 새로운 발명품을 사용해 달을 관측한 두 번째 사람으로 알려져 있다. 첫 번째는 영국인인 토머스 해리엇이다. 갈릴레이는 자신이 본 것에 충격을 받았다. 그는 이렇게 썼다. "달은 매끄럽지도 균일하지도 않고 정확한 구형도 아니며, 울퉁불퉁하고 거칠고 구멍이 가득하다." 갈릴레이는 단 한 번의 관측으로 천체들이 완벽한 구형일 거라는 수 세기 동안의 믿음을 깨뜨려버렸다.

   곧 갈릴레이는 태양 또한 매끄럽지도, 균일하지도 않다는 것을 깨달았다. 우리가 '태양 흑점'이라 부르는 태양의 어두운 반점을 발견하면서였다. 결국 갈릴레이는 노년에 실명하지만, 오늘날 역사학자들에 따르면 젊은 시절에 부적절하게 태양을 관측한 탓은 아니라고 한다. 어쨌거나 우리는 적절한 안구 보호 장치 없이 태양을 관측하면 위험할 수 있다는 사실을 알고 있다(안전한 태양 관측과 관련해선 239페이지를 참조하라).

달 관측하기

   달 표면의 풍경은 변하지 않는다. 지금 우리에게 보이는 특징들은 400년 전에 본 것과 정확히 동일하다. 하지만 그 변함없는 풍경에는 경이로운 부분이 많다. 갈릴레이가 처음 망원경으로 달을 관측했을 때 경험한 놀라움은 달의 근접 이미지를 처음 보는 사람이라면 누구나 느껴볼 수 있는 것이다. 어떤 망원경으로든 달의 세부 특징들을 풍부하게 볼 수 있을 것이다. 실제로 75배율이 적용된 4인치(100밀리미터) 망원경을 쓰면 다음 페이지에 설명하는 달의 모든 광경을 볼 수 있다.

   달의 지형은 크게 세 가지로 분류할 수 있다. 우리에게 익숙한 '크레이터'와 밝은 '고원', 어두운 '평원'이다. 크레이터에는 과거의 유명 철학자와 과학자들의 이름이 붙었다. 고원은 대부분의 크레이터가 속해 있는 자리다. 평원은 공식적으로 '바다' 혹은 라틴어 단수형 'mare'라 부르는

6일 차 달 차오르는 달은 매끄러운 평원과 울퉁불퉁한 크레이터 등 서로 반대되는 특징들을 매일 저녁 만끽할 수 있게 한다. 아래: 태양이 평온의 바다를 직각으로 비추면, 200킬로미터가 넘는 기다란 뱀 모양 능선이 시선을 사로잡는다. 능선의 오른쪽 위에는 포세이도니오스라는 인상적인 크레이터가 있다. 달리 명시돼 있지 않은 한, 이 장에 있는 모든 달 이미지는 NASA의 과학 시각화 스튜디오가 제공한 것이다.

데, 갈릴레이와 다른 17세기 관측자들이 이 부분을 물로 추정했기 때문이다. 오늘날 우리는 평원이 태양계 초창기 소행성 충돌로 형성된 거대한 분지라는 사실을 알고 있다. 이 분지를 가득 채운 용암이 흘러넘쳐 식어서 매끄러운 평원을 형성한 것이다.

달의 특징은 달에서 빛나는 부분과 빛나지 않는 부분을 나누는 선인 명암 경계선에서 더 뚜렷하게 드러난다. 크레이터 테두리와 언덕, 산맥의 그림자가 만드는 선명한 지형 기복 때문이다. 명암 경계선이 매시간, 더 명확하게는 매일 밤 천천히 전진하는 것을 따라가며 관측할 때의 발견엔 어딘지 마법 같은 면이 있다. 이 영역은 특히 상현달 위상 전후 며칠 밤 저녁에 매력적이다. 달 관측자들에게는 최적인 시기다.

삭에서 삭까지 한 주기를 도는 데는 29.5일이 걸린다. 관측자들은 각 주기 동안 달의 '나이'를 삭 이후의 날짜 단위로 표현하곤 한다. 달이 점점 차면서 7일쯤에는 상현달이 나타나고, 14일이나 15일에 보름달(망)에 도달하며, 그 이후 다시 지면서 22일 무렵에는 하현달이 된다. 우리의 달

여행은 달이 아직 초승달인 4일 차에 시작된다.

위난의 바다는 '어린' 달에서 볼 수 있는 아주 멋진 평원이다. 600킬로미터 너비의 이 바다는 초승달이 4일이 되기도 전부터 드러난다. 어두운 색조와 산악 지형 테두리, 약간 타원형인 형태 때문에 특히 눈에 띄는 바다로, 이런 형태는 위난의 바다가 달의 동쪽 가장자리 쪽에 있어서 나타나는 것이다(달의 동쪽과 서쪽은 하늘의 방향과 반대라는 점을 명심하라. 달을 마주 볼 때, 동쪽 가장자리는 오른쪽에 있고 서쪽 가장자리는 왼쪽에 있다).

위난의 바다 남쪽에는 그와 거의 비슷한 크기로 **풍요의 바다**가 펼쳐져 있다. 풍요의 바다 남동쪽 기슭에 걸쳐 있는 것은 복잡한 계단 형태의 벽으로 유명한 너비 133킬로미터의 크레이터, **랑그레누스**다. 위난의 바다처럼 랑그레누스도 달의 가장자리와 가까운 위치 탓에 타원형으로 보인다. 풍요의 바다 서쪽 끝으로 가면 **메시에**와 **메시에 A**가 있는데, 각각은 너비가 12킬로미터에 불과하다. 한 쌍의 크레이터를 조사하다보면 메시에 A에서부터 서쪽으로 펼쳐지는 밝은 '꼬리'를 보게 될 것이다. 혜성을 닮은 이 줄무늬는 두 충돌구에서 발견되는 잔해다.

6일 차에는 살이 오른 초승달 위로 3개의 평원이 더 나타난다. 셋 중 가장 북쪽에 있는 **평온(맑음)의 바다**는 너비가 650킬로미터다. 이 바다는 아주 오래전 용암 파도가 식은 후 그대로 얼어붙은 탓에 물결치는 능선 모양을 이루고 있다. 바닥은 마치 달에 사는 거대한 설치류가 곳곳에 파놓은 땅굴처럼 보이는데, 태양 각도가 낮기 때문이다. 사실 6일 된 달은 기가 막힌 '설치류 흔적', 명암 경계선과 평행하게 지나가는 구불구불한 **뱀 모양 능선**Serpentine Ridge을 찾기에 안성맞춤이다.

평온의 바다 남쪽에는 그보다 약간 더 큰 **고요의 바다**가 있다. 이 바다는 달에서 가장 평평한 지역 중 하나라 최초의 유인 달 착륙 장소로 선택됐다. 1969년 아폴로 11호에서 전해 온 "여기는 고요의 기지, '독수리'가 착륙했다Tranquility Base here...the Eagle has landed"라는 말을 기억하는 사람들이 있을 것이다. 2인용 우주선의 하단은 아직도 거기에 있다. 하지만 망원경으로 볼 수는 없고, 장소 자체는 6일 차에 명암 경계선 옆, 고요의 바다 남쪽 맨 끝에서 찾을 수 있다.

고요의 바다 남쪽은 너비가 약 350킬로미터인 **감로주의 바다**다. 이 바다는 제법 동그랗지만 구릉으로 둘러싸인 경계가 명확하진 않다. 남쪽 경계선은 바닥이 평평한 크레이터 **프라카스토리우스**를 만든 충돌로 인해 사라졌다. 감로주의 바다 전체 폭의 3분의 1을 차지하고 있는 프라카스토리우스도 무사하지는 못했다. 프라카스토리우스의 북쪽 저지대 부분이 크레이터로 쏟아진 '감로주'의 녹은 용암에 희생된 것이다.

감로주의 바다 서쪽 가장자리를 따라서는 100킬로미터 너비의 크레이터 3개가 자리하는데,

바다 옆 크레이터들 들쭉날쭉한 크레이터 삼총사 테오필로스, 키릴로스, 카타리나가 매끄러운 감로주의 바다와 극명한 대조를 이루고, 옆에는 부분적으로 바다에 잠긴 프라카스토리우스가 인접해 있다.

각각은 서로 다른 붕괴 단계에 있다. 가장 중요한 표본은 **테오필로스**다. 테오필로스의 벽은 바닥으로부터 4400미터가 넘는 높이까지 솟아 있으며, 험준한 만큼이나 장엄한 그림자를 드리운다. 이 크레이터는 달이 5일에서 6일쯤 됐을 때 명암 경계선에 의해 그림자 속 깊은 곳에 빠진다. 나는 테오필로스의 우뚝 솟은 중앙 봉우리만이 밝게 빛나는 가운데 나머지 넓은 부분은 칠흑 같은 검정, 으스스하고 완전히 섬뜩한 분위기로 가득 채워진 모습을 포착한 적이 있다. 20~30억 년 전 테오필로스가 형성됐을 때 그것은 남쪽에 더 오래전부터 있었던 이웃 키릴로스의 벽을 무너뜨렸고, 지금 그 성곽은 원래 높이의 절반밖에 되지 않는다. 삼총사의 마지막 구성원은 형태가 다른 것보다 더 엉망인 원시 크레이터 카타리나다. 곳곳이 부서진 테두리는 돌무더기가 흩어진 바닥으로부터 고작 3000미터 솟아 있을 뿐이다.

플레이아데스성단을 방문하는 달

지구 주위를 공전할 때 달은 황도를 정확히 따르지 않는다. 가끔은 5도쯤 위나 아래에 있다. 플레이아데스성단(190페이지 별지도 15)은 그 좁은 길 안쪽에 있다. 궤도 때문에 달은 18.6년마다 6년씩 플레이아데스성단을 수차례 가리거나 그 앞을 통과하는데, 이번에는 2023년 9월부터 2029년 7월까지 그렇게 된다. 이때 일어나는 플레이아데스성단 엄폐 현상이 북아메리카의 모든 곳에서 보이는 것은 아니다. 미국과 캐나다에서 관측하는 사람들을 위한 최고의 엄폐 시기가 옆 페이지에 정리돼 있다. 정확한 시간은 위치에 따라 달라지니 시기가 가까워지면 천문학 잡지나 웹사이트에서 자세한 정보를 확인하자.

날짜	달의 위상	하늘 위치/시간
2024년 9월 22일	하현망간의 달	아침에 남쪽 높은 곳, 일출과 함께 끝남
2025년 1월 9일	상현망간의 달	동남동쪽 높은 곳, 일몰 시 현상이 진행됨
2025년 7월 20일	그믐달	이른 아침에 동쪽, 이번 시기 중 최고의 엄폐 현상
2025년 10월 9일	하현망간의 달	저녁 동안 동쪽
2026년 8월 7일	그믐달	동북동쪽 낮은 곳, 북아메리카 동부 및 중부에서만 관측 가능
2026년 10월 27일	하현망간의 달	동남동쪽 아주 낮은 곳, 저녁 월출 시 현상이 진행됨
2027년 9월 20일	하현망간의 달	동북동쪽 아주 낮은 곳, 저녁 월출 시 현상이 진행됨
2027년 10월 18일	하현망간의 달	새벽 전 아침에 서남서쪽 높은 곳
2027년 12월 11일	상현망간의 달	저녁에 동남동쪽 높은 곳, 달이 거의 찬 상태라 까다로움
2028년 2월 4일	상현망간의 달	이른 저녁에 남서쪽 높은 곳, 일몰 후 관측 가능
2028년 9월 10일	하현망간의 달	새벽 전에 남쪽 높은 곳에서 시작

상현달 이후 명암 경계선이 숨이 멎을 듯한 풍경을 쓸고 지나간다. 지형은 북쪽의 넓고 매끄러운 평원부터 남쪽에 뒤죽박죽 겹쳐 있는 크레이터들까지 다양하다. 8일 차에 모습을 드러내기 시작하는 것은 광활한 비의 바다다. 너비가 무려 1250킬로미터에 달하는 비의 바다는 완전히 시야에 들어오기까지 거의 4일이나 걸린다. 비의 바다 동쪽 구역은 바다에 들쭉날쭉한 그림자를 드리우는 굽이치는 산맥으로 테두리가 그려진다.

비의 바다 산맥의 남쪽으로는 멋진 크레이터 삼총사가 북쪽에서 남쪽으로 드라마틱하게 배열돼 있다. 북쪽 끝에 있는 프톨레마이오스는 154킬로미터 너비로 비교적 내부가 매끄럽고 테두리가 산으로 돼 있다. 남쪽에 인접한 118킬로미터 너비의 앨폰서스에서는 평평한 바다 한가운데 작은 산봉우리가 버티고 있다. 남쪽 끝의 아르자첼은 지름이 98킬로미터이며, 길쭉한 산봉우리와 높은 계단식 벽을 갖고 있다.

아르자첼의 남서쪽, 구름의 바다 동쪽 가장자리에는 놀라운 직선 절벽Rupes Recta; 영어식 표기 'Straight Wall'로 더 잘 알려짐이 있다. 길이가 110킬로미터인 이 지질 단층선은 바다 표면으로부터 수백 미터 높이로 솟아 있다. 8.5일 차 달에서는 직선 절벽이 명암 경계선과 가까워지며 극명한 그림자를 드리운다. 가장자리가 면도날처럼 날카로워 수직 절벽일 것 같지만, 만만찮아 보이는 이 단층은 사실 경사가 꽤 완만하다.

달이 9일 차에 접어들면 비의 바다 북쪽 경계선을 장식하는 독특한 크레이터에 주의가 집중된다. 지름이 100킬로미터인 플라토의 바닥은 놀랍도록 매끄럽고 믿기지 않을 만큼 타원형이다.

8.5일 차 달 상현달 이후 달의 위상은 '현망간의 달 Gibbous Moon'이라고 하는데, 원어로는 볼록하다는 뜻이다(명암 경계선의 볼록한 곡선 때문에 그렇다). 8일 된 달은 하루나 이틀 밤 내로 흥미로운 세부 특징을 풍부하게 보여준다. 아래: 멋진 크레이터 삼총사, 프톨레마이오스, 앨폰서스, 아르자첼. 이들은 상현달 직후에 저마다 독특한 특징들을 보여준다. 남서쪽에 있는 것은 인상적인 직선 절벽이다.

위치가 달의 북쪽 가장자리 근처라 이런 모양이 된 것이다. 시선을 사로잡는 또 다른 구덩이는 비의 바다 남쪽 변방의 에라토스테네스다. 60킬로미터 폭의 에라토스테네스는 가운데의 복잡한 산봉우리와 주름진 벽, 온 사방에 흩어진 분출물을 자랑한다.

에라토스테네스의 남서쪽에는 많은 관측자들이 달에서 가장 놀라운 크레이터라 여기는 코페르니쿠스가 있다. 지름이 93킬로미터인 걸 고려하면 가장 큰 크레이터는 분명 아니다. 코페르니쿠스가 눈에 띄는 이유는 다른 것들과 달리 평원에 있기 때문이다. 거대한 벽들과 주변을 뒤덮은 잔해 때문에 코페르니쿠스는 크레이터의 표본이 됐다. 8억 년 전 수조 톤에 달하는 소행성이 달에 충돌해 이 엄청난 구덩이를 파냈을 때 벌어졌을 일을 상상해보라. 명암 경계선이 코페르니쿠스를 지나고 나면(달이 9일에서 10일쯤 될 동안), 코페르니쿠스 중앙의 쌍둥이 산봉우리에서 나온 들쑥날쑥하고 새까만 그림자가 크레이터의 내부를 가리고 주변 지역으로 흘러든다. 그 대비는 몹시 인상적이다.

달의 어수선한 남쪽 고원은 셀 수 없이 많은 크레이터들이 무수히 들어차 형성된다. 이곳의 크레이터들은 어리둥절할 정도로 풍부하게 뭉쳐 있지만, 10일 무렵에는 남쪽 가장자리 근처에 숨어 있는 타원형의 거대 크레이터 클라비우스가 이 지역을 지배한다. 대략 225킬로미터에 걸쳐 있는 클라비우스는 너무 커다란 나머지 테두리에는 50킬로미터 너비의 크레이터가 2개, 바닥에는 곡선으로 정렬된 작은 크레이터들이 여러 개 있다. 클라비우스의 거대한 벽은 3000미터나 솟아 있지만, 직선 절벽이 그렇듯 그 경사는 보기보다 완만하다. 하단의 벽은 폭이 20킬로미터로 경사각이 11도밖에 되지 않는다.

11일 차에는 어지러운 남쪽 고원에 티코가 뚜렷이 드러난다. 폭이 85킬로미터인 티코는 바닥으로부터 4000미터 이상 높이로 솟은 톱니 모양 테두리를 가지고 있다. 보통의 크레이터보다 벽이 더 가팔라 명암 경계선이 다가오면 들쭉날쭉한 모습으로 보인다. 이 거대한 벽을 관측할 때면, 그 앞에 선 우주비행사에게 몹시 인상적으로 보이겠다는 느낌을 받게 된다. 그럴 수도 있겠으나 티코의 견고한 성곽은 예외다. 달의 커다란 크레이

11일 차 달 거대하고 상대적으로 어린 크레이터, 티코와 코페르니쿠스에서 나오는 빛줄기는 달이 상현망간일 때 눈에 보이게 된다. 깊고 뚜렷한 코페르니쿠스는 거대 소행성의 충돌로 생성됐으며, 달 원반의 서쪽 절반을 군림하고 있다. 오른쪽 위에는 크기는 더 작지만 여전히 인상에 남는 크레이터 에라토스테네스가 있다. 왼쪽 위: 훨씬 더 큰 충돌구인 클라비우스는 남쪽 고원에서 볼 수 있다.

터들은 수십억 년 동안 잔해들과 충돌하며 대부분 마멸됐다. 게다가 덩어리진 정원 흙과 질감이 비슷한 달의 물질은 시간이 갈수록 가라앉는 경향이 있다. 이는 오래된 크레이터의 계단식 가장자리에서 특히 뚜렷하다. 티코는 대형 크레이터들 가운데는 가장 어릴 가능성이 높으며, 벽이 가장 가파른 것은 그 때문이다.

얼마나 어릴까? 티코는 약 1억1000만 년 전 9킬로미터 너비 소행성이 충돌하면서 형성됐다. 그로부터 4400만 년 뒤 비슷한 크기의 천체가 지구를 강타했고, 공룡의 멸종을 거의 확실하게 포함해 여러 파괴적인 결과를 가져왔다. 티코의 나이는 1972년, 아폴로 달 탐사의 마지막이었던 아폴로 17호 승무원들이 채취한 암석 샘플로 계산했다. 탐사 로버를 타고 이 대형 크레이터의 북동쪽으로 대략 2000킬로미터를 탐험한 우주 비행사들은 티코가 폭발적으로 생성되던 당시 월면을 가로질러 던져진 물질들이 뒤덮은 언덕에서 샘플을 채취했다.

티코는 바큇살을 닮아 길고 하얀 광조의 중추다. 티코를 만든 충돌은 온 사방에 잔해를 퍼부었는데, 심지어 달의 4분의 1을 가로질러 튄 적도 있다. 티코에서 나오는 광조는 그것이 덮고 있는 더 오래된 표면보다 더 밝다. 태양 자외선 복사가 시간이 지남에 따라 달 토양을 어둡게 만들기 때문이다.

달이 보름달에 가까워지면 광조가 있는 여러 크레이터들이 흰색 페인트가 튄 것처럼 눈에 띈다. 빛줄기가 많은 달 원반은 저배율로 보는 재미가 있다. 하지만 보름달은 고배율로 볼 만한 하이라이트가 별로 없는데, 명암 경계선의 강한 양각 효과가 전혀 나타나지 않기 때문이다. 이전에 보였던 크레이터와 산맥들은 빛에 씻겨 사라진다. 보름달 이후에는 모두 돌아오는데, 위상이 거꾸로 되면서 그림자가 반대 방향에 생긴다.

지구의 인력은 수십억 년에 걸쳐 달의 자전을 늦춰왔다. 오늘날 달의 자전 속도는 정확히 공전 속도와 일치해서 한쪽 면이 우리 쪽으로 고정돼 있다. 지구에서는 절대 달의 다른 면을 볼 수 없다. 영원히 숨어 있는 이 부분을 '암흑면'이라고 잘못 부를 때가 많다. 하지만 그 부분(먼 부분)이 완전히 암흑에 잠기는 건 오직 보름달일 때만이다. 다른 위상일 때는 우리를 향하고 있는 달 반구의 큰 부분(가까운 부분)이 어둠 속에 들어가기도 한다. 어느 한 부분이 '암흑면'인 것이 아니라, 단지 밤을 경험하고 있을 뿐인 것이다. 달의 주기가 29.5일인 만큼 달의 모든 장소는 그 절반 동안 어둠 속에 있게 된다.

망원경을 이용한 달 탐험은 아마추어 천문학에서 대단히 접근성이 좋은 활동 중 하나다. 달은 도시에서도, 시골에서도 관측할 수 있다. 맨해튼의 아파트 33층에 살던 과학 및 SF 작가 아이작 아시모프는 자신의 발코니에서 망원경으로 달을 보곤 했다. 어느 이른 아침, 창문을 지나

보름달 쌍안경으로 보는 보름달은 잊지 못할 광경이다. 지구를 향하는 반구의 약 30퍼센트는 광활한 평원 혹은 바다로 이루어져 있고, 그중 열 몇 개는 보름달일 때 쉽게 볼 수 있다. 티코와 코페르니쿠스 같은 크레이터에서 나오는 빛줄기를 보기 가장 좋은 시기이기도 하다.

부엌으로 가던 그는 이런 말을 했다. "창밖으로 서쪽을 내다보다가 그것을 보았어요. 차분한 회청색 배경에 커다랗고 노란 원반이, 도시 위로 움직임 없이 매달려 있었죠. 그렇게나 크고 아름다운 달을 가진 지구의 행운에 새삼 놀라고 말았습니다."

달 착시

사람들에게 가장 익숙한 달 현상 중 하나는 보통 9월 22일, 북반구 추분 무렵에 뜨는 보름달인 '하베스트 문'일 것이다. 북쪽의 관측자들에게 이 보름달은 며칠 밤 연속적으로 하늘에 머무는 것처럼 보인다. 그리고 이전 세대 농부들에게는 과학적 설명은 못 해도 반갑게 느껴지는 빛의 여분이었다.

달은 밤마다 약 12도씩 동쪽으로 이동하며, 그 결과 매일 평균 50분씩 늦게 떠오른다. 그러나 지구 자전축의 기울기와 달 궤도 사이의 기하학 때문에 추분에 가까워졌을 때 달은 우리 지평선과 거의 평행한 궤적을 그리게 되고, 이에 월출 사이의 시간 간격이 평균보다 더 짧아진다. 9월 하순 캐나다 남부와 미국 북부에서는 달이 매일 밤 25분씩만 더 늦게 뜬다. 전통적인 수확기의 여러 날 동안 밝은 보름달 달빛이 함께하는 것은 바로 그런 이유 때문이다. 시계를 정지시키는 듯 보이지만 착시에 불과하다. 우리는 다만 우주 기하학의 일부를 목격하고 있을 뿐이다.

그리고 (천문학자가 아니라) 점성가가 만든 용어인 소위 '슈퍼 문'이 있다. 달은 지구 주위를 타원 궤도로 이동하고, 한 달에 한 번씩 지구와 가장 가까운 지점에 자리한다. 이를 근지점Perigee이라 한다. 1년 중 가장 가까운 근지점과 대략 비슷한 시기에 뜨는 보름달에 '슈퍼 문'이라는 별명이 붙었다. 몇몇 근지점이 다른 것보다 더 가까운 건 사실이다. 그러나 '슈퍼 문'은 괜한 법석이다. 평소보다 겨우 7퍼센트, 체감할 수 없을 만큼 커다래지는 것인데도 달이 더 크게 보인다고 주장하는 사람들이 많다.

평소보다 크다는 얘기가 나와서 하는 말인데, 달이 머리 위에 있을 때보다 지평선 가까이에 있을 때 더 커 보이는 걸 느껴본 적 있는가? 이 차이는 너무 분명해서 사실이 아니라고 생각할 수조차 없을 정도다. 하지만 어떻게 그럴 수 있을까? 달은 지평선에 있을 때 머리 위에 있을 때보다 우리와 더 가까이 있는 것이 아니다. 지구 반경을 가로질러 바라보는 것이니 오히려 약 6300킬로미터 더 멀리 떨어져 있다.

그래도 이 현상은 매력적이다. 지평선을 비추는 달이, 지구의 먼지 때문에 붉어져 마치 주황빛 공 같은 모습으로 거대하게 보인다. 이때는 빛을 휘게 만드는 대기 굴절 때문에 달이 타원형으로 일그러진다. 곧은 막대기의 일부가 물에 잠기면 휘어져 보이는 것과 같은 이치다. 지평선을 끌어안은 보름달은 마치 커다란 우주의 호박처럼 보인다. 천문학에 익숙하지 않은 사람들에게 달의 크기에 대해 물으면 사실상 모든 사람이 지평선 가까이에 있을 때 더 커 보인다고 대답한다. 왜일까?

이런 달 착시는 오래전으로 거슬러 올라, 아리스토텔레스가 대기의 '수증기' 때문에 상이 왜곡되는 거라고 오해했던 기원전 350년 전부터 수수께끼로 인식됐다. 1000년경 아라비아의 물리학자 이븐 알하이삼은 달이 지평선 가까이에 있을 때는 나무나 집 같은 익숙한 배경이 기준틀로 작용한다고 주장했다. 다른 친숙한 물체들과 크기를 비교할 수 있고, 그것들에 비해 달이 커 보이기 때문에 크다고 주장하게 된다는 것이다. 나는 달 착시와 이에 대한 다양한 설명들을 완벽하게 이해하고 있지만, 그럼에도 여전히 달이 부풀어 오르는 현상을 목격한다. 이건 자연의 가장 강력한 착시 중 하나다.

착시를 줄일 방법이 있다. 달이 지평선 근처에 있을 때, 좁은 관 또는 빨대 너머로 달을 바라보라. 이렇게 지평선을 참고하지 않게 되면 달이 더 작게 보인다. 핀셋으로 아스피린 알약을 집은 뒤 팔을 쭉 펴면, 알약이 달보다 아주 약간 더 크게 보인다. 달이 지평선 위를 맴돌든 밤하늘 높이 통과하든 알약이 딱 맞게 가릴 것이다. 아직 납득이 안 가는가?

마지막 방법이다. 스마트폰으로 달이 떠오르는 모습을 찍고, 높이 떴을 때 다시 찍어라. 두 사진의 달 크기는 동일할 것이다. 시도해보라. 사진: 존 네미.

태양 관측하기

평균적인 별은 가까이서 보면 어떤 모습일까? 아마 태양과 크게 다르지 않을 것이다. 태양의 가시적인 표면은 아마추어 천문인 누구라도 조사할 수 있다. 하지만 그런 관측을 엄격한 예방 조치 없이 시도해서는 절대 안 된다. 망원경의 접안렌즈를 통해 집중돼 들어오는 햇빛은 1초 안에 사람을 실명시킬 수 있다.

태양을 완벽히 안전하게 관측하는 방법으로는 크게 두 가지가 있다. 첫 번째 방법은 태양의 밝기를 약 10만 배로 감소시켜 빛의 강도를 안전하고 편안한 수준으로 낮춰주는 태양 필터를 필요로 한다. 필터는 망원경의 전면, 즉 태양을 바라보는 끝부분에 부착한다.

시판 태양 필터의 대부분은 특수 코팅된 광학 유리로 만들어지며 천체 관측 장비를 판매하는 수많은 업체에서 구입 가능하다. 유리 필터는 비싸긴 해도 선명하고 실제 색상에 가까운 모습의 태양을 보여준다. 반면 가지고 있는 광학 장비에 딱 맞는 필터를 직접 만드는 방법도 있다. '바더 태양 안전 필름Baader AstroSolar Safety Film'(광학 밀도 5.0)은 금속 코팅이 된 얇은 레진 시트로, 광학 품질이 우수하며 빛을 거의 산란시키지 않는다. 다른 것으로는 '블랙 폴리머Black Polymer'가 있는데, 이 태양 필터재는 바더 필름보다 더 뻣뻣하며 망원경과 파인더에 사용할 필터를 만드는 데 더 용이할 수 있다. 바더 필름은 푸른색을 내고, 블랙 폴리머 필터는 주황색 태양을 보여준다. NightWatchBook.com에서 잘 알려진 태양 필터 제조사들의 웹사이트 링크를 확인할 수 있다.

태양 관측용 필터는 망원경에 기본으로 제공되지 않을 때가 많다. 하지만 일부 저가 망원경에

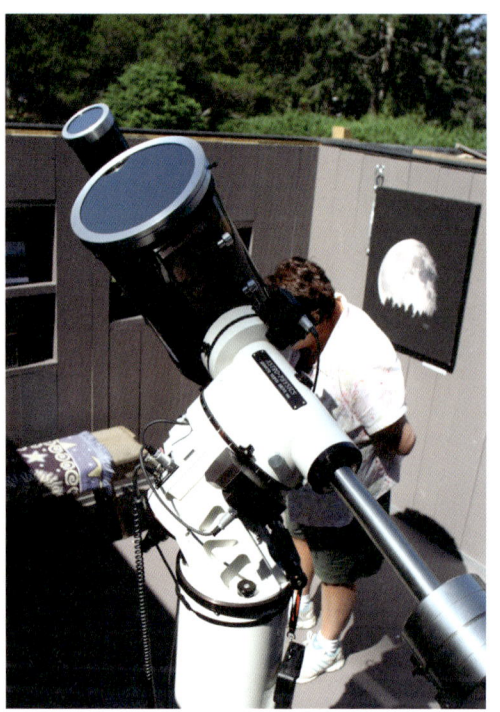

안전한 태양 관측 왼쪽에서부터 시계 방향으로: 태양 관측에 매료되는 아마추어 천문인이 점점 더 많아지고 있다. 필터가 적절히 장착된 망원경을 쓰면 눈부신 태양 원반을 안전하게 관측할 수 있다. 사진: 존 네미. 태양 관측은 화창한 날에 수행하는 데다 보통의 장비만 있으면 돼서 무척이나 즐겁다. 여기서는 투영 방식을 사용하고 있다. 흰색 투영판에 투영된 태양 원반의 상을 통해 태양 흑점이나 부분 일식을 안전하게 관측할 수 있다. 이 사진에선 집에서 만든 액세서리가 투영판을 잡고 있다. 이미지 제공: ESO. 집에서 만든 고깔 투영판은 태양 투영판의 아주 효과적인 버전이다. 자기만의 고깔 투영판을 제작하는 방법을 알고 싶다면, NightWatchBook.com의 참고자료Resources 섹션을 참고하라. 사진: 리처드 트레시 피엔버그.

는 접안렌즈 끝에 장착 가능한(눈에 가까운 쪽 끝에 씌우거나 포커서에 들어가는 끝에 돌려 끼운다) 작은 필터가 동봉되기도 한다. 이런 접안렌즈 필터는 절대 사용하지 마라. 가지고 있다면 버려라. 이런 것은 망원경의 초점에서 집중된 태양의 복사열을 받아 빠르게 뜨거워진다. 몇 분 뒤 갑자기 깨지거나 녹아서, 그 사이로 들어온 강렬한 빛에 안구 손상을 입을 수 있다.

태양 필터 대신 태양의 상을 망원경에서 흰색 투영판으로 투영하는 간접 관측 방법을 사용할 수도 있다. 이 기법이 필터보다 유리한 점이 있는데, 바로 액세서리 장비가 필요 없다는 것이다. 간접 관측에서는 망원경을 있는 그대로 사용한다. 햇빛은 초점을 잘 맞춰 선명한 이미지를

멋은 없지만 안전한 맨 위: 종종 '일식 안경'으로 불리곤 하는 이 태양 관측 장비는 멋 부리기는 데는 꽝일지 몰라도 태양을 안전하게 관측할 수 있게 도와준다. 사진: 앨런 다이어. 위: 태양의 부분 일식을 관측할 때는 태양 관측 장비만 있으면 된다. 사진: 리처드 트레시 피엔버그.

생성하기 충분할 만큼 밝다. 하지만 이 활동을 즐기고 있는 어린이가 있다면 주의 깊게 살펴봐야 한다. 눈높이도 망원경과 딱 맞고, 망원경을 들여다보고자 하는 호기심이 넘치는 때이니 말이다.

파인더를 가리는 것도 중요한데, 이 또한 태양의 상을 투영하기 때문이다. 투영판은 필터 방식에 비해 세부 사항이 덜 드러나긴 하지만 상을 여러 사람이 동시에 볼 수 있다는 장점이 있다. 밝기와 크기 모두에서 최적인 상을 얻으려면 접안렌즈 뒤에서 팔을 뻗어 투영판을 들고 있어야 한다(지름 3인치 정도의 상이 좋다).

투영 방식에는 소형 굴절 망원경이 가장 적합하다. 뉴턴식 반사 망원경이나 더 큰 장비는 장비가 태양열에 달궈지면서 생겨나는 시야 불량의 영향을 많이 받는다. 망원경에 3인치(75밀리미터) 이상의 대물렌즈가 장착돼 있다면 반드시 구경을 약 2.4인치(60밀리미터) 이하로 제한해야 한다. 판지에 동그란 구멍을 뚫어 장비 앞에 테이프로 붙여보라. 시야 불량의 악영향도 줄이고, 광학 장비가 과열되는 것도 막을 수 있다. 태양 투영은 이런 이유로 슈미트-카세그레인식 망원경에 권장되지 않는다. 또한 강한 열은 비싼 접안렌즈를 망가뜨리고, 심지어 경통과 다른 플라스틱 부분들을 녹일 수도 있다. 구경을 줄여야 하는 또 다른 이유다.

태양을 조준할 때는 경통을 보지 말고 경통의 그림자를 보라. 경통이 땅에 가능한 한 가장 작은 그림자를 만들 때까지 조준점을 조정하라. 그러면 태양은 거의 망원경의 중앙에 올 것이고, 투영판에 상을 투영하는 데는 아주 약간의 조정만 있으면 될 것이다.

맨눈으로 관측하거나 일식을 보고 싶다면(제9장 참조) 소위 '일식 안경'을 사용하는 게 바람직하다. 안경처럼 착용하는 이 특수 목적 태양 필터는 일반 안경 위에도 쓸 수 있으며, 치명적인 태양광으로부터 눈을 안전하게 보호해준다. 앞서 언급한 종류의 필터 물질로 만든 제품은 가격도 저렴하고 여러 제조사에서 쉽게 구할 수 있다. 다만, 일식 안경을 썼다고 필터 없는 광학 장비를 그대로 들여다봐서는 안 된다. 광학 장비에는 반드시 별도의 태양 필터를 장착해야 한다.

맨눈에 보호 장비를 갖추면 태양 원반에서 작고 까만 점들을 찾아낼 수 있다. 이것이 태양 흑점이다. 커다란 흑점은 필터만 있으면 맨눈으로도 볼 수 있다는 사실은 아마추어 천문학의 일급비밀 중 하나다. 하지만 주요 흑점이 있을 때는 시력이 평균만 돼도 누구나 볼 수 있다.

필터가 적절하게 장착된 망원경은 어쩌면 10여 개 이상의 흑점을 보여줄 것이다. 40배율 정도만 돼도 태양의 전체 모습을 볼 수 있다. 배율이 높아지면 원반 전체를 투영하지 못하고, 투영 방식을 사용할 땐 태양의 상이 너무 어두워져서 투영판에서 명확하게 보이지 않는다. 저배율로도 참 놀라운 것들을 볼 수 있다. 태양은 가스(주로 수소)로 이루어진 거대한 구체라 눈으로 볼 수 있는 표면, 즉 광구Photosphere가 끊임없이 변화한다.

관측 조건이 좋을 때 광구를 자세히 관찰하면 마치 가죽처럼 얼룩이나 과립의 형태로 돼 있는 걸 볼 수 있다. 태양의 이 쌀알무늬Granulation는 사실 냄비 속 물처럼 끓어오르는 가스 거품이다. 이 무늬는 너비가 1000킬로미터가 넘으며 모양이 분 단위로 달라진다. 하나의 쌀알무늬에 수 초 이상 집중하기는 현실적으로 어려워서, 구체적인 변화가 눈에 뚜렷하게 보이지는 않는다.

태양 롤러코스터

태양 흑점은 주로 태양 적도 위아래로 15도부터 40도까지의 지역에 나타난다. 오른쪽 사진에서처럼 보통 극대기Solar Maximum에는 흑점이 다른 주기 때보다 적도에 더 가까이 있다. 극소기Solar Minimum에는 원반에 흑점이 전혀 없을 때가 많다. 이미지 제공: NASA/SDO/조이 응.

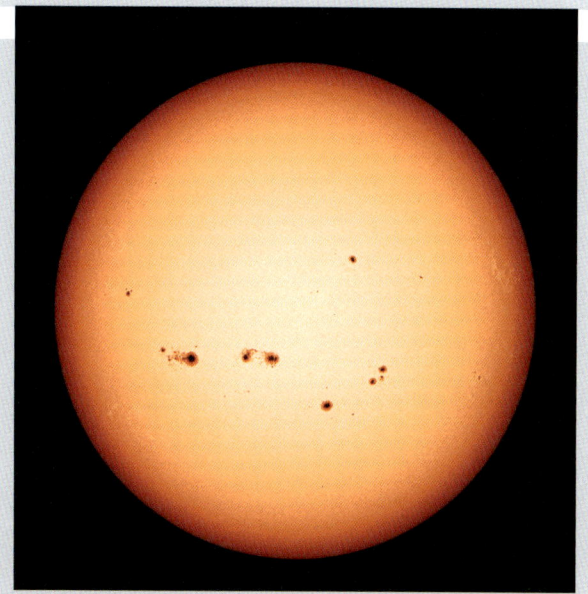

흑점의 수는 태양 활동 주기인 11년에 걸쳐 변하는데, 그 변화 주기의 강도와 길이는 일정하지 않다. 일반적으로 극대기까지 올라가는 데는 약 4년, 극소기로 떨어지는 데는 7년이 걸린다. 아래 그래프에서 들쭉날쭉한 선은 실제 흑점의 수, 매끄러운 선은 평균적인 수다. 제25주기는 2030년까지의 예측을 나타내는 것이다. 2014년 4월에 있었던 이 극대기는 한 세기 넘는 기간 중 가장 낮은 수치였다. 그래프 제공: 솔라사이클사이언스 리사 업튼 박사와 데이비드 해서웨이 박사. 이미지 제공: 요코/SXT.

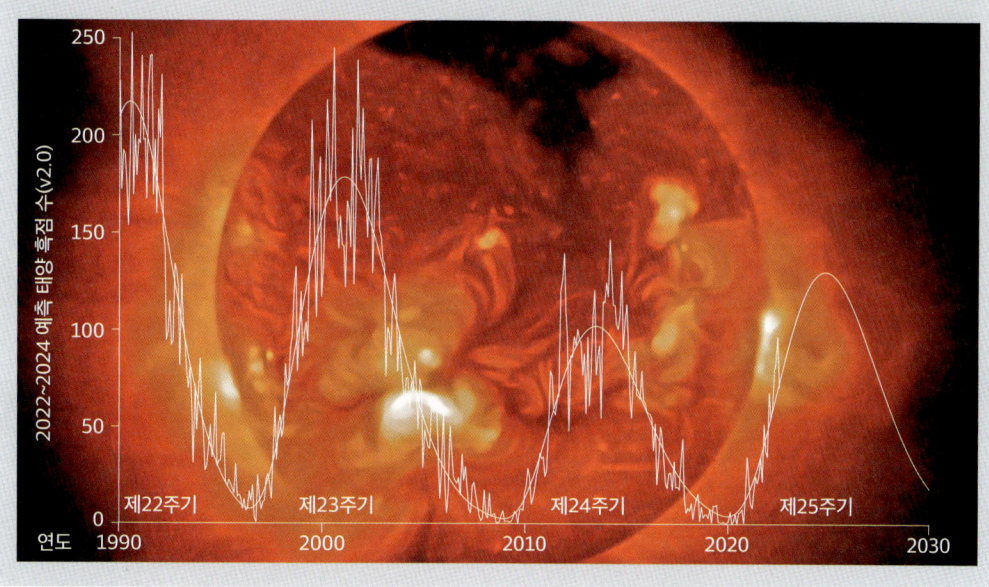

제8장 달과 태양　243

또한 초점이 맞고 필터가 장착된 망원경이 만드는 태양의 상은 가장자리로 갈수록 어두워지는데, 이 현상을 '주연 감광'이라고 한다. 어두워진 가장자리를 보면 보통 '백반Faculae'이라고 하는 불규칙적이고 밝은 얼룩이 점점이 찍혀 있다. 쌀알무늬 사이 간격에 자기 에너지가 집중돼 형성되는 가스 점으로, 밝게 보이는 이유는 주변보다 뜨겁기 때문이다.

흑점에 대한 관심 역시 수 세기 전으로 거슬러 올라간다. 갈릴레이는 계속해서 변하는 검은 반점들을 주의 깊게 관찰하며 그것들의 크기와 모양, 수를 기록했다. 그 점들이 섭씨 5500도인 광구보다 1800도쯤 더 차가운 부분이라는 사실은 알지 못했다. 흑점은 차가울수록 더 어두워지지만 빛과의 대비가 워낙 강해서 검은색으로만 보인다. 실제로는 진한 주황색이며, 그것만 떼놓고 보면 제 색깔로 보일 것이다. 흑점은 두 부분으로 이루어진다. 검은색을 띠며 내부에 사실상 아무런 특징이 없는 '본영Umbra'과 본영을 둘러싼 회색빛 솜털 구조 영역인 '반영Penumbra'. 이 두 부분을 합쳐 '흑점'이라는 일반적인 명칭으로 부르는 것이다.

이 반점들은 예측할 수 없는 방식으로 광구를 통과하는 태양 자기장의 교란 때문에 발생한다. 흑점은 자기장 발생의 중심지로, 태양 내부로부터 에너지 흐름이 제한되는 탓에 덜 밝게 보이는 영역이다. 각각의 점은 하루나 이틀 주기로 어디선가 갑자기 나타나는 듯 보인다. 커다란

H-알파 필터로 본 태양 수소 원자의 극도로 제한된 적색광에서 태양을 바라보면 원반 위의 놀라운 세부 사항들뿐 아니라 가장자리에 호를 그리는 고리 모양 홍염까지 볼 수 있다. 사진: 프레드 에스페낙.

코로나도 PST 작지만 놀랍도록 효과적인 이 개인용 태양 망원경Personal Solar Telescope, PST을 쓰면 태양 가장자리를 따라 홍염 및 표면 특징 몇 가지를 포착할 수 있다. 사진: 앨런 다이어.

흑점 중 일부는 몇 달 동안 계속 보이기도 한다. 그렇게 거대한 점들은 지구 크기의 10배 이상 될 수도 있지만, 평균적으로는 대략 지구만 하다.

태양 투영 방식을 활용해 흑점의 이동을 기록할 수 있다. 흰색 투영판을 클립보드에 끼워 망원경 뒤에 놓은 뒤 간단히 스케치하라. 이 방법은 각 흑점의 위치와 크기 변화, 쇠퇴를 확인할 수 있을 정도로 정확하다. 어느 맑은 날부터 그다음 날까지, 당신이 그린 스케치는 태양의 자전이 원반의 가시 영역을 가로질러 흑점을 이동시키는 모습을 추적할 것이다(태양은 약 27일마다 한 번 자전한다). 쉬운 대안으로는 스마트폰을 사용해 흰색 투영판 위 태양의 상을 촬영하는 방법이 있다.

일반적인 방법이 성에 차지 않는 사람들은 협대역 태양 필터를 장착하기도 한다. 이 필터를 장착하면 태양 관측의 극치인 '홍염Prominence'을 만끽할 수 있다. 사진에서 흔히 볼 수 있는 홍염은 가스로 이루어진 불꽃 같은 호Arc다. 또 다른 사람들은 순전히 수소가 만들어내는 붉은 빛에서 특정한 세부 사항을 살펴보기 위해 특수 망원경을 구입하기도 한다(태양 망원경 제조사 목록이 궁금하다면 NightWatchBook.com을 방문하라). 처음 협대역 필터로 태양을 관측했을 때, 나는 익숙한 항성이 마치 울퉁불퉁한 달의 모습만큼이나 세부 특징이 복잡하게 요동치는 구체로 변하는 모습에 깜짝 놀라고 말았다.

제9장

일식과 월식

식이 일어나는 동안에는
달에 있는 인간이 태양에도 존재한다.

작자미상

천상의 다이아몬드 미국 전역에 개기식의 좁은 선을 그려낸 2017년 8월 21일 개기 일식은 수백만 사람들에게 태양의 고운 코로나와 화려한 '다이아몬드 반지'를 보여주었다. 미국 아이다호주 시골에서 촬영한 이 합성 사진에는 다이아몬드부터 다이아몬드까지 2분간의 개기식이 포착돼 있다. 사진: 앨런 다이어.

*

내가 개기 일식을 처음 본 것은 1979년 2월 26일 캐나다왕립천문학회 식Eclipse 전세기의 회원으로서였다. 비행기는 개기 일식 당일 아침 토론토에서 출발해 매니토바주 김리로 날아갔다. 달이 태양에 처음 접촉하기 2시간 전에 우리는 비어 있는 공군 기지 활주로로 착륙했다. 구름과 눈이 예상됐지만 하늘은 깨끗했고, 환희에 찬 식 애호가 무리는 75개 남짓의 망원경과 100개가 넘는 카메라를 내려 활주로에 설치했다.

첫 정전 첫 개기 일식을 보았던 1979년 2월 26일, 저자는 맹렬한 홍염 몇 개와 태양의 대기, 즉 코로나를 볼 수 있었다. 사진: 앨런 다이어.

일식이 진행될수록 1977년 영화 「미지와의 조우」의 클라이맥스 장면과 비슷한 광경이 펼쳐지기 시작했다. 활주로 위에 수많은 장비가 깔려 있고 과학자를 비롯한 사람들이 외계 우주선의 접근을 기다리는 장면 말이다. 영화 속 과학자나 기술자들과 마찬가지로 우리 또한 실망하지 않았다. 그건 마치, 어떤 식 관측자가 이후에 말했듯, 신이 2분간 모습을 드러내기로 결심했는데 그 사실을 우리가 알고 있는 것과 비슷한 상황이었다.

나는 일식의 압도적인 힘을 경험할 준비가 전혀 돼 있지 않았다. 개기식 약 2분 전, 태양의 모습이 달의 까만 원반 테두리를 따라 줄어들었다. 몇 초 후면 태양이 사라지고 우리는 어둠 속에 빠져들게 될 것이었다. 그 이후 달의 그림자가 광대하고 넓게 퍼진 폭풍 구름처럼 서쪽에 나타나서 매초 크기를 키워갔다.

달의 그림자가 놀라울 만큼 갑작스럽게 덮쳐 오며 햇빛의 마지막 빛줄기가 사라졌고, 태양은 곧 경이로운 천상의 꽃으로 변했다. 태양의 대기층인 코로나에 둘러싸인 달의 까만 원반이 마치 한 송이 꽃처럼 보인 것이다.

까만 원반 주위를 들여다보니 얼어붙은 불꽃의 손가락 같은 태양 홍염 여섯 개가 맨눈에도 또렷하게 보였다. 마치 불길처럼 솟구치는 뜨거운 플라스마는 엄청난 자기장의 힘을 받아 태양

마음을 사로잡는 황혼 사진 속 일식은 2009년 7월 21일 남태평양의 크루즈에서 본 것이다. 오싹한 황혼이 개기식 동안 수평선을 뒤덮고 있다. 사진: 앨런 다이어.

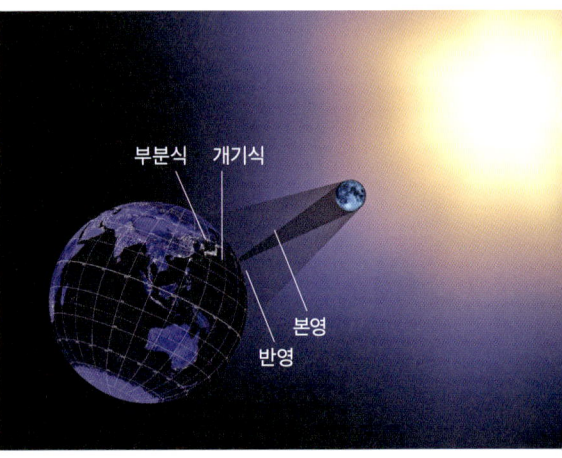

그림자놀이 태양과 중앙 정렬됐을 때 달은 지구에 두 개의 그림자를 드리운다. 넓은 반영은 너른 지역에 걸쳐 볼 수 있는 부분 일식을 만들어낸다. 반영보다 훨씬 더 작은 본영은 개기식을 볼 수 있는 좁은 경로를 만들어낸다. 구상화 제공: NASA 고다드.

표면으로부터 끊임없이 요동친다. 홍염이 거기 있다는 사실은 잘 알고 있었다. 그렇지만 그렇게 분명하게 보게 되리라고 기대한 적은 없었다(다른 이들도 마찬가지였는데, 알고 보니 홍염이 그날 일식 때보다 더 화려한 적이 거의 없었다고 한다).

나는 이 모든 것에 압도돼 가장 기초적인 작업조차 수행할 수 없게 됐다. 동시에 이 현상을 절대 사진에 담을 수 없으리라는 걸 깨달았는데, 단 1초도 놓치지 않고 이 광경을 즐기고 싶었기 때문이다. 나는 재빨리 카메라를 비틀어 떼고 접안렌즈를 포커서에 고정시켰다. 그런 다음, 수십 년 동안 하늘을 관측하며 목격한 것 중 가장 놀라운 천문학적 광경을 바라보았다.

망원경 너머로 홍염 안의 상세한 구조가 보였는데, 그중에는 표면에서 완전히 떨어져 불덩어리가 매달린 듯 보이는 녀석도 있었다. 크기로 보건대 그 홍염은 지구 전체보다 몇 배는 더 넓었을 게 분명하다. 가장 눈에 띄는 것은 다양하고 섬세한 색상과 복잡한 세부 특징을 품고 있는 코로나, 가려진 해를 둘러싼 아름다운 햇무리Halo였다. 태양과 가까운 쪽의 우아한 분홍빛 주황색부터 원반에서 멀어질수록 옅은 노란색, 분홍색, 푸른색까지 햇무리의 색조는 다양했다. 전체적인 밝기는 보름달, 그 오싹하면서도 매혹적인 우주의 꽃과 견줄 만했다. 태양의 자기장이 코로

나를 깃털 모양의 아치로 바꾸고 소용돌이치게 한 덕분에 지구 표면에서 태양 지름 거의 전체를 확인할 수 있었다.

달의 검은 원반은 마치 하늘에 뚫린 구멍처럼, 흐릿한 오로라에 감싸인 채, 살짝 내민 혀 같은 분홍색 불꽃으로 제 둘레를 훑고 있었다. 빙정으로 된 새털구름 때문에 하늘이 이전의 일식 때만큼 어두워지지는 않았다고 식을 쫓아다니는 동료 몇 명은 회상했다. 개기식 동안의 어둠에 색이 동반된 하늘은 마치 새벽과 해 질 녘이 동시에 일어나는 기이한 황혼처럼 보였다. 지평선 주위의 모든 방향에 빛이, 하늘 높이에는 어둠이 있었던 것이다.

개기식의 마지막 몇 초 동안 달 원반 가장자리에 있는 산맥들 사이로 태양의 희미한 빛이 새어 나왔다. 적절하게도 '다이아몬드 반지'라 불리는 빛이다. 다이아몬드는 별처럼 보이는 점 하나로 시작해 반짝이는 빛으로 커져가며 수 초간 지속됐다. 그러다 달 가장자리의 능선으로 더 많은 햇빛이 새어 나오자 '베일리의 목걸이Baily's Beads'가 나타났다. 그 뒤로는 태양이 너무 밝아서 직접 볼 수 없었기 때문에 다시 태양 필터로 돌아와야 했다. 그러나 이때쯤에는 자리에 있던 모두가 소리치고 환호하고 박수 치고 있었다. 한편 나는 말문이 막힌 상태였는데, 방금 목도한 시각적 교향곡의 경이로움에 넋이 나간 탓이었다.

일식

지구상의 특정 위치에서 개기 일식을 볼 수 있는 건 평균적으로 360년에 한 번뿐이다. 일식이 찾아오기를 기다리는 것보다는 일식을 찾아가는 게 합리적이다. 몇몇 일식 애호가들은 일식 탐사를 무려 25회 이상 성공시키기도 했다. 나는 개기 일식을 보기 위해 총 4번 여행을 떠났지만, 식이 구름 없는 하늘에서 발생한 건 그중 단 2번, 1979년 개기 일식과 1998년 2월 카리브해에서의 개기 일식뿐이었다. 약 3만 명의 애호가들이 그 일식을 보기 위해 카리브해 지역으로 여행을 떠났는데, 대부분은 크루즈선 갑판에서, 마치 떠다니는 호텔처럼 개기식 경로를 따라 늘어선 크루즈선 위에서 그것을 지켜보았다.

개기식이 일어나기 위해서는 달 원반이 지구에 그림자를 드리우는 동시에 태양 원반이 달로 완전히 가려지도록 지구와 달, 태양이 정확히 정렬돼야 한다. 이는 평균적으로 18개월마다 발생하는 꽤 빈번한 현상이다. 그러나 한낮에 어둠을 보려 한다면 달그림자의 작은 크기가 문제가 된다. 지구에 도달할 때쯤이면 그림자의 너비가 125마일도 되지 않는 게 보통이다. 수 초에서 대

전체가 아니라 왼쪽: 2014년 10월 23일의 부분 일식에서, 까만 달 원반이 크고 작은 흑점들을 천천히 덮었다. 사진: 앨런 다이어. 오른쪽: 일식 중 태양과 달의 원반 크기가 정확히 같아지는 일은 매우 드물다. 달이 태양보다 살짝 작을 때 일어나는 게 금환 일식이다. 사진 속 금환 일식은 2005년 높은 하늘, 얇은 구름 속에서 일어났다. 사진: 폴 딘스.

략 7분 정도 지속되는 개기 일식을 목격하려면 이 좁은 범위 안에 있어야 하는 것이다.

태양은 그림자의 경로 안에 있을 때만 달에 완전히 가려진다. 검은 원반, 즉 달의 암흑면이 태양을 대신하는 것이다. 개기 일식의 절묘한 아름다움은 맨눈이나 망원경으로 제법 안전하게 볼 수 있다(이 점을 분명히 하고 넘어가자면, 태양의 원반이 완전히 가려져 있는 개기식의 몇 분 동안은 안구 보호 장비가 필요 없다. 하지만 일식의 다른 모든 과정 동안에는 언제나 제8장에서 설명한 필터 방식이 필요하다).

결정적으로 개기 일식을 관측하려면 관측자가 반드시 달의 본영 그림자 안에 있어야 한다. '가까이' 있는 건 소용없다. 태양이 달의 원반 주위로 조금이라도 삐져나오면 멋진 코로나는 절대로 볼 수 없다. 부분 일식은 훨씬 더 넓은 영역에서 보이는 만큼 개기 일식보다 더 흔하다. 하지만 부분 일식이 개기 일식에 비할 순 없다. 부분식 동안에는 햇빛이 어두워지는 것이 거의 눈에 띄지 않는다. 적당히 필터를 사용해가며 관측하면 한 입 베어먹은 쿠키처럼 베어먹은 자리가 점점 더 커지는 듯 보이긴 한다. 부분식도 안전한 태양 필터를 통해 보면 제법 흥미롭지만, 보려고 여행을 갈 만한 가치까지는 없다.

금환 일식은 특이한 부분 일식이라 할 만하다. 달과 태양이 정렬은 되지만 달의 겉보기 지름이 태양을 가리기에 너무 작은 상태다. 그 결과 달을 둘러싼 밝은 햇빛 고리가 만들어져 개기 일식과 관련된 멋진 특징들이 죄다 보이지 않게 된다. 그럼에도 금환 일식은 보러 갈 만한 가치가 있는데, 특히 이색적인 지역에서 발생할 때 그렇다.

일식이 달이 지구와 태양 사이에 오는 매달 삭마다 일어나지 않는 이유는 무엇일까? 달의 궤도는 황도에서 약간(5도) 기울어져 있다. 태양과 달의 겉보기 경로가 교차할 때, 달이 태양보다 아래 또는 위에 있어서 지구의 어디에서 보더라도 태양을 가리지 않는다는 의미다. 그래서 일식이 일어나지 않는다. 이 기하학은 월식에도 적용된다.

일식에 대한 최초의 기록은 기원전 2137년 10월 22일 중국에서 전해진다. 이는 두 왕실 천문학자인 시Hsi와 허Ho가 '술을 너무 많이 마신 나머지' 황제에게 곧 닥칠 어둠에 대해 충고하지 못했다는 출처 불명의 이야기와 관련이 있다. 고대 중국의 천문학자들은 천문 현상을 예측하는 일을 맡았다. 실패는 가장 심각한 결과들로 이어졌는데 여기에는 처형도 포함됐다. 아무래도 시와 허가 근무 중에 술을 마셔서 그런 일이 일어난 듯하다. 전설에 따르자면 그렇다.

이 이야기는 중국인들이 그리스인보다 거의 2000년 먼저 일식을 예측했음을 암시한다. 1901년에는 잠수부들이 안티키테라섬 앞바다 난파선에서 고대 그리스 유물을 발견했다. 그 유물은 100년도 더 지난 뒤에야 천문학적 계산 장치로 밝혀져, 지금은 '안티키테라 기계'로 불린다.

앞으로의 개기 일식

개기 일식 경로의 폭은 1마일 미만에서 대략 170마일(평균 100마일)까지 다양하다. 각 일식의 지도나 자세한 내용은 천문학 잡지 또는 EclipseWise.com을 참조하라.

날짜	장소
2024년 4월 8일	멕시코, 미국 동부, 캐나다 동부(미국 언론 매체에서 대대적으로 다뤄질 것)
2026년 8월 12일	그린란드, 아이슬란드, 스페인
2027년 8월 2일	모로코, 스페인, 알제리, 리비아, 이집트, 사우디아라비아, 예멘(6분 23초, 2186년 전까지 가장 긴 개기 일식)
2028년 7월 22일	호주, 뉴질랜드
2030년 11월 25일	보츠와나, 남아프리카공화국, 호주
2031년 11월 14일	태평양
2033년 3월 30일	러시아 극동, 알래스카, 북극
2034년 3월 20일	나이지리아, 차드 공화국, 수단, 이집트, 사우디아라비아, 이란, 아프가니스탄, 파키스탄, 중국
2035년 9월 2일	중국, 북한, 일본, 태평양

확인 또 확인 1998년 2월 26일, 퀴라소섬에서 보였던 개기 일식의 시작점에서 젊은 일식 애호가 둘이 장비를 점검하고 있다. 사진: 앨런 다이어.

기원전 200년경 만들어진 이 기계는 일식과 월식을 예측하는 데 사용할 수 있는 일련의 톱니바퀴들이 맞물린 구조로 돼 있었다. 시대상을 고려했을 때 놀랍도록 진보된 장치였다.

한번은 이 '한낮의 밤' 즉 개기 일식을 보기 위해 과학자들이 전 세계를 여행한 적이 있었다. 1860년 7월 18일 캐나다 매니토바주에서 있었던 일식은 이렇듯 학문적인 여행에 엄청난 노력이 들어간 사례 중 하나다. 훗날 당대의 가장 유명한 천문학자가 된 사이먼 뉴컴은 미국 보스턴에서 캐나다 매니토바주 북부의 더파스까지 원정대를 이끌었다. 기차와 증기선, 포장마차, 카누를 타고 꼬박 7주가 걸렸다. 맹렬한 폭풍우와 전반적인 악천후로 여정의 후반부가 지연되기까지 했다.

선정된 장소에 제때 도착하지 못할까봐 두려웠던 뉴컴은 개기 일식 경로 안에 들어가겠다는 일념하에 36시간 동안 쉬지 않고 노를 젓도록 항해사들을 설득했다. 그러나 노력은 허사가 되었는데, 뉴컴과 그의 두 조수가 망원경으로 본 거라곤 구름뿐이었던 것이다. 그리고 마치 자연이 좌절한 이들에게 마지막 모욕을 주기로 공모라도 했다는 듯이 구름은 부분 일식이 끝나기 몇 분 전에야 갈라지기 시작했다.

개기 일식은 한때 과학적으로 대단히 중요한 현상이었다. 태양광이 극적으로 줄어드는 동안 중요한 관측을 할 수 있었기 때문이다. 1919년에 가려진 태양 근처 별들의 위치를 관측함으로써 과학자들은 강한 중력장 안에서 빛이 휘어진다고 설명하는 알베르트 아인슈타인의 일반 상대성 이론을 확인할 수 있었다. 평소에는 태양의 밝기 때문에 보이지 않던 별들을 개기 일식 동안에는 잠시 볼 수 있게 된다. 그 별들의 위치 사진은 태양의 중력이 별에서 나오는 빛을 정확히 아인슈타인의 이론이 예측하는 만큼 이동시켰음을 밝혀냈다.

우리가 아는 한 개기 일식은 지구에서만 볼 수 있는 현상이다. 개기 일식이 일어나는 건 태양이 달보다 400배 정도 크면서 동시에 달보다 400배 더 멀리 떨어져 있기 때문이다. 그래서 둘이 거의 정확히 같은 크기처럼 보인다. 태양계의 다른 어디에도 이런 배열은 없다. 화성에서 볼 때 화성의 위성은 태양 원반을 가리기에 너무 작다. 목성과 토성도 마찬가지인데, 각 행성의 시점에서 겉보기 크기가 태양과 같은 위성은 한 개도 없고, 전부 태양의 겉보기 크기보다 상당히 크거나 상당히 작다. 또한 이 행성들은 태양으로부터 한참 더 멀리 있으니 어떤 일식이든 효과가 훨씬 덜할 것이다.

행운이라고밖에는 설명할 수 없는 일인데, 달은 지난 40억 년 동안 지구로부터 점차 멀어져왔기 때문이다. 약 6억 년 내에는 달이 아주 멀어져서 더 이상 개기 일식이 일어나지 않게 될 것이다. 모든 일식이 금환식이나 부분식이 될 것이다. 오늘날 지구와 달은 우리에게 개기식을 선사하는 우주의 놀라운 규칙 속에서 완벽한 균형을 이루고 있다.

일식 추종자들

한 일식에서 다음 일식까지 줄었다 늘었다 하지만 그들은 언제나 그곳에 있다. 기껏해야 수백 초 달 그림자 안에 서 있기 위해 어떤 어려움도 비용도 견뎌내면서 말이다. 그들 중 많은 수가 스스로를 일식 추적자Eclipse Chaser, 혹은 일식 애호가Umbraphile라고 부른다. 지구상에 너무 먼 곳이란 없다. 2010년에는 이스터섬, 2015년에는 스발바르 제도와 페로 제도, 2021년에는 남극, 바다에서 보이는 일식을 위해서는 배를 타고 나가기까지. 일식 추적자들은 자연의 초신비를 목격하기 위해, 천체의 기하학이 나타나는 곳이라면 어디든 거의 종교적인 열정을 품고 따라다닌다.

노력에 보상이 따르지 않을 때도 있다. 일식 탐사 계획을 세울 때마다 아마추어 천문인들은 20세기 전반에 열두 번의 개기 일식을 관측하기 위해 전 세계를 여행했던 캐나다의 천문학자 J. W. 캠벨을 떠올린다. 그가 갈 때마다 날씨가 흐렸기 때문이다.

최근 몇 년엔 여러 이유로 성공률이 훨씬 높아졌다. 위성 데이터를 기반으로 하는 오늘날의 일기 예보 덕분에 장소를 더 신중하게 선택할 수 있다. 주요 관측지의 날씨가 흐리다 싶으면 신뢰도가 더 높은 24시간 예측을 활용해 막판에 바꿀 수도 있다. 개기 일식 크루즈도 인기가 있는데, 배에는 이동성이 있어 구름 사이 빈 곳을 쫓아다닐 수 있기 때문이다. 어떤 일식 추적자들은 날씨를 전혀 걱정하지 않기도 한다. 특별한 '일식 비행'에 탑승해 3만 피트 상공에서 개기 일식을 보는 이들이다.

내가 10대였을 때까지만 해도 일식 추적은 과학적인 활동이었다. 대부분의 개기 일식은 먼 지역

그림자 추적자들 2019년 7월 2일의 개기 일식에서는 남아메리카 칠레의 해안 위로 놀라운 광경이 펼쳐졌다. 오른쪽: 오리건주 시골, 2017년 8월 21일 개기 일식이 끝난 뒤 브리티시컬럼비아주와 온타리오주에서 온 캐나다의 일식 추적자들이 행복하게, 그리고 안전하게 태양을 보고 있다. 사진: 존 네미.

에서 일어나는데, 여행에 비용이 드는 건 물론 날씨가 흐릴 위험까지 있어 아마추어 천문인 중에서도 가장 부유한 사람들이 아니라면 모두 집을 지켜야 했다. 그러다 1970년대 초반에 플라네타륨의 디렉터인 테드 페더스와 사회과학 교수이자 테드의 처남인 필 시글러가 많은 사람을 데리고 개기 일식을 보러 가는 아이디어를 떠올렸다. 그들은 배를 통째로 빌려, 1972년 7월 일식의 경로인 북대서양으로 항해하기로 했다. 크루즈 회사 8곳에서 비웃음을 당한 뒤 그릭라인Greek Line이 올림피아호를 제공했는데, 단 '72년도 일식, 어둠으로의 여행Eclipse '72 Voyage to Darkness'을 4개월 안에 매진시켜야 한다는 조건이 따라붙었다. 테드와 필은 해냈다. 7월 10일 오후 4시 48분, 834명의 승객(과 고양이 한 마리)은 뉴욕시에서 동쪽으로 약 1000마일 떨어진 곳에서 130초간 개기 일식을 경험했다. 개기 일식에 대한 고양이의 생각은 알려진 바 없으나, 이 크루즈가 누구든 일식을 쫓아다닐 수 있는 시대를 열어주었다는 점은 분명하다.

그 뒤로 일식 추종자들을 만족시키는 것은 큰 사업이 됐는데, '식 중독'이 아마추어 천문인들에게만 국한된 일은 아니었기 때문이다. 개기 일식의 매력은 자연 애호가들과 호기심쟁이들까지 넓은

> 분야의 사람들을 사로잡았다. 베테랑 일식 추적자 한 사람의 말이 꼭 맞는다. "전염성이 매우 강한 행위입니다. 주변 방해물이 적은 개기 일식에 단 한 번 노출되는 것만으로 감염될 수 있죠."

월식

1503년, 크리스토퍼 콜럼버스와 그의 선원들은 자메이카의 섬에 발이 묶였다. 그들의 배는 수리할 수 없을 정도로 손상됐다. 처음엔 아라와크족 원주민들이 반갑게 맞아주고 음식도 주었지만, 시간이 좀 지나고 방문자들이 부담스러워지자 더는 음식을 제공하지 않았다. 몇 주가 더 지나고 굶주림에 처하자 선원들의 사기는 급격히 떨어졌다.

항해표를 훑어보던 콜럼버스는 1504년 2월 29일에 개기 월식이 일어나리라는 사실을 알아차렸다. 교활한 꾀가 하나 떠올랐다. 월식이 있던 밤 그는 자신과 선원들을 대하는 아라와크족의 태도에 신께서 언짢아하신다고 주장했다. 그러고는 하늘을 가리키며, 신이 불쾌함의 표시로 달을 없애기로 했다고 하는 것이었다. 몇 분 뒤 지구의 그림자가 달의 모습을 가리기 시작했다. 콜럼버스의 일기에 따르면 이 연극은 제대로 먹혀들었다. 아라와크족은 신에게서 달을 돌려받는 대가로 선원들에게 필요한 모든 음식을 제공하겠다고 약속했다. 어쩌면 콜럼버스와 선원들이 마침내 구조돼 유럽으로 돌아오기 전에 굶어 죽는 걸 이 연극이 막아주었는지도 모른다. 전설처럼 들리지만, 대부분의 학자들은 그런 일이 실제로 있었다는 데 동의한다.

개기 월식은 보름달이 뜨고 지구가 정확히 태양과 달 사이에 있을 때만 일어난다. 이런 조건들이 충족되면(일 년에 두 번일 때도 있다) 달은 일시적으로 지구 그림자에 집어삼켜진다. 제한된 지역에서만 볼 수 있는 개기 일식과는 달리 밤이 된 부분 전체에서 보이므로 관심만 있다면 수백만 명이라도 1열에 앉을 수 있다.

개기 월식 동안 달은 결코 완전히 어두워지지 않는다. 지구 대기로 확산되는 햇빛이 흐릿한 빛으로 달을 감싸 평소 밝기의 1만분의 1 수준으로 감소할 뿐이다. 같은 원리로 태양이 지평선 아래로 내려간 뒤에도 이른 저녁 하늘이 상대적으로 밝게 유지되는 현상이 있다.

그림자의 어두운 정도는 해당 시간 지구 대기에 떠 있는 구름, 먼지, 오염 물질의 양에 따라 달라진다. 어떤 때는 달을 거의 사라지게 만들 만큼 조밀하지만, 다른 때는 녹슨 듯한 옅은 색조만 더하기도 한다. 1991년 6월, 필리핀의 피나투보 화산이 폭발하며 막대한 양의 먼지와 황산 연무를 대기 상층부로 뿜어냈다. 이것이 북반구 전역으로 서서히 퍼졌다. 화산재 입자들은 햇빛

구릿빛 달 세 이미지에 2019년 1월 20일 개기 월식의 시작, 중간, 끝(왼쪽부터 오른쪽으로)이 나타나 있다. 사진: 게리 세로닉.

을 흡수해 1992년 6월의 부분 월식에 완전히 검은 그림자를, 6개월 후의 개기 월식에는 흐릿한 회색 그림자를 만들었다. 개기 월식 동안 달은 너무나 어두웠고, 내 추정에 따르면 월식 중 달의 전반적인 밝기는 4등성과 비슷했다.

  달은 지구 주위 궤도를 따라 이동하며 대략 한 시간에 지름과 동일한 거리만큼 하늘의 동쪽으로 움직인다. 지구 그림자의 폭이 달 지름의 두 배가 조금 안 되니, 달이 중앙을 통과하면 거의 두 시간을 완전히 그림자 안에 있게 되는 셈이다. 때때로 달은 그림자를 스치듯 지나가 부분 월식을 만들기도 한다. 부분식에서는 밝은 달과 어두운 그림자의 대비 때문에 그림자의 실제 색조를 확인하기 어렵고, 경치도 개기 월식보다 훨씬 덜 인상적이다.

  개기 월식은 여유로운 속도로 펼쳐진다. 달이 지구의 어두운 본영에 들어가기 약 20분 전이면 가장자리가 약간 캄캄해지는데, 이는 지구의 어두운 그림자가 근처에 있음을 나타낸다. 달의 가장자리가 실제로 그림자에 접촉하면 이런 감광 효과가 분명해진다. 달이 완전히 가려지기까지는 약 한 시간이 걸린다. 일단 달 원반이 가려지면 개기식이 시작되며, 수분에서 거의 두 시간까지 지속될 수 있다. 현상의 막바지에 달은 그림자 밖으로 고개를 내민다.

  중간 개기식에 도달한 10분 동안 프랑스의 천문학자 앙드레-루이 당종이 개발한 척도를 이용해 월식의 '어두운 정도'를 추정해보라. 이 척도는 안시 관측을 위해 고안됐다.

섬세한 명암 2010년 12월 20~21일 밤, 개기식이 시작되기 약 20분 전에 이 사진이 촬영됐을 때 달은 대부분 지구 그림자 안에 들어가 있었다. 사진: 앨런 다이어.

- 당종 등급Danjon's scale에서 0등급은 아주 어두운 월식이다. 사실상 달이 보이지 않는데, 특히 중간 개기식 동안 그렇다.
- 1등급은 어두운 회색 또는 갈색빛의 월식이다. 세부적인 특징들은 거의 구별할 수 없다.
- 2등급은 암적색 또는 녹슨 듯한 색의 월식으로, 그림자의 중앙 부분은 아주 어둡고 바깥쪽 가장자리는 상대적으로 밝다.
- 3등급은 벽돌색 월식으로, 대개 지구 그림자에 밝은 회색이나 노란색 테두리가 둘러져 있다.
- 4등급은 밝은 구리색 또는 주황색 월식으로, 그림자에 아주 밝은 푸른색 테두리가 있다.

두 등급 사이에 있는 것처럼 보인다면, 예를 들어 1등급과 2등급 사이로 보인다면 '1.5 당종 등급'과 같이 표시할 수 있다. 등급은 안시 관측을 위한 것이며 쌍안경이나 망원경에서는 가려진 달이 더 밝게 보인다는 점에 유의하라.

대형 망원경이나 고배율로 월식을 관측할 가치는 별로 없다. 지구 그림자의 흐릿한 가장자리가 달의 커다란 크레이터들을 살금살금 가로지르는 광경을 보고 싶은 게 아니라면 말이다. 달 전체를 볼 수 있다는 점에서 나는 쌍안경이나 작고 배율 낮은 망원경을 추천한다.

앞으로의 개기 월식

아래 목록에 기재된 지역에서 개기 월식의 대부분 또는 전부를 볼 수 있다. 목록에 나와 있지 않은 지역에서는 몇 단계만 볼 수 있다. 시간은 만국 표준시 기준 중간 월식 시간이며, 현지 시간으로 변환하려면 구글을 이용하라. 아래 목록에 적힌 시간보다 1시간 빨리 관측을 시작하라. 지도나 각 월식의 세부 정보는 천문학 잡지 또는 timeanddate.com을 참조하라.

날짜	장소
2025년 3월 13일~14일	뉴질랜드, 북아메리카 및 남아메리카, 아이슬란드, 서아프리카 (06:59 UT)
2025년 9월 7일~8일	중앙아프리카 및 동아프리카, 유럽, 아시아, 호주, 뉴질랜드 (18:12 UT)
2026년 3월 2일~3일	동아시아 및 동남아시아, 일본, 호주, 뉴질랜드, 북아메리카 및 중앙아메리카 (11:34 UT)
2028년 12월 31일~1월 1일	아이슬란드, 유럽, 중앙아프리카 및 동북아프리카, 아시아, 일본, 호주, 뉴질랜드, 알래스카 (16:52 UT)
2029년 6월 25일~26일	북아메리카 중부 및 동부, 중앙아메리카와 남아메리카, 아프리카, 서유럽 (03:22 UT)
2029년 12월 20일~21일	캐나다와 미국의 중부 및 북동부, 아이슬란드, 유럽, 아프리카, 아시아, 인도 (22:42 UT)
2032년 4월 25일~26일	동아프리카, 중앙아시아, 동아시아 및 동남아시아, 인도, 일본, 호주, 뉴질랜드 (15:13 UT)
2032년 10월 18일~19일	아이슬란드, 유럽, 아프리카, 아시아, 일본, 호주 (19:02 UT)
2033년 4월 14일~15일	유럽, 아프리카, 아시아, 일본, 호주, 뉴질랜드 남부 (19:12 UT)
2033년 10월 7일~8일	중앙아시아 및 동남아시아, 일본, 호주, 뉴질랜드, 북아메리카 및 중앙아메리카, 남아메리카 북서부 (10:55 UT)

제10장

혜성, 유성, 오로라

나는 그때까지 알려지지 않았던 혜성 12개가
천천히 하늘을 가로지르며
곡선적인 장식체로
각자 태양의 방명록에
서명을 남기는 것을 보았다.

레슬리 C. 펠티에(1900~1980)

최고의 쇼 도시 불빛 속에서도 시선을 사로잡을 만큼 밝은 헤일-봅 혜성은 1997년 3월과 4월 내내 1등성 이상의 밝기를 유지했다. 장엄한 혜성에는 멋진 꼬리가 두 개나 있었다. 사랑스러운 파란 꼬리는 태양풍에 의해 빛을 내는 가스로 돼 있고, 특징이 거의 없는 흰색 꼬리는 태양광에 의해 빛을 내는 티끌들로 돼 있었다. 최상의 상태에서 먼지 꼬리는 1억 킬로미터가량 뻗어 있었다. 사진: 테런스 디킨슨.

*

1995년 7월 22일, 애리조나주 피닉스의 아마추어 천문인들이 도시 불빛으로부터 멀리 떨어진 남쪽 관측지로 향했다. 그날 저녁은 평소처럼 망원경과 삼각대, 접이식 의자, 별지도 책을 꺼내는 것으로 시작됐다. 어둠이 내리고 망원경들은 모두 은하, 성운, 성단을 조준하고 있었다.

오후 11시, 관측자 중 짐 스티븐스가 궁수자리의 구상 성단인 M70을 향해 망원경을 돌렸다. 스티븐스는 망원경을 직접 들여다본 뒤 동료 애호가인 톰 봅에게 넘겨주었다. 망원경이 없었던 봅은 하늘의 풍경을 즐길 수 있도록 원정대에 초대받은 차였다. 접안렌즈 속에서 봅은 M70의 부연 빛을 보았다. 2만9500광년 떨어진 성단의 별들은 안개 속에서 가로등 주위를 날아다니다가 얼어붙은 작은 반딧불이처럼 은은한 점들로 보였다. 그때 봅이 물었다. "시야 가장자리 부근에 있는 저건 뭔가요? 저 작고 흐릿한 천체 말이에요."

면밀한 관측을 위해 스티븐스는 다시 접안렌즈를 들여다보았다. 그도 그것을 보았는데, 별지도 책에 따르면 거기에는 아무것도 없어야 했다. 이제 원정대의 모든 망원경이 그 불가사의한 천체를 향하고 있었다. 그것이 진짜라는 데는 의심의 여지가 없었다. 모두 동의했다. 하지만 대체 저게 뭐란 말인가? 자정 무렵, 그들은 그 천체가 아주 약간이나마 움직였다고 확신했다. 그것이 의미할 수 있는 건 단 하나, 혜성뿐이었다!

봅은 집으로 달려가 국제천문연맹 본부에 보고서를 제출했다. 한편, 인접한 뉴멕시코주의 시골집 마당에서는 숙련된 혜성 관측자인 앨런 헤일이 M70을 포함해 자신이 좋아하는 우주의 작품들을 감상하고 있었다. M70 근처에 떠 있는 창백한 먼지버섯Puffball을 발견한 헤일은 그게 혜성이라는 사실을 거의 곧바로 알아챘다. 헤일은 재빨리 자신이 발견한 것을 보고했는데, 봅이 보고하기 불과 몇 분 전이었던 듯하다. 다음 날 두 사람은 자신이 후일 '헤일-봅 혜성'으로 알려질 천체를 발견했음을 알게 됐다.

범상치 않은 천체였다. 1997년 이른 봄 지구에 가장 근접했을 때, 헤일-봅 혜성은 밤하늘에서 달과 시리우스를 제외한 그 어떤 것보다 가장 밝아졌다. 북반구의 저녁 시간에도 보일 만큼 밝은 혜성은 1910년 핼리 혜성의 역사적인 방문 이후 처음이었다.

다채로운 빛깔의 혜성 최고의 혜성은 사진에 포착된 것과 같은 사랑스러운 색을 띠고 있다. 2020년 여름에 니오와이즈 혜성을 촬영한 사진에서 혜성 머리의 순백색 코마는 청록색 헤일로에 둘러싸여 있고, 가느다란 가스 꼬리는 진한 파란색이며, 부채 모양의 먼지 꼬리는 크림 같은 흰색이다. 사진: 토니 푸에르저.

혜성

혜성은 태양계가 형성되고 남은 얼음과 암석으로 이뤄진 날아다니는 산이다. 오늘날에는 수십억 개의 혜성이 카이퍼 벨트와 오르트 구름에 머물고 있는데, 이들은 해왕성 궤도 너머에 있으며 하늘의 냉동고 역할을 한다. 혜성은 광대한 고리 모양 경로로 태양을 돌며 한 바퀴 도는 데 수 세기에서 수천 년이 걸린다. 간혹 해왕성이나 지나가는 별에서 오는 약간의 중력이 냉랭한 은신처에 숨어 있는 혜성들 중 하나를 교란시켜 지구가 있는 태양계 내부로 향하게 하기도 한다.

혜성이 태양에 가까워지면 혜성의 중심부인 핵 안에 있는 얼음이 태양광에 승화되기 시작한다. 진공 상태의 우주에서는 그 증기가 가스와 먼지로 된 커다란 구름인 코마Coma를 생성하는데, 크기가 지구의 몇 배나 된다. 그 구름을 태양광의 압력과 태양풍(태양에서 방출되는 전자와 양성자의 일정한 흐름)이 뒤로 밀면서 꼬리가 만들어진다. 꼬리에는 두 가지 요소가 있는데, 고전적

코마의 근접 사진 테런스 디킨슨이 1996년 3월 촬영한 이 사진에는 햐쿠타케 혜성의 물빛 코마가 나와 있다. 가느다란 가닥 여러 개가 혜성의 복잡한 가스 꼬리 속 코마에서 뻗어 나온다.

인 하얀색 먼지 꼬리와 컬러 사진으로 볼 때 가장 멋있는 푸른색 가스(플라스마) 꼬리다. 둘 다 길이가 수백만 킬로미터에 달할 수 있다.

우주의 암흑을 배경으로 멀리서 보면 혜성의 꼬리는 마치 물질로 이뤄진 것처럼 보인다. 덩치가 엄청나게 커다란 데 비해 꼬리에 들어 있는 물질의 양은 놀라울 만큼 적다. 사실 혜성의 꼬리는 굉장히 넓게 흩어져 있어서 실험실 진공 상태와 비슷할 정도다. 혜성의 꼬리는 흔히 '아무것도 아니지만, 아무것도 아닌 것은 아닌 무언가'에 가장 가깝다고 말해지곤 한다.

일반적으로 혜성의 두 꼬리 가운데 먼지 꼬리가 더 밝다. 연기만 (하거나 그보다 더 크기도) 한 먼지 입자는 핵의 얼음 안에 박혀 있다. 태양광이 핵의 외부 표면을 승화시키면 가스와 함께 먼지가 방출된다. 어두운 방에 떠다니는 먼지가 한 줄기 햇빛 속에서 잘 보이듯 혜성의 꼬리에 있는 먼지도 태양광을 무척 잘 반사한다. 사실 집 안의 먼지 일부는 **실제로** 혜성 먼지다. 혜성이 꼬리를 통해 물질을 방출하면 그 먼지가 태양계를 어지럽히다가 태양을 공전하는 행성들에 휩쓸려 간다. 큰 조각들은 지구의 대기에서 유성으로 타버리지만, 작은 조각들은 지구에 부드럽게 쏟아진다.

시각적으로도 혜성은 별과 거의 유사한 핵을 가지고 있고, 그 핵은 코마의 부연 연무에 싸여 있다. 코마에서 쓸려 나오는 투명한 꼬리는 대개 상당히 희미하며 별다른 구조를 보이지도 않는다. 눈에 잘 띄는 혜성 중에는 섬세한 세로줄 무늬 때문에 꼬리가 머리카락처럼 보이거나 묘하게 깃털 모양이 되는 것들이 종종 있다. 혜성이라는 단어는 '긴 머리카락을 가진 별'이라는 뜻의 고대 그리스어 'aster kometes'에서 유래했다.

혜성은 코마의 밝기 및 꼬리의 모양과 길이가 매우 다양하다. 어떤 꼬리는 희미하고 뭉뚝하며, 어떤 꼬리는 부채 모양이고, 다른 꼬리는 길고 연필처럼 가늘다. 먼지 꼬리는 혜성의 궤도 운동 때문에 구부러져 있을 때가 많다. 그러나 가스 꼬리는 언제나 곧은 모양인데, 태양으로부터 바깥을 향해 방출되는 전하 띤 입자들, 즉 태양풍의 영향을 직접적으로 받기 때문이다.

혜성 뽑기

혜성은 발견자의 이름을 따서 명명된다. 매사추세츠주 케임브리지의 국제천문연맹 본부에 새로운 혜성으로 의심되는 천체를 가장 빨리 보고하는 두 사람이 발견의 공로를 인정받는다. 하지만 요즘엔 대부분의 혜성이 자동 감시 프로그램으로 발견된다.

핼리 혜성은 드문 예외다. 에드먼드 핼리는 혜성을 발견하지 않았지만, 혜성이 관측됐던 때로부터 76년이 지난 뒤인 1758년에 다시 돌아올 거라고 정확히 예측했다. 1986년, 가장 최근 태양계 내부에 방문했을 때 핼리 혜성은 어둡고 눈에 잘 띄지 않았다. 2061년으로 예상되는 다음 출현 시에는 더 잘 보일 것이다.

혜성은 꼬리가 뒤로 뻗어 있어서 마치 머리가 먼저 움직이고 꼬리가 따라가는 것처럼 보인다. 그러나 태양 복사가 혜성의 가스와 먼지 입자를 바깥쪽으로 밀어내기 때문에, 혜성의 꼬리는 항상 태양으로부터 멀어지는 방향을 가리킨다. 따라서 태양 주위를 타

혜성의 핵 67P/추류모프-게라시멘코 혜성의 핵을 초근접 촬영한 이 사진은 로제타 우주선이 2015년에 찍은 것이다. 땅콩 모양 혜성의 균열에서 가스와 먼지가 분출되는 것을 볼 수 있다. 이미지 제공: ESA/로제타.

원 궤도로 돌 때 혜성은 머리가 앞선 채 태양에 근접해서 꼬리가 앞선 채 태양으로부터 멀어진다.

헤일-봅 혜성은 200여 년간 태양계 내부를 방문한 혜성 중 가장 큰 것으로 여겨진다. 지름이 60킬로미터 정도로 추정되는 이 혜성의 얼음 핵은, 마찬가지로 상당히 큰 축에 속하는 핼리 혜성의 핵보다 4배나 크다. 1996년 3월 말경에 사랑스러운 광경을 보여준 햐쿠타케 혜성의 핵은 헤일-봅 혜성 핵 크기의 10퍼센트도 되지 않았다.

헤일-봅 혜성의 핵은 가장 밝을 때 초당 거의 400톤에 달하는 가스와 입자들을 방출했지만, 태양계 내부를 통과해 지나가는 동안 증발한 것은 핵 질량의 0.06퍼센트도 채 되지 않았다.

방출되는 질량 1997년 봄, 헤일-봅 혜성이 태양에 가까워지면서, 아마추어 망원경으로 쉽게 볼 수 있는 가스와 먼지 껍질이 회전하는 핵으로부터 방출됐다. 사진: 윌리엄 브로데릭.

혜성을 분류하는 간단한 방법은 궤도 주기를 기준으로 하는 것이다. 단주기 혜성은 200년 내로 태양 주위를 돈다. 주기가 76년인 핼리 혜성이 이 범주에 속한다. 헤일-봅 혜성 같은 장주기 혜성은 돌아오기까지 200년 이상이 걸리며 오르트 구름에서 기원했을 가능성이 있다. 헤일-봅 혜성은 앞으로 2500년 동안 다시 볼 수 없을 것이다. 하지만 장주기 혜성의 궤도는 예측이 불가능할 수 있고, 그중 많은 수는 태양계를 벗어나 영영 돌아오지 않을 가능성이 높다.

혜성의 밝기가 5등급 이상으로 올라가는 일도 있는데, 보통 화성 궤도 내에 진입할 때 그렇다. 그럴 때 혜성을 관찰하려면 맑은 날 밤마다 모든 노력을 기울여야 한다(또는 이른 아침. 혜성의 절반은 아침 하늘에 나타나기 때문이다). 어두운 하늘에서는 혜성의 섬세한 꼬리 구조며 전체적인 길이에서 볼 수 있는 세부 특징이 더 두드러진다. 일반적으로 꼬리는 몇 도가량 뻗어 있기에 밝은 혜성은 쌍안경에서 가장 잘 보인다.

망원경에서 혜성의 핵은 대개 별 같은 점으로 보이지만, 때로는 코마에 너무 가려진 탓에 안개

행운의 연속 1996년 3월 27일, 테런스 디킨슨이 자신의 뒷마당에서 이 75초 노출 사진을 찍었을 때, 햐쿠타케 혜성의 고운 꼬리는 2000만 킬로미터에 달했다. 운 좋게도 러시아 우주 정거장 미르와 도킹한 미국의 우주 왕복선 아틀란티스가 지구 그림자에서 동시에 나타나 이 사진의 왼쪽에서 오른쪽으로 이동했다.

속 먼 가로등 불빛처럼 밝고 짙은 연무로만 보이기도 한다. 구조가 전혀 보이지 않는 일도 흔한데, 특히 희미한 혜성에서 그러하다. 가장 밝은 혜성은 활동도 가장 왕성하고, 코마 주변의 구조적인 특징은 사진에서보다 실제로 볼 때 더 잘 보인다. 혜성의 구체적인 세부 특징들만큼이나 흥미로운 점은, 별이 빛나는 하늘을 떠다니는 매일 밤 혜성의 크기, 모양, 밝기가 변한다는 점이다.

혜성의 명성과 오명

핼리 혜성은 그 밝기와 76년 주기의 궤도로 유명하다. 궤도 주기가 인간의 평균 수명과 거의 일치하기에 대부분의 사람은 핼리 혜성을 한 번이라도 볼 수 있고, 자녀와 손주들에게 그 눈부시게 아름다운 광경을 이야기해줄 수 있기 때문이다. 1986년에는 핼리 혜성이 눈부시게 아름답지 못했는데, 밝기가 겨우 4등급에 그쳐서였다. 그에 반해 1910년에는 아름다운 꼬리와 1등급 밝기의 코마로 센세이션을 일으켰다. 1910년 5월 19일에는 지구의 궤도가 4000만 킬로미터에 이르는 핼리 혜성의 꼬리 끝을 6시간 동안 통과해 지나갔다. 꼬리에 있는 유독 가스가 지구의 생명체를 전멸시킬 거라는 공포가 있었으나, 아무 일도 일어나지 않았다.

1882년 9월 대혜성은 어쩌면 역사상 가장 밝은 혜성이었을 것이다. 태양에 가장 근접하기 전후 며칠 동안 이 혜성은 낮에도 쉽게 볼 수 있었으며 추정 등급은 -17등급에 달했다.

1993년 3월에는 목성을 도는 **슈메이커-레비 9 혜성**이 발견됐는데, 이는 천문학 역사에서 유례가 없는 혜성이다. 목성의 엄청난 중력이 이 혜성을 붙잡았을 뿐 아니라 심지어 21개의 조각으로 찢어버렸다. 그 결과로 생긴 조그만 혜성들의 무리가 1994년 7월 목성에 충돌했다. 그 충돌은 목성의 대기에 크고 검은 멍들을 남겼는데, 어떤 멍은 지구만큼이나 컸다. 멍은 몇 달이나 지속됐으며 당시에는 뒷마당 망원경으로도 볼 수 있었다. 이는 상

환상적인 부채 모양 꼬리 2007년 초, 찬란한 맥너트 혜성이 남반구 하늘에서 보였다. 최상의 상태일 때 맥너트 혜성에는 대단히 길고 굽어 있으며 면이 여러 개인 먼지 꼬리가 돋아난다. 이미지 제공: ESO/S. 데이리스.

커다란 멍 슈메이커-레비 9 혜성은 뒷마당 망원경으로 볼 수 없었지만, 그 혜성의 파편이 목성을 강타했을 때 생긴 충돌 흔적은 아마추어 천문인들 사이에서 널리 관측됐다. 이미지 제공: NASA/허블 우주 망원경 혜성 팀.

제10장 혜성, 유성, 오로라

아틀라스 혜성의 붕괴 2020년 4월, 아틀라스 혜성의 핵은 산산이 부서져 듬성듬성한 작은 혜성들의 무리가 됐다. 이미지 제공: NASA/ESA/데이비드 제윗/챤즈 예

당한 크기의 천체가 태양계 행성에 충돌하는 장면을 인류가 목격한 유일한 사건이다.

햐쿠타케 혜성은 1996년 3월 말경 지구로부터 1500만 킬로미터 이내 거리로 접근하면서 1등급에 도달했다. 햐쿠타케 혜성은 길이가 90도에 육박하는 가느다랗고 푸른 꼬리를 휘두르며, 일주일도 안 되는 시간 동안 목동자리에서 북극성까지 북쪽 하늘을 가로질러 날아갔다. 1년 뒤 헤일-봅 혜성이 나타나지 않았더라면 이 혜성이 1980~2000년 중 가장 밝은 혜성이었을 것이다. 20세기 후반에서 주목할 만한 다른 혜성들로는 **웨스트 혜성**(1976), **베넷 혜성**(1970), **이케야-세키 혜성**(1965), 그리고 1957년에 관측된 **므르코스 혜성**과 **아렌드-롤란드 혜성** 등이 있다.

맥너트 혜성은 이케야-세키 이후의 혜성 가운데 으뜸으로, 주로 남반구에서 볼 수 있는 장관이다. 이 혜성은 2007년 1월 중순에 태양 근처를 지나간 후 -5등급에 도달했으며 하늘에 35도 너비로 펼쳐지는 멋진 부채 모양 꼬리를 달게 됐다. 몇 년 뒤 2020년 여름에는 북반구 관측자들이 북두칠성 아래에 뜬 아름다운 1등급 천체인 **니오와이즈 혜성**을 즐겼다.

장관을 이룰 것이라 예상됐던 혜성 중 몇몇은 흐지부지됐다. 그중 가장 악명 높은 것은 **코후테크 혜성**이다. 당초에는 금성만큼 밝아질 것으로 예상됐으나 1974년 1월 정점을 달했을 때도 4등급에 불과했다. 더 최근의 실망스러운 사례로는 **아이손 혜성**이 있는데, 2013년 말 여러 매체에서 세기의 혜성이 될 거라고 대담하게 보도했었다. 그러나 꽝이었다. 2019년 12월 발견된 **아틀라스 혜성** 또한 실패작이었다. 5개월 뒤에는 0등급에 도달할 것으로 예상됐지만, 연약한 핵이 붕괴되며 시야에서 사라지고 만 것이다.

우주의 사촌들 왼쪽: 2020년 7월 17일, 니오와이즈 혜성 옆으로 밝은 유성이 타오르며 나타났다. 우리가 유성이라 부르는 섬광은 지구의 대기에서 불타는 혜성 물질일 때가 있다. 사진: 존 네미. 오른쪽: 어느 운 좋은 천체 사진가가 캐나다 앨버타주의 밴프 국립공원 위 겨울 하늘에서 이 폭발하는 유성, 혹은 화구bolide를 포착했다. 사진: 브렛 애버네시.

유성

다들 한 번쯤 경험해봤을 것이다. 별이 가득한 하늘을 힐끗 올려다본 순간, 아마도 아주 잠깐 사이에 갑자기 눈부신 빛줄기, 즉 '별똥별'이 잔잔한 경치를 가르는 것 말이다. '별똥별'이라는 표현이 눈에 보이는 현상을 설명해주긴 하지만, 하늘을 가로질러 반짝이는 그 천체는 '유성'이라 부르는 게 적절하다.

유성은 별과 아무런 관련이 없다. 그것은 수백 개를 한 손에 쥘 수 있을 만큼 작은 우주 잔해 조각들이다. 그러나 그 하나하나가 짧고도 폭발적인 익숙한 백열 현상을 밤하늘에 불러온다. 최대 시속 25만 킬로미터 속도로 지구의 대기권에 뛰어들어 소멸하면서 눈부시게 타오르는 것이다. 그런 속도에서 평균 크기의 입자는 공기 입자와 마찰하다 1초 내로 승화해버린다. 갑자기 타오르는 빛은 강렬한 승화열이 일으키는 것이다.

지구는 매년 수천 톤의 유성 잔해를 쓸어내지만, 그중 대부분은 눈에 보이는 유성을 만들지 못하고 지구 대기와 충돌한 뒤 몇 달이 지나 지상으로 떨어지는 미세한 먼지에 불과하다. 낙하하는 조각들 가운데 섬광을 만들 정도로 큰 것은 얼마 되지 않는다. 드물게는 맹렬한 돌진에서 살아남을 만큼 커다란 덩어리가 땅에 떨어지기도 한다.

이 주제의 용어는 헷갈릴 수 있으니 핵심 단어들을 몇 가지 정의해보자. **유성체**Meteoroid는 태양계를 떠다니는 암석이나 금속 물질로 된 작은 덩어리다. **유성**Meteor은 행성의 대기에서 유성이 탈 때 만들어지는 밝은 빛줄기이며, **운석**Meteorite은 대기를 통과하고도 살아남아 행성의 표면에 도달하는 유성 조각이다. 관련 용어인 **소행성**Asteroid은 일반적으로 화성과 목성 사이(210페이지 참조)에서 태양 주위를 도는 작은 암석체를 뜻한다. 대형 운석은 소행성 간의 충돌로부터 떨어져 나온 잔해라고 생각된다.

평균적으로 맑은 날 밤 어두운 관측지에서는 적당히 밝은 유성을 시간당 서너 개쯤 볼 수 있다. 새벽 무렵에는 시간당 일고여덟 개까지 증가한다. 이는 무작위 유성Random Meteor 또는 산발 유성Sporadic Meteor으로 알려져 있다. 하지만 지구가 태양 주위 공전 궤도를 돌기에 지구는 경주로의 거리 표지처럼 명확하고 예측 가능한 간격으로 유성군과 교차한다. 그 결과가 유성우Meteor Shower로, 보통 며칠 밤씩 지속되지만 어떤 것은 일주일 이상 이어지기도 한다. 지구가 유성류Meteor Stream의 한가운데 있어 활동이 정점에 이르는 밤이면 강한 유성우는 평균적으로 분당 하나의 유성을 만들어낸다. 하지만 대부분은 더 적게 생성한다.

유성 관측자들은 무중력 의자나 패딩 처리된 접이식 의자를 거의 수평 자세로 조정해 넓은 하늘을 가능한 한 편안하게 볼 수 있도록 한다. 최대한 어두운 관측지를 골라 유성우의 복사점(유성의 경로가 시작되는 듯 보이는 하늘의 지점) 방향을 향해라. 추운 계절에는 담요를, 여름에는 벌레 기피제를 챙기는 걸 잊지 마라. 쌍안경이나 망원경은 인간의 눈보다 시야가 훨씬 작아서 유성을 찾는 데는 쓸모가 없다. 유성은 사실상 어느 곳에든지 예측 불가능하게 떨어질 수 있다. 관측하기 위해 특별한 장비가 필요한 것도 아니라서, 다른 사람들에게 천체 관측을 소개하고 별과 별자리를 다시 알게 해주는 특별한 기회가 된다.

올스카이 지도 복사본에 각 유성의 궤적을 기록할 수 있다. 예를 들자면 제4장의 올스카이 지도를 복사해 이용할 수 있다. 이때 야간 시력이 손상되지 않도록 강력하게 필터링된 빨간 불빛 손전등이 필요하다(149페이지 참조). 유성을 찾으면 별들 사이에서 시작점과 끝점을 찾아 지도에 기록한 뒤, 그 사이에 비행 방향의 화살표로 경로를 표시하면 된다. 여러 선을 거꾸로 추적하면 유성우의 복사점이 드러난다. 일부는 이 영역에서 방사되지 않을 텐데, 이들은 연중 아무 밤에나 볼 수 있는 무작위 유성이다.

유성우가 내릴 때든 아니든 유성이 가장 많이 보이는 건 자정 이후, 태양 주위를 도는 지구의 밤 반구가 궤도에서 이동 방향을 바라보게 되는 시간이다. 지구의 자정 이후 반구(혹은 앞쪽 반구)는 자정 이전 반구(혹은 뒤쪽 반구)보다 더 많은 유성과 조우한다. 내 생각엔 이렇다. 폭설 속에 산책을 나가면, 코트의 앞쪽은 눈으로 도배되지만 뒤쪽에는 눈송이가 약간 뿌려져 있을 뿐일 것이다. 이는 물론 앞으로 이동하는 나의 움직임 때문이다. 내가 눈송이 속으로 걸어가고 있으니 말이다. 평균 시속 10만7000킬로미터로 궤도를 도는 지구도 마찬가지다.

주요 연간 유성우

이 표에서 '최대 시율Hourly Rate at Maximum'은 도시 불빛으로부터 멀리 떨어진 달 없는 하늘에서 시간당 볼 수 있는 유성의 개수를 추정한 값이다. 값의 범위는 매해 유성우의 강도 변화를 반영한다. 자정 이후에 더 많은 유성을 볼 수 있다는 점을 기억해두라. 정점 날짜는 하루나 이틀 정도 달라질 수 있다. 3대 유성우(굵은 글씨)의 복사점은 6장에 나와 있다.

유성우 이름	복사점	정점 날짜	최대 시율	비고
용자리 유성우	북동(용자리)	1월 3일	10~50	176페이지 별지도 1 참조
거문고자리 유성우	동(거문고자리)	4월 21일	5~25	
물병자리 에타 유성우	동(물병자리)	5월 4일	5~20	
물병자리 델타 남쪽 유성우	남동(물병자리)	7월 27~29일	10~20	
페르세우스자리 유성우	북동(페르세우스자리)	8월 11~12일	30~70	194페이지 별지도 19 참조
오리온자리 유성우	남동(오리온자리)	10월 20일	10~30	
사자자리 유성우	동(사자자리)	11월 16~17일	10~20	
쌍둥이자리 유성우	남동(쌍둥이자리)	12월 13~14일	30~80	193페이지 별지도 18 참조

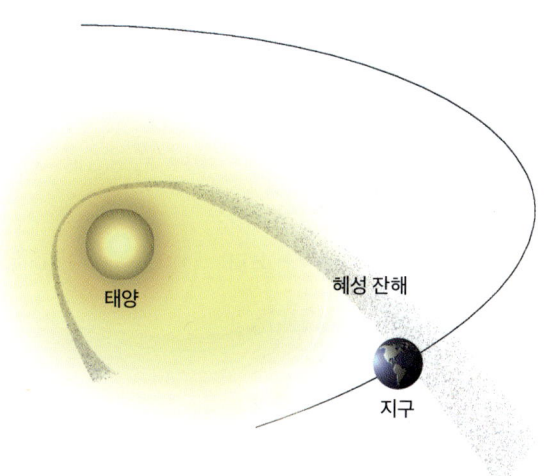

티끌투성이 경로 유성우는 매년 같은 날 밤에 지구가 혜성이 흘린 잔해 경로를 통과하면서 발생한다. 혜성이 더는 존재하지 않는데도 수천 년 동안 먼지투성이 길이 남아 있는 사례도 있다. 그림: 로버타 쿡.

눈부신 장관 이 사진은 2017년 쌍둥이자리 유성우 당시 5시간 동안 촬영한 사진 43장을 합성한 것으로, 쌍둥이자리 유성우의 유성 수십 개를 포착하고 있다. 사진에는 밝은 별들인 카스토르와 폴룩스 근처에 있는 쌍둥이자리 유성우의 복사점이 나와 있다. 방사형 패턴은 원근법 때문에 나타나는 것이고, 사실 유성들은 평행선으로 떨어지고 있다. 멀리 있는 한 점으로 수렴하는 것처럼 보이는 철로를 관찰할 때와 비슷하다. 사진: 앨런 다이어.

쌍둥이자리 유성군을 제외한 주요 유성우의 유성들은 혜성의 잔해로 알려져 있다. 혜성은 태양 근처에 올 때마다 유성 물질들을 떨어뜨린다. 얼음으로 덮인 혜성은 부분적으로 기화되면서 안에 포함하고 있던 먼지 입자와 조밀한 얼음 조각들을 방출하며, 그것들은 구멍 뚫린 모래주머니에서 줄줄 샌 모래 흔적처럼 혜성의 궤도를 따라 퍼져나간다. 지구가 이 잔해 흔적을 지나갈 때 유성우가 발생하는 것이다.

유성을 시간당 수십 개씩 볼 수도 있는 연중 가장 풍성한 유성우에서, 각 유성 사이 거리의 평균은 약 80킬로미터. 따라서 유성우를 일으키는 '유성군'은 사실 거의 비어 있는 곳이다. 유성우에 속하는 유성 가운데 지구 표면에 도달했다고 알려진 것은 없다. 금성만큼 밝은 것들도 빠르게 전소되고 수 초간 지속되는 빛나는 흔적으로 남는다.

오로라

녹색, 흰색, 빨간색의 투명한 커튼이 북쪽 밤하늘에서 춤춘다. 머나먼 우주의 바람에 휘날리기라도 하듯 피어올라 소용돌이친다. 이 밤의 장관인 북극광 Aurora Borealis 또는 Northern Lights을 한 번쯤 본 적 있는 사람이 많을 것이다(남반구에서 나타나는 남극광 Aurora Astralis도 있다). 때때로 이 경치는 북쪽 지평선 낮게 빛나며 박동하는 구름이나 초록빛 호에 더 가까워 보인다. 아니면 더 드물게는, 하늘이 요동치는 빛으로 살아 움직이곤 한다.

북극광은 북극 하늘의 단골 손님이다. 북유럽, 캐나다 남부, 미국의 북부 평원에서는 인상적

오로라의 아름다움 북극 지역 남쪽에서는 강렬한 북극광을 볼 수 있다. 이 사진은 2017년 5월 28일 캐나다 브리티시 컬럼비아주 너나이모(북위 49도)에서 촬영됐다. 사진: 크리스 보어.

인 오로라를 매년 평균 몇 번씩 볼 수 있다. 10년에 한두 번 정도는 이 천상의 빛이 더 남쪽의 하늘까지 장식한다.

1800년대 후반에는 이 현상에 대한 흥미로운(하지만 완전히 틀린) 설명이 여럿 있었는데, 그 중 하나는 이것이 북극 얼음에 반사된 햇빛이라는 것이었다. 20세기 들어 노르웨이의 과학자 크리스티안 비르켈란이 오로라는 태양의 폭발로 지구를 향해 방출되는 고에너지 입자에서 비롯된다고 정확하게 설명했다. 시속 수백만 킬로미터로 여행하는 이 전자들은 단 며칠 만에 지구에 도달한다. 하지만 지구 자기장의 영향으로 방향이 지구 주변으로 바뀌는 탓에, 대부분은 곧장 대기에 떨어지는 대신 자기꼬리Magnetic Tail를 따라 흐르며 지구의 밤 반구에서 멀어져간다.

거기서 태양 입자가 자기꼬리 속 입자에 에너지를 전달함으로써 그것들을 다시 지구의 밤 반구로 보낸다. 입자는 지자기 북극과 남극 주위 대기에 부딪힌 뒤 대기권 상층부의 가스와 충돌한다. 가장 흔한 오로라 색상인 녹색은 입자들이 95~300킬로미터 고도 사이에서 산소 원자에 부딪힐 때 나온다. 300킬로미터 이상에서는 동일한 충돌이 적색광을 생성하고, 100킬로미터 아래에서는 질소 분자와의 충돌이 오로라 커튼 하단에서 종종 보이는 분홍색 가장자리를 만든다.

오로라와 태양 흑점 주기 사이에는 직접적인 관계가 있다. 흑점 극대기에 가까워져 태양 활동이 활발한 시기에는 더 많은 오로라가 나타나며, 남쪽 멀리까지 보일 가능성도 더 높다. 지구의 지자기극을 중심으로 하는 도넛 모양 고리인 오로라 타원Auroral Oval이 비틀려 오로라대Auroral Zone가 적도 방향으로 확장되면서 이 가물거리는 빛을 수백만 명이 더 볼 수 있게 된다.

북극광 관측에 대한 신뢰할 만한 기록은 바빌로니아 천문학자들이 북쪽 하늘의 '붉은 빛'을 발견한 기원전 567년 3월까지 거슬러 올라간다. 기원전 6세기 그리스의 철학자 아낙시메네스와 다른 이들의 기록은 이 현상이 언제나 경이로움의 원천이었다는 사실에 아무 의심도 남겨두지 않는다. 중국에서 기록된 오로라 현상 중 가장 풍성한 것은 12세기, 왕성한 태양 활동과 맞물려 일어났다.

전형적인 오로라는 북쪽 지평선을 향하는 흰색 또는 옅은 녹색 빛과 함께 시작된다. 그런 다음 쐐기나 호 모양의 빛 몇 개가 천천히, 올라갈수록 점점 밝아지면서 하늘을 기어오른다. 오로라가 강해짐에 따라 수직 띠가 희미하게 빛나며 흔들리기 시작하고, 이것이 섬세한 천상의 커튼을 형성하는 물결과 주름으로 발전해나간다. 빨간색, 초록색, 보라색으로 맥동하는 커튼은 수분에서 수 시간까지 지속될 수 있다.

강렬한 경치 속에 물결치는 베일은, 소용돌이치며 피어올라 단 몇 초 만에 하늘을 휩쓰는 색색의 구름에 압도될 수 있다. 가장 인상적인 축에 속하는 오로라에선 머리 위로부터 밝은 띠가

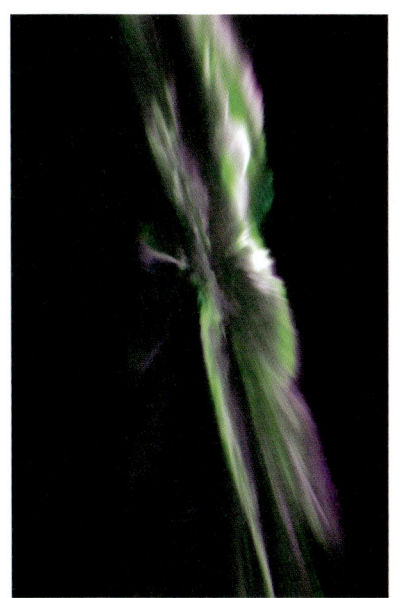 

고운 형태의 오로라 왼쪽: 2015년 10월 7일, 노르웨이 연안(북위 65도)의 선박에서 촬영한 이 북극광 사진에서 천정 근처의 강렬한 코로나 오로라가 압도적으로 돋보인다. 사진: 폴 딘스. 오른쪽: 2016년 3월 14일 달빛이 비치는 저녁, 이 멋진 오로라 커튼이 캐나다 매니토바주 처칠(북위 59도) 위에 펼쳐졌다. 사진: 앨런 다이어.

방사돼 하늘을 빛과 색으로 가득 채우며 거의 모든 별을 지워내곤 한다. '코로나 오로라'라고 불리는 이것은 자연의 가장 위대한 장관 중 하나다. 코로나 오로라 동안 빛줄기는 평행하지만, 겉보기에는 자기천정Magnetic Zenith에서 빠르고 힘차게 쏟아지는 것처럼 보인다. 제대로 감상하려면 오로라는 도시의 빛 공해가 그 섬세한 구조와 색을 지워내지 않는 어두운 곳에서 관측해야 한다.

아주 고요한 밤, 북극 주민들은 이 밝은 현상이 만드는 '딱딱' 또는 '쉭쉭' 소리를 들었다고 말한다. 물론 모두가 듣는 것은 아니다. 하지만 이런 보고가 줄기차게 이어지자, 몇몇 과학자들은 이 현상이 진짜라고 확신하게 됐다. 그 소리의 근원은 여전히 논란의 여지가 있고 연구가 진행 중이지만, 우주의 신비가 지구 대기권의 꼭대기만큼 가까운 곳에 있다는 사실을 보여준다는 것만은 분명하다.

제11장

밤하늘 촬영하기

명성이나 돈을 좇아 과학자가 되지 마라……
올라갈수록 더 넓어지는 지평선이
당신의 보상이 될 것이다.
그리고 그 보상을 얻으면
다른 어떤 것도 바라지 않게 될 것이다.

세실리아 페인-가포슈킨(1900~1979)

캐나다 앨버타주 배드랜드의 밤 ISO1600과 f/2.8(하늘)로 2분 추적 촬영한 사진을 떠오르는 달(프레임 밖)이 비추는 낮고 따뜻한 빛으로 보정했고, 여기에 f/4와 ISO800(땅)으로 5분 노출 사진을 블렌딩했다. 모두 15~35밀리미터 줌 렌즈와 '스타 어드벤처러 미니 트래커'에 장착한 캐논 R6를 사용했다.

*

밤하늘 촬영에 대한 관심이 어느 때보다 더 높아진 시대다. 천체 사진은 소수의 아마추어 천문인이 추구하던 분야에서 사진술의 주요 분야로 성장했다.

게다가 천체 사진은 최신 디지털카메라 덕분에 그 어느 때보다 쉬워졌고, 그 결과도 더 흥미로워졌다. 동시에 촬영 기법은 물론 사용할 수 있게 된 카메라, 소프트웨어, 망원경들의 복잡한 조합 때문에 더 복잡해지기도 했다.

디지털 스카이 게스트 저자인 앨런 다이어가 디지털 천체 사진의 기초를 설명한다. 이 장의 모든 사진은 앨런이 제공한 것이다.

천체 사진가를 꿈꾸는 사람 중 많은 수는 작품 활동을 해나가는 데 망원경이 필요하다고 생각한다. 하지만 전혀 그렇지 않다. 오히려 잘된 일인데, 대부분의 입문자용 망원경은 시각적인 관측에는 좋아도 천체 사진 촬영에는 적합하지 않기 때문이다(달 사진은 어쩌면 예외).

혹자는 이 장의 추천 사항들을 따라 안드로메다은하나 오리온성운의 장노출 사진을 당장 시도하기 위해 필요한 모든 장비를 빠르게 구입할지도 모른다. 제발 그러지 마라. 너무 많은 일을 빠르게 벌이는 사람들은 그 결과에 실망하게 되곤 한다. 온라인 커뮤니티에 도움을 요청하거나 중고 사이트에 장비들을 팔기까지 한다. 천체 사진술을 익히려면 한 번에 한 단계씩 밟아나가야 한다. 처음에는 기본기를 배우고, 이를 토대로 발전해가는 것이다. 간단한 것부터 시작해 더 높은 단계로 올라가는 게 이 장의 핵심이다.

경험이 풍부한 천체 사진가에게 입문자를 위한 조언을 한 가지 구한다면, 천체 촬영을 시작하기에 앞서 하늘을 배우는 시간을 가지라는 말을 듣게 될 것이다. 이를 도와줄 아주 훌륭한 책이 당신 손에 들려 있다. 하늘이 어떻게 움직이는지, 다양한 천체들이 어디에 있으며 언제 보이는지 알아두는 것은 천체 사진의 여정을 이해하고 더 생산적으로 수행하게 해주는 무척이나 값진 일이다. 먼저 하늘의 길을 익히고, 그다음 촬영하는 방법을 배워라.

1단계: 스마트폰 촬영

천체 사진 촬영을 시작하겠다고 값비싼 카메라를 살 필요는 없다. 당신 주머니에 이미 좋은 장비가 하나 들어 있다.

준비물 연식과 관계없이 스마트폰을 이용하면 망원경 너머로 달의 사진을 찍을 수 있다. 필요한 것은 스마트폰을 접안렌즈에 고정해줄 브래킷뿐으로, 이것을 사용하면 카메라 렌즈를 접안렌즈 바로 위에 둘 수 있다. 동일한 브래킷으로 스마트폰을 삼각대에 부착할 수도 있는데 이는 은하수를 장노출로 찍을 때 필수적이다. 그럴 땐 삼각대 다리가 달린 셀카봉도 기능을 할 것이다.

촬영할 수 있는 천체 크고 밝은 달은 망원경 관측 대상 가운

아이폰으로 찍은 달
천체 사진은 망원경의 접안렌즈에 저렴한 어댑터로 고정된 스마트폰과 함께 시작된다. 스마트폰의 카메라 앱(맨 위)은 달을 잘 보여줄 것이다. 다만 이미지를 확대하는 것과 최종 이미지(아래)를 정리하기 위한 약간의 편집이 필요할 수도 있다.

조정 가능한 휴대폰 클램프
접안렌즈
1.25인치 포커서

데 촬영하기 가장 쉬운 천체다. 별도의 노출이 필요 없는 스냅 촬영이면 충분하다. 달의 근접 사진은 모든 망원경으로, 심지어 추적 모터가 없는 망원경으로도 찍을 수 있다.

가대에 추적 모터가 달려 있다면 목성과 토성을 노려볼 수 있다. 사진을 더 확대하려면 고배율 접안렌즈와 스마트폰 카메라의 줌 렌즈를 사용하라. 까만 하늘의 작은 점이 자동 초점을 교란해 스마트폰으로 초점을 맞추기 어려울 가능성이 높다. 렌즈를 일반 설정으로 두고 저배율 접안렌즈를 사용해 상대적으로 밝은 오리온성운까지 조준함으로써 30초(혹은 몇 초든 스마트폰으로 가능한 최대 노출)까지 시도해볼 수 있다.

스마트폰이 신형 모델이라면 야간 모드가 탑재돼 있을 텐데, 그러면 안정적으로 삼각대에 장착한 스마트폰만으로 은하수를 포착할 수 있다. 스마트폰의 막강한 성능(구형 스마트폰에서는 보정용 앱)으로 다수의 사진을 '즉시' 정렬 및 병합하고, 보통 데스크톱 컴퓨터에서 수행되는 스태킹 기법을 활용해 노이즈를 줄일 수 있다.

알게 될 것 스마트폰 기능은 물론 자동이지만, 노출을 조정하거나 선명한 초점을 맞추기 위해서는 수동으로 재설정해야 할 수도 있다. 앞으로 피사체를 프레임에 두는 방법을 배우게 될 텐데, 밤에 하기에 쉬운 일은 아니다. 카메라의 앱을 사용하면 이미지 처리를 통해 사진의 품질을 향상시킬 수 있다.

스마트폰 촬영은 아이들을 천체 사진 촬영에 참여시키기 좋은 방법이다. 달의 위상을 사진으로 기록하는 활동은 어떤 연령대라도 즐길 수 있다. 사진으로 대회에서 상을 받지는 못하더라도, 화면에서 그 모습을 보면 모든 천체 사진가가 경험하는 것과 같은 스릴감을 느낄 수 있을 것이다. 분명 푹 빠질 것이다.

2단계: 삼각대 위의 카메라

요즘 스마트폰 카메라가 훌륭하긴 하지만, DSLR이나 DSLM 카메라의 '초고품질' 사진을 만들 능력까지 되진 않는다. 이 두 가지는 렌즈를 교체하거나 본체를 따로 사용할 수 있는데, 후자는 망원경을 통해 촬영할 때 꼭 필요하다. 이 카메라들의 렌즈는 노이즈가 적은 이미지를 생성할 수 있을 만큼 커서 어떤 유형의 천체 사진에든 적합하다. 내가 사용하는 카메라는 이 두 가지가 전부다. 처음으로 야경을 촬영하면서 기초를 익힐 때라면 두 가지 중 무엇이라도 사용 가능하다.

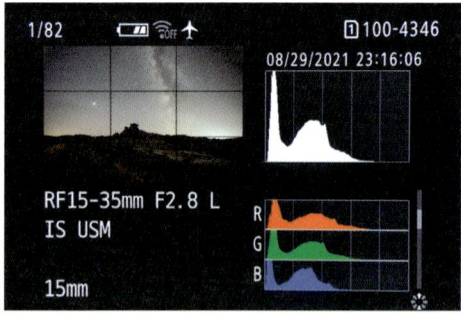

최고의 오로라 하늘의 여러 현상을 촬영하려면 삼각대에 장착된 카메라만 있으면 된다. 달빛과 황혼, 그리고 오로라가 캐나다 최북단의 경치를 빛내고 있다. 이 사진은 f/2, ISO1600에서 15초 노출했으며 라오와 15밀리미터 렌즈와 소니 알파 7 III 카메라를 사용했다.

세심한 노출 성공의 비결은 카메라에 풍경을 적절히 노출시키는 것이다. 여기 있는 것은 이 장의 앞부분에 실린 앨버타주 배드랜드 사진의 '무보정' 하늘 풍경이다. 히스토그램(286페이지 '최고의 팁' 참조)이 왼쪽으로 치우치지 않고, 많은 부분 오른쪽으로 연장돼 있는 것을 볼 수 있다. 그러나 어두운 땅에는 별도로 훨씬 더 길게 노출해야 했다.

준비물 크롭 바디 모델이든 풀 프레임 모델이든, DSLR이나 DSLM을 이미 가지고 있다면 최대한 활용하라. 더 나은 카메라를 구입하겠다고 서두르지 마라. 그러나 지금까지 사용했던 허술한 여행용 삼각대만큼은 견고한 볼헤드가 달린 튼튼한 삼각대로 교체할 필요가 있을 것이다. 좋은 삼각대에 250~400달러 투자한 걸 후회하지 않을 것이다(언급된 가격은 대략적인 가격이며 미국 달러를 기준으로 한다).

또 다른 유용한 액세서리는 원격 셔터 릴리즈로, 보통 50달러 정도 하는 인터벌로미터가 있으면 연속 촬영을 설정할 수 있어서 더 좋다. 카메라에 해당 기능이 내장돼 있더라도 30초가 넘는 노출에는 별도의 인터벌로미터가 필요할 수 있다. 장노출이라면, 특히 추운 밤에는 카메라 배터리가 많이 소모되니 여분의 배터리 한두 개를 추가하라.

성공적인 야경의 비밀은 렌즈에 있다. 기본 줌 렌즈로 시작하자. 줌 렌즈는 해 질 무렵 행성의 합이나 달이 비추는 풍경 같은 밝은 장면에 적합하다. 하지만 어둡고 달빛 없는 시골 지역의 은하수를 보려고 한다면 최소한 f/2.8 정도로 낮은 '빠른 렌즈'가 필요하다(f값이 낮을수록 렌즈가 모으는 빛의 양이 많아진다). 아마도 가장 인기 있는 야경 렌즈는 14밀리미터 f/2.8일 것이다. 300~500달러면 초점과 노출을 수동하는 여러 브랜드의 제품을 구입할 수 있다. 어쨌든 밤에는 수동으로 초점을 맞추고 노출을 설정해야 하니 자동 기능이 없어도 괜찮다. 게다가 단순한 수동 렌즈는 돈을 아껴준다.

알게 될 것 카메라를 낮에 자동 노출로만 사용해왔다면, 야간 촬영을 통해 노출을 수동으로 설정하는 기본적인 방법을 배우게 될 것이다. 성운과 은하를 포착하려면 수동 설정 기술을 반드시 습득해야 한다. 노출을 변경하는 방법에는 세 가지가 있다.

1. **셔터 속도**: 셔터 속도가 길면 더 많은 빛이 들어오지만(좋은 일이다!), 노출이 너무 길면 지구의 자전 때문에 별에 줄무늬 궤적이 생길 수 있다. 일반적으로 별이 점 모양에 가깝게 잘 유지되는 건 노출이 20초~30초 미만일 때다. 그렇다고 노출을 '정확하게' 계산하는 규칙에 조바심 내지는 마라. '규칙'은 대략적인 지침일 뿐이다.
2. **렌즈 조리개**: 렌즈 조리개를 넓게 열어두는 것 역시 더 많은 빛을 투과시킨다. f/2는 f/2.8보다 f스톱 하나만큼 더 넓은 것이다. f스톱이 하나 증가하면(예를 들면, f/4에서 f/2.8 또는 f/2.8에서 f/2) 기록되는 빛의 양이 두 배로 늘어나지만, 종종 렌즈의 결함(수차) 때문에 이미지가 흐려지는 대가를 치르게 된다.
3. **ISO 감도**: ISO 감도가 높아지면 디지털 센서에서 나오는 신호가 증폭돼 이미지의 밝기가 높아진다. 불행하게도 감도가 높아지면 전자 '노이즈'도 덩달아 증폭되는데, 이는 이미지의 디테일을 가리는 얼룩덜룩한 입자다. ISO를 2배로 늘리면(예를 들어, ISO800에서 1600으로) 노이즈가 2배로 늘어난다.

첫날 밤에는 노출 시간, 렌즈 조리개, ISO 감도를 넓은 범위에서 다양하게 조합해 테스트 촬영을 많이 해보고 선택한 설정을 기록해두자. 나중에 컴퓨터로 이미지를 점검하면 ISO와 노이즈, 조리개와 렌즈 수차, 별 궤적과 셔터 속도가 각각 서로에게 어떤 영향을 미치는지가 드러나고, 당신의 장비에 가장 잘 맞는 조합이 무엇인지 알 수 있게 될 것이다.

초점 맞추기 노출 설정보다 더 큰 장애물은 초점을 맞추는 일이다. DSLR이라면 라이브 뷰(Live View, 가끔 LV로 표시)를 켜고 밝은 별이나 멀리 있는 빛을 조준하라(미러리스 카메라는 항상 라이브 뷰 상태다). 줌 박스를 움직여 별 위쪽에 놓은 뒤 이미지를 10배 이상 확대하라. 별이 최대한 점에 가깝게 보이도록 렌즈의 초점을 수동으로 조정하라.

구형 및 저가형 DSLR은 라이브 뷰 이미지가 매우 어두워 별을 보기 어렵다. 설명서를 참고해 '노출 프리뷰' 또는 '시뮬레이션 모드'를 켜자. 렌즈를 최대 조리개로, 셔터 속도는 느린 설정으로 설정하고 ISO를 높이면 이미지를 밝게 하는 데 도움이 된다. 어떤 형태의 천체 사진을 찍든 초점 맞추는 법은 꼭 배워둬야 한다.

최고의 팁 첫째, **항상** 로Raw 파일로 촬영하라. JPG 파일은 좋은 천체 사진에 필요한 귀중한 데이터의 절반을 날려버린다. 올바른 노출은 몇일까? 내 제안은 단지 지침에 불과한데, 정답은 '상황에 따라 다르다'이기 때문이다. 노출을 평가하는 가장 좋은 도구는 히스토그램이다. 히스토그램은 모든 카메라에서 표시되는 그래프로, 가장 어두운 값(0)에서 가장 밝은 값(255)까지 밝기 값을 갖는 픽셀의 수를 나타낸다. 켜는 방법은 설명서를 확인하라.

히스토그램이 왼쪽 끝으로 치우쳐 있으면, 어두운 장면일지라도 사진에 노출이 부족한 것이다. 이미지를 처리하면 과도한 노이즈 등 보기 흉한 아티팩트Artifact가 나타날 것이다. 따라서 히스토그램을 중앙으로 이동시키려면 '오른쪽으로 노출Expose to the right, ETTR'하는 것이 중요하다. 하지만 지나치게 오른쪽으로 이동하면 과도한 노출로 디테일이 손실되는 '클리핑' 현상이 이미지의 밝은 영역에 일어난다. 가장 잘 보이는 정도를 찾는 유일한 방법은, 테스트하고 테스트하고 또 테스트하는 것이다!

3단계: 추적기 위의 카메라

조합 수준을 한 단계 높여보자. 고정 삼각대에 카메라를 올려놓은 채 일관적으로 노출이 잘 됐으며 초점이 선명한 이미지를 얻는 데 익숙해지면 이 단계를 시도해보라.

이 단계에서는 지구의 자전에 대응하기 위해 추가로 천체 추적기Sky Tracker를 사용한다. 이제 별 궤적을 만들지 않고도 노출이 몇 분이나 길게 이어지도록 할 수 있다. 풍성한 별구름과 먼지 흡수대로 가득한 은하수를 훨씬 더 깊이 있고 자세한 이미지로 담아낼 수 있다. 야경이나 특정 별자리가 포함된 하늘의 넓은 부분을 촬영할 때 역시 추적기를 사용할 수 있다.

준비물 천체 추적기는 2010년대 중반 아이옵트론과 스카이워처에서 저가형 모델들이 출시되면서 인기를 끌게 됐다. 고급 장비라면 예산을 450~700달러 선으로 잡아라. 모든 추적기는 견

삼각대 사진

찍을 수 있는 게 뭐가 있냐고? 너무나 많다! 삼각대에 설치한 카메라 하나만 있어도 평생 촬영할 수 있을 만큼의 기회가 생긴다. 야경은 기초를 배우는 초보자만을 위한 것이 아니다.

황혼 풍경 플라네타륨 소프트웨어로 행성의 합을 시뮬레이션할 수 있다. '포토필스PhotoPills'나 '더 포토그래퍼스 이페머리스The Photographer's Ephemeris' 앱은 달이 어디에 나타날지 미리 보여준다. 자동 노출로 충분하겠지만, 낮은 ISO를 사용해 노이즈를 방지하라. 망원 렌즈로 프레임을 잡을 수 있는데, 이 사진은 200밀리미터로 촬영했다.

달빛 풍경 달빛이 풍경을 비추고, 별이 가득한 푸른 하늘을 만든다. 낮게 뜬 달은 따뜻한 빛과 사진이 잘 받는 그림자를 만든다. 이 니오와이즈 혜성 사진은 ISO1600에서 30초 노출한 사진(하늘)에 ISO400에서 2분 노출한 이미지 스택(땅)을 블렌딩한 것으로, 모두 f/2.8에서 35밀리미터 렌즈로 촬영했다.

은하수 풍경 은하수를 찍으려면 더 긴 노출, 더 빠른 렌즈와 더 높은 ISO가 필요하다. 이 사진은 노이즈를 제거하기 위해 20밀리미터 렌즈로 f/2, ISO3200에서 25초 노출로 찍은 하늘 사진에 25초 노출시킨 땅 사진 10장을 스태킹해 합성했다.

별 궤적 노출이 잘된 프레임 여러 장을 1초 이내 간격으로 빠르게 연속 촬영하라(이 사진은 각각 10초, f/2, ISO3200). 처리 과정에서 프레임들을 스태킹해 별 궤적 합성 사진을 만들어라. 인기 있는 별 궤적 프로그램으로는 '스타스택스StarStaX'가 있다.

추적된 야경 추적기를 사용하면 보통 하늘과 땅을 각각 촬영해야 한다. 이 사진은 ISO1600에서 2분간 추적해 찍은 하늘 사진을 ISO400에서 추적 없이 8분 노출로 찍은 땅 사진과 블렌딩한 것으로, 모두 f/2.8에서 35밀리미터 렌즈를 사용했다.

고한 삼각대에 설치해야 한다. 일부 추적기는 기울어진 삼각대 헤드에 볼트로 고정하거나, 옵션으로 선택 가능한 적도 웨지Equatorial Wedge에 장착한 다음 헤드 대신 삼각대에 볼트로 고정할 수 있다. 웨지는 꼭 필요한 극축 정렬 과정을 더 쉽게 만들어준다.

알게 될 것 여기서 가장 큰 교훈은 망원경을 이용한 딥스카이 촬영에 필요한 극축 정렬 기술에 대한 것이다. 천체 추적기에는 항성일Sidereal Day마다 한 바퀴를 회전할 수 있는 전동축이 있다. 이때 항성일은 23시간 56분으로, 별이 전날 밤과 같은 장소로 돌아오는 데 걸리는 시간을 말한다.

반드시 극축 망원경으로 추적기의 회전축을 천구의 극에, 별들이 중심 삼아 회전하는 것처럼 보이는 지점에 조준해야 한다. 천구의 극은 북반구에서는 밝은 별인 북극성 근처에 있고 남반구에서는 어두운 별인 팔분의자리 시그마 근처에 있다. 북쪽의 관측자는 북극성을 찾아 그곳에 쌍안경을 조준하는 연습을 해야 한다. 극축 망원경을 사용하는 데 어려움을 겪는 사진가들은 보통 하늘에 대한 지식도 쌍안경이나 망원경을 조준해본 경험도 거의 없는데, 이는 별이 많이 보이는 시골 지역에서 특히 심각한 결점이다.

밤하늘에 익숙해지면 카메라를 조준해 프레임 안에 피사체를 배치할 수 있게 된다. 천체 추적기는 컴퓨터화된 'GoTo' 장치와는 다르다. 촬영하고 싶은 풍경을 직접 찾아야 한다. 육안 및 쌍안경 관측 조건에서 딥스카이 천체가 어디 있는지 알면 무척 유용하다.

추적기 삼총사 '스타 어드벤처러 미니Star Adventurer Mini'(왼쪽)는 하이킹할 때 가져가기 좋다. 프로 팩 액세서리가 있는 더 큰 '스타 어드벤처러 2iStar Adventurer 2i'(가운데)는 더 크고 긴 렌즈에 적합하다. 둘 다 타임 랩스 연속 촬영이 가능하다. 아이옵트론iOptron의 '스카이가이더 프로StarGuider Pro'(오른쪽)는 야경과 딥스카이 촬영용으로 인기가 있다.

야경 vs. 딥스카이 은하수의 전경이나 별자리를 프레임에 담을 때는 추적기를 광각~일반 렌즈(12~50밀리미터)가 달린 카메라에 장착하는 게 가장 효과적이다. 추적기 모터를 켠 상태로 지상 위의 은하수를 촬영한 다음, 모터를 끄고 (나중에 겹치기 위해) 선명한 땅 이미지를 포착할 수 있다. 그렇게 블렌딩할 때는 하늘 사진의 노출이 2~3분을 넘지 않아야 한다. 별빛 전경 이미지라면 필요한 만큼 길어도 되며 노이즈를 낮추기 위해 낮은 ISO로 촬영할 수 있다.

추적기는 또한 짧은 망원 렌즈(85~135밀리미터)를 통해 예쁜 별 정경을 확대하는 식으로 이용할 수도 있다. 이는 당신을 딥스카이 촬영의 세계로 안내할 것이다. 하지만 ISO 감도를 낮추고 노출 시간을 짧게 유지하는 데는 여전히 빠른 렌즈가 도움이 된다. 노출이 짧을 때도 작은 구동 기어의 주기 오차나 간헐적인 추적 오류 때문에 별 궤적이 나타날 수 있다. 결점은 렌즈가 길수록 더 분명해진다. 나는 135밀리미터보다 긴 렌즈(또는 아마도 빠른 200밀리미터)는 어떤 것이라도 추천하지 않는다. 절반쯤은 추적 오류 때문에 못 쓰게 될 수 있으니 사진은 많이 찍어두자. 600밀리미터짜리 f/7 조류 관찰용 렌즈로는 쓸 만한 결과물을 기대하지도 마라!

추적기에 적합한 피사체를 촬영하려면 빛 공해로부터 멀리 떨어진 달 없는 하늘이 필요하다. 별자리와 은하수 별 풍경을 찍을 때는 보통 f/2.8, ISO800~1600일 때 2~5분 노출한다. 그러나 이런 설정은 촬영지에 따라 크게 달라질 것이다.

별자리나 딥스카이 천체를 향해 카메라를 조준하라. 그런 다음 ISO를 아주 높게(12800 이

오리온의 하늘 12월부터 2월까지 오리온자리 주위로 장관을 이루는 이 영역은 어떤 초점 거리의 렌즈로든 추적해볼 만한 주요 영역이다. 이것은 스타 어드벤처러 미니 추적기 위에 올린 35밀리미터 렌즈로 f/2.5 및 ISO1600에서 2분 노출시켜 찍은 사진 3장을 스태킹한 것이다.

은하계 중심 5월부터 8월까지, 궁수자리와 전갈자리의 은하계 중심부는 추적기로 찍을 만한 멋진 풍경이 된다. 이 사진은 아이옵트론 스카이트래커에 올린 35밀리미터 렌즈를 f/2.8 및 ISO1600에서 3분 노출시켜 찍은 사진 5장을 스태킹한 것이다.

상) 설정하라. 최대 조리개로 몇 초 정도 노출시켜 테스트 촬영을 해서 구도가 제대로 잡혔는지 확인하라. 일단 풍경이 구성되면, 카메라를 원하는 설정으로 재설정하라. 카메라를 '벌브Bulb' 모드로 맞추고 인터벌로미터를 설정해 수 분짜리(4분에서 수십 분) 노출 사진을 여러 장 촬영하라. 이후의 처리 과정에서 잘 나온 사진들을 스태킹하게 되는데, 이때 노이즈가 줄고 위성 궤적 같은 불청객이 다듬어진다.

주의 사항 노출이 길어질수록 더 많은 문제가 발생할 수 있(고, 또 발생할 것이)다. 항공기와 위성이 풍경에 끼어들 것이다. 구름이 형성될 수도 있다. 위쪽을 향해 있는 렌즈는 이슬과 서리를 불러올 것이다(렌즈를 감싸는 배터리 구동식 열선은 습한 밤에 매우 유용하다).

하지만 오류의 주원인은 당신이라는 걸 알려나 모르겠다. 카메라를 적절하게 설정하지 못했거나, 초점을 이동시켰거나, 삼각대에 부딪혔거나, 추적기 배터리를 확인하는 걸 잊은 것이다. 여러 실수가 첫 시도(그리고 이후의 시도들까지)를 방해할 수 있다. 주의 사항이 적힌 체크리스트를 훑어보는 법을 익히게 될 텐데, 이는 촬영의 다음 단계로 넘어가기 전에 들여야 할 좋은 습관이다.

극축 정렬

별 추적기나 적도의식 가대가 하늘을 따라가게 하기 위해서는 회전축(극축)이 천구의 극을 향하도록 각도를 올려야 한다. 북반구에서는 2등성 북극성이 천구 극 근처에 있다(49페이지 및 53페이지 참조).

위도 조정하기 먼저 가대나 웨지의 각도를 위도와 동일하게 설정한다. 밤에는 가대의 수평을 맞추고 수평으로 돌려 진북眞北(남반구에서는 진남眞南)에 가깝게 조준한다.

북반구 설정 극축 망원경에서 북극성을 찾아보자. 왼쪽 사진의 '폴라 스코프 얼라인 프로Polar Scope Align Pro' 같은 앱을 보면 망원경의 십자선Reticle 위로 북극성을 놓을 자리를 표시해준다. 가대의 고도각과 방위각 미세 조정 나사를 이용해 북극성을 그 지점으로 옮겨라. 끝이다! 앱이 없는가? 북극성을 작은 국자의 2등성 코카브나 큰 국자 손잡이 끝의 알카이드 방향으로 십자선에 두어라.

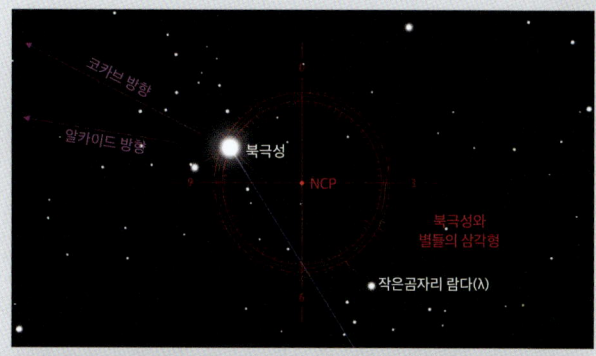

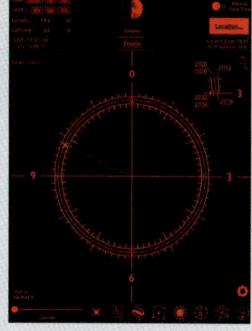

남반구 설정 왼쪽 그림에는 천구의 남극South Celestial Pole, SCP 근처 영역이 나와 있다. 12장의 별지도를 이용해 팔분의자리 델타(δ)에 접근한 다음 어두운 팔분의자리 시그마(σ)를 조준하자. 천구의 남극 근처에 있는 독특한 U자 모양 별무리를 찾아보라. 시그마도 포함돼 있다. 일부 극축 망원경의 십자선에는 이 별들의 호를 위치시킬 지점이 표시돼 있다. '폴라 스코프 얼라인 프로Polar Scope Align Pro'와 같은 앱은 이 패턴뿐 아니라 시그마를 포함한 별들을 어디에 위치시켜야 하는지 보여준다.

제11장 밤하늘 촬영하기

천체 사진을 위한 망원경

이 표에는 DSLR 및 DSLM과 함께 사용할 수 있는 다양한 망원경의 장단점이 요약돼 있다.

참고: '천체 사진용Astrographic'이라는 용어는 카메라 촬영을 위해 특별히 만들어진 망원경을 의미한다.

망원경 종류	촬영 가능한 대상	이유
1. 단순한 경위대식 가대 위 굴절 망원경	달 촬영만, 일식은 괜찮지만 월식에는 좋지 않음	추적 불가능
2. 경위대식 또는 적도의식 가대 위 뉴턴식 반사 망원경	어쩌면 스마트폰 카메라를 이용한 달 촬영만	많은 모델에서 DSLR은 초점을 잡을 수 없음
3. 포크식 경위대 가대에 고정한 슈미트-카세그레인식 망원경	달과 행성만	경위대식 가대의 추적은 장노출, 딥스카이 촬영에 부적합
4. 웨지에 극축 정렬된 포크식 가대 위 슈미트-카세그레인식 망원경이나 막스토프-카세그레인식 망원경	달과 행성은 문제 없음, 딥스카이 천체는 어려움이 따름	긴 초점 거리와 느린 구경비, 극축 정렬이 힘든 포크식 가대
5. 독일식 적도의 가대에 고정한 슈미트-카세그레인식 망원경	달과 행성은 문제 없음, 작은 딥스카이 천체는 어려움이 따름	슈미트-카세그레인식 망원경은 안정적인 시상, 장노출, 정확한 가이딩이 필요함
6. 대형 독일식 적도의 가대에 고정한 천체 사진용 뉴턴식 망원경	크고 비싼 가대가 있다면 딥스카이 천체 촬영에 탁월하지만...	경통이 크고 바람에 취약할 수 있음, 시준이 필요함
7. 이동 가능한 소형 독일식 적도의 가대에 고정한 소형 아포크로매틱 굴절 망원경	대형 딥스카이 천체와 별 풍경을 위한 최고의 선택이지만...	행성과 소형 딥스카이 천체에서는 초점 거리가 불충분

4단계: 망원경 위의 카메라

네 번째는 많은 천체 사진가 지망생들이 도전해보고 싶어하는 단계다. 나는 주의를 권하고 싶다. 망원경으로 달을 촬영하는 건 쉽지만, 달 너머에 있는 다른 모든 천체는 수많은 액세서리와 적합한 카메라, 특수 망원경을 필요로 하는 크나큰 도전이기 때문이다.

준비물 사실 모든 망원경이 천체 사진 촬영에 적합한 건 아니다. 적합한 망원경이라도 장점과 단점을 모두 가진다(왼쪽 표 참조). 만능인 망원경은 없다. 달과 행성의 근접 사진을 찍으려면 긴 초점 거리와 $f/8$~$f/20$의 구경비가 필요하다. 딥스카이 사진을 찍으려면 빠른 구경비($f/2.8$~$f/6$)를 자랑하는 망원경이 좋은데, 그런 망원경은 추가 부품을 필요로 할 때가 많다. 굴절 망원경은 필드 플래트너 렌즈Field-flattener Lens를, 반사 망원경은 코마 코렉터Coma corrector를 필요로 한다.

망원경은 매우 견고한 가대에 설치돼야 하는데, 독일식 적도의 가대가 선호된다. 그렇게까지 갖춰두어도 추적 오류 때문에 딥스카이 사진이 손상될 수 있다(소형 천체 추적기에서 본 것과 비슷한데, 거기서는 이 정도로 눈에 띄지 않았다). 해결책은 '오토가이더Auto-guider', 즉 전용 가이드 망원경에 장착된 작은 카메라를 쓰는 것이다. 이것은 표적 천체 근처 별의 위치를 모니터링하고, 수 분까지 길어질 수 있는 노출 시간 내내 오토가이딩 소프트웨어로 가대를 움직여 별을 정확히 찾아낸다.

알게 될 것 달에 선명하게 초점을 맞추는 건 비교적 쉬운 일이다. 그러나 그 외 다른 것에 그러기는 쉽지 않다. 라이브 뷰로 먼저 밝은 별에 초점을 맞춘 다음 행성이나 딥스카이 천체로 망원경을 움직여보자.

독일식 적도의 가대는 극축 정렬을 필요로 한다. 천체 추적기로 극축 정렬하는 법은 이미 배웠지만, 망원경 촬영을 위해서는 이 과정을 천구 극에서 몇 분(각) 이내까지 더 정확하게 수행해야 한다. 이때 GoTo 망원경(126페이지 참조)을 사용하면 딥스카이 천체를 찾아 프레임에 담기가 더 쉽다. 장비를 정확하게 조준하는 데 필요한 2성 또는 3성 정렬 절차를 수행하기 때문이다. GoTo 망원경을 가지고 있다면, 카메라를 장착하기 전에 두 가지 설정 방법(극축 정렬과 조준)을 모두 연습하라. 촬영을 시도하기에 앞서 망원경 너머로 하늘을 살펴보는 일에 익숙해지도록 하자.

초급자용 달 이 달 사진에는 경위대식 가대에 설치된 70밀리미터 굴절 망원경(왼쪽 표에서 1번 망원경)과 크롭 바디 DSLR이 사용됐다. 노출은 ISO100에서 1/100초였다.

지구조 포착하기 초승달에 비치는 희미한 지구조는 몇 초간 노출하고 추적 가능한 가대를 써야 포착할 수 있다. 이 사진은 2초부터 1/30초까지 노출한 7장의 사진을 블렌딩한 것으로, 130밀리미터 굴절 망원경과 2배율 바로우 렌즈를 사용해 달에 비치는 태양 빛과 지구 빛 부분을 담아냈다.

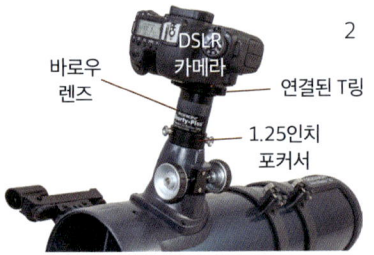
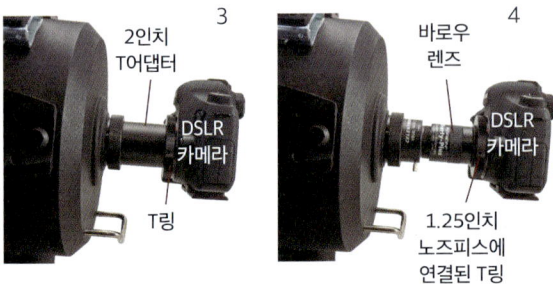

연결하기 망원경에 카메라를 연결하는 방법은 망원경 종류에 따라 다르다.
1. **보급형 굴절 망원경.** 포커서에 접안렌즈 대신 1.25인치 노즈피스를 끼운다. 사용 중인 카메라 브랜드 전용 T링이, 노즈피스의 표준 M42 나사산을 카메라 본체의 렌즈 마운트에 연결해준다.
2. **보급형 반사 망원경.** 일부 반사 망원경에서는 1.25인치 노즈피스와 포커서 사이에 바로우 렌즈를 사용하지 않는 한 DSLR 카메라가 초점을 잡지 못한다. 이미지 크기가 두 배가 되니 달에는 좋지만, 노출이 4배 더 길어져야 한다.
3. **슈미트-카세그레인식 망원경.** 슈미트-카세그레인식 망원경은 사용 중인 카메라 전용 T링에 맞는 표준 M42 나사산이 있는 특수한 T어댑터를 필요로 한다. 이렇게 해두면 달과 딥 스카이 천체들의 뛰어난 초점 이미지를 촬영할 수 있다.
4. **바로우 렌즈가 달린 슈미트-카세그레인식 망원경.** 슈미트-카세그레인식 망원경이라면 망원경의 비주얼백Visual Back에 들어가는 2~4배율 바로우 렌즈에 연결된, 표준적인 1.25인치 노즈피스 어댑터를 사용하라. 배율이 더 높아져 달의 근접 사진 및 행성 사진을 촬영할 수 있다.

태양계 촬영하기 달은 햇빛을 받아 빛나는 커다란 암석이라 노출 시간이 놀랍도록 짧아지곤 한다. 셔터 속도는 초승달일 때 1/4초부터 보름달일 때 1/500초까지 범위 내에 있는 게 보통이다. 어떤 설정을 선택하는지는 망원경의 구경비에 따라 달라진다. 노이즈를 최소화하고 다이내믹 레인지를 최대화하고 싶다면 ISO100을 사용하라.

행성은 밝긴 해도 크기가 작아서 배율을 높여주는 바로우 렌즈가 필요할 것이다. 그런 다음 가장 선명한 프레임을 추출해 스태킹할 수 있는 '오토스태커트!AutoStakkert!' 같은 소프트웨어로 (정지된 이미지 말고) 동영상을 촬영하라. DSLR과 DSLM의 동영상 모드가 적합하다. 그러나 숙련된 천체 사진가들은 컴퓨터에 직접 입력되는 행성용 특수 카메라를 사용한다. 솔직히 초보자에게 추천하는 영역은 아니다.

딥스카이 촬영하기 오늘날 딥스카이 사진의 인기는 엄청나다. 빛 공해 필터를 이용해 이상적이지 않은 하늘 아래에서도 놀라운 사진을 만들어내는 천체 사진가들이 많다. 유튜브에 보면 강사들이 '최고의 팁'들을 홍보하며 망원경으로 성운과 은하를 찍는 방법을 알려주는 튜토리얼 영상이 많이 올라와 있다. 여기에는 나의 팁을 공유하겠다.

우선 나는 늘 노이즈를 줄이기 위해 여러 장의 이미지를 촬영한 뒤 스태킹한다. 시작하는 단계에서는 ISO6400 이상에서 가이드 없이 30~60초짜리 짧은 노출 이미지를 수십 장 촬영해보는 걸 추천한다. 극축 정렬, 초점 맞추기, 천체 찾기, 구도 잡기, 이미지 처리 기술 등을 연마할 수 있을 것이다. 배울 것이 많다!

훨씬 더 낮은 ISO로 촬영하면 다이내믹 레인지가 넓어지고 대비와 디테일이 향상된다. 나는 되도록 낮은 ISO를 사용하려고 노력하지만 짧은 '하위 프레임Sub-frame'도 시간이 허락하는 만큼 많이 찍는다. 20~30분 정도의 장시간 노출은 실용적이지 않을 수 있는데, 위성과 항공기가 이미지 전체를 망칠 가능성이 높기 때문이다. 스태킹을 통해 원치 않는 줄무늬를 제거할 수 있긴 하지만, 이런 식으로 줄무늬를 제거하려면 최소 4장에서 8장까지의 하위 프레임이 필요하다.

f/4.5~f/6 망원경을 사용한다고 가정할 때, 각 하위 프레임당 ISO800 또는 1600에서 5~10분간 노출해 촬영하면 ISO와 노출 시간 사이 균형이 적절히 맞는다. 시간이 허락하는 한 가장 많은 하위 프레임을 촬영하라. 이런 설정을 사용하면 어두운 하늘 아래서도 ETTR 노출을 괜찮게 할 수 있다. 그게 핵심이다. 천체 사진가 지망생들이 저지르는 주된 실수는 노출 부족이며 그 결과 스태킹을 했음에도 과도한 노이즈 아티팩트가 나타난다. 원하는 ETTR 노출 결과를 산출할 만큼 긴 노출에는 오토가이더가 필요하다는 걸 명심하라.

아포 망원경으로 촬영한 안드로메다은하 이 사진은 샤프스타 76밀리미터 아포크로매틱 굴절 망원경과 캐논 R6 카메라를 이용해 ISO800에서 8분 노출로 찍은 안드로메다은하 이미지 8장을 스태킹한 것이다. 대부분의 비슷한 아포 망원경에는 필드 플래트너 렌즈가 추가돼야 하는데, 이는 초점 거리와 구경비를 감소시킬 수 있다 (이때는 f/4.5).

우주의 대륙 윌리엄옵틱스 레드캣 천체 사진기(맞은편 페이지의 설정 참조)가 북아메리카성운을 포착했다. 성운의 수소 알파선 방출을 포착하게끔 개조돼 출시된 캐논 Ra을 이용해 ISO800에서 8분 노출로 찍은 이미지 4장을 스태킹한 것이다.

따뜻한 밤에는 여러 색으로 빛나는 '핫' 픽셀이 이미지에 많이 축적될 수 있다. 이 열 노이즈Thermal Noise는 ISO가 증가할수록 더 뚜렷해지는 일반적인 입자성 노이즈와는 다르다. 입자성 노이즈인 '샷 노이즈Shot Noise'와 '리드 노이즈Read Noise'는 스태킹으로 줄일 수 있지만, 열 노이즈는 그럴 수 없다. 소프트웨어의 노이즈 감소 방법으로도 핫 픽셀은 없앨 수 없다. 카메라의 '장노출 노이즈 감소Long Exposure Noise Reduction, LENR' 옵션을 켜서 줄이거나 제거하도록 하자. 옵션을 켜는 즉시 카메라는 동일한 길이의 두 번째 노출을, 그러나 셔터가 닫힌 상태로 수행한다. 그 '다크 프레임'에는 열 노이즈가 찍혀 있으며 카메라는 이전의 '라이트 프레임'으로부터 이것을 자동으로 감산한다.

장노출 노이즈 감소를 쓰면 일련의 이미지를 얻기까지 시간이 2배로 걸리지만, 그 결과는 훨씬 더 깨끗하다. 반면 전통적으로는 다크 프레임을 나중에, 대략 밤이 끝날 무렵에 따로 촬영한 뒤 그것을 '보정' 소프트웨어를 이용한 이미지 처리를 통해 빼는 식으로 진행했다. 이 방법은 비냉각식 센서가 있는 DSLR과 DSLM에서는 장노출 노이즈 감소만큼의 효과를 보이지 않는다. 열 노이즈를 제거하는 데 실패할 때가 많은데다 더 심각하게는 검은 구멍 같은 다른 결점들을 만들 수 있다. 그래도 스스로 한번 해보라. 추운 밤에는 다크 프레임이나 장노출 노이즈 감소 방법이 필요하지 않을 수도 있다.

중요한 최종 단계인 컴퓨터에서의 이미지 처리는 이 책에서 다루는 범위를 벗어난다. 내가 추천하는 작업 흐름이 궁금하다면 『뒷마당 천문가를 위한 가이드』 제4판 제18장을 확인해보라.

ISO1600에서 각각 4분 노출로 찍은 4장의 이미지 스택

ISO6400에서 각각 1분 노출로 찍은 16장의 이미지 스택

장노출 vs. 단노출 ISO가 낮으면 장노출 촬영을 적게 하는 게 좋다. 똑같이 16분 노출한 이 M31은 하의 근접 사진을 비교했을 때 알 수 있듯이, ISO가 낮을수록 다이내믹 레인지가 높아지고 세부 특징들도 더 많이 보이기 때문이다. 하지만 장노출엔 오토가이딩이 필요하다.

딥스카이 장비 가격만 보급형(약 2500달러와 카메라)인 고급 장비다. 천체 사진용 굴절 망원경인 f/4.9 윌리엄옵틱스 51밀리미터 레드캣이 스카이워처 EQM-35 가대에 설치돼 있다. 가이드 망원경과 카메라는 즈워ZWO사의 에이에스아이에어ASIAIR 컨트롤 박스에 연결돼 있는데, 와이파이를 통해 스마트폰이나 태블릿의 앱으로 조종할 수 있다(맨 아래).

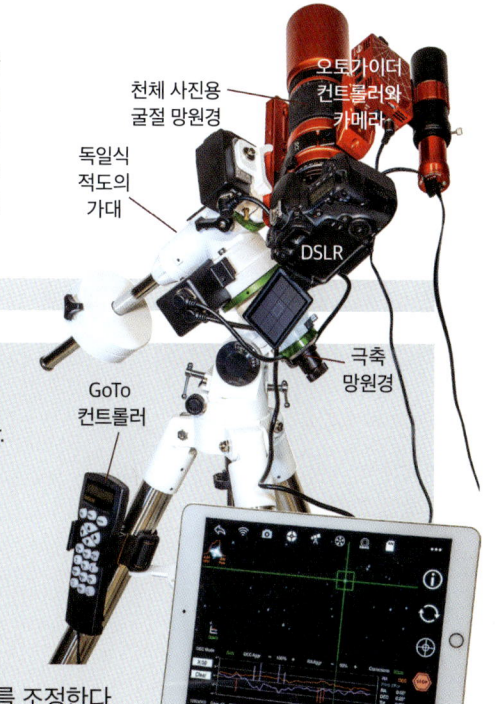

딥스카이 촬영 단계

딥스카이 촬영을 준비하는 일반적인 과정은 다음과 같다.

1. 극축 정렬 후 가대를 GoTo 정렬한다.
2. 망원경이 식으면, 밝은 별을 조준해 초점을 맞춘다.
3. 촬영하고 싶은 천체를 향해 망원경을 미끄러뜨린다.
4. ISO를 아주 높게 설정한다(2만5600 이상).
5. 짧은 이미지들(30초 미만)을 촬영해 구도와 구성 요소를 조정한다.
6. 카메라를 낮은 ISO로 설정한다.
7. 소프트웨어로 오토가이딩을 실행한다.
8. 과정을 단순화하려면, 인터벌로미터로 수분짜리 노출 촬영을 여러 차례 수행하도록 설정한다.
9. 오토가이더가 안정되면 셔터를 누른다. 연속 촬영이 시작되는지 확인하라.
10. 진정해라! 일련의 이미지를 촬영하는 데는 최소 1~2시간이 걸릴 것이다.

제12장
남반구 하늘의 경이로움

흰 구름 두 개가 있다, 오, 형제여.
하나는 육안으로 볼 수 있고,
다른 하나는 희미하다.

아흐마드 이븐 마지드(c. 1430~c. 1500)

용골자리성운에서 남십자자리까지 남쪽 은하수의 이 화려한 영역은 우측의 사랑스러운 용골자리성운부터 좌측의 유명한 남십자자리까지 뻗어 있다. 남십자자리 좌측 아래 얼룩덜룩하고 검은 부분은 석탄자루성운Coal Sack으로 알려져 있다. 사진: 게리 세로닉.

*

최근 많은 천문학자는 지구가 '거꾸로' 태어났다는 사실을 조용히 한탄해왔다. 그들은 우리의 행성이 뒤집어져 북반구가 남쪽을, 남반구가 북쪽을 향하길 바란다. 그러면 밤하늘의 가장 풍성한 부분이 지구촌 사람들 대부분의 머리 위에 자리 잡을 것이다. 우리 은하계의 모든 장관이, 지금 북반부 대부분의 하늘에서 그렇듯 남쪽 지평선 근처나 아래로 숨는 대신 온 모습을 드러낼 것이다.

다른 관점 남반구에선 여름 동안 오리온자리가 거꾸로 보인다. 사진 속에서 강인한 사냥꾼은 호주의 황혼에 몸을 기대고 있다. 별도의 언급이 없는 한, 이 장의 모든 사진은 앨런 다이어가 촬영한 것이다.

사정이 이렇다보니 북반구 사람들이 남반구의 하늘을 보려면 비행기 좌석과 공항에서 많은 시간을 견뎌야만 한다(항공료는 말할 것도 없다). 하지만 천문학 애호가들에겐 그만한 가치가 있는 여행이다. 자신이 놓치고 있는 것을 보고 싶어하는 북아메리카와 유럽의 아마추어 천문인들에겐 호주가 인기가 많다. 중남부 위도의 어디라도 괜찮지만, 호주는 기후도 적당하고 문화도 친숙하다보니 확실히 좋은 선택지다.

내가 처음으로 호주를 여행했을 때 배웠듯이, 북반구 천문인들은 우선 하늘을 반대쪽 반구에서 바라보느라 잃게 되는 방향 감각을 되찾아야 한다. 북반구 하늘에 똑바로 있는 것이 호주에서는 거꾸로 돼 있다. 예를 들면 남반구에서는 여름(북반구 사람들에게는 겨울) 동안 오리온자리가 물구나무서 있다. 오리온의 허리띠와 검이 뒤집히는지라 호주에서는 '소스 냄비'로 알려져 있다. 오리온자리를 거꾸로 보는 데 익숙해지면 소스 냄비 모양이 좀더 뚜렷해진다.

그러나 뒤집힌 별자리가 주는 낯섦과 일시적인 혼란을 무색하게 하는 것은, 수십 개의 별자리와 장엄한 은하수의 한 부분을 보여주며 천문학의 신세계를 열어주는 새로운 하늘의 거대한 영역이다. 마치 다른 행성을 방문하는 듯하다. 최고의 성단과 구상 성단, 성운들, 그리고 가장 가까운 두 은하는 모두 북반구가 아닌 호주와 뉴질랜드 위에 있다!

비교하자면, 북반구 지역에서 가장 두드러져 감탄하며 바라보는 안드로메다은하는 육안에선 그저 희미하고 부연 점에 불과하다. 쌍안경에서는 타원형의 얼룩으로 보이고, 망원경에서도 미묘한 세부 특징만 보일 뿐이다. 호주에서는 안드로메다은하보다 작지만 거리는 16분의 1에 불과한 대마젤란은하가 훨씬 더 크고 밝은 회색 점으로 나타난다. 마치 홀로 떨어져 움직이는 은하수의 한 단면 같다. 멀지 않은 곳에는 소마젤란은하가 있는데, 이 또한 광학 장비의 도움 없이 선명하게 볼 수 있다.

대마젤란은하와 소마젤란은하를 쌍안경으로 살펴보면 이곳이 가까운 별들의 도시라는 사실이 아주 분명해진다. 특히 대마젤란은하는 별과 성운상 물질이 뭉친 덩어리다. 호주에서 그것을 18인치 망원경으로 관찰하며 몇 시간을 보낸 적이 있다. 구상 성단으로 이루어진 또 다른 우주의 한 부분을 창문 너머로 들여다보는 듯한 느낌이었다.

포르투갈의 탐험가 페르디난드 마젤란은 자신의 이름을 딴 두 '구름'의

유명한 천체 구름 왼쪽: 이 사진은 우리은하의 위성 은하인 대마젤란은하의 놀라운 복잡성과 웅장함을 보여준다. 이 성운에는 발광 성운 여러 개가 산재해 있다. 가장 눈에 띄는 것은 타란툴라성운으로 알려진 왼쪽의 밝은 거미 모양 덩어리다. 오른쪽: 남반구의 시골 지역에서는 대마젤란은하(가운데 왼쪽)와 그 형제인 소마젤란은하(오른쪽 위)를 육안으로 볼 수 있다. 대마젤란은하 왼쪽에 있는 매우 밝은 별은 카노푸스다.

위치와 모습을 기록한 최초의 유럽인 중 한 명으로, 16세기 초에 그 구름들의 독특함을 언급했다. 오늘날 우리는 그 '구름'이 우리은하의 위성 은하라는 사실을 알고 있다. 대마젤란은하의 질량은 우리은하의 약 10퍼센트, 소마젤란은하는 약 5퍼센트에 불과하다. 지구로부터는 각각 16만 1000광년, 20만6000광년 떨어져 있다. 두 은하는 앞으로 수십억 년에 걸쳐 우리은하와 합쳐질 운명에 처해 있으며, 그들의 별이 우리은하의 별에 합류함에 따라 조각조각 찢어지게 될 것이다.

카리브해의 하늘

북반구의 휴가객들은 매년 겨울 여행철 카리브해의 열대 섬들에서 남쪽 하늘의 풍성한 은하수를 슬쩍 엿볼 수 있다.

아래의 사진은 내가 북위 13도, 바베이도스 남쪽 해안에 있는 호텔 발코니에서 달빛을 받으며 찍은 것이다. 밝은 별 카노푸스부터 '가짜 십자가False Cross'를 지나 남십자자리에 이르는 하늘의 한 구역이 드러나 있다. 이 이색적인 풍경은 북반구가 겨울일 때 자정 이후에 볼 수 있다. 용골자리성운Carina Nebula이 멋진 산개 성단인 NGC3532와 IC2602 옆에 있다(312페이지 '남반구 최고의 천체 TOP 10' 참조). 3개의 천체와 남십자자리가 카리브해(또는 중앙아메리카)에서 휴가 온 천문학 애호가들

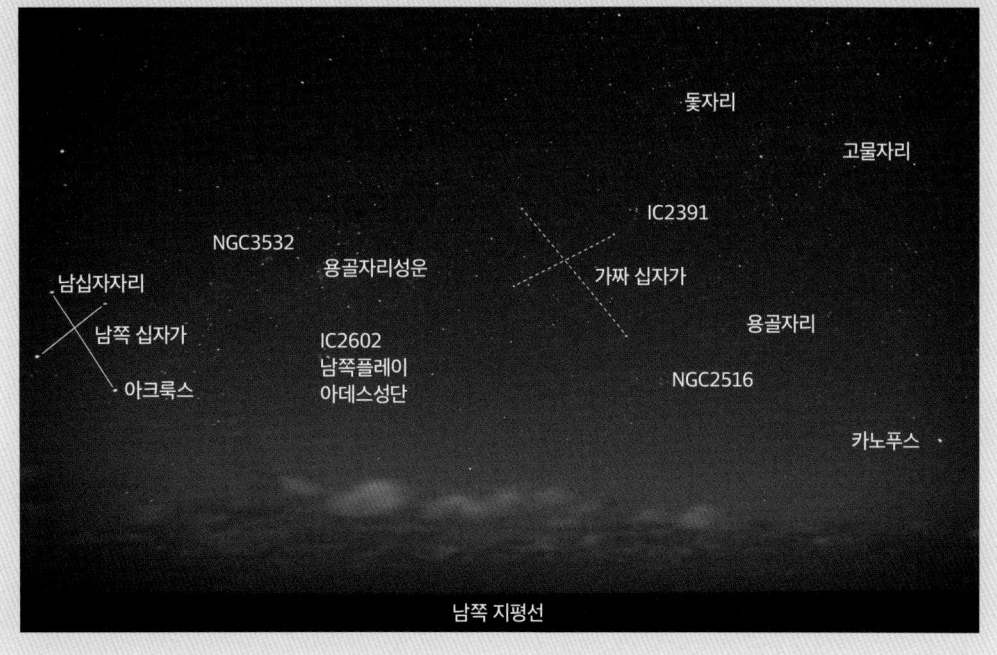

을 기다리고 있다. 남십자자리와 그 동반 천체들의 모습은 300쪽 사진에 더 자세히 나와 있다.

장엄한 천상의 파노라마, 먼 남쪽으로 모험하는 여행자들을 기다리는 카리브해의 하늘이 북반구의 천체 관측자들을 감질나게 하며 군침 돌게 할 것이다. 내가 달 없는 밤 호주의 시골 지역에서 촬영한 오른쪽 사진은 우리은하의 광대한 중앙 팽대부를 보여준다. 성단과 성운으로 꽉 채워진 이 반짝이는 영역은 5~9월 남반구에서 머리 위로 나타난다. 두 사진 모두: 테런스 디킨슨.

남반구 하늘 지도

이 장의 주목적은 북반구 방문객들에게 일련의 별지도를 제공함으로써 남반구의 이색적인 밤하늘을 안내하는 것이다. 내가 그랬듯이 호주에서 관측하고 있을 수도 있겠지만, 이 장의 모든 내용은 전 세계 중남부 위도(남위 20~40도)에 동일하게 적용된다.

북반구에서 볼 수 있는 별자리와 달리 남쪽 깊은 하늘의 별자리들은 수천 년의 전통 및 신화에 기초하고 있지 않다. 이곳 별들의 배열은 주로 16~18세기 유럽 선원들의 창작물인데, 이들은 적도 남쪽을 항해하며 깨끗한 하늘의 도화지를 채우고 있었다. 육분의나 용골, 돛, 고물, 황새치, 나침반 등의 이름이 붙은 건 그 때문이다. 새로운 별자리 풍경에 익숙해지는 데는 시간이 필요하지만, 이 별지도가 도움이 될 것이다.

이 지도에는 남반구 하늘의 또 다른 차이점도 드러나는데, 바로 남극성이 없다는 것이다. 글쎄, 정확한 표현은 아니다. 북극성가 천구 북극에 있듯이, 유명하지 않은 5.4등성인 팔분의자리 시그마(σ) 옥탄티스가 천구 남극 가까이에 있다. 하지만 이 별은 북극성처럼 뚜렷한 안시 이정표로 기능하기에는 너무 희미하다. 대신 천구 남극을 향하고 있는 남십자자리의 긴 팔이 남극성의 훌륭한 대안이 된다(311페이지 지도 참조). 어떤 지점의 시선Sight Line과 대마젤란은하가 직각을 이루고 있다면, 그 지점은 남극으로부터 몇 도 이내에 있는 것이다.

아마 남반구 밤하늘에 대한 가장 큰 오해는 이 영역에서 가장 아름다운 천체가 남십자자리라는 것일 테다. 거의 모든 사람이 그런 얘기를 들었을 텐데, 이 유명한 별 패턴은 실제로 호주와 뉴질랜드 등 5개국의 국기에 새겨져 있다. 남십자자리는 밝긴 하지만 크기가 작다. 오리온자리가 더 뚜렷하고, 북십자성(백조자리)의 열십자가 훨씬 더 크고 멋지다. 남십자자리는 십자보다 다이아몬드 형태에 가깝다. 천구의 남극을 가리키긴 하는데 북두칠성이 북쪽 하늘의 북극성을 가리키는 것보다는 효과가 덜하다.

남반구 하늘에서 가장 인상적인 경치는 무엇일까? 무작위로 100명에게 묻는다면 대부분은 남십자자리를 언급할 것이다. 이 상징적인 십자가는 어쨌든 도시 하늘에서도 발견할 수 있으니 말이다. 몇몇은 (한 명이라도 있다면 말이지만) 남쪽 은하수라고 말할 것이다. 일단 어두운 시골 지역에서 은하수를 보고 나면 그 모습을 절대 잊지 못할 것이다.

남반구에서 가장 밝은 별들

별	등급	거리(광년)	특징
카노푸스	-0.7	309	용골자리에서 가장 밝음
센타우루스자리 알파	0.0	4.4	센타우루스자리에서 가장 밝음, 가장 가까운 안시 관측 별
아케르나르	+0.5	139	에리다누스자리에서 가장 밝음
하다르	+0.6	392	센타우루스자리에서 두 번째로 밝음('센타우루스자리 베타'라고도 함)
아크룩스	+0.8	322	남십자자리에서 가장 밝음
포말하우트	+1.2	25	남쪽물고기자리에서 가장 밝음
미모사	+1.3	278	남십자자리에서 두 번째로 밝음
가크룩스	+1.6	89	남십자자리에서 세 번째로 밝음
미아플라시두스	+1.7	113	용골자리에서 두 번째로 밝음

사라진 북극성 장노출이 별들을 여러 겹의 줄무늬로 바꾸며 천구 남극의 위치를 드러낸다. 중앙의 어두운 '구멍'은 그 지점을 표시할 밝은 남극성이 없음을 증명한다.

한번은 호주 친구가 자기 목장을 방문한 미국 친척들의 이야기를 들려주었다. 어느 맑은 날 밤에 그는 별을 보러 밖으로 나가보라고 친척들에게 권했다. 그들은 몇 초 만에 다시 안으로 들어왔다. "구름이 너무 많은걸." 한 사람은 말했다. 친구는 친척들과 함께 밖으로 나갔고, 머리 위로 보이는 게 구름이 아니라 은하수의 가장 밝은 부분이라는 사실을 알려주었다. 우리은하의 중심지 말이다!

당신은 은하수의 그 광채를 기억하게 될 것이다. 하지만 그러려면 적절한 계절에 적도 아래 지역에 있어야만 한다. 늦가을과 겨울(5~9월)이 황금기로, 이때 우리은하의 중심부가 밤하늘 높이 떠오른다. 남쪽으로 30도 근처의 시골 지역이라면 어디든 이상적이다. 이 위도에선 은하계 중심부가 머리 위로 항해하고, 붉거져 나오는 빛은 호주 원주민들의 별자리인 '검은 에뮤Dark Emu'의 몸통을 비춘다.

은하수의 밝은 중심부가 낮게 뜨는 다른 달에는 훌륭한 위로의 선물이 기다리고 있는데, 은하수 대신 두 마젤란은하가 높게 떠오르는 것이다. 게다가 북반구에서 보는 풍경과 비교했을 때 남반구 하늘은 시간대와 관계없이 그냥 '밝다'. 더 많은 별을 포함하고 있으니 말이다. 은하계의 중심가를 바라볼 때 기대하게 되는 바로 그 모습이다.

아름다운 은하수 남위 약 30도에서 5~9월에 보이는 은하수는 머리 바로 위에서 아치를 이룬다. 이 사진에서 중앙 왼쪽의 밝고 붉은 별은 전갈자리의 안타레스다. 오른쪽 나무 꼭대기 위에 두드러지는 센타우루스자리 알파는 지구로부터 겨우 4.4광년 떨어져 있다.

남반구 봄철 하늘

아침 하늘 관측 시, 다음 시간대에 두 별지도를 사용하라.

7월 초순	오전 5시~오전 6시
7월 하순	오전 4시~오전 5시
8월 초순	오전 3시~오전 4시
8월 하순	오전 2시~오전 3시
9월 초순	오전 1시~오전 2시
9월 하순	자정~오전 1시

이 장의 모든 별지도: 글렌 러드루

남반구 봄철 하늘

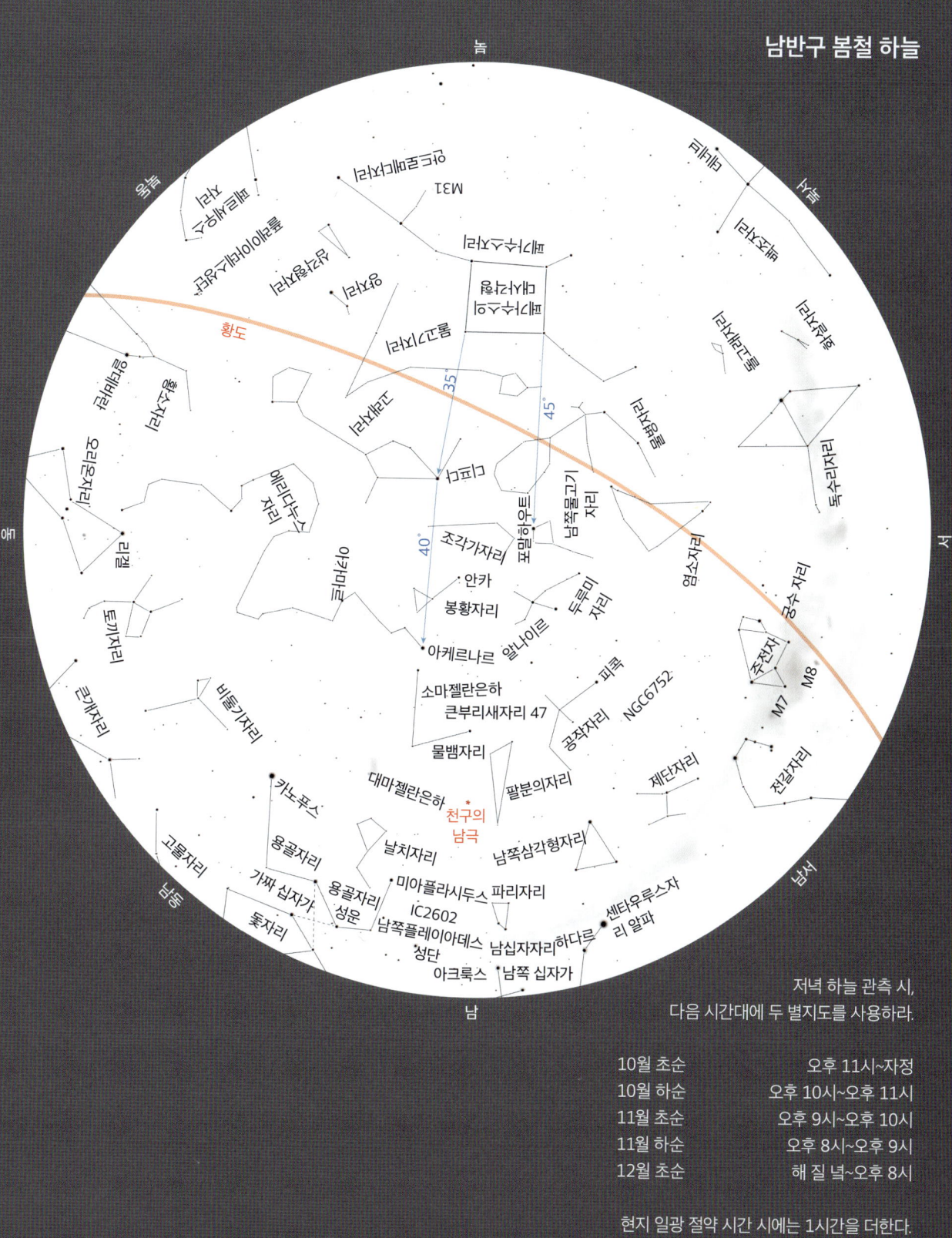

저녁 하늘 관측 시,
다음 시간대에 두 별지도를 사용하라.

10월 초순	오후 11시~자정
10월 하순	오후 10시~오후 11시
11월 초순	오후 9시~오후 10시
11월 하순	오후 8시~오후 9시
12월 초순	해 질 녘~오후 8시

현지 일광 절약 시간 시에는 1시간을 더한다.

제12장 남반구 하늘의 경이로움 309

남반구 여름철 하늘

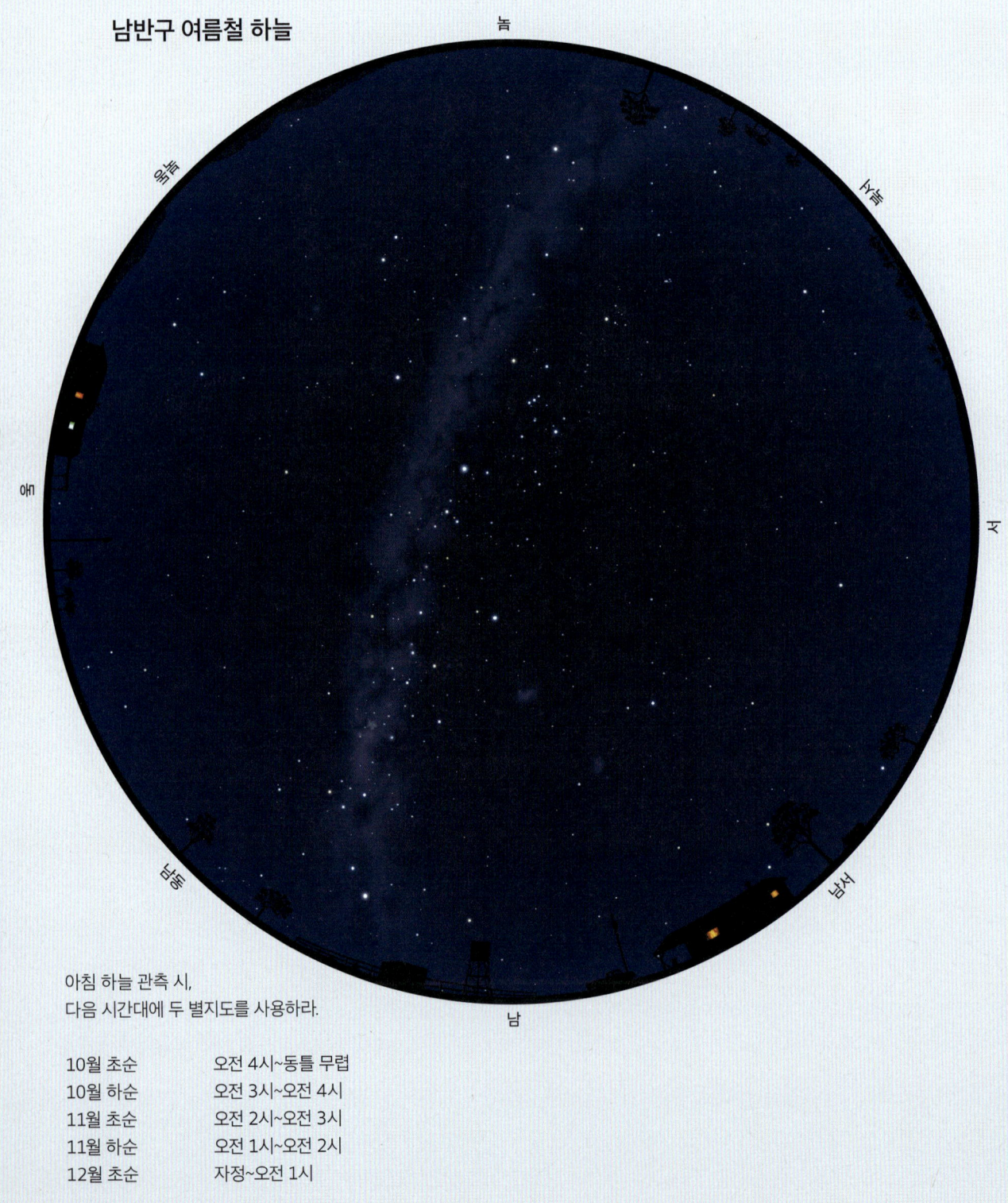

아침 하늘 관측 시,
다음 시간대에 두 별지도를 사용하라.

10월 초순	오전 4시~동틀 무렵
10월 하순	오전 3시~오전 4시
11월 초순	오전 2시~오전 3시
11월 하순	오전 1시~오전 2시
12월 초순	자정~오전 1시

현지 일광 절약 시간 시에는 1시간을 더한다.

남반구 여름철 하늘

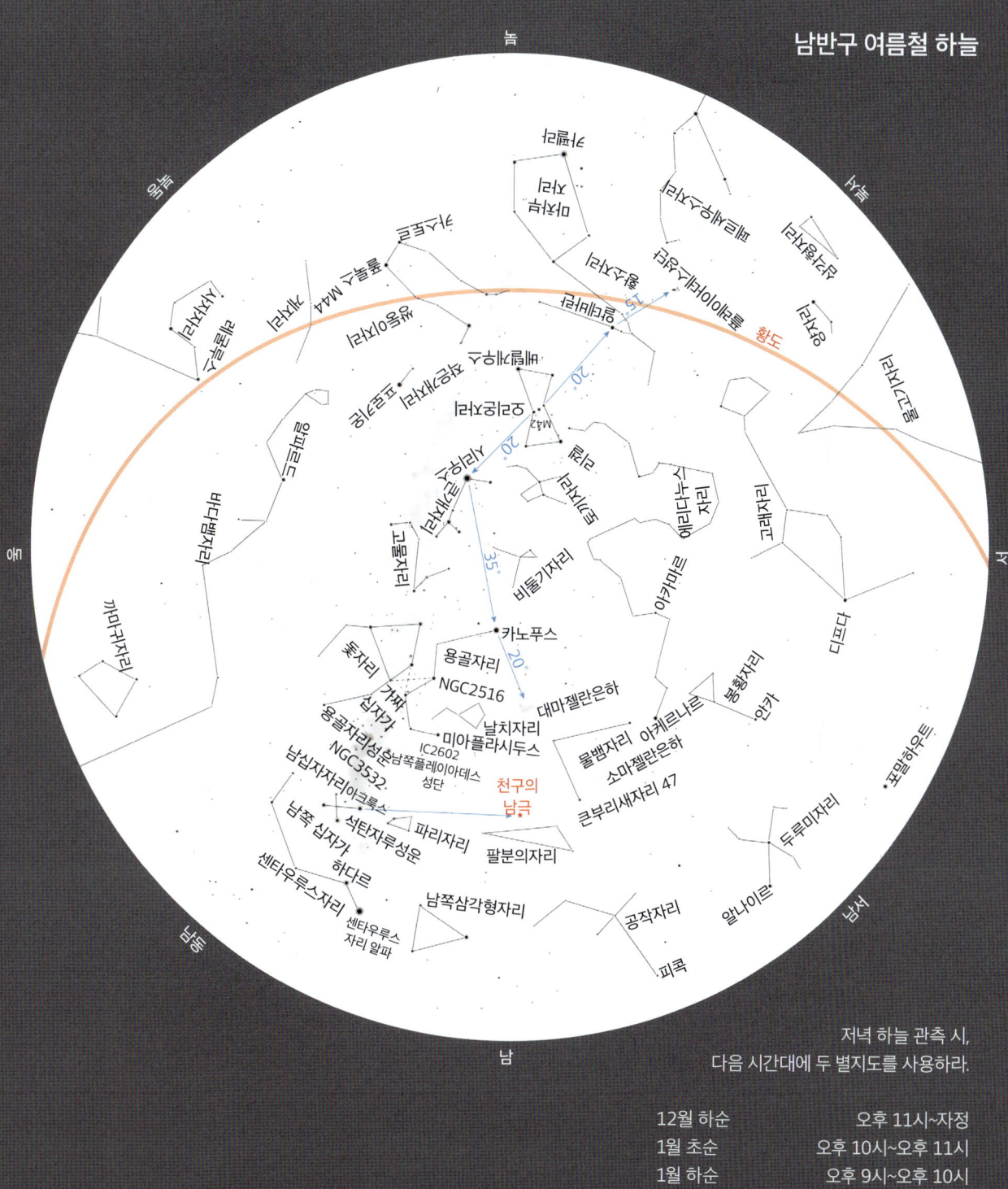

저녁 하늘 관측 시,
다음 시간대에 두 별지도를 사용하라.

12월 하순	오후 11시~자정
1월 초순	오후 10시~오후 11시
1월 하순	오후 9시~오후 10시
2월 초순	오후 8시~오후 9시
2월 하순	해 질 녘~오후 8시

현지 일광 절약 시간 시에는 1시간을 더한다.

제12장 남반구 하늘의 경이로움 **311**

남반구 최고의 천체 TOP 10

남반구 하늘에는 쌍안경과 소형 망원경으로 볼 수 있는 별들의 경치가 풍부하게 엮여 있다. 그러니 먼 남쪽으로 여행할 땐 좋아하는 천체 관측 장비를 꼭 가져가자. 쌍안경과 망원경으로 볼 수 있는 남반구 천체 가운데 내가 최고라고 생각하는 것을 1위부터 10위까지 소개하겠다. 이 아름다운 별자리들은 본 장의 별지도에서 찾아볼 수 있다.

각각 1위와 2위를 거머쥔 대마젤란은하와 소마젤란은하는 하늘의 다른 어떤 천체와도 다르다. 육안으로는 구름처럼 보이며 (302페이지 참조) 쌍안경으로 주의 깊게 관찰해야 각 별의 특징을 볼 수 있다.

꼭 봐야 하는 천체 중 3위는 용골자리성운(맞은편 페이지)이라고도 자주 불리는 용골자리에타성운이다. 오리온성운과 같은 유형의 별 탄생지지만 그보다 더 크고 밝다. 은하수의 밝은 부분에서 매듭 같은 형태를 쉽게 발견할 수 있는 이 성운은, 쌍안경을 통해 그 구조를 파악할 수 있는 독특한 회색 구름이다.

4위는 우리은하에서 가장 크고 가장 밝은 구상 성단인 센타우루스자리 오메가다. 맨눈에는 3.9등급의 솜털 같은 별로 보인다. 쌍안경에서는 약간 타원형인 조밀한 빛으로 보이고, 망원경으로 보면 셀 수 없이 많은 항성들로 터질 듯하다. 아름다운 천체의 표본이다!

센타우루스자리 오메가 뒤로는 5위인 큰부리새자리 47(NGC104)이 있다. 소마젤란은하 바로 옆에 자리해 있으며(관련은 없지만) 그보다 더 작고 약간 더 어둡다. 쌍안경으로 이 성단을 쉽게 포착할 수 있다. 중심부로 갈수록 별들이 밀집돼 있어서, 망원경으로 관측 가능한 구상 성단 중 최고로 이것을 꼽는 사람들이 많다.

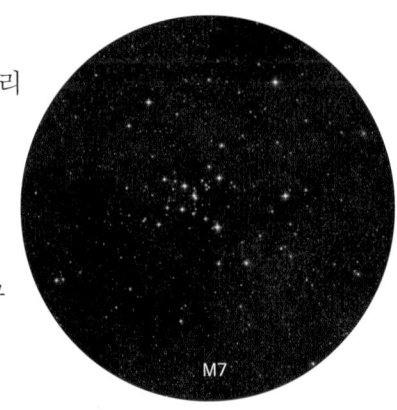

남반구 은하수를 따라 점점이 뿌려져 있는 산개 성단들은 어디서든 최고다. 처음 봤을 때 내가 가장 놀라고 기뻐했던 것은 NGC3532였다. 이 아름다운 6위는 맨눈으로 보기 쉬운 천체로, 호주식 축구Footy에 미친 호주인들에겐 '축구공성단Football Cluster'이라는 이름으로 널리 알려져 있다. 개인적으로는 '다이아몬드더스트성단'이라 부르고 있다. 아래의 사진에서 NGC3532를 보고 스스로 판단하자.

그 외에 화려한 산개 성단 3개가 각각 7위, 8위, 9위를 차지한다. 남쪽플레이아데스성단 IC2602는 300페이지 사진에서 용골자리성운 아래에 청백색으로 빛나고 있다. 남쪽벌집성단 NGC2516는 가짜 십자가 가까이에서 쉽게 포착할 수 있고, IC2391은 돛자리에서 꼭 봐야 하는 천체다(네 지도 모두에 표시돼 있는 가짜 십자가는 304페이지 사진에서도 찾을 수 있다).

마지막 10위는 전갈자리의 M7이다. 북반구 관측자 기준으로 여름철 하늘 상당히 낮은 곳에 매달려 있는(89페이지와 183페이지 별지도 참조) 이 장엄한 산개 성단은 남반구의 겨울밤에 머리 위 높이까지 기어오른다.

특별상은 (밝기가 아니라) 어둡기로 유명한 천체에게 돌아간다. 바로 석탄자루성운이다. 남십자자리 인근에 자리한(300페이지 사진 참조) 석탄자루성운은 겉보기엔 마치 별이 없는 공동 같다. 실제로는 불투명한 성간 먼지 덩어리로, 그 너머 은하수 별들로부터 나오는 빛을 가리고 있다.

 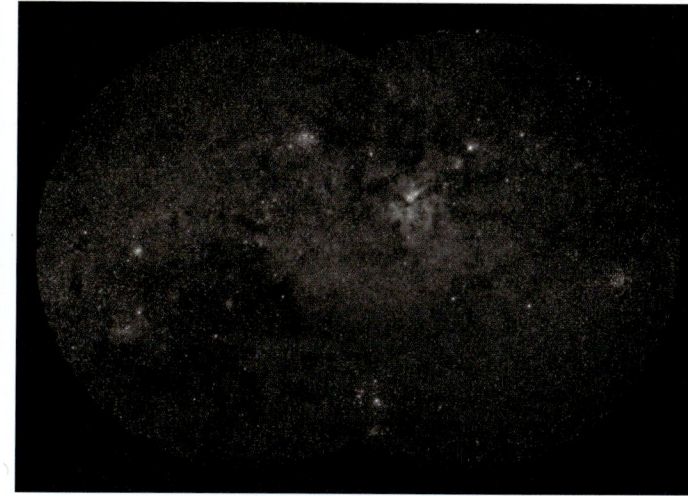

용골자리성운과 친구들 왼쪽: 근사한 용골자리성운이 제 중심부를 밝히는 밝고도 불안정한 별들을 둘러싸고 있다. 용골자리성운은 오리온성운보다 약 6배 더 멀리 있음에도 맨눈에 더 잘 보인다. 축구공성단 NGC3532(성운의 왼쪽)는 남반구 최고의 천체 TOP 10 안에 든다. 사진: 게리 세로닉. 오른쪽: 용골자리성운은 쌍안경으로 볼 때 색이 뚜렷하지는 않더라도 매우 아름답다. 이 사진에는 10위권에 드는 두 성단인 축구공성단 NGC3532(성운의 왼쪽)와 남쪽플레이아데스성단 IC2602(성운 아래)가 보인다. 비주얼 시뮬레이션(오른쪽 사진 및 맞은편 페이지 사진 4장): 앨런 다이어.

남반구 가을철 하늘

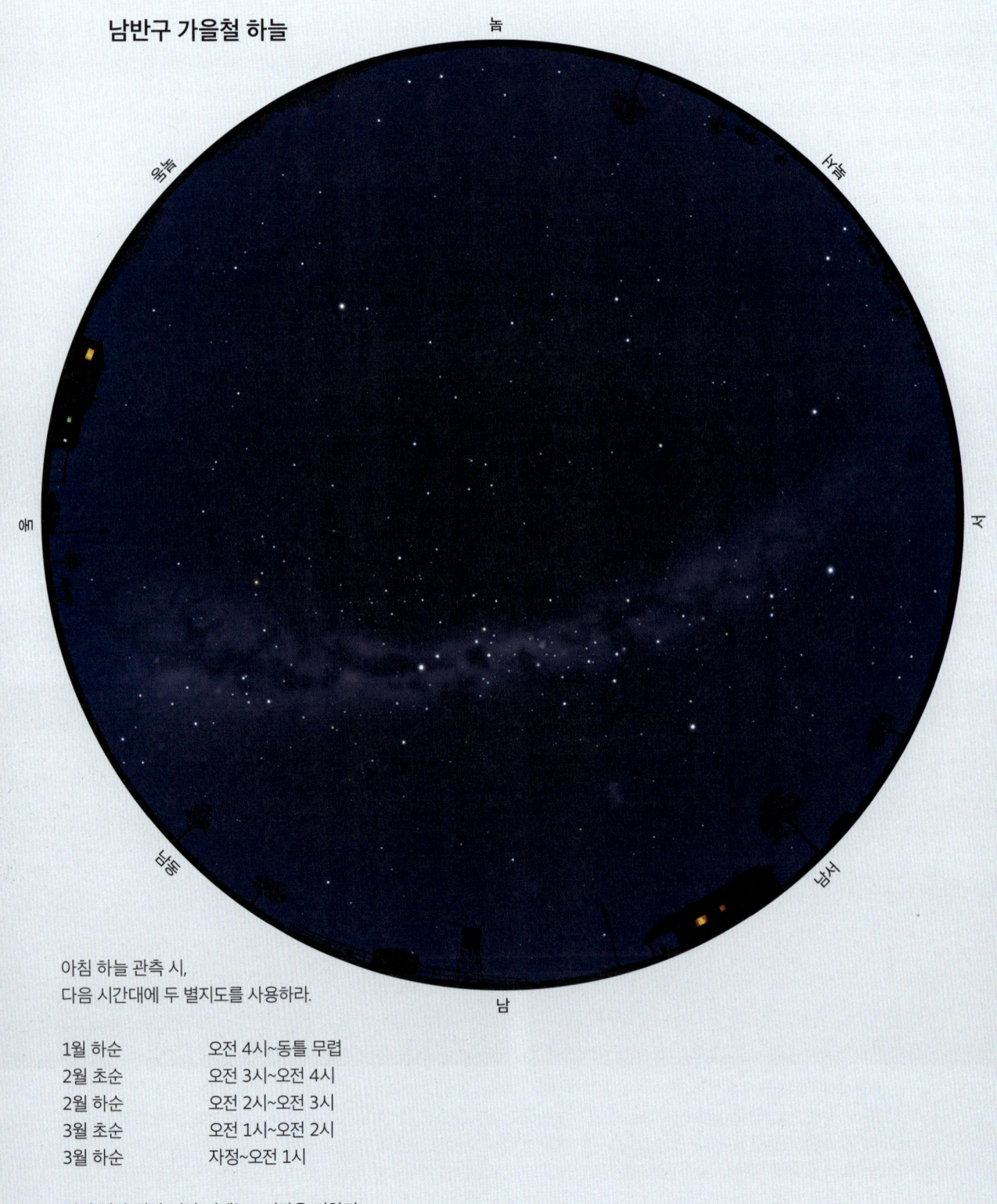

아침 하늘 관측 시,
다음 시간대에 두 별지도를 사용하라.

1월 하순	오전 4시~동틀 무렵
2월 초순	오전 3시~오전 4시
2월 하순	오전 2시~오전 3시
3월 초순	오전 1시~오전 2시
3월 하순	자정~오전 1시

현지 일광 절약 시간 시에는 1시간을 더한다.

남반구 가을철 하늘

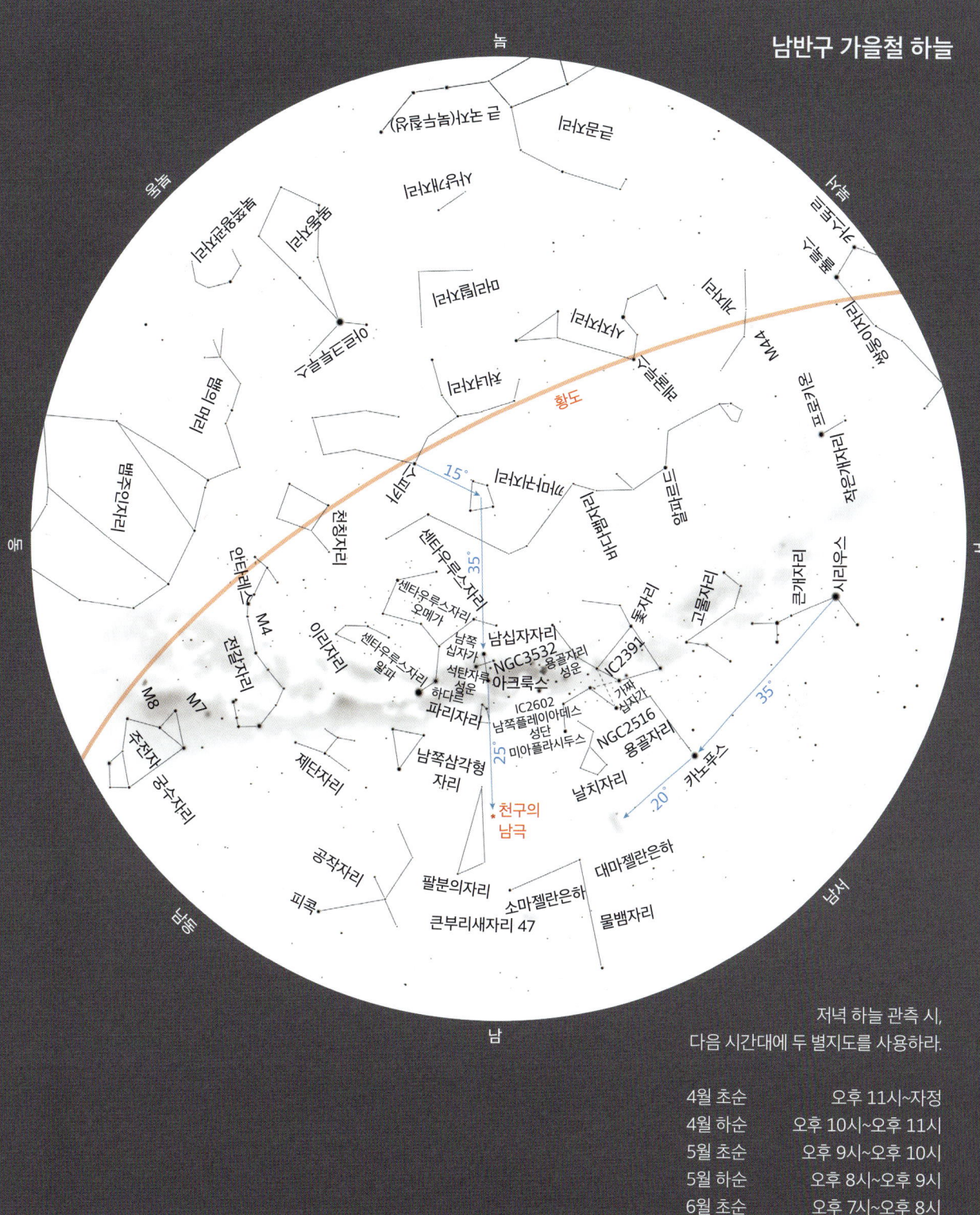

저녁 하늘 관측 시,
다음 시간대에 두 별지도를 사용하라.

4월 초순	오후 11시~자정
4월 하순	오후 10시~오후 11시
5월 초순	오후 9시~오후 10시
5월 하순	오후 8시~오후 9시
6월 초순	오후 7시~오후 8시
6월 하순	오후 6시~오후 7시

제12장 남반구 하늘의 경이로움 315

남반구 겨울철 하늘

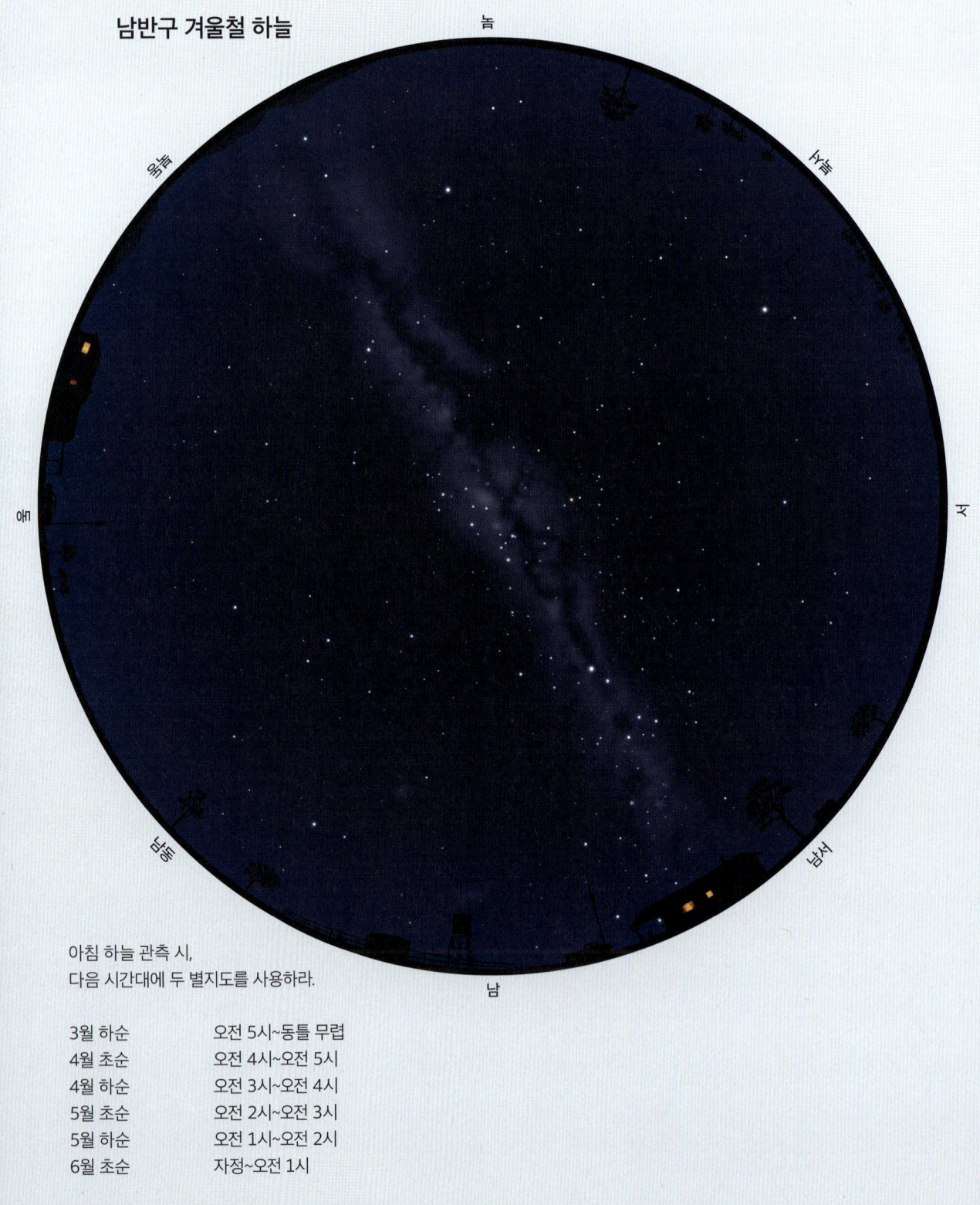

아침 하늘 관측 시,
다음 시간대에 두 별지도를 사용하라.

3월 하순	오전 5시~동틀 무렵
4월 초순	오전 4시~오전 5시
4월 하순	오전 3시~오전 4시
5월 초순	오전 2시~오전 3시
5월 하순	오전 1시~오전 2시
6월 초순	자정~오전 1시

현지 일광 절약 시간 시에는 1시간을 더한다.

남반구 겨울철 하늘

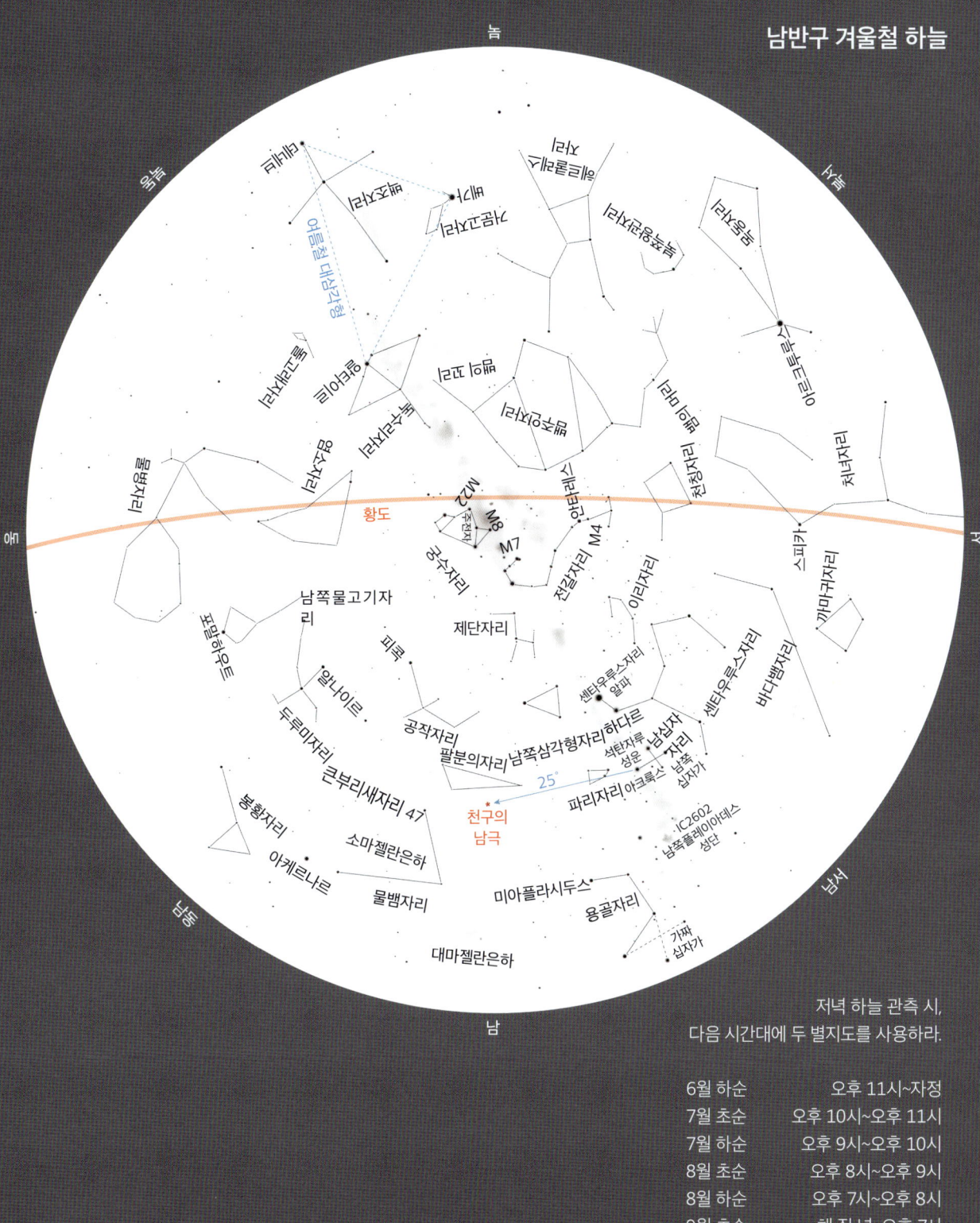

저녁 하늘 관측 시,
다음 시간대에 두 별지도를 사용하라.

6월 하순	오후 11시~자정
7월 초순	오후 10시~오후 11시
7월 하순	오후 9시~오후 10시
8월 초순	오후 8시~오후 9시
8월 하순	오후 7시~오후 8시
9월 초순	해 질 녘~오후 7시

참고 자료

대부분의 여가 활동이 그렇듯, 천문학에서도 소모품과 장비에 초기 투자가 적절히 들어가야 한다. 결국 괜찮은 쌍안경, 최소 한 권의 일반 천문학 서적, 한두 권의 실용적인 안내서, 효과적인 천체 관측 소프트웨어 프로그램과 하나 이상의 천문학 잡지 구독권을 필요로 하게 될 것이다.

이 책의 보충 자료를 보려면 NightWatch Book.com을 방문하라. 하늘의 움직임이 담긴 애니메이션, 유용한 웹사이트와 유튜브 채널 링크, 뒷마당 천문학을 시작할 때 필요한 팁 몇 가지를 찾을 수 있을 것이다.

물론 이제 인터넷에도 엄청난 양의 참고자료가 있다. 하지만 그것이 어디든 가지고 다닐 수 있는 편리한 형태로 자료를 제공하는 좋은 책 몇 권을 대체할 수는 없다고 생각한다.

실용적인 천체 관측 서적

『나이트워치』의 다음 단계는 테런스 디킨슨과 앨런 다이어가 쓴 『뒷마당 천문가를 위한 가이드』(파이어플라이북스, 4판, 2023년 개정)다. 이 책에선 관측 방법, 천체 망원경 선택, 천체 사진 같은 주제를 더 폭넓게 다룬다.

캐나다왕립천문학회가 매년 발행하는 『관측자 핸드북』은 천체 관측자에게 필수적인 참고 자료다. 일출/일몰과 월출/월몰 시간, 행성들의 합과 이각, 행성들의 위치(일부 왜행성과 소행성 포함), 목성의 위성 위치, 변광성 예측 등 수십 가지 천체 현상들에 대한 표를 수록했다. 『관측자 핸드북』은 그 철저함과 정확성 덕분에 아마추어 천문인 사이에서 가장 널리 사용되는 연간 참고자료가 됐다.

코팅된 『필드 맵 오브 더 문Sky & Telescope's Field Map of the Moon』(스카이퍼블리싱, 2007)은 달의 특징을 1000개가량 표시하는데, 그럼에도 망원경 관측 시 사용하기 편리한 크기로 돼 있다. 달 표면을 더 면밀히 살피는 데는 여전히 찰스 A. 우드와 모리스 J. S. 콜린스의 『달의 21세기 지도책21st Century Atlas of the Moon』(웨스트버지니아유니버시티프레스, 스프링 제책, 2013)이 으뜸이다. 우주선에서 촬영한 이미지를 사용해 달을 36개의 매우 상세한 지도로 설명하는 책이다.

게리 세로닉의 『쌍안경 하이라이트: 쌍안경 사용자를 위한 109가지 천체 명소Binocular Highlights: 109 Celestial Sights for Binocular Users』(스카이퍼블리싱, 2판, 스프링 제책, 2017)은 쌍안경으로 볼 수 있는 성운과 성단, 은하를 계절별로 관광하는 책이다. 초보자에게는 훌륭한 참고 자료가 되고, 입문자용 망원경을 사용하는 이들에겐 편리한 안내서가 된다.

빌 티리온의 『케임브리지 별지도Cambridge Star Atlas』(케임브리지유니버시티프레스, 4판, 스프링 제책, 2011)는 내가 가장 좋아하는 책이다. 수천 개의 딥스카이 천체들과 함께 6.5등급까지의 별들이 컬러 인쇄된 별지도 20개에 표시돼 있다. 더 자세하면서도 사용자에게 친절한 책으로는 『스카이 앤드 텔레스코프의 휴대용 하늘 지도책Sky & Telescope's Pocket Sky Atlas』(스카이퍼블리싱, 2판, 스프링 제책, 2020)이 있다. 별지도가 80개나 수록된 이 책은 일반 크기와 대형 크기 버전으로 나온다.

도시 환경에서 망원경으로 관측한다면 이중성 관측이 훌륭한 취미 활동이다. 브루스 매커보이와 빌 티리온이 쓴 『케임브리지 이중성 별지도Cambridge Double Star Atlas』(케임브리지유니버시티프레스, 2판, 스프링 제책, 2015)에는 별지도가 총 30장 수록돼 있는데, 각각은 두 페이지에 걸쳐 펼쳐진다. 저자들은 본인들이 대표적인 성계로 뽑은 133가지를 포함해 총 2500개의 성계에 대한 자료를 제공한다. 흥미로운 이중성 및 다중성 175가지에 대해 더 자세히 알고 싶다면 밥 아가일과 마이크 스완, 앤드루 제임스의 『안시 쌍성 모음집Anthology of Visual Double Stars』(케임브리지유니버시티프레스, 2019)이 좋은 선택이다. 이 별들 중 일부는 6장의 별지도에서도 찾을 수 있고, 다른 별들은 GoTo 망원경으로 쉽게 찾을 수 있다.

관측 서적 중에서도 제일 좋은 것들은 천체 명소들을 정확히 찾아내고 설명하며, 그것들이 망원경에서 어떻게 보이는지 묘사한다. 가이 콘솔마노와 댄 M. 데이비스가 쓴 『오리온에서 좌회전Turn Left at Orion』(케임브리지유니버시티프레스, 5판, 스프링 제책, 2019)은 100가지가 넘는 딥스카이 관측 대상을 포함하며, 관측자들 중에서도 특히 쌍안경과 소형 망원경 사용자를 대상으로 쓰였다.

존 A. 리드와 크리스 본이 함께 쓴 『망원경으로 봐야 할 110가지110 Things to See With a Telescope』(스텔라퍼블리싱, 2021)는 그 유명한 '메시에 목록 천체' 110개에 대한 초보자용 가이드다. 선택된 천체들은 계절별로 정리돼 있으며 각 천체가 소형 망원경에서 어떻게 보이는지 스케치돼 있다.

이보다 더 멀리 여행하고 싶다면, 수 프렌치의 『딥스카이 원더스Deep-Sky Wonders』(파이어플라이북스, 2011)를 읽어보라. 『스카이 앤드 텔레스코프』 잡지에 연재된 그녀의 인기 칼럼들을 모은 이 책과 함께라면 1000여 개의 우주 명소를 심도 있게 여행할 수 있을 것이다.

일반 천문학 서적

현재 천문학 지식의 개요는 입문 수준의 대학 전공 서적에서 찾아볼 수 있다. 지역 대학에서 천문학을 가르친다면, 그곳의 교내 서점에서 현재 사용 중인 천문학 전공 서적을 확인하라. 이제는 온라인에서 구매 가능한 책들도 많다. 우주를 다룬 통속적인 서적으로는 브라이언 메이, 패트릭 무어, 크리스 린토트, 해나 웨이크포드가 쓴 『뱅!! 우주의 완전한 역사: 베스트셀러 우주 가이드에 대한 오랫동안 기다려온 업데이트Bang!! The Complete History of the Universe: The Long-Awaited Update to the Bestselling Guide to the Cosmos』(웰벡퍼블리싱, 2021)가 있다. 수학이 필요 없으며 독자에게 친절한 이 책은 빅뱅과 그에 따른 모든 것을 설명한다.

과학과 취미 양쪽을 모두 다루는 입문서로는 스티븐 P. 마랜과 리처드 트레시 피엔버그의 『더미를 위한 천문학』(와일리, 5판, 2023)이 있다. 새로운 별지도, 사진, 일러스트를 수록한 이 책은 하늘에서 일어나는 현상들의 개요와 함께 우주의 최신 발견 뒤에 숨은 과학에 대한 탄탄한 기초를 담고 있다.

호버트 실링의 글과 빌 티리온의 지도가 실린 『별자리: 밤하늘에서 유명한 88가지 별 패턴을 통해 듣는 우주 이야기 Constellations: The Story of Space Told Through the 88 Known Star Patterns in the Night Sky』(블랙독앤드레벤탈, 2019)는 88가지 별자리를 아름답게 설명하는 입문서다. 유명한 과학 저술가이자 아마추어 천문인인 실링은 각 별자리의 관점에서 천문학의 역사를 독특하게 해석한다.

잘 쓰인 천문학 역사 서적이라면, 여러 상을 수상한 마샤 바투시악의 『디스패치 프롬 플래닛 3: 태양계, 우리은하, 그리고 그 너머에 대한 32가지 이야기 Dispatches from Planet 3: Thirty-Two (Brief) Tales on the Solar System, the Milky Way, and Beyond』(예일유니버시티프레스, 2020)를 읽어 보라. 저자는 중요한 천문학적 발견들에 대한 뒷이야기를 공유하고, 우주의 신비를 밝히고자 노력하는 사람들을 심도 있게 이해할 수 있도록 해준다.

전문적인 관측 천문학자의 삶은 어떤지 궁금했던 적이 있다면 천문학자인 에밀리 레베스크가 쓴 『마지막 관측자들: 사라져가는 천문학 탐험가들의 오래 지속되는 이야기 The Last Stargazers: The Enduring Story of Astronomy's Vanishing Explorers』(소스북, 2020)를 즐겁게 읽을 수 있을 것이다. 그녀는 전 세계 천문대에서 밤에 어떤 일이 벌어지는지를 설명하는데, 중대한 일부터 웃기는 일까지 다양하다.

잡지

북아메리카 천체 관측자들에게는 아마추어 천문인들을 겨냥한 월간지 『스카이 앤드 텔레스코프』와 『아스트로노미』가 있다. 수천 명의 밤하늘 애호가가 둘 중 하나(또는 둘 다)를 구독하고 있으며, 둘 중 하나라도 정기적으로 읽으면 천문 현상과 최신 연구 결과에 대한 정보를 꾸준히 얻을 수 있다. 최근의 천문 현상들을 훌륭한 도표와 지도를 곁들여 다루는 잡지다.

유럽에서는 프랑스천문협회가 우주와 천문학을 전문으로 하는 격월지 『하늘과 우주 Ciel&espace』를 발행한다. 영국의 천문학 잡지 중에서는 『스카이 앳 나이트』와 『아스트로노미 나우』가 좋다. 남반구 천체 관측자들을 위해서는 『스카이 앤드 텔레스코프 호주』가 남반구 하늘에 초점을 맞춘 기사와 하늘 지도를 싣고 있다.

아마추어 천문학 동호회

내가 천체 관측과 관련해 내린 현명한 결정 중 하나는 천문학 동호회에 가입하는 것이었다. 난 캐나다왕립천문학회 토론토 센터에 가입했다. 이 학회는 캐나다의 모든 주요 도시에 지부를 두고 있고, 없어서는 안 되는 『관측자 핸드북』을 포함해 몇 가지 유용한 출판물을 회원들에게 제공한다.

대부분의 동호회는 정기적인 모임을 가지며, 때로는 초청 연사와 함께한다. 회원에게 잡지 구독권이나 천문학 서적을 할인해주는 곳도 있다. 몇몇은 회원 기금과 기부금으로 건립된 동호회 천문대를 운영한다. 많은 수가 매년 공개 관측 세션을 주최하는데, 이는 천체 관측에 관련된 조언을 구하고 다양한 망원경을 살펴볼 좋은 기회다. 생각이 비슷한 천문인들을 만나기에 이보다 더 좋은 방법은 없다. 가까운 과학관이나 플라네타륨에 연락해 지역 천문학 동호회가 있는지, 있다면 모이는 일정이 어떻게 되는지 문의해보라.

미국의 '천문연맹'은 10개 지역으로 나뉜 240개 이상의 아마추어 천문학회로 구성되는데, 모든 동호회가 연맹에 가입돼 있는 것은 아니다. 영국에서는 '영국천문학협회'가 세계 최고 수준의 아마추어 천문학 단체 중 하나로 인정받고 있다.

별 축제

아마추어 천문인들은 매년 북아메리카 등 지역의 여러 장소에서 연례 별 축제로 모여 취미를 공유하고, 아이디어를 교환하고, 최첨단 천체 망원경을 들여다본다. 경험이 풍부한 실무자들이 강연과 워크숍을 진행한다. 유명한 초청 연사는 정보를 전달하며 사람들을 즐겁게 하고, 망원경 판매 업체와 제조사는 자기들의 제품 라인을 전시하는 등 모두 재미있는 시간을 보낸다. 참석자 규모는 수십 명에서 2000명 이상까지 다양하다. 이런 행사는 점차 가족 단위로도 인기를 끌고 있으며, 이제는 어린이를 위한 강연과 활동이 포함된 별 축제도 많아졌다.

별 축제는 취미 천체 관측의 주요 요소로 성장했다. 신규 입문자라면 '축제'라는 말에 머뭇거려질 수도 있지만, 이곳에서 목성의 페스툰이나 M51의 나선팔이 그 어느 때보다 멋지게 보이면 지적인 자극을 받아 흥분하게 될 것이다. 별 축제는 다양한 천문학 마니아들을 만나기 좋은 장소다. 천체 관측이 처음이라면, 이 취미에 곧장 몰입하는 데 이보다 더 좋은 방법은 없을 것이다. 특히 망원경을 비교해볼 수 있는 최적의 기회다.

이런 야외 천문학 모임은 대부분 여름에, 일반적으로 어두운 하늘이 있는 곳에서 2~3일간 진행된다. 캠핑 시설이나 호텔 숙박 시설이 제한적일 때가 많으니 참여할 계획이라면 미리 예약해두자. 대부분은 앞서 언급한 잡지나 인터넷에 몇 개월 전부터 게시된다. 미국에서 매년 열리는 행사들 중에선 텍사스주 포트 데이비스 인근의 '텍사스 스타 파티', 버몬트주 스프링필드 근처의 '스텔라페인', 펜실베이니아주 체리 스프링스 주립공원에서의 '블랙 포레스트 스타 파티', 워싱턴주 북부의 '테이블 마운틴 스타 파티', 오리건주 중부의 '오리건 스타 파티', 플로리다 키스 제도의 '윈터 스타 파티(2월)' 등이 크고 알차다. 캐나다에서는 온타리오주 남동부의 '스타페스트'가 좋고, 영국에서는 반년마다 잉글랜드 북부에서 열리는 '킬더 포레스트 스타 캠프'가 규모가 크다. 전 세계의 별 축제에 대해 더 자세히 알고 싶다면 인터넷을 찾아보라.

천문대

주요 천문대를 방문했던 일은 우주에 심취한 내게 극히 중요한 사건이었던지라, 새로 천문학을 좋아하게 된 사람도 그런 현장 학습을 해보길 강력하게 추천한다. 그러나 모든 주요 천문대가 관광객을 맞이할 시간과 직원 또는 물리적 시설을 갖추고 있는 것은 아니다.

운영 중인 대부분의 천문대는 낮 동안에만 방문할 수 있다. 일반 대중을 위해 주말 오후나 저녁 시간에 개방하는 곳도 있지만, 단체 견학 시에만 개방하는 곳도 있다. 드물게 천체 망원경의 작동을 설명하는 영상과 함께 정교한 전시 공간을 갖춘 곳도 있는데, 일반적으로 예약이 필요하며 방문할 수 있는 수는 늘 제한돼 있다. 대학교, 전문대학, 과학 센터와 연관된 소규모 천문대가 방문하기 더 쉬울 때가 많다.

내가 적극 추천하는 천문대는 '팔로마 천문대Palomar Observatory'와 '키트피크 국립 천문대Kitt Peak National Observatory'다. 팔로마산에 걸터앉은 팔로마 천문대는 캘리포니아주 샌디에이고에서 북동쪽으로 2시간쯤 운전하면 나오며, 200인치짜리 인상적인 헤일 망원경Hale Telescope을 가지고 있다. 이는 대중에게 공개된 망원경 중 세계에서 가장 큰 것이다. 어마어마한 회전 돔으로 둘러싸인 이 거대한 장비는 무려 건물 13층 높이다. 헤일 반사 망원경은 낮 동안 유리로 둘러싸인 관람객 갤러리와 전시 공간에서만 볼 수 있다.

키트피크 국립 천문대가 자리한 곳은 애리조나주 투손에서 남서쪽으로 약 50분 거리에 있는 산 정상이다. 그곳에 가면 전시(낮에만)와 함께 멋진 장소에 배치된 수많은 대형 망원경을 볼 수 있다. 키트피크는 훌륭한 야간 프로그램을 마련해놓고 있는데, 그중에는 공개 관측용 망원경으로 관측하는 활동도 있다. 물론 사전 예약이 필요하다.

세계적으로 큰 망원경 중 몇가지는 하와이의 사화산인 마우나케아산에 있다. 밤에는 정상까지 들어갈 수 없으나 낮이라면 차를 타고 정상으로 올라가 산책하거나 멋진 일몰을 감상할 수 있다. 정상에 있는 망원경은 방문객에게 개방돼 있지 않지만, 산 아래로 3분의 1 지점에 있는 관광객 안내소에서는 대체로 망원경 관측이 가능하다.

이외에 일반 대중 프로그램을 갖춘 대규모 천문대로는 '윌슨산 천문대Mount Wilson Observatory'(캘리포니아주 패서디나 북쪽), '릭 천문대Lick Observatory'(캘리포니아주 산호세 동쪽), '맥도널드 천문대McDonald Observatory'(텍사스주 포트데이비스)가 있다. 연구가 진행 중인 시설은 아니지만 '로웰 천문대Lowell Observatory'(애리조나주 플래그스태프)도 인기 있다. 역사적인 24인치 클라크 굴절 망원경Clark refractor은 퍼시벌 로웰이 화성의 운하라고 생각했던 천체를 관측할 때 사용했던 것으로, 저녁 방문객들은 이 망원경을 들여다볼 수 있다(날씨가 허락한다면). 이 천문대에는 옥외 플라네타륨, 전시, 영상관과 다양한 망원경을 볼 수 있는 디스커버리 센터도 있다.

색다른 경험을 원한다면 미국 뉴멕시코주 소코로 외곽에 있는 베리 라지 어레이Very Large Array 전파 망원경 시설을 방문해보라. 이 천문대는 1997년 영화 「콘택트」에 등장했다. 방문자 센터에서는 전파 천문학 관련 전시가 진행되고 있고, 자유 워킹 투어를 진행하다보면 거대한 접시형 안테나 중 하나의 기지로 이동하게 될 것이다.

망원경 장비 및 액세서리

망원경을 사기 가장 좋은 곳은 어디일까? 백화점이나 쇼핑몰 내 대형 할인점은 확실히 아니고, 동네 카메라 매장도 딱히 아닐 것이다. 이런 할인점은 내가 제5장에서 경고했던 것과 같은 대중 판매용 망원경을 갖추고 있을 때가 많다. 게다가 뭐든(망원경을 포함해) 온라인으로 사는 게 보편화되기는 했다지만, 올바른 장비를 가장 좋은 가격에 구입하고 있는지는 어떻게 알 수 있단 말인가?

천체 망원경은 상당한 투자가 될 수 있으니 지역의 천문학 장비 판매점을 찾아가보라. 장비도 다양하게 갖추고 있고, 백화점 점원보다 더 지식이 많은 사람에게 조언을 얻을 수 있으며, 제품에 문제가 생겼다면 수리를 의뢰할 사람도 있다. 대부분의 판매점은 주요 브랜드들을 취급하며 원하는 액세서리는 사실상 뭐든지 주문할 수 있다.

살고 있는 지역에 망원경 매장이 없다면 온라인으로 구매해야 한다. 그럴 땐 지역 천문학 동호회 회원에게 조언을 구하라. 그들의 지식과 전문성은 여러 함정을 피해 신뢰할 만한 업체를 찾는 데 도움을 줄 것이다. 망원경과 액세서리에 대한 더 많은 배경지식을 위해서는 『뒷마당 천문가를 위한 가이드』 4판을 참고하라.

찾아보기

ㄱ

가크룩스Gacrux 305
가이아 탐사선Gaia spacecraft 32, 34, 35, 157
각degrees(하늘 측정하기) 55
갈릴레오Galileo 213-215, 229, 244
거문고자리Lyra 62, 85, 87, 89, 95, 164, 174, 317
검은눈은하Black-Eye Galaxy, 'M64'를 보라.
게성운Cancer, 'M1'을 보라.
게자리Cancer 62, 78-80, 83, 155, 173, 209, 315, 311
경위대식 가대altazimuth, '망원경 가대'를 보라.
고래자리Cetus 62, 85, 91, 95, 309
고리성운Ring Nebula, 'M57'을 보라.
고물자리Puppis 62, 101, 304, 311
고물자리파이(π)성단Pi(π) Puppis Cluster 192
고양이눈성운Cat's Eye Nebula, 'NGC6543'을 보라.
공작자리Pavo 62, 317
『관측자 핸드북Observer's Handbook』(RASC) 152
광년light-year(LY) 29
광도 척도magnitude scale 71
구상 성단globular clusters 32-37, 156-157, 174, 312
국부 은하군Local Group (of Galaxies) 36-39, 180, 188
국제우주정거장International Space Station(ISS) 72
굴드 대Gould's Belt 35
굴절 망원경Refractor, '망원경'을 보라.
궁수자리Sagittarius 62, 81, 85-87, 89, 157, 173, 317
궁수자리성운Sagittarius Star Cloud, 'M24'를 보라.
그리스 문자Greek alphabet 169
근육맨성단Stock 2 cluster 194
금성Venus 27, 71, 199, 201-202, 204, 205-206
기린자리Camelopardalis 30, 62, 101

ㄲ

까마귀자리Corvus 62, 83, 315

ㄴ

나침반자리Pyxis 62, 101, 304
날치자리Volans 62, 311
남십자자리Crux(남쪽 십자가) 52, 62, 303, 305, 315
남쪽물고기자리Piscis Austrinus 62, 305, 309
남쪽벌집성단Sothern Beehive, 'NGC2516'을 보라.
남쪽삼각형자리Triangulum Australe 62, 315
남쪽왕관자리Corona Australis 62
남쪽플레이아데스성단Southern Pleiades, 'IC2602'를 보라.
낫Sickle(사자자리의 별무리) 178
니오와이즈 혜성Comet NEOWISE 270
뉴컴, 사이먼Newcomb, Simon 254
뉴턴식 반사 망원경Newtonian reflector, '망원경'을 보라.

ㄷ

달Moon 19, 26, 71, 80, 201-202, 228-239
당종 등급Danjon scale 259
당종, 앙드레-루이Danjon, André-Louis 258
대마젤란은하Large Magellanic Cloud 36, 37, 154, 302-303, 311, 312
데네볼라Denebola 64, 178, 180
데네브Deneb 57, 64, 84, 85, 87, 89, 95, 185, 317
도마뱀자리Lacerta 62, 95
독수리성운Eagle Nebula, 'M16'을 보라.
독수리자리Aquila 62, 317
돌고래자리Delphinus 62, 89, 317
돕소니언Dobsonian, '망원경'을 보라.
돕슨, 존Dobson, John 115

돛자리Vela 62, 304, 311, 313
두루미자리Grus 62, 95, 309
두베Dubhe 64, 176, 178177
『뒷마당 천문가를 위한 가이드Backyard Astronomer's Guide』 116, 125, 296, 318, 324
드슈바Dschubba 182
디프다Diphda 91, 95, 189, 309
딥스카이 지도deep-sky charts 176~195
  색인 175
  지도 사용하기 172
  딥스카이 촬영deep-sky imaging 295-297

ㄹ

라니아케아Laniakea 38
라스알게티Rasalgethi 64, 181
라스알하게Rasalhague 85, 89, 181
레굴루스Regulus 57, 64, 78-79, 83, 178, 200, 315
리겔Rigel 29, 59, 64, 96-97, 101, 191, 311

ㅁ

마르카브Markab 64, 187
마야Maya 205
마젤란은하Magellanic Clouds, '대마젤란은하'와 '소마젤란은하'를 보라.
마차부자리Auriga 59, 62, 83, 97, 98, 101, 311
망원경telescopes 109-134, 143-144, 292
  고르기 118, 119-124, 129, 143-144, 323
  돕소니언 망원경 115, 117, 123, 124, 143
  시준 115, 141
  망원경 액세서리 139-142
  초심자용 망원경 109-111, 118, 123
  접안렌즈 135-139
  확대율 121, 135-137
  GoTo 망원경 125, 126-134
  극축 정렬 291
  뉴턴식 반사 망원경 114
  막스토프-카세그레인 망원경 116
  반사 망원경 110, 112, 114, 115, 116, 119-120, 143-144
  굴절 망원경 109, 110, 112, 113, 114, 115, 121-124, 143-144
  슈미트-카세그레인 망원경Schmidt-Cassegrain, SCT 115
망원경 가대telescope mounts 113-118
  경위대식 가대 117, 123, 124, 127
  돕소니언 가대 115-117, 118, 123
  적도의식 가대 117, 119, 123, 124
망원경자리Telescopium 62
맥너트 혜성Comet McNaught 270
머리털자리Coma Berenices 62, 78-79, 83, 165, 174, 315
머리털자리성단Coma star cluster 78, 177, 179
메그레즈Megrez 176, 177
메라크Merak 64, 176, 177
메시에 목록Messier catalog 26, 168
멘칼리난Menkalinan 190
멘켄트Menkent 180
면사포성운Veil Nebula, 동쪽은 'NGC6992' 서쪽은 'NGC6960'을 보라.
명왕성Pluto 27, 28, 29, 221
목동자리Boötes 62, 78, 83, 89, 315
목성Jupiter 20, 28, 71, 80-81, 200, 202, 205, 212-215
무중력 의자zero-gravity chair 86, 105, 106, 272
물고기자리Pisces 62, 80-81, 95, 309
물뱀자리Hydrus 62, 309
물병Water Jar(물병자리의 별무리) 186, 187
물병자리Aquarius 62, 81, 95, 174, 309
미라Mira 64, 189
미라크Mirach 188
미르잠Mirzam 191, 192
미르파크Mirfak 64, 194
미모사Mimosa 305
미아플라시두스Miaplacidus 305, 311
미자르Mizar 64, 79, 173, 176, 177
민타카Mintaka 29, 64, 191

ㅂ
바늘은하Needle Galaxy, 'NGC4565'를 보라.
바다뱀의 머리Hydra's Head(바다뱀자리의 별무리) 178
바다뱀자리Hydra 62, 83, 85, 315
바이어, 요한Bayer, Johann 167, 172
반사 망원경Reflactor, '망원경'을 보라.
방패자리Scutum 62, 89, 173
백조성운Swan Nebula, 'M17'을 보라.
백조자리Cygnus 58, 63, 84, 89, 95, 173, 317
뱀의 꼬리Serpens Cauda 63, 89, 317
뱀의 머리Serpens Caput 63, 89, 317
뱀자리Serpens 63, 156, 173
뱀주인자리/땅꾼자리Ophiuchus 63, 85, 89, 317
벌집성단Beehive cluster, 'M44'를 보라.
베가Vega 57, 64, 84-85, 87, 89, 185, 202 317
베셀, 프리드리히 빌헬름Bessel, Friedrich Wilhelm 157
베스타Vesta 210, 211
베텔게우스Betelgeuse 29, 59, 61, 64, 96-97, 101, 152, 154, 162, 190, 191, 193, 311
벨라트릭스Bellatrix 59, 97, 190, 191
변광성variable stars 151-153, 157-158
별stars 29, 58-61, 64-65
    이중, 혹은 쌍쌍별 148, 150-151, 173
    적색 거성 34, 96, 97, 99, 162, 163
    적색 왜성 29, 30
    주극성 51
    청색 거성 34
    탄생 160-163
    초거성 34, 85, 152, 152, 162
    백색 왜성 153
    변광성 151-152, 153
    초신성 153-154
별무리asterism 58, 78-79, 85-86, 90-91, 291
별자리constellations 47, 50-54, 58-64, 167, 199
    계절별 별자리 78-79, 84-87, 90-91,96-99
    이정표 그림 57, 59
    주극성 51
별지도star charts 43, 69, 70, 74, 76-77, 172, 304

남반구 올스카이 지도 309, 311, 315, 317
딥스카이 색인 175
딥스카이 지도 176~195
북반구 올스카이 지도 83, 89, 95, 101
    사용 69, 70, 74, 76-77, 172
봉황자리Phoenix 63, 309
북극광northern lights, '오로라'를 보라.
북극성North Star, '북극성'를 보라.
북두칠성Big Dipper(별무리) 47, 58, 83
    이정표 그림 57
    하늘 가이드로서의 북두칠성 51, 57, 76, 78, 83, 84, 89, 90-91, 95, 96-97, 101
    하늘 측정하기 55-56
북십자성Northern Cross(백조자리의 별무리) 58, 84-85, 89, 95, 185
북아메리카성운North America Nebula, 'NGC7000'을 보라.
북쪽왕관자리Corona Borealis 63, 84, 89
비둘기자리Columba 63, 101, 311
빅뱅 이론Big Bang theory 40, 41
빛 공해light pollution 92-93, 125, 216

ㅃ
빨간 불빛 손전등red-light flashlight 74, 139, 149, 172

ㅅ
사냥개자리Canes Venatici 63, 83, 167, 174
사다리꼴성단Trapezium 160, 162, 163, 173, 191
사빅Sabik 182, 183
사이프Saiph 191
사자자리Leo 63, 78, 79, 83, 174, 315
산개 성단Open Clusters 154-155, 173
살쾡이자리Lynx 63, 315
삼각형자리Triangulum 63, 95
삼각형자리은하Pinwheel Galaxy, 'M33'을 보라.
삼렬성운Trifid Nebula, 'M20'을 보라.
샤울라Shaula 183
석탄자루(성운)Coal Sack(Nebula) 313, 315
석호성운Lagoon Nebula, 'M8'을 보라.
성간 매질Interstellar medium(ISM) 30

성운Nebula 35, 158-164, 173-174
세레스Ceres 210, 211
세페우스자리Cepheus 51, 63, 95
세페우스자리 델타Delta Cephei 64, 152, 195
세페이드 변광성Cepheid variable stars 152, 157, 158
센타우루스자리Centaurus 63, 305, 315
센타우루스자리 알파Alpha Centauri 29, 52, 64, 305, 307, 315, 317
센타우루스자리 오메가Omega Centauri, 'NGC5139'를 보라.
센타우루스자리 프록시마Proxima Centauri 29, 34
소마젤란은하Small Magellanic Cloud 36, 37, 165, 302, 309, 312
소용돌이은하Whirlpool Galaxy, 'M51'를 보라.
소행성asteroid 26-27, 210-211, 230, 234, 272
소행성대asteroid belt 27, 210-211
솜브레로은하Sombrero Galaxy, 'M104'를 보라.
수성Mercury 27, 199, 201, 203-204
슈메이커-레비 9 혜성Comet Shoemaker-Levy 9 269
슈미트-카세그레인 망원경Schmidt-Cassegrain, '망원경'을 보라.
스피카Spica 29, 57, 61, 64, 79, 83, 180, 200, 315
시리우스Sirius 29, 59, 64, 71, 96-97, 101, 162, 191, 192, 202, 205, 311
시차parallax 157
신성novas 153

ㅆ
쌍둥이자리Gemini 59, 63, 81, 83, 97, 101, 311
쌍성binary stars, '별'을 보라.
쌍쌍별Double-Double(거문고자리 에타(ε)) 49, 186185
쌍안경binocular 105-108
　관측하기 32, 79, 86-87, 91, 201-202, 313

ㅇ
아다라Adhara 192
아령성운Dumbbell Nebula, 'M27'을 보라.
아르네브Arneb 191
아르크투루스Arcturus 57, 64, 78, 83, 84-85, 89, 179, 315
아이손 혜성Comet ISON 270

아케르나르Achernar 64, 305, 309
아크룩스Acrux 64, 303, 305, 315
아틀라스 혜성Comet ATLAS 270
안드로메다자리Andromeda 63, 90-91, 95
안드로메다은하Andromeda Galaxy, 'M31'을 보라.
안타레스Antares 52, 64, 85, 86, 89, 152, 182, 183, 200, 317
알게니브Algenib 187, 188
알골Algol 64, 152, 188, 194
알기에바Algieba 64, 178
알나이르Alnair 309
알니타크Alintak 29, 65, 191
알닐람Alnilam 65, 191, 202
알데라민Alderamin 195
알데바란Aldebaran 29, 59, 65, 96, 97, 101, 162, 190, 191, 311
알레나Alhena 193
알마크Almach 65, 173, 188
알비레오Albireo 65, 84, 173, 185
알카이드Alkaid 176, 177, 179, 291
알코르Alcor 65, 79, 173, 176, 177
알키오네Alcyone 65, 156, 190
알타이르Altair 65, 84-85, 89, 95, 184, 202, 317
알파르드Alphard 65, 192, 311, 315
알페라츠Alpheratz 65, 90, 95, 187, 188
알페카Alphecca 84, 179
암순응dark adaptation 149
암흑 물질dark matter 35, 37, 38
야간 시력night vision 74, 139, 149
야생오리성단Wild Duck Cluster, 'M11'을 보라.
양자리Aries 63, 80, 95
에니프Enif 187
에리다누스자리Eridanus 63, 101, 309
엘나스Elnath 190
엘타닌Eltanin 181
여름의 대삼각형Summer Triangle(별무리) 58, 84-85, 89
여우자리Vulpecula 63, 89, 164
염소자리Capricornus 63, 80, 95, 317

오로라auroras(북극광) 275-277
오르트구름Oort cloud 28, 264
오리온성운Orion Nebula, 'M42'를 보라.
오리온자리Orion 47, 55, 59, 63, 96-99, 101, 173, 301-302, 311
　　이정표 그림 56, 59
올빼미성운Owl Nebula, 'M97'을 보라.
외뿔소자리Monoceros 63, 101
용골자리Carina 63, 305, 311
용골자리성운Carina Nebula 303, 313, 315
용골자리에타(ε)성운Eta(ε) Carinae Nebula, '용골자리성운'을 보라.
용자리Draco 51, 63, 89
우리은하Milky Way Galaxy 31-41, 86-87, 303-304
우주Universe 24-43
　　거리 157-158
　　팽창 40, 158
운석meteorite 271
월식lunar eclipse 257-260
월식lunar eclipse, '월식'을 보라.
유성meteors 271-274
　　유성의 복사 176, 193, 194, 272-273
육분의자리Sextans 63, 304
은하galaxies 29-30, 36-41, 164-167, 170-171, 174
　　거리 36-41, 157-158
　　은하단galaxy clusters 38-40, 43
　　초은하단superclusters 38-39
은하수Milky Way 86, 99, 305-307
이리자리Lupus 63, 315
이자르Izar 179
이중 성계Double Cluster, 'NGC869/NGC884'를 보라.
이중성double stars, '별'을 보라.
일식solar eclipse 248-256
　　일식 필터 239-242

ㅈ
작은 국자Little Dipper 51-52, 58, 89, 97, 171
작은개자리Canis Minor 63, 83, 98, 101, 311
작은고리Circlet(물고기자리의 별무리) 187
작은곰자리Ursa Minor 51, 58, 63, 89
작은사자자리Leo Minor 63, 83
작은아령성운little dumbbel, 'M76'을 보라.
적도의식가대equatorial mount, '망원경 가대'를 보라.
적색 편이Redshift 158
전갈자리Scorpius 52, 63, 80, 85, 86, 89, 317
전갈자리 보석함Scorpius Jewel Box 183
접안렌즈eyepieces, '망원경'을 보라.
제단자리Ara 63, 317
제임스웹우주망원경James Webb Space Telescope(JWST) 37, 41, 43, 71
조각가자리Sculptor 63, 95, 309
조랑말자리Equuleus 63
주벤에샤말리Zubeneschamali 65, 182
주벤엘게누비Zubenelgenubi 65, 182
주전자Teapot(궁수자리의 별무리) 58, 85, 86, 89, 317
지구Earth 25-27

ㅊ
처녀자리Virgo 63, 81, 83, 85, 315
처녀자리은하단Virgo Cluster 180
처녀자리초은하단Virgo Supercluster 38, 39, 180
천구의 남극south celestial pole(SCP) 291, 304, 309
천구의 북극north celestial pole(NCP) 48-51, 176, 291
천문단위astronomical unit(AU) 27, 200
천체 관측 앱astronomy apps 75
천왕성Uranus 28, 163, 200, 220
천정zenith 54, 55, 74
천체 촬영술astrophotography 144, 280-297
천칭자리Libra 63, 81, 89, 315
청색거성blue giant stars 34
초신성supernovas 153-154
촬영photography, '천체 촬영술'을 보라.
측시averted vision 149

ㅋ

카노푸스Canopus 65, 303, 305, 311
카스토르Castor 57, 59, 65, 97, 101, 193, 311
카시오페이아자리Cassiopeia 51, 57, 63, 95
　이정표 그림 90
카이퍼 대Kuiper belt 27, 221, 264
카펠라Capella 57, 59, 65, 97, 101, 190, 194, 311
켐블의 폭포Kemble's Cascade 194
코끼리코성운Elephant's Trunk Nebula, 'IC1396'을 보라.
코르 카롤리Cor Caroli 65, 177, 179
코카브Kochab 176, 195, 291
코후테크 혜성Comet Kohoutek 270
컵자리Crater 64, 83
큰개자리Canis Major 64, 96, 98, 101, 311
큰곰자리Ursa Major 51, 58, 64, 78, 83, 89, 95, 101, 174, 315
키스톤Keystone(헤르쿨레스자리의 별무리) 85, 89, 181

ㅌ

타라제드Tarazed 184
태양Sun 71, 239-245
태양계solar system 25-28, 35, 36, 80, 148, 199, 211
토끼자리Lepus 64, 101, 311
토성Saturn 20, 28, 200, 217-220
토성성운Saturn Nebula, 'NGC7009'를 보라.
투반Thuban 176, 202

ㅍ

파리자리Musca 64, 313
파인더Finderscope 113
　빨간 점 141
팔분의자리Octantis 64, 291, 317
팔분의자리 시그마(σ)Sigma(σ) Octantis 288, 291, 304
페가수스의 대사각형Great Square(페가수스자리의 별무리) 90-91, 95, 187
페가수스자리Pegasus 64, 90-91, 95, 174, 309
페르세우스자리Perseus 64, 90-91, 95, 101, 154
페르세우스자리알파성단Alpha Persei Cluster 194
페크다Phecda 176, 177

포리마Porrima 180
포말하우트Fomalhaut 65, 91, 95, 187186, 305, 309
북극성Polaris(북극성) 48-54, 55-56, 57, 65, 83, 176, 195, 288, 291
폴룩스Pollux 57, 59, 65, 97, 101, 193, 311
프로키온Procyon 59, 61, 65, 97, 101, 193, 202, 311
플레이아데스성단Plaiades, 'M45'를 보라.
필터filters
　성운 및 행성 필터 142
　태양 필터 239-242

ㅎ

하다르Hadar 305, 305
하말Hamal 65, 188
해왕성Neptune 27, 201, 220, 264
핼리 혜성Halley's Comet 266-267, 269, 269
행성planets 24-28, 80-81, 198-226
행성의 합conjunctions of planets 225-226
햐쿠타케 혜성Comet Hyuakutake 267, 270
허블우주망원경Hubble Space Telescope(HST) 71, 158
허셜, 윌리엄Herschel, William 163, 2230
허셜의 가넷 별Herchel's Garnet Star 195
헤르쿨레스자리Hercules 64, 84-85, 89, 156, 174, 317
헤일-봅 혜성Comet Hale-Bopp 263, 267
헬릭스성운Helix Nebula, 'NGC7293'을 보라.
현미경자리Microscopium 64
혜성comets 27, 28, 262-271
호그, 헬렌 소여Hogg, Helen Sawyer 32
화살자리Sagitta 64, 89, 174
화성Mars 27, 71, 200, 206-210, 211, 216
황도ecliptic 74, 76, 80-81, 199, 232
황도대zodiac 58, 62, 63, 64, 74, 79, 80-81, 99, 199, 200, 223
황소자리Taurus 59, 64, 80, 99, 101, 153, 173, 311
황새치자리Dorado 304
히아데스성단Hyades 99, 154-155, 190, 191
히파르코스Hipparcos 58, 61, 71

G
GoTo 망원경, '망원경'을 보라.

I
IC2391 303, 311, 313
IC2602(남쪽플레이아데스성단) 303, 313, 315
IC4665 181, 184
IC4756 184

M
M1(게성운) 153, 190
M2 186, 187
M3 174, 179
M4 182, 183
M5 157, 174, 182
M6 87, 89, 183
M7 29, 87, 89, 183, 317
M8(석호성운) 86, 89, 173, 183, 317
M9 182, 183
M10 182
M11(야생오리성단) 173, 184
M12 182
M13(헤르쿨레스구상성단) 89, 156, 174, 181
M14 184
M15 174, 187
M16(독수리성단) 183
M17(백조성단) 173, 183
M18 183
M19 183
M20(삼렬성운) 183
M21 183
M22 157, 174, 183, 317
M23 183
M24(궁수자리성운) 86, 183
M25 183
M26 184
M27(아령성운) 164, 174, 184, 185
M28 183
M29 185
M30 186
M31(안드로메다은하) 36, 41, 90-91, 95, 165-166, 174, 188, 194, 302
M32 36, 165, 187
M33(삼각형자리은하) 36, 37, 188
M34 188, 194
M35 193
M36 190
M37 190
M38 190
M39 185
M41 191, 192
M42(오리온성운) 59, 98-99, 101, 160-163, 173, 191, 311
M44(벌집성단) 29, 79, 83, 107, 155, 173, 178, 193, 209, 225
M45(플레이아데스성단) 29, 59, 97, 99, 101, 154, 155-156, 173, 190, 194, 226
M46 192
M47 192
M48 192
M50 192
M51(소용돌이은하) 167, 170, 174, 176, 177, 179
M52 195
M53 179
M54 183
M55 183
M56 185
M57(고리성운) 164, 174, 185
M62 183
M63 177, 179
M64(검은눈은하) 179
M65 174, 178
M66 174, 178
M67 193
M68 180
M69 183
M70 183, 263

M71 184, 185
M72 186
M73 186
M74 188
M75 186
M76(작은아령성운) 194
M77 189
M78 191
M79 191
M80 182, 183
M81 37, 38, 174, 176
M82 37, 38, 174, 176
M83 180
M87 180
M92 181
M93 192
M94 177, 179
M95 178
M96 178
M97(올빼미성운) 177
M101 176, 177
M102 176
M103 194
M104(솜브레로은하) 180
M105 178
M106 177, 179
M107 182
M108 176, 177
M109 176
M110 36, 166, 188

N
NGC55 37
NGC104(큰부리새자리 47) 309, 312
NGC246 189
NGC247 189
NGC253 189
NGC300 37

NGC457 194
NGC663 194
NGC752 188, 194, 309
NGC869/NGC884(이중 성단) 95, 154, 173, 194
NGC1502 194
NGC1535 191
NGC1647 190
NGC1746 190
NGC2158 193
NGC2244 191
NGC2392 193
NGC2451 192
NGC2477 192
NGC2516(남쪽별집성단) 303, 311, 312
NGC2903 178
NGC3532 303, 311, 313
NGC4565(바늘은하) 165, 174, 179
NGC5139(센타우루스자리 오메가) 157, 312, 313
NGC5195 167
NGC6231 183
NGC6541 183
NGC6543(고양이눈성운) 195
NGC6633 184
NGC6723 183
NGC6940 185
NGC6960(서쪽면사포성운) 185
NGC6992(동쪽면사포성운) 185
NGC7009(토성성운) 186
NGC7293(나성성운) 174, 186
NGC7331 187
NGC7789 195
NGC7999(북아메리카성운) 185

나이트워치
아름답고 실용적인 천체 관측 가이드

초판인쇄 2025년 10월 21일
초판발행 2025년 11월 11일

지은이 테런스 디킨슨·켄 휴잇화이트
옮긴이 최정민
펴낸이 강성민 이은혜
기획 노만수
편집 태서현
마케팅 정민호 박치우 한민아 이민경 박진희 황승현 김경언
브랜딩 함유지 박민재 이송이 박다솔 조다현 김하연 이준희
제작 강신은 김동욱 이순호

펴낸곳 (주)글항아리 | **출판등록** 2009년 1월 19일 제406-2009-000002호

주소 경기도 파주시 문발로 214-12, 4층
전자우편 bookpot@hanmail.net
전화번호 031-955-2689(마케팅) 031-941-5161(편집부)

ISBN 979-11-6909-415-3 03440

잘못된 책은 구입하신 서점에서 교환해드립니다.
기타 교환 문의 031-955-2661, 3580

www.geulhangari.com